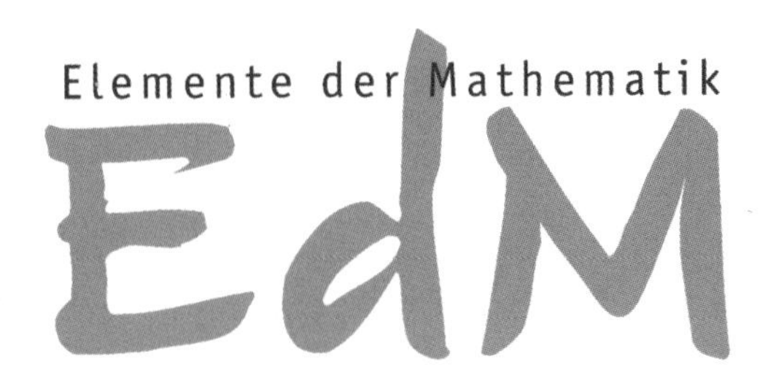

Niedersachsen

11./12. Schuljahr
Grundlegendes und erhöhtes Niveau
Lösungen Teil 2

Herausgegeben von

Heinz Griesel, Andreas Gundlach, Helmut Postel, Friedrich Suhr

Schroedel

LÖSUNGEN TEIL 2
Niedersachsen 11/12
Grundlegendes und erhöhtes Niveau

Herausgegeben von
Prof. Dr. Heinz Griesel, Dr. Andreas Gundlach, Prof. Helmut Postel, Friedrich Suhr

Bearbeitet von
Roland Dinkel, Gabriele Dybowski, Manuel Garcia Mateos, Dr. Andreas Gundlach, Prof. Dr. Klaus Heidler, Dr. Arnold Hermans, Anke Horn, Reinhard Kind, Dr. Reinhard Köhler, Jakob Langenohl, Wolfgang Mathea, Hanns Jürgen Morath, Prof. Dr. Lothar Profke, Dr. Rolf-Ingraban Riemer, Sandra Schmitz, Heinz Klaus Strick, Friedrich Suhr, Dr. Jürgen Vaupel

Für Niedersachsen wirkten mit
Dr. Andreas Gundlach, Dr. Arnold Hermans, Reinhard Kind, Hans Kramer, Stefan Luislampe, Alheide Röttger, Heinz Klaus Strick, Thomas Sperlich, Friedrich Suhr, Wilhelm Weiskirch

Druck A [2] / Jahr 2011
Alle Drucke der Serie A sind im Unterricht parallel verwendbar.

Redaktion: Dr. Petra Brinkmeier
Herstellung: Reinhard Hörner
Grafiken: Michael Wojczak
Umschlaggestaltung: sens design, Roland Sens
Satz: Christina Gundlach
Druck und Bindung: westermann druck GmbH, Braunschweig

ISBN 978-3-507-**87922**-5

Inhaltsverzeichnis

4 Analytische Geometrie

5 Matrizen

6 Häufigkeitsverteilungen – Beschreibende Statistik

4. ANALYTISCHE GEOMETRIE

Lernfeld: Wo ist was im Raum?

212

1. **Achtung:** Korrektur in der 2. Auflage.
   Richtig sollte es lauten: Der Punkt C liegt 210 cm hoch.
   - 210 – 80 – 85 = 45
     Der Hängeschrank hat einen Abstand von etwa 45 cm zur Arbeitsplatte.
   - zu A: x_1 -Koordinate aus Grundriss mit P als Referenz bestimmen:
     $x_1 \approx 84$ cm. x_2 und x_3 wie bei P; A(84 | 60 | 85)
     zu B: Koordinaten aus Grundriss; B(38 | 106,5 | 130)
     zu C: C(60 | 190 | 210)
   - Abstand im Grundriss ≈ 84 cm. Höhenunterschied: 45 cm.
     $|\overline{AB}| = \sqrt{(84\text{ cm})^2 + (45\text{ cm})^2} \approx 95{,}3$ cm

2. - A(4 | 0 | 0); B(4 | 4 | 0); C(0 | 4 | 0); D(0 | 0 | 0); S(2 | 2 | 6)
   - A'(2 | 2 | 3); C'(–2 | 6 | 3); D'(–2 | 2 | 3); S'(0 | 4 | 9)
   - 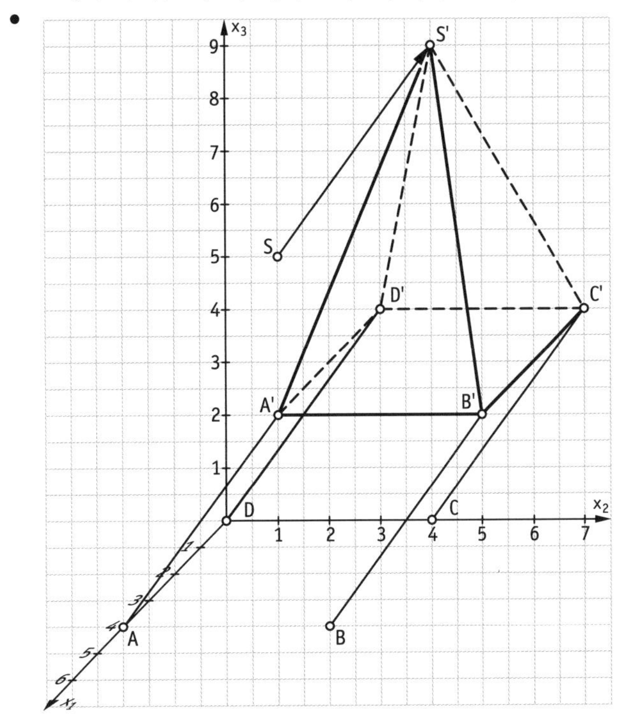

   - $x_1' = x_1 - 2;\ \ x_2' = x_2 + 2;\ \ x_3' = x_3 + 3$

213

3. • Durch die weitere Raumdimension ist es möglich, dass Geraden „aneinander vorbeilaufen“. D. h. sie schneiden sich nicht, obwohl sie nicht parallel sind. Dies ist in der Ebene nicht möglich. Solche Geraden nennt man *windschief zueinander.*

• In der Aufgabe 2 wurde bereits ein räumliches Koordinatensystem und die Beschreibung einer Verschiebung im Raum erarbeitet.
Mit diesen Ideen könnte man z. B. den Punkt B als Bildpunkt einer Verschiebung des Punktes A deuten: $A(3 \mid 5 \mid 3) \to B(3-2 \mid 5+2 \mid 3-2)$.

Alle Punkte X_{AB} der Strecke $\overline{AB}$ kann man beschreiben durch

$X_{AB}(3-k \mid 5+k \mid 3-k)$ mit $k \in [0;\, 2]$ für $k \in \mathbb{R}$ wird die Gerade durch die Punkte A und B beschrieben.

• Für die Gerade durch C und D ergibt sich entsprechend
$X_{CD}(1 \mid 4+t \mid 1+t)$ mit $t \in \mathbb{R}$.

Rechnerisch kann man nachweisen, dass die beiden Geraden keine gemeinsamen Punkte haben. Wenn es einen gemeinsamen Punkt geben würde, so müsste seine erste Koordinate 1 sein, da die erste Koordinate aller Punkte auf der Geraden CD 1 ist.
Nur für $k = 2$ ist die erste Koordinate eines Punktes der Geraden AB 1; man erhält dann den Punkt $B(1 \mid 7 \mid 1)$ als möglichen Schnittpunkt.
$B(1 \mid 7 \mid 1)$ liegt jedoch nicht auf der Geraden CD, da es keinen Wert für t gibt, sodass $4 + t = 7$ und $1 + t = 1$ erfüllt sind.

4. • $A(0 \mid 0)$; $B(2 \mid 1)$; $C(-2 \mid 4)$
$A(0 \mid 0)$; $B'(-4 \mid -2)$; $C'(1{,}5 \mid -3)$
$A(0 \mid 0)$; $B''(1 \mid 3)$; $C''(-4{,}5 \mid 1{,}5)$

• Z. B. über Pythagoras: Seitenlängenquadrate betrachten

$\overline{AB}^2 + \overline{AC}^2 = 5 + 20;\quad \overline{BC}^2 = 16 + 9 = 25$

$\overline{AB}'^2 + \overline{AC}'^2 = 20 + 11{,}25;\quad \overline{B'C'}^2 = 30{,}25 + 1$

$\overline{AB}''^2 + \overline{AC}''^2 = 10 + 22{,}5;\quad \overline{B''C''}^2 = 30{,}25 + 2{,}25$

• $B(2 \mid 1)$; $C(-2 \mid 4)$ Beziehung: $2 \cdot (-2) + 1 \cdot 4 = 0$

• $B'(-4 \mid -2)$; $C'(1{,}5 \mid -3)$ Beziehung: $(-4) \cdot 1{,}5 + (-2) \cdot (-3) = 0$

• $B''(1 \mid 3)$; $C''(-4{,}5 \mid 1{,}5)$ Beziehung: $1 \cdot (-4{,}5) + 3 \cdot 1{,}5 = 0$

Die Summe der Produkte aus den beiden x-Koordinaten und den beiden y-Koordinaten ist gleich null.

4.1 Punkte und Vektoren im Raum

4.1.1 Punkte im räumlichen Koordinatensystem

217

2. a) $P'(2 \mid 3 \mid 0)$

b) x_1x_3-Ebene: $(2 \mid 0 \mid 4)$ x_2x_3-Ebene: $(0 \mid 3 \mid 4)$

217

2. c) Spiegelung an x_1x_2-Ebene: (2 | 3 | −4)
Spiegelung an x_1x_3-Ebene: (2 | −3 | 4)
Spiegelung an x_2x_3-Ebene: (−2 | 3 | 4)

3. Es muss immer einen definierten Anfangspunkt geben von dem aus Richtung und Entfernung angegeben werden.
Wählt man als Richtungen die Richtung der Wände und die Vertikale, erhält man ein Standard-Rechtssystem.
Durch geschickte Wahl des Anfangspunkts lassen sich bestimmte Punkte einfacher beschreiben als andere.

4. a)

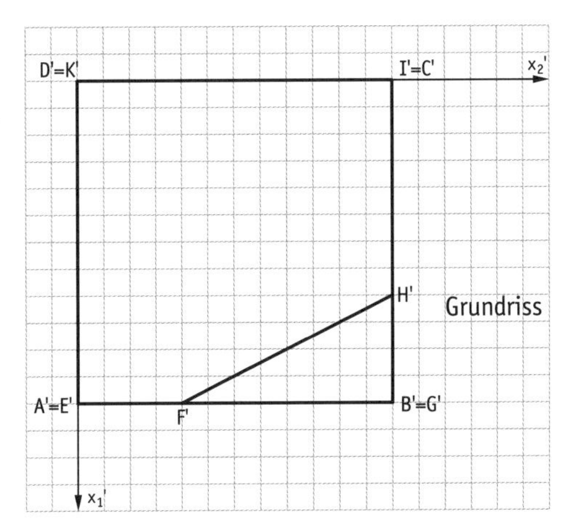

A′(6 | 0 | 0); B′(6 | 6 | 0); C′(0 | 6 | 0); D′(0 | 0 | 0); E′(6 | 0 | 0);
F′(6 | 2 | 0); G′(6 | 6 | 0); H′(4 | 6 | 0); I′(0 | 6 | 0); K′(0 | 0 | 0)

5. a)

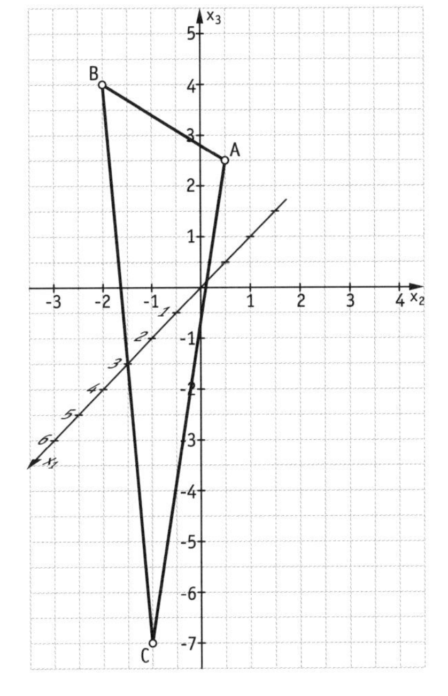

217

5. b)

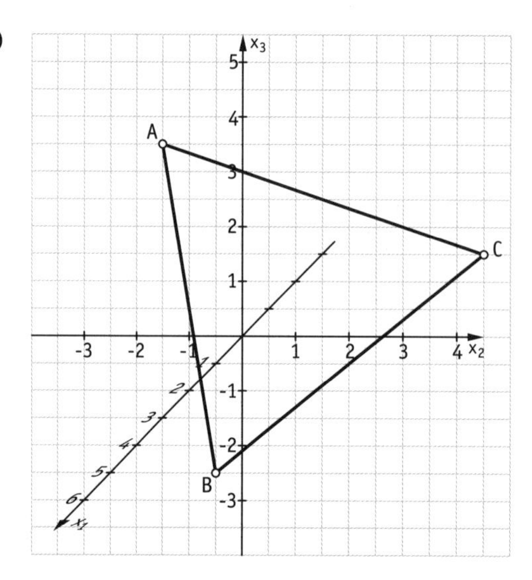

6. Lina hat das perspektivische Zeichnen der x_1-Achse beim Abtrag der x_2- und x_3-Koordinaten missachtet und dementsprechend zu lang gezeichnet.

7. a) x_1-Koordinate: Null: x_2x_3-Ebene,
[x_2-Koordinate: Null: x_1x_3-Ebene,
x_3-Koordinate: Null: x_1x_2-Ebene]

b) Auf der x_3-Achse .

c) Auf einer Ebene parallel zur x_1x_2-Ebene mit der x_3-Koordinate 3.

d) Auf einer Geraden parallel zur x_3-Achse durch den Punkt P(2 | 3 | 0).

8. *Beispiel*

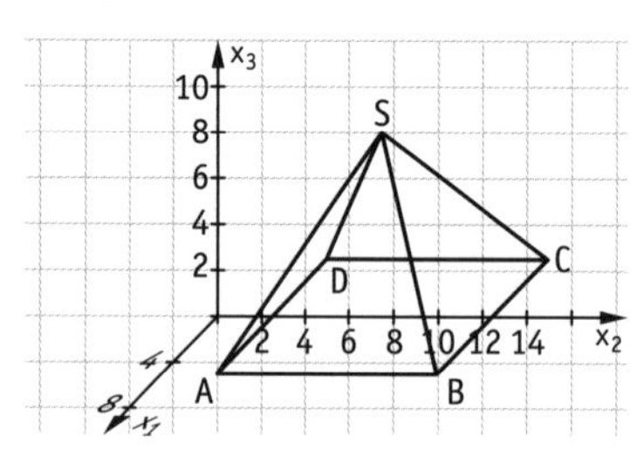

Eckpunkte:
A(5 | 2,5 | 0); B(5 | 12,5 | 0); C(–5 | 2,5 | 0); D(–5 | 12,5 | 0); S(0 | 7,5 | 8)

218

9. a) Schrägbild siehe Schülerbuch; Wahl der Achsen wie auf S. 215
A(4 | 0 | 0); B(4 | 4 | 0); C(0 | 4 | 0); D(0 | 0 | 0); E(4 | 0 | 6); F(4 | 4 | 6); G(0 | 4 | 6); H(0 | 0 | 6); S(2 | 2 | 9)

b) A(2 | −2 | 0); B(2 | 2 | 0); C(−2 | 2 | 0); D(−2 | −2 | 0); E(2 | −2 | 6); F(2 | 2 | 6); G(−2 | 2 | 6); H(−2 | −2 | 6); S(0 | 0 | 9)

c) Die x_3-Koordinaten sind gleich. Jeweils die x_1- und x_2-Koordinate ist bei a) um 2 Einheiten größer als bei b).
Dies entspricht gerade der Verschiebung von D zu M.

10. a) A = (17 | −15 | 0) B = (17 | −15 | 8) C = (17 | 0 | 8)
D = (0 | 0 | 8) E = (0 | 22 | 8) F = (−12 | 22 | 8)
G = (−12 | 22 | 0) H = (0 | 22 | 0) I = (0 | 0 | 0)
J = (17 | 0 | 0)

b) x_1-x_2-Ebene: A, G, H, I, J
x_2-x_3-Ebene: D, E, H, I
x_1-x_3-Ebene: C, D, I, J

c) A = (−17 | 37 | 0) B = (−17 | 37 | 8) C = (−17 | 22 | 8)
D = (0 | 22 | 8) E = (0 | 0 | 8) F = (12 | 0 | 8)
G = (12 | 0 | 0) H = (0 | 0 | 0) I = (0 | 22 | 0)
J = (−17 | 22 | 0)
x_1-x_2-Ebene: A, G, H, I, J
x_2-x_3-Ebene: D, E, H, I
x_1-x_3-Ebene: E, F, G, H

11. Aus der Darstellung eines 3-dimensionalen Koordinatensystems auf einer 2-dimensionalen Zeichenfläche kann man nicht eindeutig die Koordinaten von Punkten ablesen, z. B. könnten die Punkte auch durch:
P(−2 | 2 | 1) und Q(1 | −2 | −1) beschrieben werden.
Erst durch weitere Informationen bzw. Lagebeziehungen kann Eindeutigkeit erreicht werden.

12. (1) (−3 | −3,5 | −2) (2) (−2 | −3 | −1,5) (3) (0 | −2 | −0,5)
Da jeweils eine Koordinate gegeben ist, ist eine Ebene festgelegt und aus der 2D-Darstellung sind die anderen Werte eindeutig ablesbar.

13. a) P′(−4 | 0 | 0); Q′(0 | 3 | 0); R′(3 | −2 | −4); S′(−8 | 5 | 3)

b) P″(−4 | 0 | 0); Q″(0 | −3 | 0); R″(3 | 2 | 4); S″(−8 | −5 | −3)

c) P‴(4 | 0 | 0); Q‴(0 | 3 | 0); R‴(−3 | −2 | 4); S‴(8 | 5 | −3)

d) P⁗(4 | 0 | 0); Q⁗(0 | −3 | 0); R⁗(−3 | 2 | −4); S⁗(8 | −5 | 3)

4.1.2 Vektoren

219

2. Man kann jeden Vektor im Raum durch einen Quader mit den Seitenlängen aus den Verschiebungskoordinaten darstellen.
Der Quader hat rechte Winkel, sodass die Länge des Vektors durch zweimalige Anwendung des Satzes des Pythagoras ausrechenbar ist:

$d^2 = 5^2 + 7^2 = 74$

$|\vec{v}|^2 = d^2 + (1,5)^2 = 76,25$

$|\overline{AA'}| = |\vec{v}| = \sqrt{76,25} \approx 8,7$

221

3. a) Richtung x_1-Achse: 5 Einheiten
Richtung x_2-Achse: 7 Einheiten
Richtung x_3-Achse: 1,5 Einheiten
Die Verschiebung auf G angewandt, ergibt $G'(-12 \mid 30,5 \mid 4)$.

b) Die Länge des Verschiebungspfeils von A nach A' ist gleich der Länge $|\overline{AA'}|$ der Raumdiagonalen im Koordinatenquader der Verschiebung von A nach A'.
Nach Pythagoras gilt

$d^2 = 5^2 + 7^2 = 74$

$|\overline{AA'}|^2 = d^2 + 1,5^2 = 76,25$

$\Rightarrow |\overline{AA'}| = \sqrt{76,25} \approx 8,7$

Die Länge des Pfeils ist ca. 8,7 m.

4. a) Z. B.

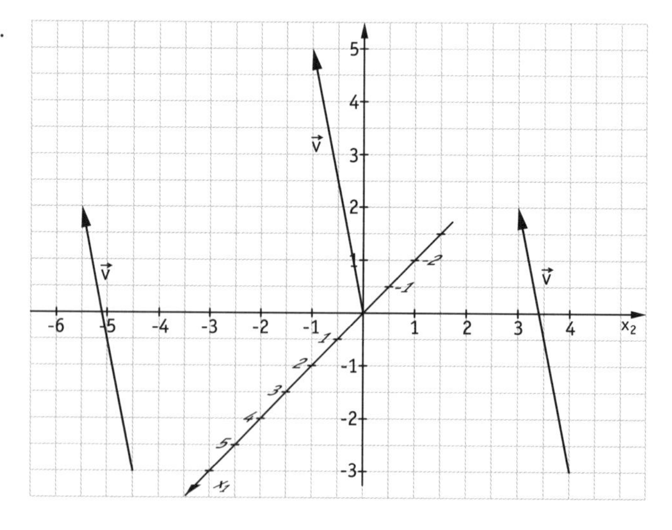

221

4. b) A′(−1 | 2 | 5)

c) B(−4 | 20 | −26)

d) Q um $\vec{v}$ verschoben gibt Q′(8 | 11 | 4) ≠ P(8 | 11 | −4)

P ist kein Bildpunkt von Q unter $\vec{v}$.

5. a) Q(9 | −6 | 24)

b) P(−3 | 13 | 18)

c) Q(−4 | −1 | −8)

d) P(q + 3 | q − 7 | 3q + 3)

6. a) $\overrightarrow{DA} = \begin{pmatrix} 4 \\ 0 \\ 0 \end{pmatrix}$ $\overrightarrow{DC} = \begin{pmatrix} 0 \\ 6 \\ 0 \end{pmatrix}$ $\overrightarrow{AB} = \begin{pmatrix} 0 \\ 6 \\ 0 \end{pmatrix}$ $\overrightarrow{BC} = \begin{pmatrix} -4 \\ 0 \\ 0 \end{pmatrix}$

$\overrightarrow{CG} = \begin{pmatrix} 0 \\ 0 \\ 4 \end{pmatrix}$ $\overrightarrow{HF} = \begin{pmatrix} 4 \\ 6 \\ 0 \end{pmatrix}$ $\overrightarrow{DB} = \begin{pmatrix} 4 \\ 6 \\ 0 \end{pmatrix}$ $\overrightarrow{EF} = \begin{pmatrix} 0 \\ 6 \\ 0 \end{pmatrix}$

b) $\overrightarrow{DC}$; $\overrightarrow{AB}$ und $\overrightarrow{EF}$ bzw. $\overrightarrow{HF}$ und $\overrightarrow{DB}$

c) $\overrightarrow{OA} = \begin{pmatrix} 4 \\ 0 \\ 0 \end{pmatrix}$; $\overrightarrow{OB} = \begin{pmatrix} 4 \\ 6 \\ 0 \end{pmatrix}$; $\overrightarrow{OE} = \begin{pmatrix} 4 \\ 0 \\ 4 \end{pmatrix}$; $\overrightarrow{OH} = \begin{pmatrix} 0 \\ 0 \\ 4 \end{pmatrix}$; $\overrightarrow{OF} = \begin{pmatrix} 4 \\ 6 \\ 4 \end{pmatrix}$; $\overrightarrow{OG} = \begin{pmatrix} 0 \\ 6 \\ 4 \end{pmatrix}$

d) E, B, G, F

222

7. a) Es gibt 5 verschiedene Vektoren.

$\overrightarrow{AB} = \overrightarrow{DE}$; $\overrightarrow{AC}$; $\overrightarrow{BC} = \overrightarrow{EF}$; $\overrightarrow{AD} = \overrightarrow{CF} = \overrightarrow{BE}$; $\overrightarrow{FD}$

b) $\overrightarrow{AC} = \overrightarrow{JL}$ [$\overrightarrow{AB} = \overrightarrow{LI}$, $\overrightarrow{BC} = \overrightarrow{ED} = \overrightarrow{GH} = \overrightarrow{JI}$, $\overrightarrow{IJ} = \overrightarrow{HG} = \overrightarrow{DE} = \overrightarrow{CB}$, $\overrightarrow{CG} = \overrightarrow{DJ}$]

8. a) A′(11 | 5 | 3)

b) A′(10,6 | 5,4 | −10,9)

c) A′(6 | 4 | −3)

d) A′(0 | 0 | 0)

9. a) $\vec{v} = \begin{pmatrix} 7 \\ -6 \\ -4 \end{pmatrix}$; $|\vec{v}| = \sqrt{101} \approx 10{,}05$

b) $\vec{v} = \begin{pmatrix} 3 \\ -4 \\ 3 \end{pmatrix}$; $|\vec{v}| = \sqrt{34} \approx 5{,}83$

c) $\vec{v} = \begin{pmatrix} 19 \\ -9 \\ 11 \end{pmatrix}$; $|\vec{v}| = \sqrt{563} \approx 23{,}73$

d) $\vec{v} = \begin{pmatrix} 8 \\ -8 \\ 8 \end{pmatrix}$; $|\vec{v}| = \sqrt{192} \approx 13{,}86$

10. a) $b_3 = 7$ oder $b_3 = 3$

b) $a_2 = 0$ oder $a_2 = 6$

c) $b_1 = 6 + \sqrt{6}$; $b_1 = 6 - \sqrt{6}$

d) $b_2 = 23$ oder $b_2 = 19$

222

11. Max hat die Koordinaten nicht quadriert.
Laura hat zwar die Beträge richtig quadriert aber übersehen, dass Quadrate immer positiv sind, explizit $(-2)^2 = (-2)(-2) = 4$.

12. a) beliebig viele

b) Man könnte für A und C beliebige Koordinaten wählen, die folgende Bedingung erfüllen:

$$\overrightarrow{AB} = \begin{pmatrix} 2-a_1 \\ 4-a_2 \\ 0-a_3 \end{pmatrix} \stackrel{!}{=} \overrightarrow{OC} = \begin{pmatrix} c_1-0 \\ c_2-0 \\ c_3-0 \end{pmatrix} = \begin{pmatrix} c_1 \\ c_2 \\ c_3 \end{pmatrix}$$

4.1.3 Addition und Subtraktion von Vektoren

225

2. (1) $\begin{pmatrix} 1 \\ 1 \\ 1 \end{pmatrix} + \begin{pmatrix} 2 \\ 2 \\ 2 \end{pmatrix} = \begin{pmatrix} 1+2 \\ 1+2 \\ 1+2 \end{pmatrix} = \begin{pmatrix} 2+1 \\ 2+1 \\ 2+1 \end{pmatrix} = \begin{pmatrix} 2 \\ 2 \\ 2 \end{pmatrix} + \begin{pmatrix} 1 \\ 1 \\ 1 \end{pmatrix}$;

genauso zu zeigen für den allgemeinen Fall:

$$\begin{pmatrix} a_1 \\ a_2 \\ a_3 \end{pmatrix} + \begin{pmatrix} b_1 \\ b_2 \\ b_3 \end{pmatrix} = \begin{pmatrix} a_1+b_1 \\ a_2+b_2 \\ a_3+b_3 \end{pmatrix} = \begin{pmatrix} b_1+a_1 \\ b_2+a_2 \\ b_3+a_3 \end{pmatrix} = \begin{pmatrix} b_1 \\ b_2 \\ b_3 \end{pmatrix} + \begin{pmatrix} a_1 \\ a_2 \\ a_3 \end{pmatrix}$$

(2) $\begin{pmatrix} 1 \\ 1 \\ 1 \end{pmatrix} + \left(\begin{pmatrix} 2 \\ 2 \\ 2 \end{pmatrix} + \begin{pmatrix} 3 \\ 3 \\ 3 \end{pmatrix}\right) = \begin{pmatrix} 1+(2+3) \\ 1+(2+3) \\ 1+(2+3) \end{pmatrix} = \begin{pmatrix} (1+2)+3 \\ (1+2)+3 \\ (1+2)+3 \end{pmatrix} = \left(\begin{pmatrix} 1 \\ 1 \\ 1 \end{pmatrix} + \begin{pmatrix} 2 \\ 2 \\ 2 \end{pmatrix}\right) + \begin{pmatrix} 3 \\ 3 \\ 3 \end{pmatrix}$;

genauso zu zeigen für den allgemeinen Fall

3. a) Verschiebung $\vec{v} = \begin{pmatrix} 5 \\ -1 \\ 4{,}5 \end{pmatrix} = \overrightarrow{AA'}$; $B'(7 \mid 3 \mid 6{,}5)$; $C'(7 \mid 2 \mid 4{,}5)$

b) 2. Verschiebung $\vec{w} = \begin{pmatrix} -2 \\ -4{,}5 \\ -6 \end{pmatrix} = \overrightarrow{A'A''}$

225

3. c) gesamte Verschiebung $\vec{u} = \vec{v} + \vec{w} = \begin{pmatrix} 3 \\ -5,5 \\ -1,5 \end{pmatrix} = \overrightarrow{AA''}$

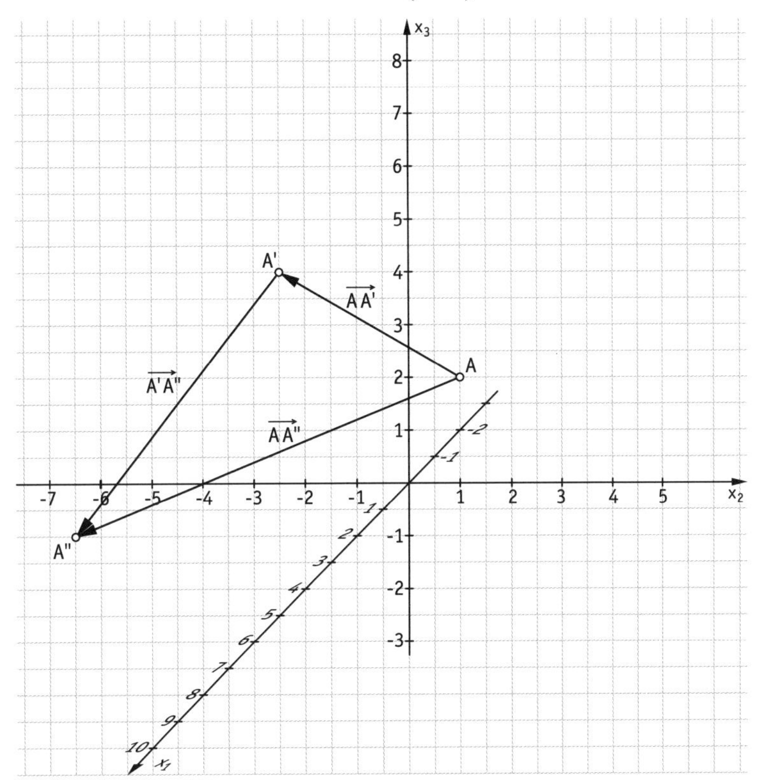

226

4. a) C(0 | 2 | 7); D(3 | –1 | 2)

b) Seiten als Vektoren darstellbar:

$$\overrightarrow{AB} = \begin{pmatrix} -5 \\ 4 \\ 5 \end{pmatrix} \qquad |\overrightarrow{AB}| = \sqrt{66} \approx 8,12$$

$$\overrightarrow{BC} = \begin{pmatrix} 2 \\ -3 \\ 4 \end{pmatrix} \qquad |\overrightarrow{BC}| = \sqrt{29} \approx 5,38$$

$$\overrightarrow{CD} = \begin{pmatrix} 3 \\ -3 \\ -5 \end{pmatrix} \qquad |\overrightarrow{CD}| = \sqrt{43} \approx 6,56$$

$$\overrightarrow{DA} = \begin{pmatrix} 0 \\ 2 \\ -4 \end{pmatrix} \qquad |\overrightarrow{DA}| = \sqrt{20} \approx 4,47$$

226

5. a) A(5 | –6 | 0); B(5 | 6 | 0); C(–5 | 6 | 0); D(–5 | –6 | 0); E(5 | –6 | 4); F(5 | 6 | 4); G(–5 | 6 | 4); H(–5 | –6 | 4); M(0 | –4 | 9); N(0 | 4 | 9)

b) $\overrightarrow{AE} = \begin{pmatrix} 0 \\ 0 \\ 4 \end{pmatrix}$; $\overrightarrow{FN} = \begin{pmatrix} -5 \\ -2 \\ 5 \end{pmatrix}$; $\overrightarrow{MH} = \begin{pmatrix} -5 \\ -2 \\ -5 \end{pmatrix}$; $\overrightarrow{FM} = \begin{pmatrix} -5 \\ -10 \\ 5 \end{pmatrix}$; $\overrightarrow{AN} = \begin{pmatrix} -5 \\ 10 \\ 9 \end{pmatrix}$

6. a) $\begin{pmatrix} 2 \\ 3 \\ 5 \end{pmatrix} + \begin{pmatrix} 1 \\ 4 \\ -4 \end{pmatrix} = \begin{pmatrix} 3 \\ 7 \\ 1 \end{pmatrix}$

b) $\begin{pmatrix} 6 \\ 9 \\ 3 \end{pmatrix} + \begin{pmatrix} -9 \\ -5 \\ 4 \end{pmatrix} = \begin{pmatrix} -3 \\ 4 \\ 7 \end{pmatrix}$

c) $\begin{pmatrix} 8 \\ -5 \\ 3 \end{pmatrix} + \begin{pmatrix} -6 \\ -1 \\ -3 \end{pmatrix} = \begin{pmatrix} 2 \\ -6 \\ 0 \end{pmatrix}$

d) $\begin{pmatrix} -3 \\ 2 \\ -4 \end{pmatrix} + \begin{pmatrix} -1 \\ -4 \\ 6 \end{pmatrix} + \begin{pmatrix} 2 \\ 5 \\ -3 \end{pmatrix} = \begin{pmatrix} -2 \\ 3 \\ -1 \end{pmatrix}$

e) $\begin{pmatrix} 1 \\ 2 \\ 4 \end{pmatrix} - \begin{pmatrix} 3 \\ -1 \\ -1 \end{pmatrix} = \begin{pmatrix} -2 \\ 3 \\ 5 \end{pmatrix}$

f) $\begin{pmatrix} -3 \\ 2 \\ 1 \end{pmatrix} - \begin{pmatrix} 6 \\ -8 \\ -9 \end{pmatrix} = \begin{pmatrix} -9 \\ 10 \\ 10 \end{pmatrix}$

g) $\begin{pmatrix} 1 \\ -2 \\ 3 \end{pmatrix} - \begin{pmatrix} 5 \\ 4 \\ -2 \end{pmatrix} = \begin{pmatrix} -4 \\ -6 \\ 5 \end{pmatrix}$

h) $\begin{pmatrix} -3 \\ 5 \\ -2 \end{pmatrix} - \begin{pmatrix} -7 \\ -1 \\ 3 \end{pmatrix} - \begin{pmatrix} 3 \\ -2 \\ -4 \end{pmatrix} = \begin{pmatrix} 1 \\ 8 \\ -1 \end{pmatrix}$

7. a)

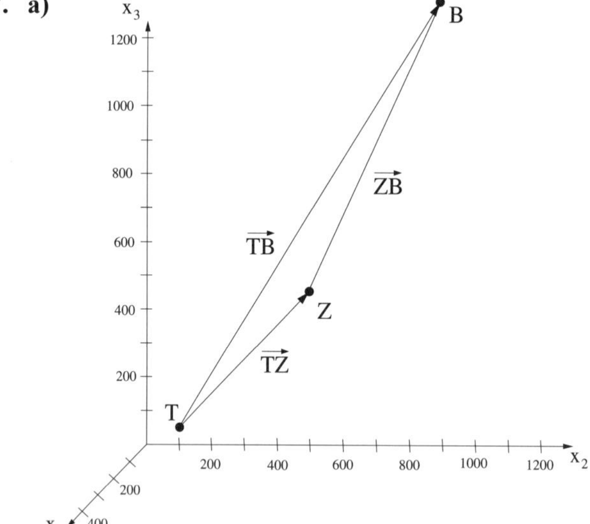

$\overrightarrow{TB} = \begin{pmatrix} 1725 \\ 1649 \\ 2116 \end{pmatrix}$

b) $\overrightarrow{Z_{neu}B} = \begin{pmatrix} 1237 \\ 1115 \\ 1471 \end{pmatrix}$

226

8. **a)** $\vec{a} + \vec{b} = \overrightarrow{AC} = \overrightarrow{EG}$

b) $\vec{a} - \vec{b} = \overrightarrow{DB} = \overrightarrow{HF}$

c) $\vec{b} - \vec{a} = \overrightarrow{BD} = \overrightarrow{FH}$

d) $\vec{a} - \vec{c} = \overrightarrow{EB} = \overrightarrow{HC}$

e) $\vec{b} + \vec{c} = \overrightarrow{AH} = \overrightarrow{BG}$

f) $\vec{b} - \vec{c} = \overrightarrow{ED} = \overrightarrow{FC}$

g) $\vec{a} + \vec{b} + \vec{c} = \overrightarrow{AG}$

h) $\vec{a} - (\vec{b} + \vec{c}) = \overrightarrow{HG} + \overrightarrow{GB} = \overrightarrow{HB}$

9. $\overrightarrow{AC} = -\vec{u}$, $\overrightarrow{AD} = -\vec{u} + \vec{s}$, $\overrightarrow{AE} = \vec{r} + \vec{t}$, $\overrightarrow{BA} = -\vec{r}$, $\overrightarrow{BC} = -\vec{r} - \vec{u}$,
$\overrightarrow{BD} = -\vec{r} - \vec{u} + \vec{s}$, $\overrightarrow{CB} = \vec{u} + \vec{r}$, $\overrightarrow{CE} = \vec{u} + \vec{r} + \vec{t}$, $\overrightarrow{DA} = -\vec{s} + \vec{u}$,
$\overrightarrow{DB} = -\vec{s} + \vec{u} + \vec{r}$, $\overrightarrow{DE} = -\vec{s} + \vec{u} + \vec{r} + \vec{t}$

227

10. Die Überlegung ist falsch. Nach der Dreiecksregel kann man nur einen inneren gemeinsamen Punkt streichen.

11. Gesucht ist b, sodass $|\overrightarrow{AB}| = |\overrightarrow{AC}|$

$$|\overrightarrow{AC}| = \left|\begin{pmatrix} -1 \\ -4 \\ -2 \end{pmatrix}\right| = \sqrt{21}$$

$$|\overrightarrow{AB}| = \left|\begin{pmatrix} -4 \\ b-7 \\ -1 \end{pmatrix}\right| = \sqrt{17 + (b-7)^2}$$

$$|\overrightarrow{AC}| = |\overrightarrow{AB}| \Leftrightarrow \sqrt{21} = \sqrt{17 + (b-7)^2} \Leftrightarrow b = 5 \text{ oder } b = 9$$

12. A(0 | –5 | 0); B(0 | 0 | 0); C(–4 | 0 | 0); D(–4 | –5 | 0); E(0 | –5 | 3); F(0 | 0 | 3); G(–4 | 0 | 3); H(–4 | –5 | 3)

$$\overrightarrow{EG} = \begin{pmatrix} -4 \\ 5 \\ 0 \end{pmatrix}; \quad \overrightarrow{CA} = \begin{pmatrix} 4 \\ -5 \\ 0 \end{pmatrix}; \quad \overrightarrow{HB} = \begin{pmatrix} 4 \\ 5 \\ -3 \end{pmatrix}$$

13. **a)** $\overrightarrow{AB} = \begin{pmatrix} 4 \\ -6 \\ -4 \end{pmatrix}$; $\overrightarrow{DC} = \begin{pmatrix} 4 \\ -6 \\ -4 \end{pmatrix}$

Die Seiten $\overline{AB}$ und $\overline{CD}$ sind parallel und gleich lang.
ABCD ist ein Parallelogramm.

227

13. b) $\overrightarrow{AB} = \begin{pmatrix} -4 \\ 5 \\ 2 \end{pmatrix}$; $\overrightarrow{CD} = \begin{pmatrix} -12 \\ 11 \\ 6 \end{pmatrix}$ $\Rightarrow \overline{AB} \nparallel \overline{CD}$;

$\overrightarrow{AC} = \begin{pmatrix} 4 \\ -3 \\ -2 \end{pmatrix}$; $\overrightarrow{BD} = \begin{pmatrix} -4 \\ 3 \\ 2 \end{pmatrix}$

Die Seiten $\overline{AC}$ und $\overline{BD}$ sind parallel und gleich lang.
ACBD ist ein Parallelogramm.

14.

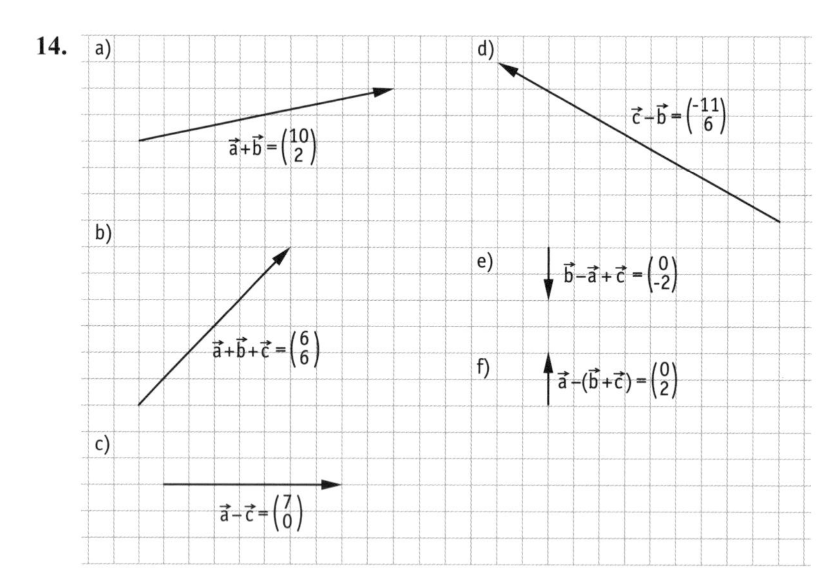

15. a) D (−2 | 3 | 2)

b) Kein Parallelogramm möglich, da $\overrightarrow{AB} = \overrightarrow{BC}$.

c) Kein Parallelogramm möglich, da $\overrightarrow{AC} = \overrightarrow{CB}$.

d) Kein Parallelogramm möglich, da $\overrightarrow{BC} = \overrightarrow{CA}$.

16. Da die Basis des gleichschenkligen Dreiecks nicht vorgegeben ist, gibt es mehrere Lösungsmöglichkeiten:

a) Basis $\overline{AB}$ $\Rightarrow$ $|\overrightarrow{AC}| = |\overrightarrow{BC}|$ $\Rightarrow$ $t = \frac{13}{4}$

Basis $\overline{BC}$ $\Rightarrow$ $|\overrightarrow{AB}| = |\overrightarrow{AC}|$ $\Rightarrow$ $t = -3$ oder $t = -1$

Basis $\overline{AC}$ $\Rightarrow$ $|\overrightarrow{AB}| = |\overrightarrow{BC}|$ keine Lösung

b) Basis $\overline{AB}$ $\Rightarrow$ $|\overrightarrow{AC}| = |\overrightarrow{BC}|$ keine Lösung

Basis $\overline{BC}$ $\Rightarrow$ $|\overrightarrow{AB}| = |\overrightarrow{AC}|$ keine Lösung

Basis $\overline{AC}$ $\Rightarrow$ $|\overrightarrow{AB}| = |\overrightarrow{BC}|$ $\Rightarrow$ $t = 8$ oder $t = 6$

227

17. a) $|\overrightarrow{AB}| = \left|\begin{pmatrix} 2 \\ 0 \\ -2 \end{pmatrix}\right| = \sqrt{8}$; $|\overrightarrow{AC}| = \left|\begin{pmatrix} 0 \\ 2 \\ -2 \end{pmatrix}\right| = \sqrt{8}$; $|\overrightarrow{AD}| = \left|\begin{pmatrix} -\frac{2}{3} \\ -\frac{2}{3} \\ -\frac{8}{3} \end{pmatrix}\right| = \sqrt{8}$

$|\overrightarrow{BC}| = \left|\begin{pmatrix} -2 \\ 2 \\ 0 \end{pmatrix}\right| = \sqrt{8}$; $|\overrightarrow{BD}| = \left|\begin{pmatrix} -\frac{8}{3} \\ -\frac{2}{3} \\ -\frac{2}{3} \end{pmatrix}\right| = \sqrt{8}$; $|\overrightarrow{CD}| = \left|\begin{pmatrix} -\frac{2}{3} \\ -\frac{8}{3} \\ -\frac{2}{3} \end{pmatrix}\right| = \sqrt{8}$

Alle Kanten haben die Länge $\sqrt{8} \approx 2{,}83$.

b) Oberfläche des Tetraeders: $\sqrt{3} \cdot \left(\sqrt{8}\right)^2 = 8\sqrt{3} \approx 13{,}86$

18. a) $\overrightarrow{PR} = \overrightarrow{PQ} + \overrightarrow{QR} = \overrightarrow{RS} + \overrightarrow{QR} = \overrightarrow{QR} + \overrightarrow{RS} = \overrightarrow{QS}$

b) Gilt $\overrightarrow{PQ} = \overrightarrow{RS}$, dann ist das Viereck PQSR ein Parallelogramm.

19. a) $\overrightarrow{AB} = \begin{pmatrix} -2 \\ 6 \\ 3 \end{pmatrix}$; $\overrightarrow{CD} = \begin{pmatrix} 2 \\ -6 \\ -3 \end{pmatrix}$

$\overline{AB}$ ist parallel zu $\overline{CD}$ und gleich lang.
ABCD bildet ein Parallelogramm.
Seitenlängen:

$|\overrightarrow{AB}| = |\overrightarrow{CD}| = \sqrt{49} = 7$

$|\overrightarrow{BC}| = \left|\begin{pmatrix} -6 \\ -3 \\ 2 \end{pmatrix}\right| = \sqrt{49} = 7 = |\overrightarrow{AD}|$

Alle Seiten sind 7 Einheiten lang.

b) Z. B.: Über den Satz des Pythagoras: Wenn $|\overrightarrow{AB}|^2 + |\overrightarrow{BC}|^2 = |\overrightarrow{AC}|^2$ gilt, dann steht die Seite $\overline{AB}$ senkrecht auf $\overline{BC}$ und demnach sind alle Winkel im Parallelogramm rechte Winkel.

Hier: $|\overrightarrow{AC}| = \left|\begin{pmatrix} -8 \\ 3 \\ 5 \end{pmatrix}\right| = \sqrt{98}$ $\quad |\overrightarrow{AC}|^2 = 98$

$|\overrightarrow{AB}|^2 + |\overrightarrow{BC}|^2 = 98$ Es ist ein Rechteck.

4.1.4 Vervielfachen von Vektoren

230

Information (5)

Aus der Skizze klar: $\overrightarrow{OM} = \overrightarrow{OA} + \frac{1}{2}\overrightarrow{AB}$

$\Leftrightarrow \overrightarrow{OM} = \frac{1}{2}\left(\overrightarrow{OA} \cdot 2 + \overrightarrow{AB}\right)$

$\Leftrightarrow \overrightarrow{OM} = \frac{1}{2}\left(\overrightarrow{OA} + \overrightarrow{OA} + \overrightarrow{AB}\right)$

und da $\overrightarrow{OA} + \overrightarrow{AB} = \overrightarrow{OB}$: $\Leftrightarrow \overrightarrow{OM} = \frac{1}{2}\left(\overrightarrow{OA} + \overrightarrow{OB}\right)$

2. a) Nach 1 Stunde: $\begin{pmatrix} 1{,}5 \\ 2 \\ 0{,}5 \end{pmatrix}$

Nach 2 Stunden: $2 \cdot \begin{pmatrix} 1{,}5 \\ 2 \\ 0{,}5 \end{pmatrix} = \begin{pmatrix} 3 \\ 4 \\ 1 \end{pmatrix}$

3 m tief, 4 m nördlich, 1 m westlich.

Nach 3 Stunden: $3 \cdot \begin{pmatrix} 1{,}5 \\ 2 \\ 0{,}5 \end{pmatrix} = \begin{pmatrix} 4{,}5 \\ 6 \\ 1{,}5 \end{pmatrix}$

4,5 m tief, 6 m nördlich, 1,5 m westlich.

Nach 5 Stunden: $5 \cdot \begin{pmatrix} 1{,}5 \\ 2 \\ 0{,}5 \end{pmatrix} = \begin{pmatrix} 6 \\ 10 \\ 2{,}5 \end{pmatrix}$

6 m tief, 10 m nördlich, 2,5 m westlich.

b)

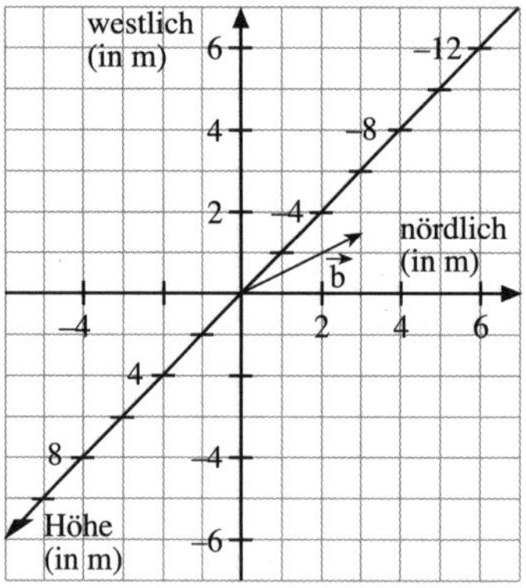

3. a) $\begin{pmatrix} -2 \\ 10 \\ 14 \end{pmatrix}$ **b)** $\begin{pmatrix} 3 \\ -6 \\ 4{,}5 \end{pmatrix}$ **c)** $\begin{pmatrix} -2 \\ 0 \\ -2{,}5 \end{pmatrix}$ **d)** $\begin{pmatrix} -6 \\ -3 \\ 15 \end{pmatrix}$ **e)** $\begin{pmatrix} 5 \\ -7{,}5 \\ 6{,}25 \end{pmatrix}$

230

4. (1) Wegen der ersten Koordinate müsste der Faktor (–1) sein.
Dies passt nicht zur dritten Koordinate.

(2) Wegen der ersten Koordinate müsste der Faktor $\frac{1}{2}$ sein.
Dies passt weder zur zweiten noch zur dritten Koordinate.

(3) Wegen der ersten Koordinate müsste der Faktor $\frac{1}{2}$ sein.
Dies passt nicht zur dritten Koordinate.

(4) Da $\vec{a}$ und $\vec{b}$ die gleiche x_3-Koordinate haben aber unterschiedliche x_1- und x_2-Koordinaten kann $\vec{b}$ kein Vielfaches von $\vec{a}$ sein.

5. Mehrere Lösungen immer möglich; einfache Beispiele:

a) $\vec{a} = \frac{1}{6} \cdot \begin{pmatrix} 4 \\ -6 \\ 3 \end{pmatrix}$

b) $\vec{a} = \frac{1}{12} \cdot \begin{pmatrix} -48 \\ -9 \\ 4 \end{pmatrix}$

c) $\vec{a} = 6 \cdot \begin{pmatrix} 3 \\ 2 \\ 4 \end{pmatrix}$ Hier wäre die Aufgabenstellung ebenfalls eine Lösung.

d) $\vec{a} = \frac{1}{6} \cdot \begin{pmatrix} -3 \\ 120 \\ 4 \end{pmatrix}$

6. (1) $\frac{1}{2}\vec{a} + \frac{1}{2}\vec{b}$ (2) $-\vec{a} + \vec{b}$ (3) $\vec{a} + \frac{1}{2}\vec{b}$ (4) $\frac{1}{2}\vec{b}$

7. $\overrightarrow{AB} = \begin{pmatrix} -6 \\ 4 \\ 2 \end{pmatrix}$; $\overrightarrow{AC} = \begin{pmatrix} 4 \\ -6 \\ -2 \end{pmatrix}$; $\overrightarrow{BC} = \begin{pmatrix} 10 \\ -10 \\ -4 \end{pmatrix}$

$$\overrightarrow{M_aM_b} = \frac{1}{2}\left(\overrightarrow{AC} - \overrightarrow{BC}\right) = \begin{pmatrix} -3 \\ 2 \\ 1 \end{pmatrix}$$

$$\overrightarrow{M_aM_c} = \frac{1}{2}\left(-\overrightarrow{BC} - \overrightarrow{AB}\right) = \begin{pmatrix} -2 \\ 3 \\ 1 \end{pmatrix}$$

$$\overrightarrow{M_bM_c} = \frac{1}{2}\left(-\overrightarrow{AC} + \overrightarrow{AB}\right) = \begin{pmatrix} -5 \\ 5 \\ 2 \end{pmatrix}$$

Die Dreiecke ABC und $M_aM_bM_c$ sind gleichschenklig und zudem ähnlich.

231

8.

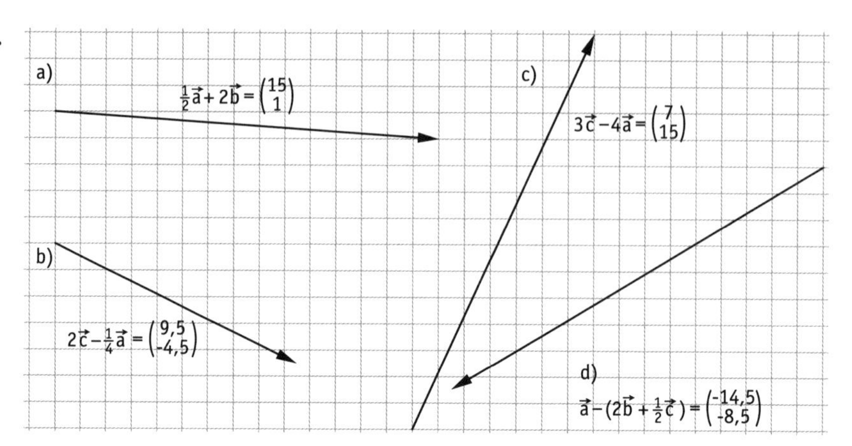

9. M(2 | 3 | 5) ist nicht der Mittelpunkt von $\overline{AB}$, sondern die Hälfte des Vektors $\overrightarrow{AB}$. Der Mittelpunkt ist $\vec{m} = \overrightarrow{OA} + \frac{1}{2}\overrightarrow{AB} = \begin{pmatrix} 2 \\ 8 \\ -4 \end{pmatrix} + \begin{pmatrix} 2 \\ -3 \\ 5 \end{pmatrix} = \begin{pmatrix} 4 \\ 5 \\ 1 \end{pmatrix}$

$\Rightarrow$ M(4 | 5 | 1).

10. a)/b) $\vec{m} = \overrightarrow{OA} + \overrightarrow{AM} = \overrightarrow{OA} + \frac{1}{2}\overrightarrow{AB} = \vec{a} + \vec{p}$

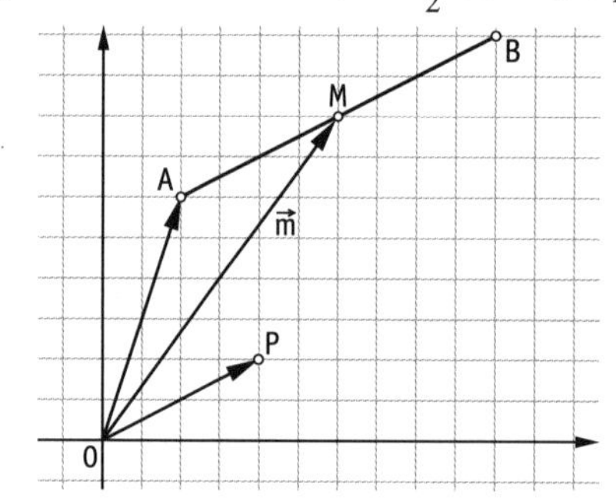

11. $\overrightarrow{AM_1} = \vec{a} + \frac{1}{2}\vec{b} + \frac{1}{2}\vec{c}$ $\overrightarrow{M_1M_2} = \frac{1}{2}\vec{b} - \frac{1}{2}\vec{a}$

$\overrightarrow{HM_3} = -\frac{1}{2}\vec{c} - \frac{1}{2}\vec{b}$ $\overrightarrow{M_2A} = -\frac{1}{2}\vec{c} - \frac{1}{2}\vec{a} - \vec{b}$

12. $\overrightarrow{MS} = -\frac{1}{2}(\vec{a} + \vec{b}) + \vec{c}$ $\overrightarrow{CS} = -(\vec{a} + \vec{b}) + \vec{c}$ $\overrightarrow{SB} = \vec{a} - \vec{c}$

13. a) $\vec{a} = \begin{pmatrix} \frac{2}{3} \\ -\frac{1}{3} \\ \frac{2}{3} \end{pmatrix}$ **b)** $\vec{a} = \frac{1}{5\sqrt{2}}\begin{pmatrix} 5 \\ 3 \\ -4 \end{pmatrix}$ **c)** $\vec{a} = \frac{1}{\sqrt{106}}\begin{pmatrix} 9 \\ 0 \\ 5 \end{pmatrix}$ **d)** $\vec{a} = \frac{1}{\sqrt{2}}\begin{pmatrix} 1 \\ 0 \\ 1 \end{pmatrix}$

14. $\overrightarrow{PQ} = \frac{1}{2}\vec{b} + \frac{1}{2}\vec{a} - \vec{c} = \frac{1}{2}(\vec{a} + \vec{b}) - \vec{c}$

Blickpunkt: Bewegung auf dem Wasser

232

1. **a)**

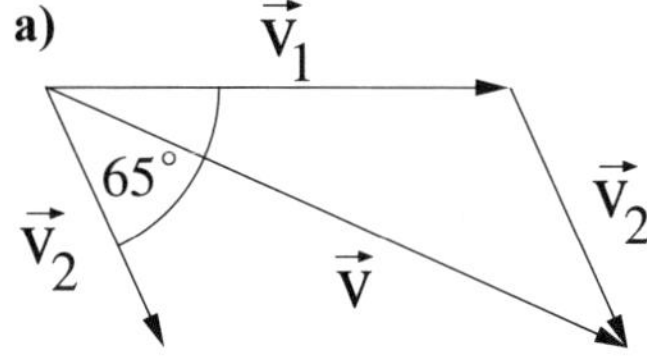

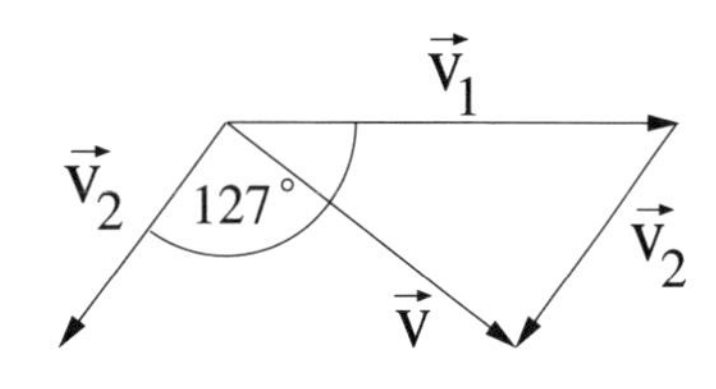

$\alpha = 65°$: $|\vec{v}| \approx 6{,}9\ \frac{m}{s}$ $\alpha = 127°$: $|\vec{v}| = 4\ \frac{m}{s}$

Kontrollrechnung mit Kosinussatz:

$$|\vec{v}|^2 = |\vec{v_1}|^2 + |\vec{v_2}|^2 - 2|\vec{v_1}||\vec{v_2}|\cos(180° - \alpha)$$

$$\Rightarrow \alpha = 65° \Rightarrow |\vec{v}| = 6{,}83\ \frac{m}{s}$$

$$\alpha = 127° \Rightarrow |\vec{v}| = 3{,}9932\ \frac{m}{s}$$

b) $\vec{v} = \overrightarrow{v_1} + \overrightarrow{v_2} = \begin{pmatrix} 2 \\ 4 \end{pmatrix}$

$|\vec{v}| = \sqrt{20}\ \frac{m}{s} \approx 4{,}47\ \frac{m}{s}$

2. Nach Kosinussatz: 35 405,8 N

233

3. **a)** Sei α der Winkel, den die Vektoren $\vec{F}_{Schlepper}$ und $\vec{v}$, also die Kraft des Schleppers und Bewegungsrichtung, bilden.
Dann gilt für die wirksame Kraft entlang $\vec{v}$:
$|\vec{F}_{wirksam}| = |\vec{F}_{Schlepper}| \cdot \cos\alpha$
Im Bild ist $\alpha = 45° \Rightarrow |\vec{F}_{wirksam}| \approx 24\,748{,}7$ N

b)

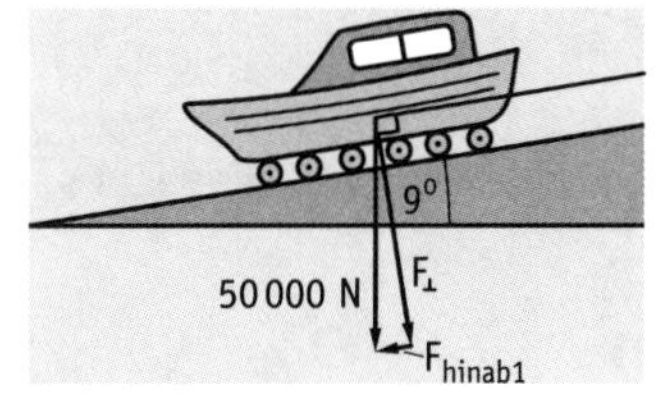

zeichnerisch:
$F_\perp \approx 49\,218{,}8$ N
$F_{hinab} \approx 8\,593{,}8$ N
rechnerisch:
$F_\perp = 50\,000\ \text{N} \cdot \cos(9°) = 49\,384{,}4$ N
$F_{hinab} = 50\,000\ \text{N} \cdot \sin(9°) \approx 7\,821{,}7$ N

233

3. b) Fortsetzung
allgemein:
$F_\perp = 50\,000\text{ N} \cdot \cos(\alpha)$
$F_{hinab} = 50\,000\text{ N} \cdot \sin(\alpha)$

Extremfälle für $\alpha = 0 \;\Rightarrow \begin{cases} F_{hinab} = 0\text{ N} \\ F_\perp = 50\,000\text{ N} \end{cases}$

$\alpha = 90° \;\Rightarrow \begin{cases} F_{hinab} = 50\,000\text{ N} \\ F_\perp = 0\text{ N} \end{cases}$

Bis $\alpha = 45°$ gilt $F_\perp > F_{hinab}$ danach $F_\perp < F_{hinab}$.

4.

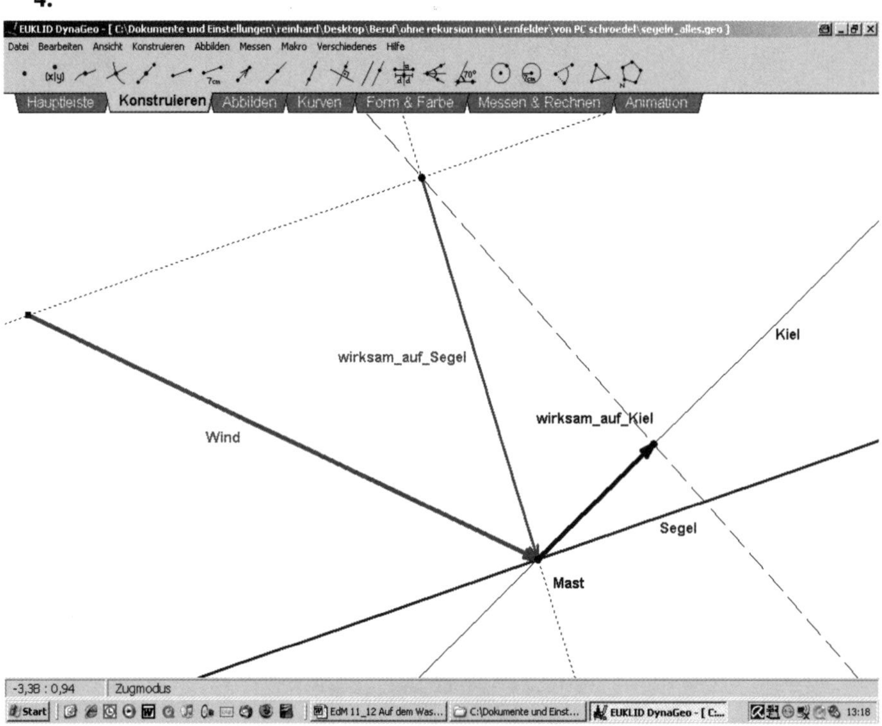

4.2 Geraden im Raum

4.2.1 Parameterdarstellung einer Geraden

236

2. a) Z. B.: $g\colon \overrightarrow{OX} = \begin{pmatrix} 3 \\ 1 \\ -2 \end{pmatrix} + t\begin{pmatrix} -5 \\ 3 \\ -5 \end{pmatrix};\ t \in \mathbb{R}$, $g\colon \overrightarrow{OX} = \begin{pmatrix} -2 \\ 4 \\ -7 \end{pmatrix} + t\begin{pmatrix} 5 \\ -3 \\ 5 \end{pmatrix};\ t \in \mathbb{R}$

236

2. b) Weitere Darstellungen erhält man entweder durch das Ändern des Stützvektors zu einem Ortsvektor eines anderen Punktes auf der Geraden oder durch Vervielfachen des Richtungsvektors oder beides gleichzeitig:

Beispiel: $g\colon \overrightarrow{OX} = \begin{pmatrix} 8 \\ -2 \\ 3 \end{pmatrix} + t \begin{pmatrix} 10 \\ -6 \\ 10 \end{pmatrix};\ t \in \mathbb{R}$

$g\colon \vec{x} = \begin{pmatrix} 3 \\ 1 \\ -2 \end{pmatrix} + t \begin{pmatrix} 5 \\ -3 \\ 5 \end{pmatrix};\ t \in \mathbb{R}$

$g\colon \vec{x} = \begin{pmatrix} -2 \\ 4 \\ -7 \end{pmatrix} + t \begin{pmatrix} -2,5 \\ 1,5 \\ -2,5 \end{pmatrix};\ t \in \mathbb{R}$

$g\colon \vec{x} = \begin{pmatrix} -7 \\ 7 \\ -12 \end{pmatrix} + t \begin{pmatrix} -20 \\ 12 \\ -20 \end{pmatrix};\ t \in \mathbb{R}$

3. Zunächst wird der Punkt A aus dem Stützvektor $\overrightarrow{OA} = \begin{pmatrix} 4 \\ 3 \\ 3 \end{pmatrix}$ eingezeichnet.

Von Punkt A ausgehend wird der Richtungsvektor $\begin{pmatrix} -2 \\ 1 \\ -3 \end{pmatrix}$ eingezeichnet

und dieser in beide Richtungen zu einer Geraden verlängert.

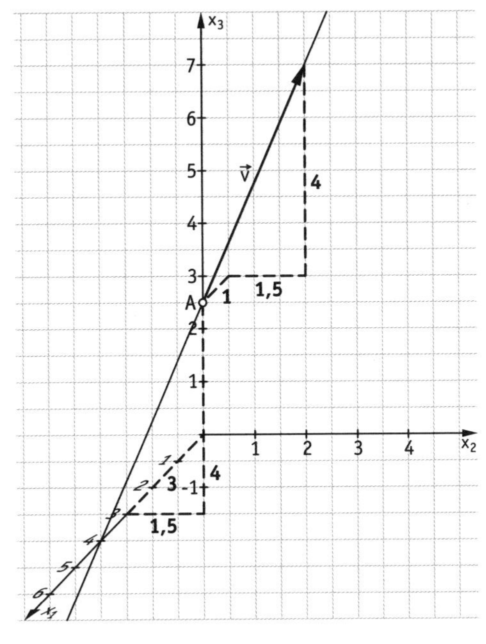

236

4. a) S_{12} (3 | 4 | 0); S_{13} (1 | 0 | 2); S_{23} (0 | −2 | 3)
Zeichnung: siehe Aufgabenstellung.
Die Gerade verläuft vor der x_3-Achse bis sie den Spurpunkt S_{23} erreicht.

b) S_{12} (−6 | 2 | 0); S_{13} (−2 | 0 | 6); S_{23} (0 | −1 | 9)

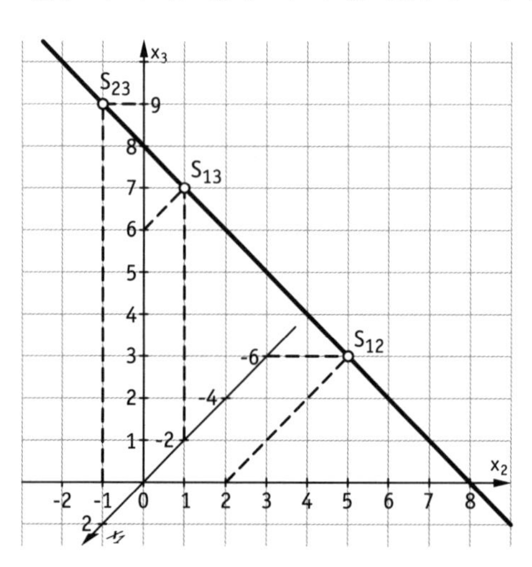

Die Gerade verläuft hinter der x_3-Achse im Großteil der Zeichnung, erst bei S_{23} kommt sie nach vorne.

237

5. a) Nach 1 Minute: A_1 (5308 | 870 | −38)
Nach 3 Minuten: A_3 (5456 | 1000 | −46)
Nach 5 Minuten: A_5 (5604 | 1130 | −54)
Die Punkte liegen auf einer Geraden.

b) $\overrightarrow{OX} = \begin{pmatrix} 5234 \\ 805 \\ -34 \end{pmatrix} + t \begin{pmatrix} 74 \\ 65 \\ -4 \end{pmatrix}$ mit $t \in \mathbb{R}$, t gemessen in Minuten.

Der Ortsvektor ist gegeben durch den Ortsvektor des Startpunktes und ein Vielfaches des Vektors der Bewegungsrichtung.

c) Nach 13 Minuten erreicht das Tauchboot den Punkt Q.

237

6. Es gibt unendlich viele Lösungen. Beispiele:

$$g\colon \vec{x} = \begin{pmatrix} 0 \\ 0 \\ 0 \end{pmatrix} + s\begin{pmatrix} 3 \\ -2 \\ 4 \end{pmatrix} = s\begin{pmatrix} 3 \\ -2 \\ 4 \end{pmatrix};\ s \in \mathbb{R}$$

$$g\colon \vec{x} = \begin{pmatrix} 3 \\ -2 \\ 4 \end{pmatrix} + r\begin{pmatrix} 3 \\ -2 \\ 4 \end{pmatrix};\ r \in \mathbb{R}$$

$$g\colon \vec{x} = \begin{pmatrix} -3 \\ 2 \\ -4 \end{pmatrix} + t\begin{pmatrix} 6 \\ -4 \\ 8 \end{pmatrix};\ t \in \mathbb{R}$$

7. a) Z. B.: $g\colon \vec{x} = \begin{pmatrix} -2 \\ 5 \\ 3 \end{pmatrix} + t\begin{pmatrix} 4 \\ -8 \\ -2 \end{pmatrix};\ t \in \mathbb{R}$

oder $g\colon \vec{x} = \begin{pmatrix} 2 \\ -3 \\ 1 \end{pmatrix} + s\begin{pmatrix} -4 \\ 8 \\ 2 \end{pmatrix};\ s \in \mathbb{R}$

P liegt auf g (im Beispiel: $t = -3$, $s = 4$)

b) Z. B.: $g\colon \vec{x} = \begin{pmatrix} 5 \\ -3 \\ -1 \end{pmatrix} + t\begin{pmatrix} -3 \\ 2 \\ 3 \end{pmatrix};\ t \in \mathbb{R}$

oder $g\colon \vec{x} = \begin{pmatrix} 2 \\ -1 \\ 2 \end{pmatrix} + s\begin{pmatrix} -6 \\ 4 \\ 6 \end{pmatrix};\ s \in \mathbb{R}$

P liegt nicht auf g.

237

8. a) (3) g: $\vec{x} = \begin{pmatrix} -3 \\ -3 \\ 1 \end{pmatrix} + r \begin{pmatrix} 3 \\ 2 \\ -1 \end{pmatrix}$; $r \in \mathbb{R}$

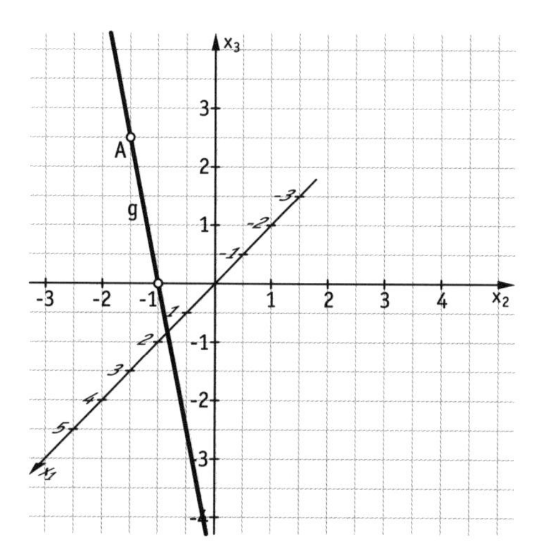

b) (1) $\left(2{,}5 \mid \frac{17}{4} \mid 0\right)$ (2) $(0 \mid 1 \mid 0)$ (3) $(0 \mid -1 \mid 0)$

Dies sind jeweils die Schnittpunkte der Geraden g mit der x_1x_2-Ebene .

9. a) Ursprungsgerade in x_1x_2-Ebene z. B.: g: $\vec{x} = \begin{pmatrix} 1 \\ 1 \\ 0 \end{pmatrix} + t \begin{pmatrix} 1 \\ 1 \\ 0 \end{pmatrix}$; $t \in \mathbb{R}$

b) x_2-Achse z. B.: $\vec{x} = \begin{pmatrix} 0 \\ 1 \\ 0 \end{pmatrix} + t \begin{pmatrix} 0 \\ 1 \\ 0 \end{pmatrix}$; $t \in \mathbb{R}$

c) Ursprungsgerade in x_2x_3-Ebene z. B.: g: $\vec{x} = \begin{pmatrix} 0 \\ 1 \\ -1 \end{pmatrix} + t \begin{pmatrix} 0 \\ 1 \\ -1 \end{pmatrix}$; $t \in \mathbb{R}$

d) Gerade verläuft in x_2x_3-Ebene z. B.: g: $\vec{x} = \begin{pmatrix} 2 \\ 0 \\ 3 \end{pmatrix} + t \begin{pmatrix} 1 \\ 0 \\ 1 \end{pmatrix}$; $t \in \mathbb{R}$

237

10. **a)** Z. B: g: $\vec{x} = \begin{pmatrix} -5 \\ 3 \\ 1 \end{pmatrix} + t \begin{pmatrix} 4 \\ 2 \\ -8 \end{pmatrix}$

b) Die Richtungsvektoren sind Vielfache voneinander:

$-5 \cdot \begin{pmatrix} 2 \\ 1 \\ -4 \end{pmatrix} = \begin{pmatrix} -10 \\ -5 \\ 20 \end{pmatrix}.$

Der Stützvektor $\begin{pmatrix} 29 \\ 20 \\ -67 \end{pmatrix}$ liegt auf g (für k = 17). Es ist die selbe Gerade.

11. **a)** Alle Punkte der Strecke $\overline{AB}$ mit A(–4 | –6 | 3) und B(1 | 9 | 3) inklusive der Punkte A und B.

b) Alle inneren Punkte der Strecke $\overline{CD}$ mit C(4 | 0 | –4) und D(20 | –8 | 0) (d. h. exklusive der Punkte C und D).

12. **a)** (1) (0 | 11 | –1) (2) (8 | 3 | –5) **b)** (1) (0 | 15 | 0) (2) (–18 | 3 | 12)

238

13. **a)** A liegt auf g für k = –2.
B liegt nicht auf g.
C liegt auf g für k = 5.

b) A liegt auf g für t = –3.
B liegt nicht auf g.
C liegt nicht auf g.

14. **a)** $\overrightarrow{PQ} = \begin{pmatrix} -2 \\ -4 \\ 4 \end{pmatrix}$, $\overrightarrow{PR} = \begin{pmatrix} 3 \\ 6 \\ -6 \end{pmatrix}$

Da $\overrightarrow{PR} = -\frac{3}{2} \cdot \overrightarrow{PQ}$ liegen P, Q, R auf einer Geraden und da der Vorfaktor negativ ist, liegt P zwischen Q und R.

b) $\overrightarrow{PQ} = \begin{pmatrix} 24 \\ -32 \\ 16 \end{pmatrix}$, $\overrightarrow{PR} = \begin{pmatrix} 15 \\ -20 \\ 10 \end{pmatrix}$, $\overrightarrow{PR} = \frac{5}{8}\overrightarrow{PQ}$

P, Q, R liegen auf einer Geraden. Da $\frac{5}{8} < 1$ liegt Q näher an P als R. Q liegt in der Mitte.

15. Beim Stützvektor kommt es auf die Länge an. Nur beim Richtungsvektor ist die Länge irrelevant. Zu einem bekannten Stützvektor dürfen Vielfache eines Richtungsvektors addiert werden. Kristins alternative Darstellung der Geraden ist daher falsch.

238

16. **a)** P(−4634 | 2035 | −500)

b) $\overrightarrow{PW} = \begin{pmatrix} 69 \\ 80 \\ -8 \end{pmatrix}$

Entfernung Tauchboot zum Wrack ist die Länge des Vektors $\overrightarrow{PW}$:

$|\overrightarrow{PW}| = \sqrt{11\,225} \approx 105{,}95 > 100$

Die Crew sieht das Wrack nicht.

17. **a)** Z. B. g: $\vec{x} = \begin{pmatrix} 11 \\ 1 \\ 6 \end{pmatrix} + k \begin{pmatrix} -6 \\ -2 \\ -4 \end{pmatrix}$; $k \in \mathbb{R}$

Für $0 < k < 1$ liegen alle Punkte der Geraden zwischen A und B,
z. B. $k = \frac{1}{2} \rightarrow (8 \mid 0 \mid 4)$ oder $k = \frac{1}{4} \rightarrow (9{,}5 \mid 0{,}5 \mid 5)$

b) Für $k = \frac{5}{2}$ ergibt sich der Ortsvektor vom Punkt (−4 | −4 | −4).

18. **a)** Z. B.: g′: $\vec{x} = \begin{pmatrix} 4 \\ -3 \\ 2 \end{pmatrix} + k \begin{pmatrix} 1 \\ 1 \\ -2 \end{pmatrix}$; $k \in \mathbb{R}$

b) Z. B.: g′: $\vec{x} = \begin{pmatrix} -5 \\ -2 \\ -2 \end{pmatrix} + r \begin{pmatrix} 0 \\ -1 \\ -1 \end{pmatrix}$; $r \in \mathbb{R}$

c) Z. B.: g′: $\vec{x} = \begin{pmatrix} 2 \\ -2 \\ 1 \end{pmatrix} + k \begin{pmatrix} -2 \\ 0 \\ 3 \end{pmatrix}$; $k \in \mathbb{R}$

19. Es gibt unendlich viele äquivalente Lösungen. Als Beispiel wird der Ursprung des Koordinatensystems immer in die untere, hintere, linke Ecke des Körpers gelegt und das Standard-Rechtssystem verwendet. Alle Einheiten sind cm.

a) g: $\vec{x} = \begin{pmatrix} 4 \\ 0 \\ 0 \end{pmatrix} + k \cdot \begin{pmatrix} -4 \\ 6 \\ 3 \end{pmatrix}$; $k \in \mathbb{R}$ h: $\vec{x} = \begin{pmatrix} 2 \\ 0 \\ 3 \end{pmatrix} + r \cdot \begin{pmatrix} 0 \\ 6 \\ -3 \end{pmatrix}$; $r \in \mathbb{R}$

i: $\vec{x} = \begin{pmatrix} 0 \\ 3 \\ 3 \end{pmatrix} + t \cdot \begin{pmatrix} 2 \\ 3 \\ -3 \end{pmatrix}$; $t \in \mathbb{R}$ k: $\vec{x} = \begin{pmatrix} 0 \\ 3 \\ 3 \end{pmatrix} + s \cdot \begin{pmatrix} 4 \\ 3 \\ -3 \end{pmatrix}$; $s \in \mathbb{R}$

238

19. b) g: $\vec{x} = \begin{pmatrix} 4 \\ 6 \\ 0 \end{pmatrix} + k \cdot \begin{pmatrix} -4 \\ -3 \\ 3 \end{pmatrix}$; $k \in \mathbb{R}$ h: $\vec{x} = \begin{pmatrix} 0 \\ 3 \\ 3 \end{pmatrix} + r \cdot \begin{pmatrix} 2 \\ 3 \\ -3 \end{pmatrix}$; $r \in \mathbb{R}$

i: $\vec{x} = \begin{pmatrix} 2 \\ 6 \\ 0 \end{pmatrix} + t \cdot \begin{pmatrix} -2 \\ -6 \\ 3 \end{pmatrix}$; $t \in \mathbb{R}$ k: $\vec{x} = \begin{pmatrix} 2 \\ 0 \\ 0 \end{pmatrix} + s \cdot \begin{pmatrix} -2 \\ 6 \\ 3 \end{pmatrix}$; $s \in \mathbb{R}$

c) g: $\vec{x} = \begin{pmatrix} 0 \\ 0 \\ 0 \end{pmatrix} + t \cdot \begin{pmatrix} 3 \\ 3 \\ 2{,}5 \end{pmatrix}$; $t \in \mathbb{R}$ i: $\vec{x} = \begin{pmatrix} 4 \\ 0 \\ 0 \end{pmatrix} + s \cdot \begin{pmatrix} -2 \\ 4 \\ 0 \end{pmatrix}$; $s \in \mathbb{R}$

k: $\vec{x} = \begin{pmatrix} 2 \\ 4 \\ 0 \end{pmatrix} + r \cdot \begin{pmatrix} 2 \\ 2 \\ 5 \end{pmatrix}$; $r \in \mathbb{R}$

239

20. $\overrightarrow{OX} = \begin{pmatrix} 1 \\ 0 \\ 3 \end{pmatrix} + t \cdot \begin{pmatrix} 2 \\ -1 \\ 4 \end{pmatrix}$

21. a) $\overrightarrow{OP_t} = \begin{pmatrix} 3+2t \\ 5t \\ -2-4t \end{pmatrix} = \begin{pmatrix} 3 \\ 0 \\ -2 \end{pmatrix} + t \begin{pmatrix} 2 \\ 5 \\ -4 \end{pmatrix}$; $t \in \mathbb{R}$

Dies ist die Parameterdarstellung einer Geraden.
Alle Punkte P_t liegen auf dieser Geraden.

b) $\overrightarrow{A_1A_2} = \begin{pmatrix} 2 \\ -2 \\ 3 \end{pmatrix}$, $\overrightarrow{A_1A_3} = \begin{pmatrix} 4 \\ -4 \\ 8 \end{pmatrix}$

$\Rightarrow \overrightarrow{A_1A_2}$ ist kein Vielfaches von $\overrightarrow{A_1A_3}$, somit liegen A_1, A_2, A_3 nicht auf einer Geraden. Daher liegen nicht alle A_t auf einer Geraden.

22. a) $\left|\overrightarrow{k_0k_1}\right| = \left\|\begin{pmatrix} -2080 \\ 720 \\ -320 \end{pmatrix}\right\| = \sqrt{4\,947\,200} \approx 2224{,}23 \text{ m}$

Die Zeit zwischen k_0 und k_1 beträgt 32 s.

Geschwindigkeit: $v = \frac{\left|\overrightarrow{k_0k_1}\right|}{32 \text{ s}} = 69{,}51 \ \frac{\text{m}}{\text{s}}$.

239

22. b) Flugbahn als Gerade:

$g\colon \vec{x} = \overrightarrow{OK_0} + r \cdot \overrightarrow{K_0K_1};\ r \in \mathbb{R}$

Für $r = 3{,}1875$ wird $x_3 = 0$ (Landung).

Dies erfolgt im Punkt $(1415 \mid 40 \mid 0)$.

Eine Kurskorrektur ist notwendig.

Neue Gerade der Flugbewegung:

$h\colon \vec{x} = \overrightarrow{OK_1} + t \cdot \overrightarrow{K_1L};\ t \in \mathbb{R}$, d. h. der neue Kurs ab K_1 ist

$$\overrightarrow{K_1L} = \begin{pmatrix} -4465 \\ 1585 \\ -700 \end{pmatrix}.$$

23. a) $S_{12}(2 \mid -1 \mid 0)$

$S_{13}\left(\frac{4}{3} \mid 0 \mid 1\right)$

$S_{23}(0 \mid 2 \mid 3)$

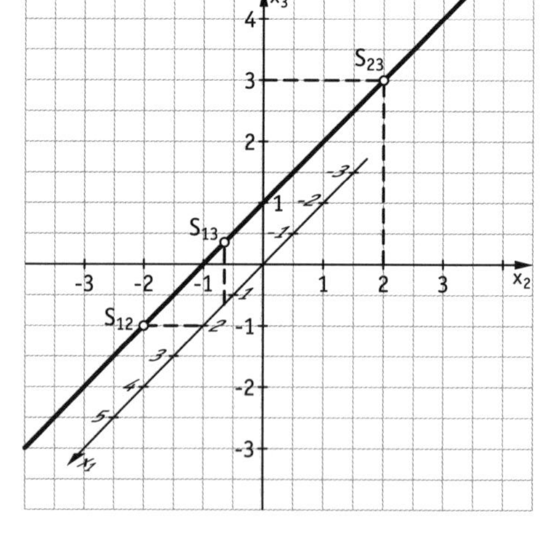

Von links unten kommend, schneidet die Gerade im Punkt S_{12} die x_1x_2-Ebene und verläuft vor der x_2-Achse bis zum Schnittpunkt S_{13} mit der x_1x_3-Ebene. Weiter verläuft sie vor der x_3-Achse bis zum Schnittpunkt S_{23} mit der x_2x_3-Ebene und bleibt dann im oberen, hinteren Oktanden.

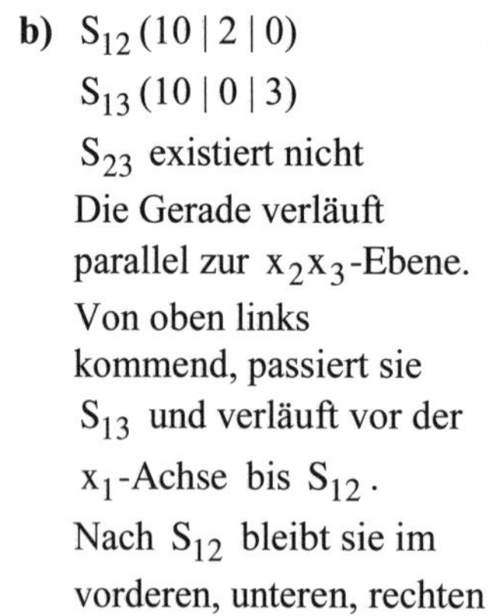

b) $S_{12}(10 \mid 2 \mid 0)$

$S_{13}(10 \mid 0 \mid 3)$

S_{23} existiert nicht

Die Gerade verläuft parallel zur x_2x_3-Ebene. Von oben links kommend, passiert sie S_{13} und verläuft vor der x_1-Achse bis S_{12}. Nach S_{12} bleibt sie im vorderen, unteren, rechten Oktanden.

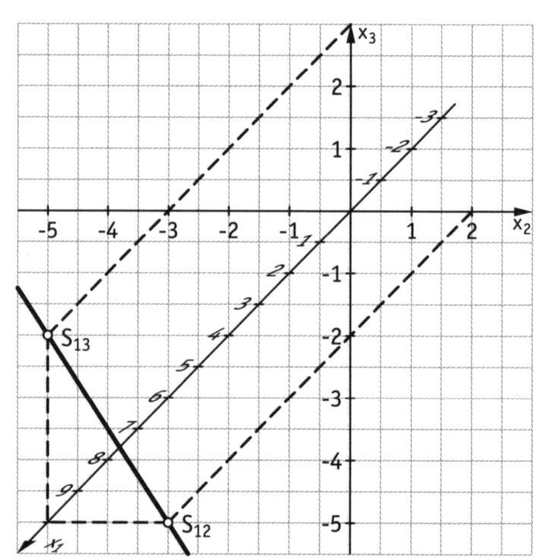

239

23. c) S_{12} existiert nicht

S_{13} existiert nicht

$S_{23}(0 \mid -2 \mid 4)$

Die Gerade ist parallel zur x_1-Achse. Von unten links kommend, verläuft sie im oberen, vorderen, linken Oktanden, bis sie bei S_{23} die x_2x_3-Ebene durchstößt und hinter der x_3-Achse im hinteren, oberen, linken Oktanden bleibt.

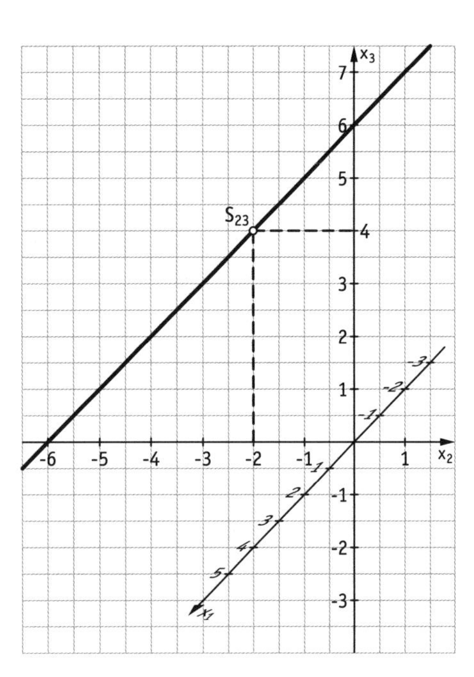

24. a) $S_{12}(6 \mid 0 \mid 0)$

$S_{13}(6 \mid 0 \mid 0)$

$S_{23}(0 \mid 2 \mid 5)$

Die Gerade schneidet die x_1-Achse im Punkt $S_{12} = S_{13}$.

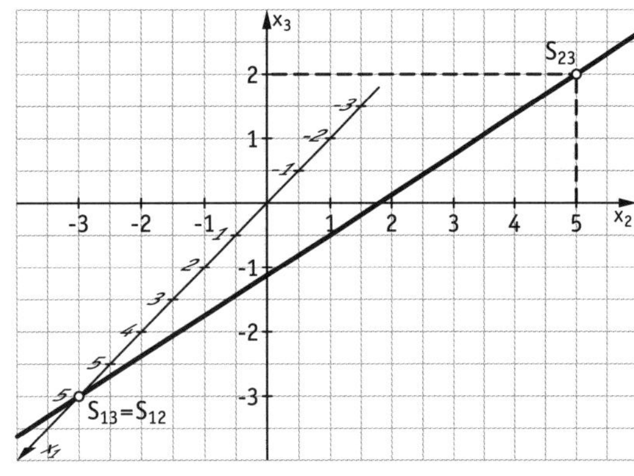

b) $S_{12}(0 \mid 0 \mid 0)$

$S_{13}(0 \mid 0 \mid 0)$

$S_{23}(0 \mid 0 \mid 0)$

Es ist eine Ursprungsgerade, alle 3 Spurpunkte fallen im Ursprung zusammen.

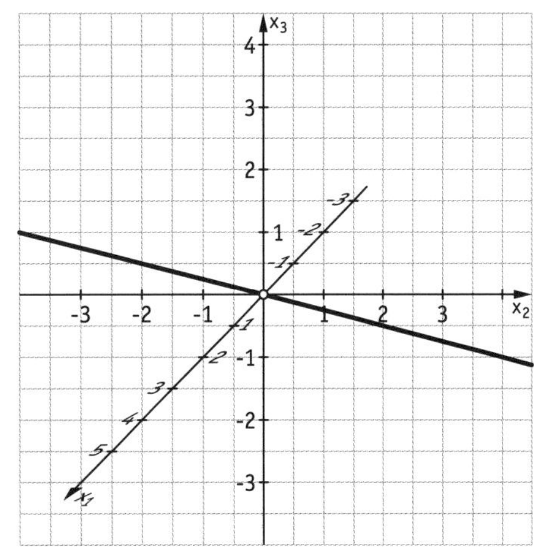

239

24. c) $S_{12}(0 \mid 8 \mid 0)$
$S_{13}(-16 \mid 0 \mid -24)$
$S_{23}(0 \mid 8 \mid 0)$
Die Gerade schneidet die x_2-Achse im Punkt $S_{12} = S_{23}$.
Sie hat nur 2 Spurpunkte.

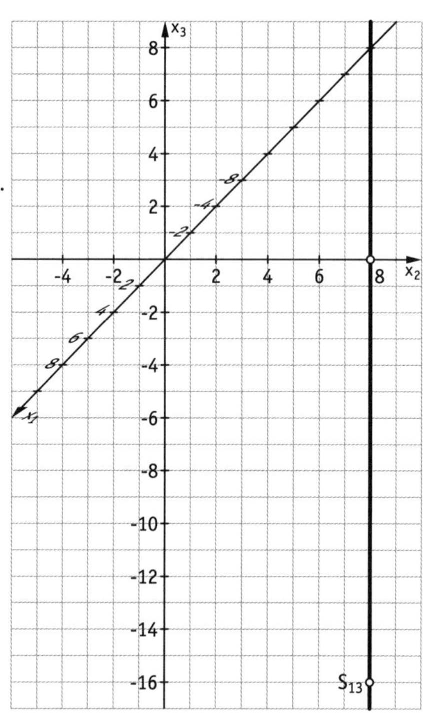

240

25. a) Die Gerade ist parallel zu der x_1x_3-Ebene.

Z. B. g: $\vec{x} = \begin{pmatrix} 1 \\ 2 \\ 3 \end{pmatrix} + s \begin{pmatrix} 1 \\ 0 \\ 1 \end{pmatrix}$; $s \in \mathbb{R}$

b) Bei Ursprungsgeraden. Z. B. g: $\vec{x} = \begin{pmatrix} 0 \\ 0 \\ 0 \end{pmatrix} + s \begin{pmatrix} 1 \\ 1 \\ 1 \end{pmatrix}$; $s \in \mathbb{R}$

c) Z. B. g: $\vec{x} = \begin{pmatrix} 1 \\ 2 \\ 3 \end{pmatrix} + t \begin{pmatrix} 1 \\ 2 \\ 0 \end{pmatrix}$; $t \in \mathbb{R}$

z. B. g: $\vec{x} = \begin{pmatrix} 1 \\ 2 \\ 3 \end{pmatrix} + t \begin{pmatrix} 1 \\ 0 \\ 0 \end{pmatrix}$; $t \in \mathbb{R}$

240

25. d) Z. B. g: $\vec{x} = \begin{pmatrix} 1 \\ 0 \\ 0 \end{pmatrix} + t \begin{pmatrix} 1 \\ 2 \\ 3 \end{pmatrix}$; $t \in \mathbb{R}$

z. B. g: $\vec{x} = \begin{pmatrix} 0 \\ 1 \\ 0 \end{pmatrix} + t \begin{pmatrix} 4 \\ 2 \\ 1 \end{pmatrix}$; $t \in \mathbb{R}$

26. $S_{12}(4 \mid 3 \mid 0)$
$S_{13}(-8 \mid 0 \mid 6)$
$S_{23}(0 \mid 2 \mid 2)$

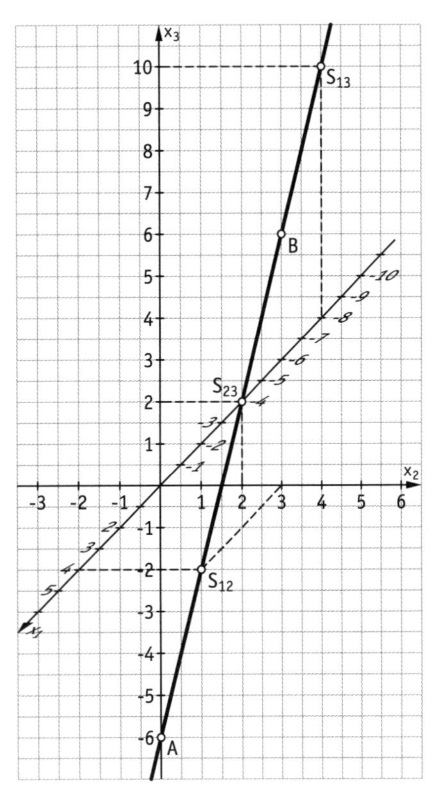

27. a) $S_{13}(4 \mid 0 \mid 3)$; $S_{23}(0 \mid 2 \mid 3)$; z. B. g: $\vec{x} = \begin{pmatrix} 1 \\ \frac{3}{2} \\ 3 \end{pmatrix} + s \begin{pmatrix} -4 \\ 2 \\ 0 \end{pmatrix}$; $s \in \mathbb{R}$

b) $S_{13}(2 \mid 0 \mid 3)$; z. B. g: $\vec{x} = \begin{pmatrix} 2 \\ 4 \\ 3 \end{pmatrix} + t \begin{pmatrix} 0 \\ 1 \\ 0 \end{pmatrix}$; $t \in \mathbb{R}$

240

28. g_1: parallel zur x_3-Achse und in der x_2x_3-Ebene
g_2: in der x_1x_3-Ebene
g_3: Ursprungsgerade in der x_1x_3-Ebene
g_4: keine besondere Lage

29.

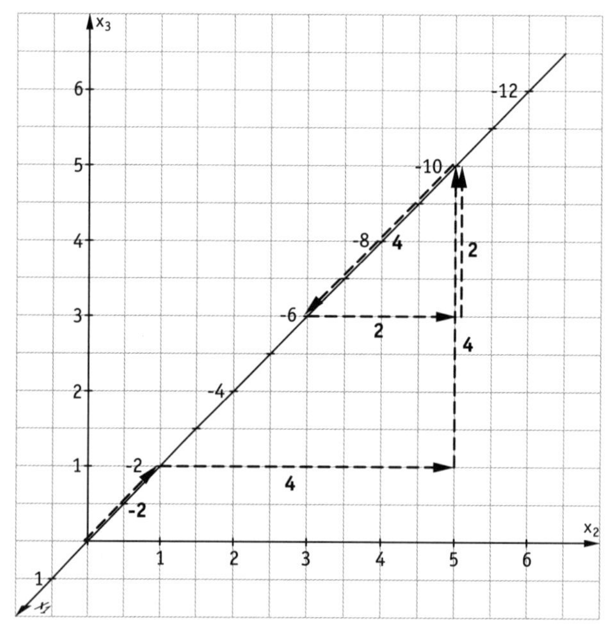

Nach dem Verfahren von Aufgabe 3 landet man bei der Konstruktion des Stützvektors und des Richtungsvektors auf derselben Stelle in der Zeichnung, die Punkte sind aber unterschiedlich. Der Richtungsvektor kommt dem Betrachter entgegen, sodass man ihn in dieser Zeichnung „nicht sieht".
Weitere Beispiele:

$$g\colon\ \vec{x} = \begin{pmatrix} 5 \\ 0 \\ 0 \end{pmatrix} + t \begin{pmatrix} 2 \\ 1 \\ 1 \end{pmatrix};\ t \in \mathbb{R}$$

und alle Geraden mit Richtungsvektoren, die Vielfache von $\begin{pmatrix} 2 \\ 1 \\ 1 \end{pmatrix}$ sind.

240

30. a) Z. B. g_1: $\vec{x} = \begin{pmatrix} 0 \\ 0 \\ 4 \end{pmatrix} + k\begin{pmatrix} 0 \\ 1 \\ 0 \end{pmatrix}$; $k \in \mathbb{R}$

Allgemein: Für den Stützvektor $\vec{v}$ muss gelten:

$\vec{v} = a \cdot \begin{pmatrix} 1 \\ 0 \\ 0 \end{pmatrix} + b\begin{pmatrix} 0 \\ 0 \\ 1 \end{pmatrix}$ mit $|\vec{v}| = 4$ und a, $b \in \mathbb{R}$.

Der Richtungsvektor muss ein Vielfaches von $\begin{pmatrix} 0 \\ 1 \\ 0 \end{pmatrix}$ sein.

b) Z. B. g: $\vec{x} = \begin{pmatrix} 0 \\ 0 \\ 2 \end{pmatrix} + k\begin{pmatrix} 1 \\ 1 \\ 0 \end{pmatrix}$; $k \in \mathbb{R}$

Allgemein: g: $\vec{x} = \vec{v} + k \cdot \vec{w}$; $k \in \mathbb{R}$

mit $\vec{v} = a \cdot \begin{pmatrix} 0 \\ 0 \\ 1 \end{pmatrix} + b\begin{pmatrix} -1 \\ 1 \\ 0 \end{pmatrix}$ und $|\vec{v}| = 2$ und a, $b \in \mathbb{R}$

und $\vec{w} = c \cdot \begin{pmatrix} 1 \\ 1 \\ 0 \end{pmatrix}$ mit $c \in \mathbb{R}\backslash\{0\}$.

c) Mögliches Vorgehen:

- Richtungsvektor $\vec{w}$ parallel zur x_1-Achse $\Rightarrow \vec{w}$ Vielfaches von $\begin{pmatrix} 1 \\ 0 \\ 0 \end{pmatrix}$

- Stützvektor $\vec{v} = \begin{pmatrix} v_1 \\ v_2 \\ v_3 \end{pmatrix}$ muss in x_1x_3-Ebene liegen $\Rightarrow v_2 = 0$

Der Abstand von der x_1-Achse muss 3 betragen $\Rightarrow v_3 = 3$

v_1 bleibt beliebig.

$\Rightarrow$ g: $\vec{x} = \begin{pmatrix} v_1 \\ 0 \\ 3 \end{pmatrix} + t \cdot \begin{pmatrix} 1 \\ 0 \\ 0 \end{pmatrix}$; $t \in \mathbb{R}$, $v_1 \in \mathbb{R}$ beliebig aber fest.

31. $\overrightarrow{OX} = \begin{pmatrix} 1 \\ -2 \\ 1 \end{pmatrix} + t \cdot \begin{pmatrix} -1 \\ 1 \\ 3 \end{pmatrix}$; $R(2 \mid r_2 \mid r_3)$

Punktprobe für R bringt für die 1. Koordinate x_1:

$2 = 1 - t$; $t = -1$ also $R(2 \mid -3 \mid -2)$

4.2.2 Lagebeziehungen zwischen Geraden

243

3. (1) Die Richtungsvektoren sind keine Vielfachen voneinander.

Das lineare Gleichungssystem $\left|\begin{array}{l} 3r - 2t = -1 \\ -r + t = 1 \\ 4r - t = 2 \end{array}\right|$

hat die Lösung r = 1; t = 2. g und h schneiden sich in Punkt S (5 | –5 | 5).

(2) Die Richtungsvektoren sind Vielfache voneinander, da

$2 \cdot \begin{pmatrix} 1{,}5 \\ -0{,}5 \\ 2 \end{pmatrix} = \begin{pmatrix} 3 \\ -1 \\ 4 \end{pmatrix}$. Da aber (5 | 7 | 5) nicht auf g liegt, sind die Geraden g und k parallel.

(3) Die Richtungsvektoren sind keine Vielfachen voneinander.

Das lineare Gleichungssystem $\left|\begin{array}{l} 3r - 2t = 3 \\ -r - t = -1 \\ 4r + 8t = -1 \end{array}\right|$

hat keine Lösung, d. h. g und l sind zueinander windschief.

4. **a)** g und h schneiden sich im Punkt S (–5 | 1 | 4).
b) g und h sind zueinander parallel.
c) g und h sind identisch.
d) g und h sind windschief.

5. $g \nparallel h$, die Richtungsvektoren sind nicht kollinear zueinander.

$$\begin{pmatrix} 2 \\ 0 \\ 3 \end{pmatrix} + r \begin{pmatrix} -1 \\ 2 \\ 2 \end{pmatrix} = \begin{pmatrix} 4 \\ 4 \\ 0 \end{pmatrix} + s \begin{pmatrix} 3 \\ 2 \\ -5 \end{pmatrix}$$

$\left|\begin{array}{l} -r - 3s = 6 \\ 2r - 2s = 4 \\ 2r + 5s = 0 \end{array}\right|$; 3. Gleichung von 2. Gleichung subtrahieren ergibt:

$$\left|\begin{array}{l} -r - 3s = 6 \\ 2r - 2s = 4 \\ \quad -7s = 4 \end{array}\right|; \left|\begin{array}{l} r = -3s - 6 \\ r = s + 2 \\ s = -\frac{4}{7} \end{array}\right|; \left|\begin{array}{l} r = -\frac{30}{7} \\ r = \frac{10}{7} \\ s = -\frac{4}{7} \end{array}\right|$$

Es entsteht ein Widerspruch; g und h sind zueinander windschief.

243

5. Fortsetzung

$g \nparallel k$, die Richtungsvektoren sind nicht kollinear zueinander.

$$\begin{pmatrix}2\\0\\3\end{pmatrix} + r\begin{pmatrix}-1\\2\\2\end{pmatrix} = \begin{pmatrix}2,5\\4\\0\end{pmatrix} + t\begin{pmatrix}-3\\-2\\5\end{pmatrix}$$

$$\left|\begin{array}{l} -r + 3t = 0,5 \\ 2r + 2t = 4 \\ 2r - 5t = -3 \end{array}\right|; \text{ 3. Gleichung von 2. Gleichung subtrahieren ergibt:}$$

$$\left|\begin{array}{r} -r + 3t = 0,5 \\ 2r + 2t = 4 \\ 7t = 7 \end{array}\right| \begin{array}{l} r = 3t - 0,5 \\ r = -t + 2 \\ t = 1 \end{array} \Bigg| ; \left|\begin{array}{l} r = 2,5 \\ r = 1 \\ t = 1 \end{array}\right| ; \text{ Widerspruch}$$

Die Geraden g und k sind zueinander windschief.

$h \parallel k$, die Richtungsvektoren sind kollinear zueinander.

Punktprobe für (2,5 | 4 | 0) bei h:

$$\left|\begin{array}{r} 2,5 = 2 - r \\ 4 = 0 + 2r \\ 0 = 3 + 2r \end{array}\right| ; \left|\begin{array}{l} r = -\frac{1}{2} \\ r = 2 \\ r = -\frac{3}{2} \end{array}\right| ; \text{ h und k sind zueinander parallel, aber verschieden.}$$

6. a) Die Richtungsvektoren sind nicht kollinear zueinander.

$$\left|\begin{array}{c} 5 + t = -1 + 4s \\ 0 + 2t = -2 - 2s \\ 3 - t = 6 - s \end{array}\right| ; \left|\begin{array}{c} t - 4s = -6 \\ 2t + 2s = -2 \\ -t + s = 3 \end{array}\right| \quad \text{1. und 3. Gleichung addieren ergibt:}$$

$$\left|\begin{array}{r} -3s = -3 \\ 2t + 2s = -2 \\ -t + s = 3 \end{array}\right| ; \left|\begin{array}{l} s = 1 \\ t = -s - 1 \\ t = s - 3 \end{array}\right| ; \left|\begin{array}{l} s = 1 \\ t = -2 \\ t = -2 \end{array}\right|$$

Gemeinsamer Punkt S(3 | –4 | 5)

b) Die Richtungsvektoren sind nicht kollinear zueinander.

$$\left|\begin{array}{c} 0 + 6t = -6 + 6s \\ -4 + 7t = -11 + 7s \\ 5 - 5t = 10 + 5s \end{array}\right| ; \left|\begin{array}{c} 6t - 6s = -6 \\ 7t - 7s = -7 \\ -5t - 5s = s \end{array}\right| ; \left|\begin{array}{l} t - s = -1 \\ t - s = -1 \\ t + s = -1 \end{array}\right| ; \left|\begin{array}{r} -1 + 0 = -1 \\ t = -1 \\ s = 0 \end{array}\right|$$

Gemeinsamer Punkt S(–6 | –11 | 10)

c) Die Richtungsvektoren sind nicht kollinear zueinander.

$$\left|\begin{array}{l} 1 + t = 3 + 4s \\ 0 - t = -2 + 6s \\ 2 + t = 4 \end{array}\right| ; \left|\begin{array}{l} s = -\frac{1}{4}t - \frac{1}{2} \\ s = -\frac{1}{6}t + \frac{1}{3} \\ t = 2 \end{array}\right| ; \left|\begin{array}{l} s = 0 \\ s = 0 \\ t = 2 \end{array}\right|$$

Gemeinsamer Punkt S(3 | –2 | 4)

244

7. a) Z. B.: h: $\vec{x} = \begin{pmatrix} 15 \\ 26 \\ 31 \end{pmatrix} + r \cdot \begin{pmatrix} -2 \\ -3 \\ 5 \end{pmatrix}$; $r \in \mathbb{R}$

b) Z. B.: h: $\vec{x} = \begin{pmatrix} 8 \\ 16 \\ 5 \end{pmatrix} + s \cdot \begin{pmatrix} 1 \\ -4 \\ 0 \end{pmatrix}$; $s \in \mathbb{R}$

8. a) $\left| \begin{matrix} 3 + 2t = 1 + 2s \\ 6 + 4t = 0 + 3s \\ 4 + t = 3 - s \end{matrix} \right|$; $\left| \begin{matrix} 2t - 2s = -2 \\ 4t - 3s = -6 \\ t + s = -1 \end{matrix} \right|$

Das Doppelte der 3. Gleichung von der 1. Gleichung subtrahieren ergibt:

$\left| \begin{matrix} -4s = -4 \\ 4t - 3s = -6 \\ t + s = -1 \end{matrix} \right|$; $\left| \begin{matrix} s = 1 \\ t = \frac{3}{4}s - \frac{3}{2} \\ t = -s - 1 \end{matrix} \right|$; $\left| \begin{matrix} s = 1 \\ t = -\frac{3}{4} \\ t = -2 \end{matrix} \right|$

Keine gemeinsamen Punkte, Richtungsvektoren nicht kollinear zueinander.

Die Geraden g, h und k bilden ein Dreieck mit den Eckpunkten A(3 | −1 | −2), B(5 | 3 | 8), C(−1 | 2 | 0).

b) $\left| \begin{matrix} 0 + t = 1 + 2s \\ 1 = 0 + s \\ 1 + t = 0 + s \end{matrix} \right|$; $\left| \begin{matrix} t - 2s = 1 \\ -s = -1 \\ t - s = -1 \end{matrix} \right|$; $\left| \begin{matrix} t = 2s + 1 \\ s = 1 \\ t = s - 1 \end{matrix} \right|$; $\left| \begin{matrix} t = 3 \\ s = 1 \\ t = 0 \end{matrix} \right|$

Keine gemeinsamen Punkte, Richtungsvektoren nicht kollinear zueinander.

c) $\left| \begin{matrix} 5 + t = 2 + 3s \\ 5 + 2t = -1 + s \\ 1 = 0 \end{matrix} \right|$; Widerspruch

Keine gemeinsamen Punkte, Richtungsvektoren nicht kollinear zueinander.

9. a) $\vec{x} = \begin{pmatrix} 0 \\ 0 \\ 0 \end{pmatrix} + t \cdot \begin{pmatrix} 4 \\ 2 \\ 3 \end{pmatrix}$ **b)** $\vec{x} = \begin{pmatrix} 1 \\ 1 \\ 1 \end{pmatrix} + t \cdot \begin{pmatrix} 4 \\ 2 \\ 1 \end{pmatrix}$ **c)** $\vec{x} = \begin{pmatrix} 1 \\ 1 \\ 0 \end{pmatrix} + t \cdot \begin{pmatrix} 4 \\ 2 \\ 3 \end{pmatrix}$

10. $g \nparallel h$: Richtungsvektoren nicht kollinear zueinander.

$\left| \begin{matrix} -p + 2t = 2 + 2s \\ 1 - 8t = 6 - 2s \\ -2 - 4t = 4p - 4s \end{matrix} \right|$; $\left| \begin{matrix} 2t - 2s = p + 2 \\ -8t + 2s = 5 \\ -4t + 4s = 4p + 2 \end{matrix} \right|$

1. und 2. Gleichung addieren:

$\left| \begin{matrix} -6t = p + 7 \\ -8t + 2s = 5 \\ -4t + 4s = 4p + 2 \end{matrix} \right|$

Das Doppelte der 2. Gleichung von der 3. Gleichung subtrahieren:

244

10. Fortsetzung

$$\left|\begin{array}{l} -6t = p + 7 \\ -8t + 2s = 5 \\ 12t = 4p - 8 \end{array}\right|$$

Das Doppelte der 1. Gleichung zur 3. Gleichung addieren:

$$\left|\begin{array}{l} -6t = p + 7 \\ -8t + 2s = 5 \\ 0 = 6p + 6 \end{array}\right|; \left|\begin{array}{l} -6t = p + 7 \\ -8t + 2s = 5 \\ p = -1 \end{array}\right|; \left|\begin{array}{l} t = -\frac{1}{6}p - \frac{7}{6} \\ s = 4t + 2{,}5 \\ p = -1 \end{array}\right|; \left|\begin{array}{l} t = -1 \\ s = -1{,}5 \\ p = -1 \end{array}\right|$$

Für $p = -1$ schneiden sich die Geraden g und h im Punkt $S(-1 \mid 9 \mid 2)$.

11. **a)** Die Geraden a und b liegen windschief zueinander und bilden kein Dreieck.

b) $A(-8 \mid -12 \mid 10)$; $B(6 \mid 9 \mid 24)$; $C(-4 \mid -4 \mid -2)$

$|\overline{AB}| = \sqrt{833} \approx 28{,}86$; $|\overline{AC}| = \sqrt{244} \approx 14{,}97$; $|\overline{BC}| = \sqrt{945} \approx 30{,}74$

12. In der Aufgabenstellung benutzen beide Parameterdarstellungen den Parameter k. Fabian hat nicht beachtet, dass er einen der beiden Parameter umbenennen muss, wenn er den Schwerpunkt bestimmen möchte.

$$\begin{array}{l} (1) \\ (2) \\ (3) \end{array} \left|\begin{array}{l} -2 + 3k = 7 + s \\ 6 - 2k = 4 - 2s \\ -3 + 2k = -4 + 3s \end{array}\right|$$

Aus (2) folgt $k = 1 + s$

eingesetzt in (1): $s = 3$

eingesetzt in (3): $s = 3$

Die Graphen g und h schneiden sich im Punkt $S(10 \mid -2 \mid 5)$.

244

13. a) Z. B. $h_{AB}: \vec{x} = \begin{pmatrix} 3 \\ 1 \\ 4 \end{pmatrix} + s \begin{pmatrix} -5 \\ 3 \\ -3 \end{pmatrix}; s \in \mathbb{R}$

g und h_{AB} liegen windschief zueinander.

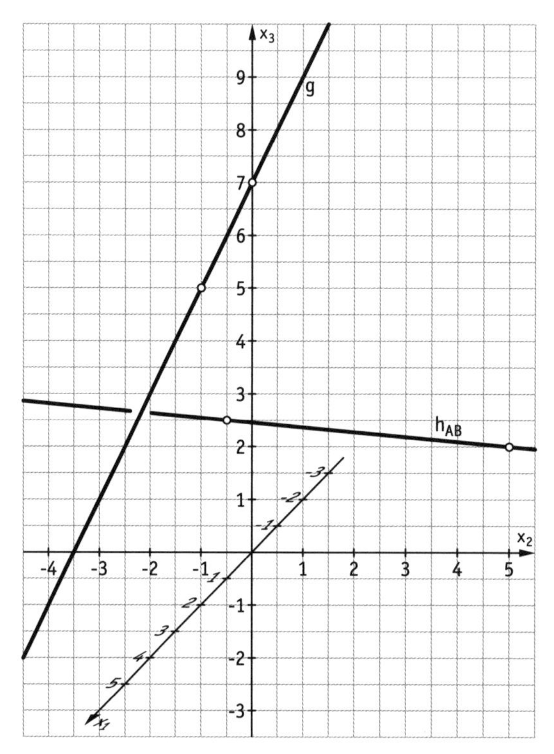

b) Da $\overrightarrow{AB} = \begin{pmatrix} -5 \\ 3 \\ -3 \end{pmatrix} = \overrightarrow{DC}$ und $\overrightarrow{AD} = \begin{pmatrix} 0 \\ -3 \\ 2 \end{pmatrix} = \overrightarrow{BC}$ liegt ein Parallelogramm vor.

Schnittpunkt der Diagonalen: (0,5 | 1 | 3,5).

14. a) D(−1 | −1 | 2)

b) Z. B. $g_{M_1C}: \vec{x} = \begin{pmatrix} 1 \\ -5 \\ 8 \end{pmatrix} + s \begin{pmatrix} -3 \\ -4 \\ 7 \end{pmatrix}; s \in \mathbb{R}$

z. B. $h_{M_2D}: \vec{x} = \begin{pmatrix} -1 \\ -1 \\ 2 \end{pmatrix} + r \begin{pmatrix} -4 \\ 3 \\ -4 \end{pmatrix}; r \in \mathbb{R}$

Schnittpunkt (2,2 | −3,4 | 5,2)

244 **14. b)** Fortsetzung

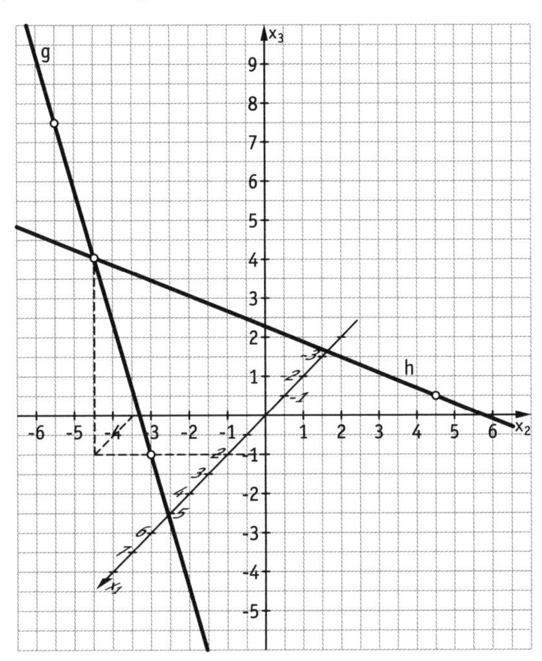

245 **15. a)** Aufpunkte stimmen überein, Richtungsvektoren nicht kollinear zueinander. g und h schneiden sich im Punkt P(2 | 1 | –3).

b) Gemeinsamer Aufpunkt O(0 | 0 | 0), Richtungsvektoren nicht kollinear zueinander. g und h schneiden sich in O(0 | 0 | 0).

16. Richtungsvektor: 80 m tief, 1 500 m westlich, 518 m seitlich

17. a) C(5 | 5 | 0); F(6 | 5 | 1); G(6 | 6 | 0); H(4 | 6 | 1)

b) Die Diagonalen AG und EC schneiden sich im Punkt (4,5 | 5 | 1).

18. a) G(2 | 4 | 5); H(2 | 2 | 5) Zeichnung siehe Schülerband.

b) Gerade AQ liegt zur Geraden BH windschief.
Gerade AQ schneidet Gerade EP im Punkt (3,75 | 3 | 3,75).
Gerade BH schneidet Gerade EP im Punkt (3,6 | 3,6 | 3).

c) S(3 | 3 | 7,5)

246 **19.** Das Flugzeug überfliegt das Windrad mit einer Flughöhe von 384 m, d. h. der vertikale Abstand vom höchsten Punkt des Windrades beträgt 214 m.

246

20. h: $\vec{x} = \begin{pmatrix} 8 \\ 4 \\ 0 \end{pmatrix} + t \begin{pmatrix} -2 \\ -2 \\ 8 \end{pmatrix}$; $t \in \mathbb{R}$

Da die Richtungsvektoren Vielfache voneinander sind: $\begin{pmatrix} -2 \\ -2 \\ 8 \end{pmatrix} = -2 \begin{pmatrix} 1 \\ 1 \\ -4 \end{pmatrix}$,

sind die Geraden parallel. Für $t = -\frac{1}{2}$ ergibt sich aus h der Punkt A.

21. **a)** $b = -\frac{2}{3}$, $c = \frac{4}{3}$ **b)** $b = -\frac{3}{7}$, $c = \frac{9}{7}$

22. h: $\vec{x} = \begin{pmatrix} 1 \\ 5 \\ -10 \end{pmatrix} + t \begin{pmatrix} 0 \\ 2 \\ -4 \end{pmatrix}$; $t \in \mathbb{R}$

Die Geraden g und h sind parallel aber nicht identisch.

23. **a)** S(160 | 90 | 0) **b)** $|\overrightarrow{FS}| = \left|\begin{pmatrix} 120 \\ 120 \\ 0 \end{pmatrix}\right| = 120 \cdot \sqrt{2} \approx 169{,}71$ m

24. **a)** Die Geraden sind parallel zueinander.
b) A liegt auf g_5.
2 Möglichkeiten für Punkt B: B(–18 | –11 | 60) oder B(–2 | –19 | 76).

247

25. **a)** Das durch das Gleichsetzen von g und h_t entstehende Gleichungssystem besitzt für jedes t genau eine Lösung. Der Schnittpunkt in Abhängigkeit von t ist $S_t(2 - t \mid 1 + 2t \mid -1 + t)$.
b) t = 15

26. Kristin hat r und s aus (1) und (2) richtig bestimmt aber nicht in Gleichung (3) kontrolliert. In (3) ergibt sich für r = –4 und s = 4:
–6 = 9 Widerspruch!
Die Geraden sind windschief.

27. **a)** Nein, es kann zu keine Kollision kommen.
b) Geschwindigkeiten
1. Flugzeug 763,89 $\frac{\text{km}}{\text{h}}$ 2. Flugzeug 402,51 $\frac{\text{km}}{\text{h}}$

28. 5 m über dem Boden.

Blickpunkt: Licht und Schatten

249

1. Eckpunkte des Daches:

A(5,0 | –2,4 | 2,4); B(5,0 | 0 | 2,4); C(0 | –2,4 | 2,4); D(0 | 0 | 2,4)

Schattenpunkte durch $\vec{v}$: z. B. $\overrightarrow{OA}' = \overrightarrow{OA} + \frac{6}{5}\vec{v}$

A′(7,4 | 1,2 | 0); B′(7,4 | 3,6 | 0); C′(2,4 | 1,2 | 0); D′(2,4 | 3,6 | 0)

Schattenpunkte durch $\vec{u}$:

A″(5,8 | –0,8 | 0); B″(5,8 | 1,6 | 0); C″(0,8 | –0,8 | 0); D″(0,8 | 1,6 | 0)

Grundstücksgrenze:

$$g\colon \vec{x} = r \cdot \begin{pmatrix} 1 \\ 0 \\ 0 \end{pmatrix};\ r \in \mathbb{R}$$

- Bei $\vec{v}$ liegt der Schatten ganz im Nachbargarten
  $A = 2{,}4\ \text{m} \cdot 5\ \text{m} = 12\ \text{m}^2$.
- Bei $\vec{u}$ liegt der Schatten auf beiden Grundstücken. Er ist begrenzt durch B″, D″, E(5,8 | 0 | 0); F(0,8 | 0 | 0).
  $A = 1{,}6\ \text{m} \cdot 5\ \text{m} = 8\ \text{m}^2$

2. a) Koordinaten der Spitze: E (3 | 3 | 5)

Lichtstrahl durch E: $g\colon \vec{x} = \begin{pmatrix} 3 \\ 3 \\ 5 \end{pmatrix} + \lambda \cdot \begin{pmatrix} 2 \\ 3 \\ -2 \end{pmatrix}$

In der x_1-x_2-Ebene gilt $x_3 = 0$

$\rightarrow \lambda = 2{,}5 \rightarrow$ E'(8 | 10,5 | 0).

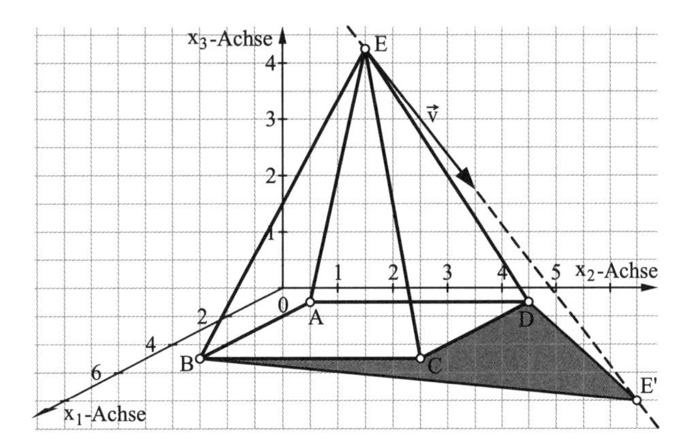

249 **2. b)** Schatten an der Wand (x_1-x_3-Ebene)

Berechnung von E' in der x_1-x_2-Ebene :

$$g\colon \vec{x} = \begin{pmatrix}3\\3\\5\end{pmatrix} + \lambda\begin{pmatrix}0{,}5\\-2\\-1\end{pmatrix},\ x_3 = 0 \rightarrow \lambda = 5$$

E' (5,5 | −7 | 0)

E' liegt „hinter" der x_1-x_3-Ebene . Die „Knickstelle" des Schattens erhält man durch Schnitt der Geraden E'B mit der x_1-Achse .

$$\begin{pmatrix}5\\5\\0\end{pmatrix} + \lambda\cdot\begin{pmatrix}0{,}5\\-12\\0\end{pmatrix} = r\cdot\begin{pmatrix}1\\0\\0\end{pmatrix} \rightarrow x_1 \approx 5{,}2$$

Schattenpunkt am Boden: (5,5 | −7 | 0)
Schattenpunkt an der: (3,75 | 0 | 3,5)
Knickstellen: (1,5625 | 0 | 0); (5,21 | 0 | 0)

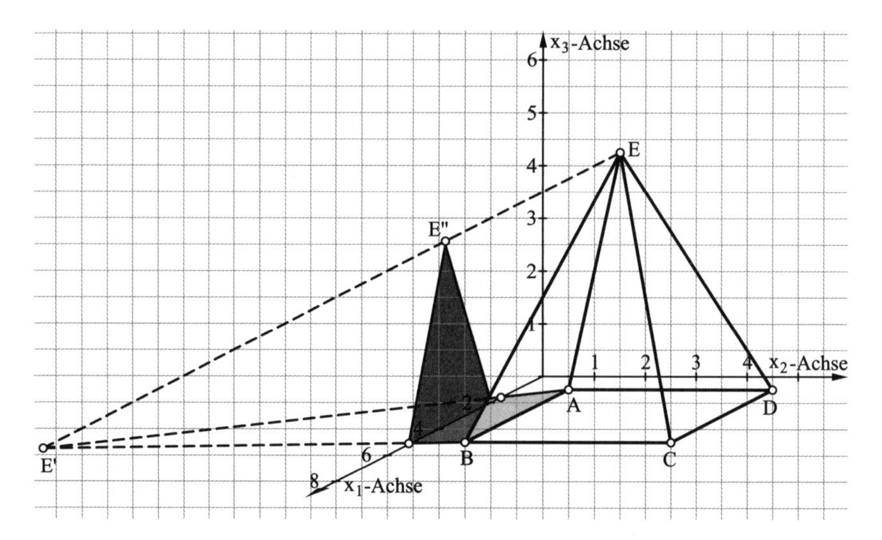

249

2. c) Schattenpunkt am Boden: (6 | 4 | 0)

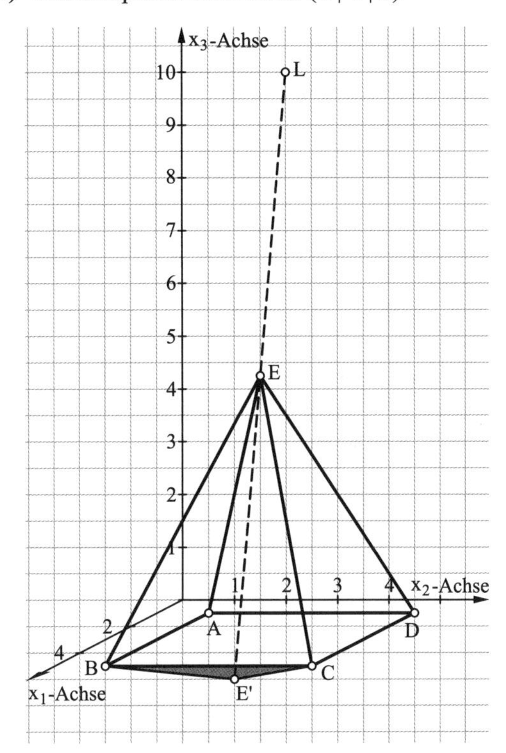

3. a) A (6 | 4 | 0); B (6 | 6 | 0); C (4 | 6 | 0); D (4 | 4 | 0); E (6 | 4 | 3); F (6 | 6 | 3); G (4 | 6 | 3); H (4 | 4 | 3); S (5 | 5 | 6)

b)

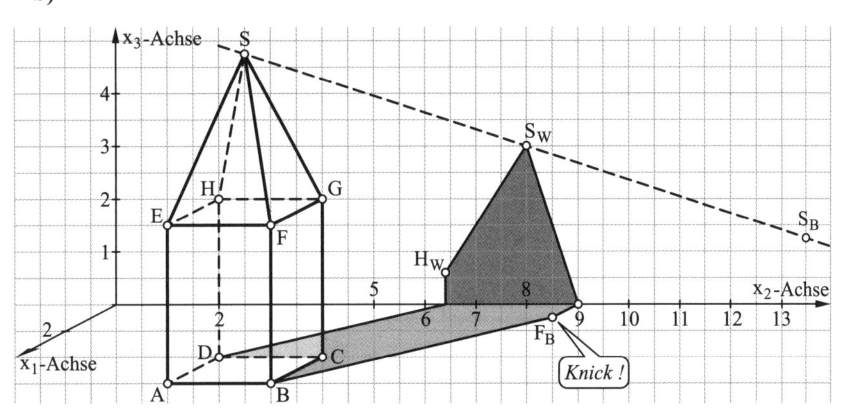

249 **3. b)** Fortsetzung

S: Schattenpunkt am Boden: (–5 | 11 | 0)
Schattenpunkt an der x_2-x_3-Ebene: (0 | 8 | 3)

E: Schattenpunkt am Boden: (1 | 7 | 0)
Schattenpunkt an der Wand (0 | 7,6 | –0,6)
(er wirft also keinen „direkten" Schatten)

F: Schattenpunkt am Boden: (1 | 9 | 0)
„Schattenpunkt" an der Wand (0 | 9,6 | –0,6)
(existiert aber eigentlich nicht)

G: Schattenpunkt am Boden: (–1 | 9 | 0)
Schattenpunkt an der Wand: (0 | 8,4 | 0,6)

H: Schattenpunkt am Boden: (–1 | 7 | 0)
Schattenpunkt an der Wand: (0 | 6,4 | 0,6)

Knickstellen: (0 | 7 | 0) und (0 | 9 | 0)

Der Schatten wird also durch die Punkte (1 | 7 | 0); (0 | 7 | 0); (0 | 6,4 | 0,6); (0 | 8 | 3); (0 | 8,4 | 0,6); (0 | 9 | 0) und (1 | 9 | 0) beschrieben.

c)

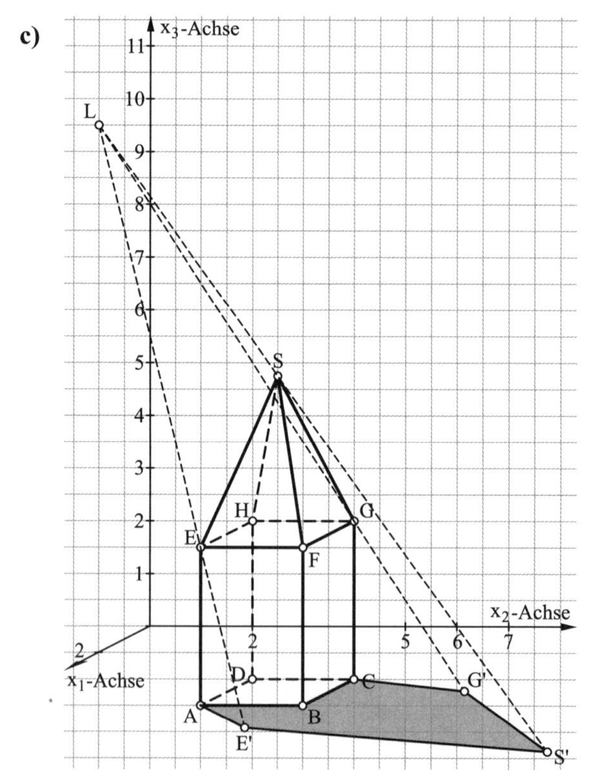

Schattenpunkte:

E′(7,7 | 5,7 | 0); F′(7,7 | 8,6 | 0); G′(4,9 | 8,6 | 0);
H′(4,9 | 5,7 | 0); S′(9,5 | 12,5 | 0)

249 **4.**

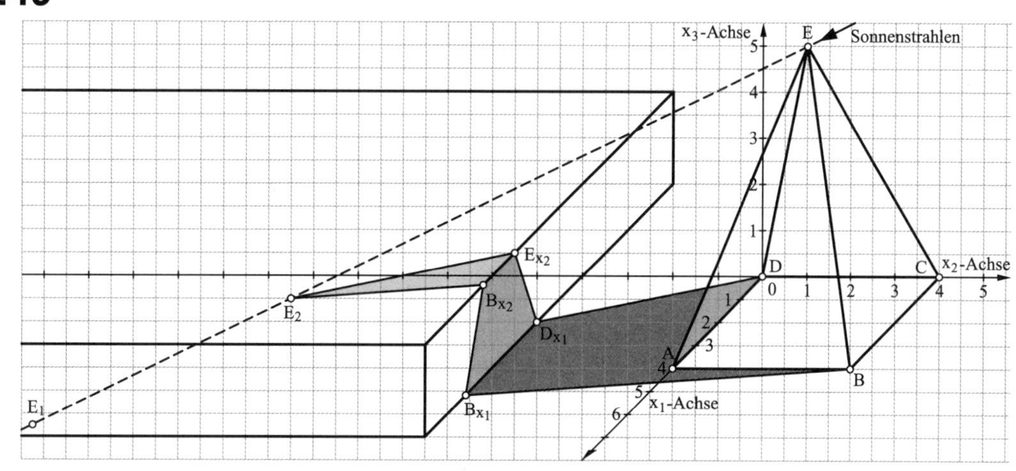

Schattenpunkte

E_1 in x_1-x_2-Ebene:	$E_1\,(6{,}5 \mid -13 \mid 0)$
E_2 auf der Stufe:	$E_2\,(5 \mid -8 \mid 2)$
B_{x_1} in x_1-x_2-Ebene:	$B_{x_1}\,(5{,}18 \mid -4 \mid 0)$
B_{x_2} auf der Stufe:	$B_{x_2}\,(4{,}4 \mid -4 \mid 2)$
D_{x_1} in x_1-x_2-Ebene:	$D_{x_1}\,(2 \mid -4 \mid 0)$
D_{x_2} auf der Stufe:	$D_{x_2}\,(3 \mid -4 \mid 2)$

4.3 Winkel im Raum

4.3.1 Orthogonalität zweier Vektoren – Skalarprodukt

252 **2.** $\vec{u} * \vec{u} = u_1 \cdot u_1 + u_2 \cdot u_2 + u_3 \cdot u_3 = {u_1}^2 + {u_2}^2 + {u_3}^2$

Nach Seite 220 (Schülerband) Satz 1 ist $|\vec{u}| = \sqrt{{u_1}^2 + {u_2}^2 + {u_3}^2}$.

Einsetzen der ersten Gleichung liefert $\vec{u} = \sqrt{\vec{u} * \vec{u}}$.

253 **3.** (1) $\vec{u} * \vec{v} = 0$ und $\vec{v} * \vec{u} = 0$

(2) $3 \cdot (\vec{u} * \vec{v}) = 0$;

$(3 \cdot \vec{u}) * \vec{v} = 0$;

$\vec{u} * (3 \cdot \vec{v}) = 0$

253

3. (3) $\vec{u} * (\vec{v} + \vec{w}) = -1;$

$\vec{u} * \vec{v} + \vec{u} * \vec{w} = -1$

Alle Ausdrücke sind jeweils gleich.
Die Eigenschaften sind:
(1) kommutativ
(2) assoziativ bzgl. Multiplikation mit Skalar
(3) distributiv bzgl. Vektoraddition

4. (1) Die Funktion „dotP“ berechnet direkt das Skalarprodukt zweier Vektoren, die als Listen ({ ...}) oder Vektoren angegeben sind.
Ergebnis: –7,26
(2) Die Vektoren werden als Listen gespeichert.
Die Multiplikation arbeitet elementweise und danach werden die Ergebnisse aufsummiert.
Ergebnis: –5125,2906
(3) Wie in (2), jedoch ohne das vorherige Speichern der einzelnen Vektoren als Listen.
Ergebnis: –262,4536

5. Korrektur: In der 1. Auflage waren die Bezeichnungen der Vektoren $\vec{a}$ und $\vec{b}$ im Foto vertauscht.

a) Verwende die Umkehrung des Satzes des Pythagoras:

$$a = |\overrightarrow{CB}| = \left|\begin{pmatrix} -0,5 \\ 2 \\ 24 \end{pmatrix} - \begin{pmatrix} 0 \\ 0 \\ 0 \end{pmatrix}\right| = \left|\begin{pmatrix} -0,5 \\ 2 \\ 24 \end{pmatrix}\right| = \sqrt{0,25 + 4 + 576} = \sqrt{580,25}$$

$$b = |\overrightarrow{CA}| = \left|\begin{pmatrix} 10 \\ 2,5 \\ 0 \end{pmatrix} - \begin{pmatrix} 0 \\ 0 \\ 0 \end{pmatrix}\right| = \left|\begin{pmatrix} 10 \\ 2,5 \\ 0 \end{pmatrix}\right| = \sqrt{100 + 6,25 + 0} = \sqrt{106,25}$$

$$c = |\overrightarrow{AB}| = \left|\begin{pmatrix} -0,5 \\ 2 \\ 24 \end{pmatrix} - \begin{pmatrix} 10 \\ 2,5 \\ 0 \end{pmatrix}\right| = \left|\begin{pmatrix} -10,5 \\ -0,5 \\ 24 \end{pmatrix}\right| = \sqrt{110,25 + 0,25 + 576}$$

$$= \sqrt{686,5}$$

$$\Rightarrow a^2 + b^2 = 686,5 = c^2$$

Der Satz des Pythagoras ist erfüllt. Damit ist das Dreieck rechtwinklig.

b) Pythagoras $|\vec{a} - \vec{b}| = |\vec{a}|^2 + |\vec{b}|^2$ gilt bei Orthogonalität

$$\Leftrightarrow (a_1 - b_1)^2 + (a_2 - b_2)^2 + (a_3 - b_3)^2$$

$$= a_1^2 + a_2^2 + a_3^3 + b_1^2 + b_2^2 + b_3^3$$

$$\Leftrightarrow a_1b_1 + a_2b_2 + a_3b_3 = 0$$

$$\Leftrightarrow \vec{a} * \vec{b} = 0$$

Bedingung für Orthogonalität zweier Vektoren:
Das Skalarprodukt der Vektoren muss verschwinden.

253

6. **a)** $\vec{u} * \vec{v} = 0 + 0 + 0 = 0 \quad \Rightarrow$ orthogonal
b) $\vec{u} * \vec{v} = 2 + 1 - 3 = 0 \quad \Rightarrow$ orthogonal
c) $\vec{u} * \vec{v} = 2 - 4 + 15 = 13 \quad \Rightarrow$ nicht orthogonal
d) $\vec{u} * \vec{v} = 6 + 0 - 6 = 0 \quad \Rightarrow$ orthogonal

7. **a)** Es wurden lediglich die Komponenten multipliziert aber die Ergebnisse nicht addiert. Das Skalarprodukt ergibt eine Zahl.
b) Hier wurde falsch addiert.

254

8. $\overrightarrow{AC} = \begin{pmatrix} 4 \\ 2 \\ -6 \end{pmatrix}; \quad \overrightarrow{BD} = \begin{pmatrix} 3 \\ 3 \\ 3 \end{pmatrix}$

$\overrightarrow{AC} * \overrightarrow{BD} = 12 + 6 - 18 = 0$
Die Diagonalen sind orthogonal zueinander.
Das Viereck ist ein Drachenviereck.

9. **a)** $t = 3$ **b)** $t = 1$ oder $t = \frac{1}{2}$ **c)** $t = 0$ oder $t = 6$

10. Beispiele: $\begin{pmatrix} 0 \\ 3 \\ 2 \end{pmatrix}; \begin{pmatrix} 2 \\ 4 \\ 0 \end{pmatrix}; \begin{pmatrix} -3 \\ 0 \\ 4 \end{pmatrix}$

Es gibt unendlich viele, da es zum einen bereits unendlich viele Vielfache von einem Vektor gibt. Zum anderen kann man stets 2 orthogonale Vektoren addieren und das Ergebnis ist erneut orthogonal zu $\vec{v}$.

11. **a)** (1) z. B. $\begin{pmatrix} 0 \\ 1 \\ 2 \end{pmatrix}; \begin{pmatrix} 2 \\ -1 \\ 0 \end{pmatrix}; \begin{pmatrix} -1 \\ 0 \\ 1 \end{pmatrix}; \begin{pmatrix} 3 \\ 1 \\ 5 \end{pmatrix}$

(2) z. B. $\begin{pmatrix} 0 \\ 1 \\ 0 \end{pmatrix}; \begin{pmatrix} -4 \\ 0 \\ 3 \end{pmatrix}; \begin{pmatrix} 4 \\ 2 \\ -3 \end{pmatrix}; \begin{pmatrix} -8 \\ 7 \\ 6 \end{pmatrix}$

(3) z. B. $\begin{pmatrix} 1 \\ 0 \\ 0 \end{pmatrix}; \begin{pmatrix} 0 \\ 0 \\ 1 \end{pmatrix}; \begin{pmatrix} 2 \\ 0 \\ 0 \end{pmatrix}; \begin{pmatrix} 3 \\ 0 \\ 4 \end{pmatrix}$

(4) z. B. $\begin{pmatrix} -1 \\ 1 \\ 0 \end{pmatrix}; \begin{pmatrix} 0 \\ -1 \\ 1 \end{pmatrix}; \begin{pmatrix} 1 \\ 1 \\ -2 \end{pmatrix}; \begin{pmatrix} -2 \\ 1 \\ 1 \end{pmatrix}$

b) Im Raum und in der Ebene sind alle Vielfachen eines Vektors, der orthogonal zum gegebenen ist, ebenfalls orthogonal.
Im Raum steht zudem jeder Vektor, der in einer bestimmten orthogonalen Ebene liegt, orthogonal zu dem gegebenen Vektor.

254

12. a) Skalarprodukt der Richtungsvektoren:

$$\begin{pmatrix}-1\\3\\5\end{pmatrix} * \begin{pmatrix}7\\-1\\2\end{pmatrix} = 0 \;\Rightarrow\; \text{Geraden orthogonal}$$

Gleichsetzen der Parameterdarstellungen liefert für r = –1 bzw. s = 1 den Schnittpunkt S(2 | 1 | 1).

b) Skalarprodukt der Richtungsvektoren:

$$\begin{pmatrix}4\\2\\-1\end{pmatrix} * \begin{pmatrix}5\\-7\\5\end{pmatrix} = 1 \;\Rightarrow\; \text{nicht orthogonal}$$

Gleichsetzen der Parameterdarstellungen ergibt keine Lösung für r, s
⇒ kein Schnittpunkt

c) Skalarprodukt der Richtungsvektoren:

$$\begin{pmatrix}1\\-1\\2\end{pmatrix} * \begin{pmatrix}2\\2\\0\end{pmatrix} = 0 \;\Rightarrow\; \text{Geraden orthogonal}$$

Gleichsetzen der Parameterdarstellungen ergibt keine Lösung für r, s
⇒ kein Schnittpunkt

13. $\vec{a} = \overrightarrow{CB} = \begin{pmatrix}4\\3\\1-c_3\end{pmatrix}$ $\quad\vec{b} = \overrightarrow{CA} = \begin{pmatrix}8\\0\\-c_3\end{pmatrix}$ $\quad\vec{c} = \overrightarrow{AB} = \begin{pmatrix}-4\\3\\1\end{pmatrix}$

Rechter Winkel bei C $\Rightarrow \vec{a} * \vec{b} = 0 \;\Leftrightarrow\; {c_3}^2 - c_3 + 32 = 0$; keine Lösung

Rechter Winkel bei B $\Rightarrow \vec{a} * \vec{c} = 0 \;\Leftrightarrow\; c_3 = -6$

Rechter Winkel bei A $\Rightarrow \vec{b} * \vec{c} = 0 \;\Leftrightarrow\; c_3 = -32$

14. a) (1) $\vec{a} = \overrightarrow{CB} = \begin{pmatrix}0\\-2\\2\end{pmatrix}$; $\vec{b} = \overrightarrow{CA} = \begin{pmatrix}2\\0\\-2\end{pmatrix}$; $\vec{c} = \overrightarrow{AB} = \begin{pmatrix}-2\\2\\0\end{pmatrix}$

$|\vec{a}| = |\vec{b}| = |\vec{c}| = \sqrt{8} \Rightarrow$ gleichseitig

(2) $\vec{a} = \overrightarrow{CB} = \begin{pmatrix}-5\\1\\-3\end{pmatrix}$; $\vec{b} = \overrightarrow{CA} = \begin{pmatrix}-1\\4\\-6\end{pmatrix}$; $\vec{c} = \overrightarrow{AB} = \begin{pmatrix}-4\\-3\\3\end{pmatrix}$

alle Skalarprodukte ungleich 0 und
$|\vec{a}| = \sqrt{35}$; $|\vec{b}| = \sqrt{53}$; $|\vec{c}| = \sqrt{34}$; keine Besonderheiten

(3) $\vec{a} = \overrightarrow{CB} = \begin{pmatrix}0\\-3\\0\end{pmatrix}$; $\vec{b} = \overrightarrow{CA} = \begin{pmatrix}0\\0\\3\end{pmatrix}$; $\vec{c} = \overrightarrow{AB} = \begin{pmatrix}0\\-3\\-3\end{pmatrix}$

$\vec{a} * \vec{b} = 0 \Rightarrow$ rechter Winkel bei C;
$|\vec{a}| = |\vec{b}| = 3$; $|\vec{c}| = 3\sqrt{2} \;\Rightarrow$ gleichschenklig

254

14. b) (1) Eines der Skalarprodukte $\overrightarrow{AB} * \overrightarrow{BC}$; $\overrightarrow{AB} * \overrightarrow{CA}$ oder $\overrightarrow{BC} * \overrightarrow{CA}$ muss null ergeben, dann ist das Dreieck rechtwinklig.

(2) Das Dreieck ist gleichschenklig, falls von $|\overrightarrow{AB}| = |\overrightarrow{BC}|$ oder $|\overrightarrow{AB}| = |\overrightarrow{CA}|$ oder $|\overrightarrow{BC}| = |\overrightarrow{CA}|$ genau eine Gleichung erfüllt ist.

(3) Das Dreieck ist gleichseitig, falls $|\overrightarrow{AB}| = |\overrightarrow{BC}| = |\overrightarrow{CA}|$ gilt.

15. $\overrightarrow{AB} = \begin{pmatrix} 4 \\ -3 \\ -1,5 \end{pmatrix}$ $\quad \overrightarrow{AC} = \begin{pmatrix} 4 \\ 3 \\ -1,5 \end{pmatrix}$

$\overrightarrow{AB} * \overrightarrow{AC} = 16 - 9 + 2,25 = 9,25 \neq 0$

Die Vektoren sind nicht orthogonal zueinander, es wird kein rechter Winkel eingeschlossen.

255

16. a) Gesucht $\vec{x}$ mit $\vec{x} * \vec{v} = 0$ und $\vec{x} * \vec{u} = 0$

$\Rightarrow$ LGS $\begin{vmatrix} x_2 + x_3 = 0 \\ x_1 + x_2 - x_3 = 0 \end{vmatrix}$

Lösungsmenge $L = \{(2t \mid -t \mid t) \mid t \in \mathbb{R}\}$

$\Rightarrow$ alle Vektoren $\vec{x} = \begin{pmatrix} 2t \\ -t \\ t \end{pmatrix}$; $t \in \mathbb{R}$ sind Lösungen.

b) Es gibt unendlich viele Lösungen, die alle in einer Ebene liegen.
Verfahren: Wähle 2 Komponenten von $\vec{u}$ beliebig und bestimme die 3., sodass $\vec{u} * \vec{v} = 0$.

Beispiel $\vec{u} = \begin{pmatrix} 1 \\ 2 \\ 0 \end{pmatrix}$

Berechne $\vec{w}$ analog zu a)
Beispiel: $w_1 + 2w_2 = 0$ und $2w_1 - w_2 + 2w_3 = 0$
Wähle $w_1 = 2$, dann ist $w_2 = -1$; $w_3 = -2,5$

$\vec{w} = \begin{pmatrix} 2 \\ -1 \\ -2,5 \end{pmatrix}$

17. $\vec{v} * \vec{u} = 0 \Rightarrow 2a - b = 0 \Rightarrow L = \left\{\left(\frac{t}{2} \middle| t\right) \mid t \in \mathbb{R}\right\}$

$\Rightarrow a = \frac{t}{2}$, $b = t$ mit $t \in \mathbb{R}$.

Beispiele: $a = 1$; $b = 2$ oder $a = 2$; $b = 4$ oder $a = 0$; $b = 0$

255

18. Nach dem gemischten Assoziativgesetz (Satz 2) ist

$$(r\vec{a}) * (s\vec{b}) = r(\vec{a} * (s\vec{b})) = r(s \cdot \vec{a} * \vec{b}) = rs \cdot \underbrace{\vec{a} * \vec{b}}_{=0} = 0$$

19. Vektor Balken 1: $\vec{a} = \begin{pmatrix} 0,2 \\ 6 \\ -5 \end{pmatrix} - \begin{pmatrix} 0 \\ 0 \\ -2 \end{pmatrix} = \begin{pmatrix} 0,2 \\ 6 \\ -3 \end{pmatrix}$

Vektor Balken 2: $\vec{b} = \begin{pmatrix} -0,1 \\ -3 \\ -6 \end{pmatrix} - \begin{pmatrix} 0 \\ 0 \\ -2 \end{pmatrix} = \begin{pmatrix} -0,1 \\ -3 \\ -4 \end{pmatrix}$

$\vec{a} * \vec{b} = -0,02 - 18 + 12 = -6,02 \neq 0$

Die Balken sind nicht orthogonal.

20. Darstellungen der Vektoren

$$\overrightarrow{v_1} = \begin{pmatrix} 0 \\ -3 \\ -4 \end{pmatrix}; \overrightarrow{v_2} = \begin{pmatrix} -4 \\ 0 \\ 3 \end{pmatrix}; \overrightarrow{v_3} = \begin{pmatrix} 3 \\ 0 \\ 4 \end{pmatrix}; \overrightarrow{v_4} = \begin{pmatrix} 0 \\ -3 \\ 0 \end{pmatrix}$$

$\overrightarrow{v_1} * \overrightarrow{v_2} = -12$	nicht orthogonal
$\overrightarrow{v_1} * \overrightarrow{v_3} = -16$	nicht orthogonal
$\overrightarrow{v_1} * \overrightarrow{v_4} = 9$	nicht orthogonal
$\overrightarrow{v_2} * \overrightarrow{v_3} = 0$	orthogonal
$\overrightarrow{v_2} * \overrightarrow{v_4} = 0$	orthogonal
$\overrightarrow{v_3} * \overrightarrow{v_4} = 0$	orthogonal

21. Bei der Verwendung des $*$ als Skalarproduktzeichen hat Jenny Recht. (Bei der auch üblichen Verwendung eines „normalen" Malpunktes für das Skalarprodukt wäre Tims Aussage korrekt und Jennys Argumentation falsch.)

22. Wähle D so, dass alle 4 Skalarprodukte null sind.

$$\overrightarrow{AB} = \begin{pmatrix} 0 \\ 5 \\ 0 \end{pmatrix}; \overrightarrow{CB} = \begin{pmatrix} -3 \\ 0 \\ -4 \end{pmatrix}; \overrightarrow{CA} = \begin{pmatrix} -3 \\ -5 \\ -4 \end{pmatrix}$$

Rechter Winkel bei B, da $\overrightarrow{AB} \cdot \overrightarrow{CB} = 0$.

Sei $D(d_1 \mid d_2 \mid d_3) \Rightarrow \overrightarrow{AD} = \begin{pmatrix} d_1 - 1 \\ d_2 - 1 \\ d_3 - 2 \end{pmatrix}; \overrightarrow{CD} = \begin{pmatrix} 4 - d_1 \\ 6 - d_2 \\ 6 - d_3 \end{pmatrix}$

$\overrightarrow{AD} * \overrightarrow{CD} = 0$; $\overrightarrow{AD} * \overrightarrow{AB} = 0$ und $\overrightarrow{CD} * \overrightarrow{CB} = 0$.

255

22. Fortsetzung

Bestimmung der Koordinaten über Parallelverschiebung von A entlang $\overrightarrow{BC}$

$$D = \begin{pmatrix} 1 \\ 1 \\ 2 \end{pmatrix} + \begin{pmatrix} 3 \\ 0 \\ 4 \end{pmatrix} = \begin{pmatrix} 4 \\ 1 \\ 6 \end{pmatrix}$$

Alle Seitenlängen sind wegen $|\overrightarrow{AB}| = |\overrightarrow{CB}| = |\overrightarrow{AD}| = |\overrightarrow{CD}| = 5$ gleich lang.
Also ist ABCD ein Quadrat.

23. $\overrightarrow{CB} = \begin{pmatrix} -1,85 \\ 1,4 \\ -0,19 \end{pmatrix}$; $\overrightarrow{CA} = \begin{pmatrix} -1,3 \\ -1,75 \\ -0,32 \end{pmatrix}$; $\overrightarrow{AB} = \begin{pmatrix} -0,55 \\ 3,15 \\ 0,13 \end{pmatrix}$

$\overrightarrow{AB} * \overrightarrow{CB} = 5,4028 \qquad \overrightarrow{CB} * \overrightarrow{CA} = 0,0158 \qquad \overrightarrow{CA} * \overrightarrow{AB} = -4,84$

Bei Punkt C liegt „annähernd“ ein rechter Winkel vor.

24. $C(6 - 2r \mid 4 + r \mid 5 + 2r)$

Rechter Winkel bei C $\Leftrightarrow \overrightarrow{AC} * \overrightarrow{BC} = 0$

$\overrightarrow{AC} = \begin{pmatrix} 3 - 2r \\ 2 + r \\ 6 + 2r \end{pmatrix}$; $\overrightarrow{BC} = \begin{pmatrix} -1 - 2r \\ 8 + r \\ -1 - 2r \end{pmatrix}$

$\overrightarrow{AC} * \overrightarrow{BC} = 9r^2 + 16r + 7 = 0 \Leftrightarrow r_1 = -1$ oder $r_2 = -\frac{7}{9}$

$\Rightarrow C_1(8 \mid 3 \mid 3)$ oder $C_2\left(\frac{68}{9} \middle| \frac{29}{9} \middle| \frac{31}{9}\right)$

4.3.2 Winkel zwischen zwei Vektoren

257

2. (In 1. Auflage: Nr. 3)

$$\cos\varphi_1 = \frac{\begin{pmatrix} 8 \\ -8 \\ -4 \end{pmatrix} * \begin{pmatrix} 2 \\ 10 \\ 11 \end{pmatrix}}{\left|\begin{pmatrix} 8 \\ -8 \\ -4 \end{pmatrix}\right| \cdot \left|\begin{pmatrix} 2 \\ 10 \\ 11 \end{pmatrix}\right|} = \frac{-20}{12 \cdot 15} = -\frac{1}{9}$$

$\Rightarrow \varphi_1 = 96{,}38°$ stumpfer Winkel

$\Rightarrow \varphi_2 = 180° - \varphi_1 = 83{,}62°$ spitzer Winkel

258

3. (In 1. Auflage: Nr. 4)

a) Die ersten beiden Schritte erwarten die Eingabe der Vektoren.

Der 3. Schritt wertet direkt die Formel $\alpha = \cos^{-1}\left(\frac{\vec{a} * \vec{b}}{|\vec{a}| \cdot |\vec{b}|}\right)$ aus.

Im letzten Schritt erfolgt die Ausgabe des Winkels α.

258

3. b)

```
{12.5,-23.5,71.2
}→L₁
{12.5 -23.5 71.…
{-2.5,5.1,12.3}→
L₂
 {-2.5 5.1 12.3}
cos⁻¹(sum(L₁*L₂)/
√(sum(L₁²)*sum(L
₂²)))
        45.27760279
```

4. (In 1. Auflage: Nr. 5)

Berechne den Winkel zwischen den Vektoren $\vec{u} = \overrightarrow{AB}$ und $\vec{v} = \overrightarrow{AC}$

mit $\vec{u} = \begin{pmatrix} 8 \\ -8 \\ -4 \end{pmatrix}$; $\vec{v} = \begin{pmatrix} 2 \\ 10 \\ 11 \end{pmatrix}$.

$|\vec{u}| = \sqrt{\vec{u} * \vec{u}} = \sqrt{144} = 12$; $|\vec{v}| = \sqrt{\vec{v} * \vec{v}} = \sqrt{225} = 15$

$\vec{u} * \vec{v} = -108$

Winkel berechnen: $\cos\varphi = \frac{-108}{12 \cdot 15} = -0,6 \Rightarrow \varphi = 126,9°$

5. (In 1. Auflage: Nr. 6)

$\alpha = \cos^{-1}\left(\frac{\vec{u} * \vec{v}}{|\vec{u}| \cdot |\vec{v}|}\right)$

a) $\alpha = 82,388°$ **b)** $\alpha = 107,024°$ **c)** $\alpha = 149,163°$

6. (In 1. Auflage: Nr. 7)

a) $|\vec{u}| = 3$ und $|\vec{v}| = 3$

$\Rightarrow$ Alle Seiten des Vierecks sind gleich lang $\Rightarrow$ Raute.

b) A(1 | 1 | 2)

$\overrightarrow{OB} = \overrightarrow{OA} + \vec{u} = \begin{pmatrix} 3 \\ 0 \\ 4 \end{pmatrix} \Rightarrow B(3 \mid 0 \mid 4)$

$\overrightarrow{OC} = \overrightarrow{OA} + \vec{v} = \begin{pmatrix} 2 \\ 3 \\ 0 \end{pmatrix} \Rightarrow C(2 \mid 3 \mid 0)$

$\overrightarrow{OD} = \overrightarrow{OA} + \vec{u} + \vec{v} = \begin{pmatrix} 4 \\ 2 \\ 2 \end{pmatrix} \Rightarrow D(4 \mid 2 \mid 2)$

$$\cos\varphi = \frac{\overrightarrow{AD} * \overrightarrow{BC}}{|\overrightarrow{AD}| \cdot |\overrightarrow{BC}|} = \frac{\begin{pmatrix} 3 \\ 1 \\ 0 \end{pmatrix} * \begin{pmatrix} -1 \\ 3 \\ -4 \end{pmatrix}}{\sqrt{10} \cdot \sqrt{26}} = 0$$

$\Rightarrow \varphi = 90°$

258

7. (In 1. Auflage Nr. 8)

a) $S(5 \mid 4 \mid -5)$; $\alpha = 63{,}069°$

b) $S(-4 \mid -3 \mid -1)$; $\alpha = 46{,}077°$

c) $S(-8 \mid 7 \mid -5)$; $\alpha = 83{,}845°$

d) $S(-15 \mid 9 \mid 9)$; $\alpha = 68{,}301°$

8. (In 1. Auflage Nr. 9)

Der Winkel berechnet sich aus $\cos\alpha = \frac{\vec{u} * \vec{v}}{|\vec{u}| \cdot |\vec{v}|}$.

Das Vorzeichen von cos x hängt nur vom Skalarprodukt ab.
Da $\cos\alpha > 0$ für $0° \leq \alpha < 90°$ und $\cos\alpha < 0$ für $90° < \alpha \leq 180°$ ist, ist die Aussage korrekt.

259

9. (In 1. Auflage Nr. 10)

a) $\overrightarrow{AB} = \begin{pmatrix} -3 \\ 4 \\ 0 \end{pmatrix}$; $\overrightarrow{AC} = \begin{pmatrix} -3 \\ 0 \\ 5 \end{pmatrix}$; $\overrightarrow{BC} = \begin{pmatrix} 0 \\ -4 \\ 5 \end{pmatrix}$

Längen: $|\overrightarrow{AB}| = \sqrt{25} = 5$; $|\overrightarrow{AC}| = \sqrt{34} \approx 5{,}831$; $|\overrightarrow{BC}| = \sqrt{41} = 6{,}403$

Winkel bei A: $\alpha = 72{,}02°$
Winkel bei B: $\beta = 60{,}02°$
Winkel bei C: $\gamma = 47{,}96°$

b) $\overrightarrow{AB} = \begin{pmatrix} 1 \\ -2 \\ 4 \end{pmatrix}$; $\overrightarrow{AC} = \begin{pmatrix} 3 \\ 4 \\ 9 \end{pmatrix}$; $\overrightarrow{BC} = \begin{pmatrix} 2 \\ 6 \\ 5 \end{pmatrix}$

Längen:
$|\overrightarrow{AB}| = \sqrt{21} \approx 4{,}583$; $|\overrightarrow{AC}| = \sqrt{106} \approx 10{,}296$; $|\overrightarrow{BC}| = \sqrt{65} \approx 8{,}062$

Winkel bei A: $\alpha = 48{,}925°$;
Winkel bei B: $\beta = 105{,}704°$
Winkel bei C: $\gamma = 25{,}371°$

c) $\overrightarrow{AB} = \begin{pmatrix} 1 \\ 1 \\ 0 \end{pmatrix}$; $\overrightarrow{AC} = \begin{pmatrix} -3 \\ 3 \\ -2 \end{pmatrix}$; $\overrightarrow{BC} = \begin{pmatrix} -4 \\ 2 \\ -2 \end{pmatrix}$

Längen:
$|\overrightarrow{AB}| = \sqrt{2} \approx 1{,}414$; $|\overrightarrow{AC}| = \sqrt{22} \approx 4{,}690$; $|\overrightarrow{BC}| = \sqrt{24} \approx 4{,}90$

Winkel bei A: $\alpha = 90°$
Winkel bei B: $\beta = 73{,}22°$
Winkel bei C: $\gamma = 16{,}78°$

259

10. (In 1. Auflage Nr. 11)
Koordinatenursprung z. B. links unten hinten, Achsen x_1 nach vorn, x_2 nach rechts, x_3 nach oben.
Dann: P(12 | 2 | 12); Q(12 | 12 | 4); R(10 | 12 | 12)

$$\overrightarrow{PQ} = \begin{pmatrix} 0 \\ 10 \\ -8 \end{pmatrix};\ \overrightarrow{PR} = \begin{pmatrix} -2 \\ 10 \\ 0 \end{pmatrix};\ \overrightarrow{QR} = \begin{pmatrix} -2 \\ 0 \\ 8 \end{pmatrix}$$

Innenwinkel:
Bei P: $\alpha = 40{,}03°$; bei Q: $\beta = 52{,}70°$; bei R: $\gamma = 87{,}27°$

11. (In 1. Auflage Nr. 12)
Gleichsetzen der Geraden führt auf folgendes Gleichungssystem in Matrixschreibweise:

$$\left(\begin{array}{cc|c} 2 & -1 & -2 \\ -1 & -3 & 8 \\ 3 & -a & 4 \end{array}\right) \Rightarrow \left(\begin{array}{cc|c} 1 & 0 & -2 \\ 0 & 1 & -2 \\ 0 & 0 & a-5 \end{array}\right)$$

Das System besitzt für a = 5 die Lösung r = –2, s = –2.
⇒ S(2 | –8 | –9)

Schnittwinkel aus Richtungsvektoren $\vec{u} = \begin{pmatrix} 2 \\ -1 \\ 3 \end{pmatrix}$ und $\vec{v} = \begin{pmatrix} 1 \\ 3 \\ 5 \end{pmatrix}$; $\alpha = 50{,}77°$

12. (In 1. Auflage Nr. 13)
Ein Würfel hat 4 Raumdiagonalen, z. B. dargestellt durch

$$\vec{a} = \begin{pmatrix} 8 \\ 8 \\ 8 \end{pmatrix};\ \vec{b} = \begin{pmatrix} 8 \\ -8 \\ 8 \end{pmatrix};\ \vec{c} = \begin{pmatrix} -8 \\ -8 \\ 8 \end{pmatrix};\ \vec{d} = \begin{pmatrix} -8 \\ 8 \\ 8 \end{pmatrix}.$$

Da der Würfel symmetrisch ist, reicht es einen Schnittwinkel zu berechnen, z. B. $\alpha = \cos^{-1}\left(\frac{\vec{a} * \vec{b}}{|\vec{a}| \cdot |\vec{b}|}\right) = 70{,}53°$.

13. (In 1. Auflage Nr. 14)

$$C_k = \begin{pmatrix} k-2 \\ -2 \\ 7 \end{pmatrix} \Rightarrow \overrightarrow{AB} = \begin{pmatrix} 5 \\ -1 \\ -2 \end{pmatrix};\ \overrightarrow{AC} = \begin{pmatrix} k+3 \\ -1 \\ 0 \end{pmatrix};\ \overrightarrow{BC} = \begin{pmatrix} k-2 \\ 0 \\ 2 \end{pmatrix}$$

rechter Winkel bei A: $\overrightarrow{AB} * \overrightarrow{AC} = 0 \Leftrightarrow 16 + 5k = 0 \Leftrightarrow k_1 = -\frac{16}{5}$

rechter Winkel bei B: $\overrightarrow{AB} * \overrightarrow{BC} = 0 \Leftrightarrow -14 + 5k = 0 \Leftrightarrow k_2 = \frac{14}{5}$

rechter Winkel bei C:
$\overrightarrow{AC} * \overrightarrow{BC} = 0 \Leftrightarrow (k+3)(k-2) = 0 \Leftrightarrow k_3 = 2,\ k_4 = -3$

259

14. (In 1. Auflage Nr. 15)

$\vec{u}$ und $\vec{v}$ parallel $\Rightarrow \vec{u} = r \cdot \vec{v};\ \ r \in \mathbb{R} \setminus \{0\}$

Satz 3: $\cos\alpha = \frac{r\,\vec{u} * \vec{u}}{|\vec{u}| \cdot |r\vec{u}|} = \frac{r\,|\vec{u}|^2}{|r| \cdot |\vec{u}|^2} = \frac{r}{|r|}$

Für $r > 0$ ist $\cos\alpha = 1 \Rightarrow \alpha = 0°$.

Für $r < 0$ ist $\cos\alpha = -1 \Rightarrow \alpha = 180°$.

$\Rightarrow$ Satz 3 liefert korrekte Ergebnisse.

15. (In 1. Auflage Nr. 16)

$$\cos\varphi_1 = \frac{\begin{pmatrix}1\\0\\0\end{pmatrix} * \vec{v}}{1 \cdot |\vec{v}|};\quad \cos\varphi_2 = \frac{\begin{pmatrix}0\\1\\0\end{pmatrix} * \vec{v}}{1 \cdot |\vec{v}|};\quad \cos\varphi_3 = \frac{\begin{pmatrix}0\\0\\1\end{pmatrix} * \vec{v}}{1 \cdot |\vec{v}|}$$

a) $\vec{v} = \begin{pmatrix}2\\1\\4\end{pmatrix}$: $\varphi_1 = 64{,}12°;\ \varphi_2 = 77{,}40°;\ \varphi_3 = 29{,}21°$

$\vec{v} = \begin{pmatrix}-2\\3\\5\end{pmatrix}$: $\varphi_1 = 71{,}07°;\ \varphi_2 = 60{,}88°;\ \varphi_3 = 35{,}80°$

$\vec{v} = \begin{pmatrix}-2\\1\\-4\end{pmatrix}$: $\varphi_1 = 64{,}12°;\ \varphi_2 = 77{,}40°;\ \varphi_3 = 29{,}21°$

$\vec{v} = \begin{pmatrix}-2\\-3\\-5\end{pmatrix}$: $\varphi_1 = 71{,}07°;\ \varphi_2 = 60{,}88°;\ \varphi_3 = 35{,}80°$

$\vec{v} = \begin{pmatrix}v_1\\v_2\\v_3\end{pmatrix}$: $\varphi_1 = \arccos\frac{v_1}{\sqrt{v_1^2 + v_2^2 + v_2^2}};\ \varphi_2 = \arccos\frac{v_2}{\sqrt{v_1^2 + v_2^2 + v_2^2}};$

$\varphi_3 = \arccos\frac{v_3}{\sqrt{v_1^2 + v_2^2 + v_2^2}};$

b) Mit $\vec{v} = \begin{pmatrix}v_1\\v_2\\v_3\end{pmatrix}$ ist $\cos^2(\varphi_1) = \left(\frac{v_1}{\sqrt{v_1^2 + v_2^2 + v_3^2}}\right)^2 = \frac{v_1^2}{v_1^2 + v_2^2 + v_3^2}$ und

ebenso $\cos^2(\varphi_2) = \frac{v_2^2}{v_1^2 + v_2^2 + v_3^2}$ und $\cos^2(\varphi_3) = \frac{v_3^2}{v_1^2 + v_2^2 + v_3^2}$.

Aufsummieren ergibt:

$$\cos^2(\varphi_1) + \cos^2(\varphi_2) + \cos^2(\varphi_3) = \frac{v_1^2 + v_2^2 + v_3^2}{v_1^2 + v_2^2 + v_3^2} = 1$$

259

16. (In 1. Auflage Nr. 17)
Kraft in Wegrichtung $\vec{F_s} = \vec{F} \cdot \cos\alpha$

$|\vec{F_s}| = 120\text{ N} \cos 35° = 98{,}3\text{ N}$

physikalische Arbeit: $W = \vec{F} * \vec{s} = |\vec{F_s}| \cdot |\vec{s}|$

$W = 98{,}3\text{ N} \cdot 300\text{ m} = 29\,489{,}5\text{ Nm}$

4.3.3 Vektorprodukt

262

2. (1) $\vec{a}$ und $\vec{b}$ Vielfache voneinander:

$\vec{b} = r \cdot \vec{a};\ r \in \mathbb{R} \setminus \{0\}$

$$\vec{a} \times \vec{b} = \vec{a} \times r\vec{a} = \begin{pmatrix} a_2ra_3 - a_3ra_2 \\ a_3ra_1 - a_1ra_3 \\ a_1ra_2 - a_2ra_1 \end{pmatrix} = \vec{0}$$

(2) $$\vec{b} \times \vec{a} = \begin{pmatrix} b_2a_3 - b_3a_2 \\ b_3a_1 - b_1a_3 \\ b_1a_2 - b_2a_1 \end{pmatrix} = \begin{pmatrix} -a_2b_3 + a_3b_2 \\ -a_3b_1 + a_1b_3 \\ -a_1b_2 + a_2b_1 \end{pmatrix}$$

$$= -\begin{pmatrix} a_2b_3 - a_3b_2 \\ a_3b_1 - a_1b_3 \\ a_1b_2 - a_2b_1 \end{pmatrix} = -\vec{a} \times \vec{b}$$

(3) $$\vec{a} \times (\vec{b} + \vec{c}) = \begin{pmatrix} a_2(b_3 + c_3) - a_3(b_2 + c_2) \\ a_3(b_1 + c_1) - a_1(b_3 + c_3) \\ a_1(b_2 + c_2) - a_2(b_1 + c_1) \end{pmatrix}$$

$$= \begin{pmatrix} a_2b_3 - a_3b_2 + a_2c_3 - a_3c_2 \\ a_3b_1 - a_1b_3 + a_3c_1 - a_1c_3 \\ a_1b_2 - a_2b_1 + a_1c_2 - a_2c_1 \end{pmatrix}$$

$$= \begin{pmatrix} a_2b_3 - a_3b_2 \\ a_3b_1 - a_1b_3 \\ a_1b_2 - a_2b_1 \end{pmatrix} + \begin{pmatrix} a_2c_3 - a_3c_2 \\ a_3c_1 - a_1c_3 \\ a_1c_2 - a_2c_1 \end{pmatrix} = \vec{a} \times \vec{b} + \vec{a} \times \vec{c}$$

(4) $$\vec{a} \times (r \cdot \vec{b}) = \begin{pmatrix} a_2rb_3 - a_3rb_2 \\ a_3rb_1 - a_1rb_3 \\ a_1rb_2 - a_2rb_1 \end{pmatrix} = \begin{pmatrix} r(a_2b_3 - a_3b_2) \\ r(a_3b_1 - a_1b_3) \\ r(a_1b_2 - a_2b_1) \end{pmatrix} = r(\vec{a} \times \vec{b})$$

3. Nach Satz 8 ist der Flächeninhalt eines Parallelogramms, das von $\overrightarrow{AB}$ und $\overrightarrow{AC}$ aufgespannt wird, $A_P = |\overrightarrow{AB} \times \overrightarrow{AC}|$. Für den Flächeninhalt gilt $A_P = 2A$ und somit $A = \frac{1}{2}|\overrightarrow{AB} \times \overrightarrow{AC}|$.

263

4. Das Volumen des Spats berechnet sich nach Grundseite mal Höhe: $V = G \cdot h$.

Hierbei ist die Grundseite ein Parallelogramm, für das $G = |\vec{a} \times \vec{b}|$ gilt.
Für die Höhe h gilt $h = |\vec{c}| \cdot \cos\alpha$, wobei α der Winkel zwischen $\vec{c}$ und einem auf $\vec{a}$ und $\vec{b}$ senkrecht stehenden Vektor ist.

$\Rightarrow V = |\vec{a} \times \vec{b}| \cdot |\vec{c}| \cdot \cos\alpha$

Nach Satz 5 (S. 256) ist dies $V = |(\vec{a} \times \vec{b}) * \vec{c}|$.

5. Das Volumen einer Pyramide berechnet sich nach Grundseite mal Höhe geteilt durch 3: $V = \frac{1}{3} G \cdot h$.

Die Grundseite ist die Hälfte eines Parallelogramms: $G = \frac{1}{2}(\vec{a} \times \vec{b})$.

Für die Höhe gilt $h = \vec{c} \cdot \cos\alpha$, wobei α der Winkel zwischen $\vec{c}$ und einem auf $\vec{a}$ und $\vec{b}$ senkrecht stehenden Vektor ist.

$\Rightarrow V = \frac{1}{3} \cdot \frac{1}{2} |\vec{a} \times \vec{b}| \cdot |\vec{c}| \cdot \cos\alpha$

Nach Satz 5 (S. 256) ist dies $V = \frac{1}{6} |(\vec{a} \times \vec{b}) * \vec{c}|$.

6. Zu $\vec{u}$ und $\vec{v}$ orthogonale Vektoren sind Vielfache von $\vec{u} \times \vec{v} = \begin{pmatrix} 13 \\ -9 \\ -3 \end{pmatrix}$.

7. **a)** $\vec{a} \times \vec{b} = \begin{pmatrix} -1 \\ 17 \\ 10 \end{pmatrix}$ **b)** $\vec{a} \times \vec{b} = \begin{pmatrix} 16 \\ 6 \\ 15 \end{pmatrix}$ **c)** $\vec{a} \times \vec{b} = \begin{pmatrix} -4 \\ -7 \\ 1 \end{pmatrix}$

8. **a)** $A = \frac{1}{2} |\overrightarrow{PQ} \times \overrightarrow{PR}| = \frac{1}{2} \left| \begin{pmatrix} 5 \\ -6 \\ 4 \end{pmatrix} \times \begin{pmatrix} 9 \\ 7 \\ -9 \end{pmatrix} \right| = \frac{1}{2} \left| \begin{pmatrix} 26 \\ 81 \\ 89 \end{pmatrix} \right| = \frac{1}{2}\sqrt{15\,158} \approx 61{,}56$

b) $A = \frac{1}{2} |\overrightarrow{PQ} \times \overrightarrow{PR}| = \frac{1}{2} \left| \begin{pmatrix} 4 \\ 7 \\ -7 \end{pmatrix} \times \begin{pmatrix} 3 \\ 12 \\ 9 \end{pmatrix} \right| = \frac{1}{2} \left| \begin{pmatrix} 147 \\ -57 \\ 27 \end{pmatrix} \right| = \frac{1}{2} 3\sqrt{2\,843} \approx 80{,}00$

263

9. Berechne das Volumen der Pyramide.
Die Punkte bilden eine Pyramide $\Leftrightarrow$ V > 0.
Volumen (mit Aufgabe 5):

$$V = \frac{1}{6} \cdot \left|\left(\overrightarrow{AB} \times \overrightarrow{AC}\right) * \overrightarrow{AD}\right| = \frac{217}{6} \approx 36{,}167$$

Oberflächeninhalt = Summe über 4 Dreiecke, z. B.

$$A_1 = \frac{1}{2}\left|\overrightarrow{AB} \times \overrightarrow{AC}\right| = \frac{1}{2}\left|\begin{pmatrix} -6 \\ 9 \\ -10 \end{pmatrix}\right| = \frac{1}{2}\sqrt{217} \approx 7{,}365$$

$$A_2 = \frac{1}{2}\left|\overrightarrow{AB} \times \overrightarrow{AD}\right| = \frac{1}{2}\left|\begin{pmatrix} 14 \\ -21 \\ -49 \end{pmatrix}\right| = \frac{7}{2}\sqrt{62} \approx 27{,}559$$

$$A_3 = \frac{1}{2}\left|\overrightarrow{AC} \times \overrightarrow{AD}\right| = \frac{1}{2}\left|\begin{pmatrix} -27 \\ -68 \\ -45 \end{pmatrix}\right| = \frac{1}{2}\sqrt{7378} \approx 42{,}948$$

$$A_4 = \frac{1}{2}\left|\overrightarrow{BC} \times \overrightarrow{BD}\right| = \frac{1}{2}\left|\begin{pmatrix} 2 \\ -2 \\ -3 \end{pmatrix} \mathrm{x} \begin{pmatrix} 8 \\ -11 \\ 7 \end{pmatrix}\right| = \frac{1}{2}\left|\begin{pmatrix} -47 \\ -38 \\ -6 \end{pmatrix}\right| = \frac{1}{2}\sqrt{3689} \approx 30{,}369$$

$$\Rightarrow A = A_1 + A_2 + A_3 + A_4 = 108{,}241$$

10. a) Da $\overrightarrow{AB} = \overrightarrow{DC} = \begin{pmatrix} 4 \\ 3 \\ -1 \end{pmatrix}$ und $\overrightarrow{AD} = \overrightarrow{BC} = \begin{pmatrix} -1 \\ 2 \\ 2 \end{pmatrix}$ und $\overrightarrow{AB} \cdot \overrightarrow{AD} = 0$ ist,

ist die Grundfläche ein Rechteck.

b) Es gibt 3 Flächen:

$$A_{ABCD} = \left|\overrightarrow{AB} \times \overrightarrow{AD}\right| = \left|\begin{pmatrix} 8 \\ -7 \\ 11 \end{pmatrix}\right| = 3\sqrt{26} \approx 15{,}3$$

$$A_{BCFG} = \left|\overrightarrow{BC} \times \overrightarrow{BF}\right| = \left|\begin{pmatrix} -1 \\ 2 \\ 2 \end{pmatrix} \times \begin{pmatrix} -2 \\ 2 \\ 6 \end{pmatrix}\right| = \left|\begin{pmatrix} 8 \\ 2 \\ 2 \end{pmatrix}\right| = 6\sqrt{2} \approx 8{,}5$$

$$A_{ABEF} = \left|\overrightarrow{BA} \times \overrightarrow{BF}\right| = \left|\begin{pmatrix} -20 \\ 22 \\ -14 \end{pmatrix}\right| = 6\sqrt{30} \approx 32{,}9$$

$\Rightarrow$ Die Seiten ABEF und DCGH haben den größten Flächeninhalt.

c) $V = \left|\left(\overrightarrow{BA} \times \overrightarrow{BC}\right) * \overrightarrow{BF}\right| = \left|\begin{pmatrix} -8 \\ 7 \\ -11 \end{pmatrix} \cdot \begin{pmatrix} -2 \\ 2 \\ 6 \end{pmatrix}\right| = 36$

263

11. a) R(2 | 10 | 10)

b) Fehler in der 1. Auflage: Punkte P, Q, R, S liegen nicht in einer Ebene.
Korrektur: Setze S(5 | 0 | 10).
Zerlege das Viereck in zwei Dreiecke PSQ und RSQ

$$A = A_{PSQ} + A_{RSQ}$$
$$= \tfrac{1}{2}\left|\overrightarrow{PS} \times \overrightarrow{PQ}\right| + \tfrac{1}{2}\left|\overrightarrow{RS} \times \overrightarrow{RQ}\right|$$
$$= \tfrac{1}{2}\left|\begin{pmatrix}-5\\0\\5\end{pmatrix} \times \begin{pmatrix}0\\10\\-3\end{pmatrix}\right| + \tfrac{1}{2}\left|\begin{pmatrix}3\\-10\\0\end{pmatrix} \times \begin{pmatrix}8\\0\\-8\end{pmatrix}\right|$$
$$= \tfrac{1}{2}\left|\begin{pmatrix}-50\\-15\\-50\end{pmatrix}\right| + \tfrac{1}{2}\left|\begin{pmatrix}80\\24\\80\end{pmatrix}\right| = \tfrac{13}{2}\sqrt{209} = 93{,}97$$

c) Bei P: $\alpha_P = 101{,}723°$ Bei S: $\alpha_S = 101{,}723°$
Bei R: $\alpha_R = 78{,}277°$ Bei Q: $\alpha_Q = 78{,}277°$

12. a) Es gilt $E_t: \vec{x} = \begin{pmatrix}-1\\1\\-1\end{pmatrix} + r\begin{pmatrix}0\\1\\2t+2\end{pmatrix} + s\begin{pmatrix}6\\3t\\0\end{pmatrix}$

und $g_t: \vec{x} = \begin{pmatrix}7\\-11\\4\end{pmatrix} + r\begin{pmatrix}-3t(2+2t)\\6(2+2t)\\-6\end{pmatrix}$

g_t kann wegen der x_3-Koordinate -6 nur parallel zur x_3-Achse laufen. $2 + 2t = 0 \Leftrightarrow t = -1$.

b) $A = \tfrac{1}{2}\left|\overrightarrow{AB_{-1}} \times \overrightarrow{AC_{-1}}\right| = \tfrac{1}{2}\left|\begin{pmatrix}0\\0\\-6\end{pmatrix}\right| = 3$

Lernfeld

Ebenen – Ungekrümmtes im Raum

264

1.
- 4 Punkte
- 2 Geraden, die senkrecht aufeinander stehen
- 2 Geraden, die echt parallel sind
- 2 Geraden
- 1 Gerade und 1 Punkt
- 3 Punkte

265

2. • $g_{AB}\colon \vec{x} = \overrightarrow{OA} + t \cdot \overrightarrow{AB} = \begin{pmatrix} 0 \\ 3 \\ 0 \end{pmatrix} + t \cdot \begin{pmatrix} 1 \\ 0 \\ 0 \end{pmatrix};\ t \in \mathbb{R}$

$g_{AC}\colon \vec{x} = \overrightarrow{OA} + s \cdot \overrightarrow{AC} = \begin{pmatrix} 0 \\ 3 \\ 0 \end{pmatrix} + s \cdot \begin{pmatrix} 0 \\ 0 \\ 2 \end{pmatrix};\ s \in \mathbb{R}$

Verschobene Geraden AB entlang AC

$g_{A'B'}\colon \vec{x} = \begin{pmatrix} 0 \\ 3 \\ 0 \end{pmatrix} + \begin{pmatrix} 0 \\ 0 \\ 2 \end{pmatrix} + t \cdot \begin{pmatrix} 1 \\ 0 \\ 0 \end{pmatrix} = \begin{pmatrix} 0 \\ 3 \\ 2 \end{pmatrix} + t \cdot \begin{pmatrix} 1 \\ 0 \\ 0 \end{pmatrix}$

$g_{A''B''}\colon \vec{x} = \begin{pmatrix} 0 \\ 3 \\ 0 \end{pmatrix} + 2\begin{pmatrix} 0 \\ 0 \\ 2 \end{pmatrix} + t \cdot \begin{pmatrix} 1 \\ 0 \\ 0 \end{pmatrix} = \begin{pmatrix} 0 \\ 3 \\ 4 \end{pmatrix} + t \cdot \begin{pmatrix} 1 \\ 0 \\ 0 \end{pmatrix}$

Allgemein kann man die verschobenen Geraden durch die folgende Gleichung angeben:

$g_{AB_{\text{verschoben}}}\colon \vec{x} = \begin{pmatrix} 0 \\ 3 \\ 0 \end{pmatrix} + s\begin{pmatrix} 0 \\ 0 \\ 2 \end{pmatrix} + t \cdot \begin{pmatrix} 1 \\ 0 \\ 0 \end{pmatrix},\ s, t \in \mathbb{R}$

Indem man zunächst entlang AB ein gewisses Stück und dann in Richtung AC ein anderes Stück geht, erreicht man jeden Punkt der Ebene, in der die Glasfläche ABCD liegt.
Also ist durch

$\vec{x} = \begin{pmatrix} 0 \\ 3 \\ 0 \end{pmatrix} + s\begin{pmatrix} 0 \\ 0 \\ 2 \end{pmatrix} + t \cdot \begin{pmatrix} 1 \\ 0 \\ 0 \end{pmatrix}$ jeder Punkt der Ebene, also die Ebene

gegeben.

• z. B. $g_{CE}\colon \vec{x} = \begin{pmatrix} 0 \\ 3 \\ 2 \end{pmatrix} + t \cdot \begin{pmatrix} 0 \\ -3 \\ 1 \end{pmatrix};\ t \in \mathbb{R}$

$g_{CD}\colon \vec{x} = \begin{pmatrix} 0 \\ 3 \\ 2 \end{pmatrix} + s \cdot \begin{pmatrix} 1 \\ 0 \\ 0 \end{pmatrix};\ s \in \mathbb{R}$

$\Rightarrow \overrightarrow{OP'} = \begin{pmatrix} 0 \\ 3 \\ 2 \end{pmatrix} + s \cdot \begin{pmatrix} 1 \\ 0 \\ 0 \end{pmatrix} + t \cdot \begin{pmatrix} 0 \\ -3 \\ 1 \end{pmatrix};\ s, t \in \mathbb{R}$

265

3. Die Ebenen eines „Pultdaches" schneiden sich.
In der Reihe der Häuser sind jeweils die Ebenen der äquivalenten Dachhälften parallel und schneiden sich nicht.
Es gibt nur 3 verschiedene Lagebeziehungen von Ebenen: Schnitt in einer Geraden, echte Parallelität und Identität.

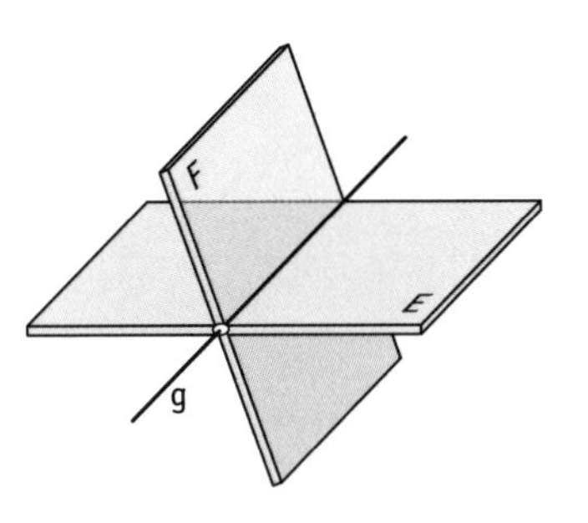

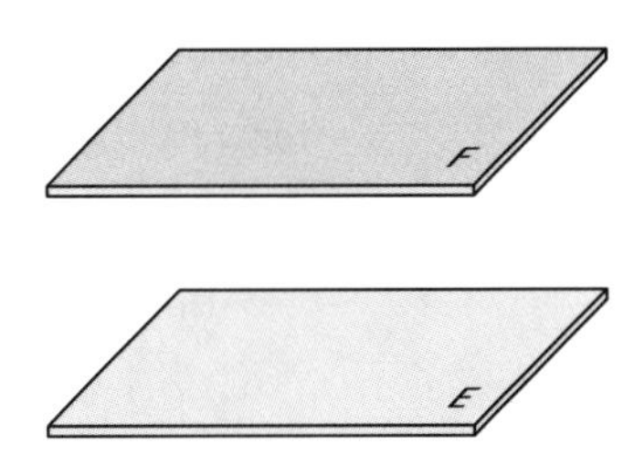

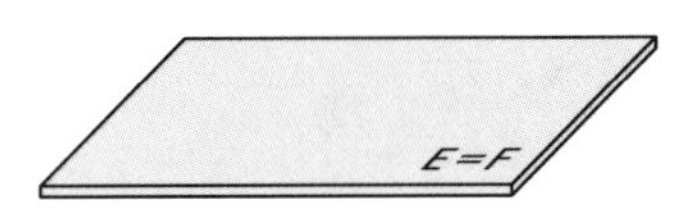

4. a) Der Winkel α ist der kleinste Winkel zwischen Gerade und Ebene. Dieser ergibt sich, wenn er in einer orthogonalen Ebene zu der Dachfläche gemessen wird.

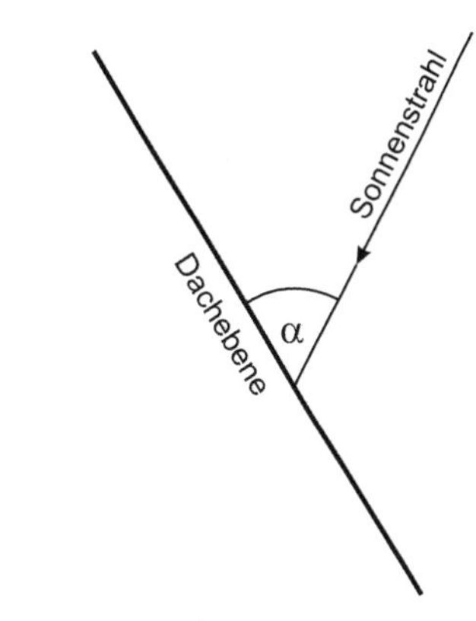

b) Reflexionsgesetz:
Einfallwinkel β = Reflexionswinkel β
Da Einfallwinkel = Reflexionswinkel gilt, kann man aus den Positionen des Senders, des Empfängers und des Spiegels mithilfe der Trigonometrie die Winkel bestimmen.

In der Abbildung ist $\tan\beta = \frac{a}{h}$

bzw. $\alpha = 90° - \beta - \tan^{-1}\left(\frac{a}{h}\right)$

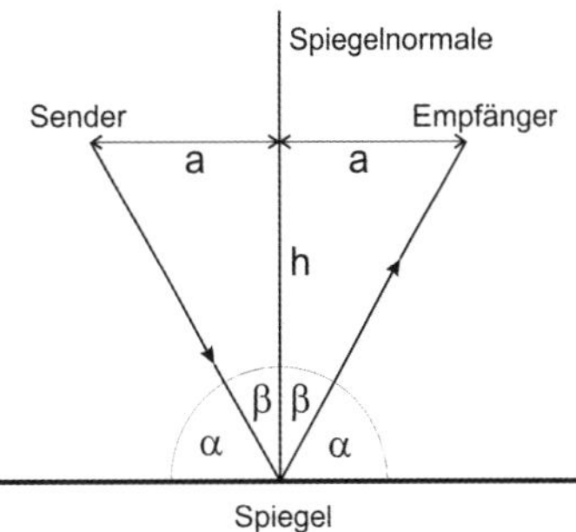

4.4 Ebenen im Raum

4.4.1 Parameterdarstellung einer Ebene

268

2. Maren: Stützvektor: $\overrightarrow{OA}$; Richtungsvektoren: $\overrightarrow{AB}$ und $\overrightarrow{AC}$

Janik: Stützvektor: $\overrightarrow{OB}$; Richtungsvektoren: $-\frac{1}{2}\overrightarrow{AB}$ und $\overrightarrow{BC}$

weitere Beispiele

$$E\colon \vec{x} = \begin{pmatrix} 7 \\ 0 \\ -7 \end{pmatrix} + s \begin{pmatrix} -5 \\ 3 \\ 5 \end{pmatrix} + t \begin{pmatrix} 2 \\ -1 \\ -4 \end{pmatrix}$$

$$E\colon \vec{x} = \begin{pmatrix} 2 \\ 3 \\ -2 \end{pmatrix} + s \begin{pmatrix} -9 \\ 5 \\ 13 \end{pmatrix} + t \begin{pmatrix} -8 \\ 4 \\ 16 \end{pmatrix}$$

3. a) $\overrightarrow{OB} = \overrightarrow{OA} + 1 \cdot \vec{u} + 1{,}5 \cdot \vec{v}$

$\overrightarrow{OC} = \overrightarrow{OA} + 1{,}5 \cdot \vec{u} - 0{,}5 \cdot \vec{v}$

$\overrightarrow{OD} = \overrightarrow{OA} - 1 \cdot \vec{u} + 1{,}5 \cdot \vec{v}$

b) $\overrightarrow{OX} = \overrightarrow{OA} + s \cdot \vec{u} + t \cdot \vec{v}$ mit $s, t \in \mathbb{R}$

Man geht zunächst ein Vielfaches s von $\vec{u}$ und danach ein Vielfaches r von $\vec{v}$ und erreicht somit jeden beliebigen Punkt X.

4. a) Z. B: $E\colon \vec{x} = \begin{pmatrix} 3 \\ -5 \\ 10 \end{pmatrix} + s \begin{pmatrix} -1 \\ 6 \\ 2 \end{pmatrix} + t \begin{pmatrix} 3 \\ -0{,}5 \\ 12 \end{pmatrix}$; $s, t \in \mathbb{R}$

b) Für obiges Beispiel:

(1) $\begin{pmatrix} 10 \\ 5{,}5 \\ 50 \end{pmatrix}$ (2) $\begin{pmatrix} 43 \\ -35 \\ 146 \end{pmatrix}$ (3) $\begin{pmatrix} -4{,}8 \\ -0{,}2 \\ 17{,}6 \end{pmatrix}$ (4) $\begin{pmatrix} 1{,}675 \\ -3{,}6125 \\ 5{,}9 \end{pmatrix}$

5. Beispiele:

a) $E\colon \vec{x} = \overrightarrow{OP} + \lambda\overrightarrow{PQ} + \mu\overrightarrow{PR} = \begin{pmatrix} 0 \\ 1 \\ 2 \end{pmatrix} + \lambda \cdot \begin{pmatrix} 2 \\ -1 \\ 2 \end{pmatrix} + \mu \cdot \begin{pmatrix} 4 \\ 7 \\ -2 \end{pmatrix}$; $\lambda, \mu \in \mathbb{R}$

b) $E\colon \vec{x} = \begin{pmatrix} 1 \\ 1 \\ 1 \end{pmatrix} + \lambda \cdot \begin{pmatrix} 1 \\ 1 \\ 2 \end{pmatrix} + \mu \cdot \begin{pmatrix} 9 \\ 3 \\ 5 \end{pmatrix}$; $\lambda, \mu \in \mathbb{R}$

268

5. c) E: $\vec{x} = \begin{pmatrix} 1 \\ -2 \\ 3 \end{pmatrix} + s \cdot \begin{pmatrix} 2 \\ 6 \\ -5 \end{pmatrix} + t \cdot \begin{pmatrix} 2 \\ 6 \\ 2 \end{pmatrix}$; s, t ∈ ℝ

d) E: $\vec{x} = \begin{pmatrix} 0 \\ 7 \\ 2 \end{pmatrix} + s \cdot \begin{pmatrix} -10 \\ -7 \\ -8 \end{pmatrix} + t \cdot \begin{pmatrix} -4 \\ -11 \\ -2 \end{pmatrix}$; s, t ∈ ℝ

269

6. Zunächst Probe, dass P nicht auf g liegt (Punktprobe).

a) E: $\vec{x} = \begin{pmatrix} 4 \\ 0 \\ 2 \end{pmatrix} + s \cdot \begin{pmatrix} 3 \\ -1 \\ -3 \end{pmatrix} + t \cdot \begin{pmatrix} 1-4 \\ 4-0 \\ -1-2 \end{pmatrix} = \begin{pmatrix} 4 \\ 0 \\ 2 \end{pmatrix} + s \cdot \begin{pmatrix} 3 \\ -1 \\ -3 \end{pmatrix} + t \cdot \begin{pmatrix} -3 \\ 4 \\ -3 \end{pmatrix}$; s, t ∈ ℝ

b) E: $\vec{x} = \begin{pmatrix} 1 \\ 0 \\ 0 \end{pmatrix} + s \cdot \begin{pmatrix} 5 \\ 2 \\ -3 \end{pmatrix} + t \cdot \begin{pmatrix} 1 \\ 4 \\ -3 \end{pmatrix}$; s, t ∈ ℝ

c) E: $\vec{x} = \begin{pmatrix} -200 \\ 150 \\ 30 \end{pmatrix} + t \cdot \begin{pmatrix} 10 \\ -10 \\ 5 \end{pmatrix} + s \cdot \begin{pmatrix} 200 \\ -150 \\ -30 \end{pmatrix}$; s, t ∈ ℝ

7. Gleichsetzen ergibt das Gleichungssystem

$-s - 2t = 1$

$2s - t = -2$

$s + t = -1$

welches die eindeutige Lösung $s = -1$; $t = 0$ besitzt.

Schnittpunkt: S(−2 | 0 | −2)

E: $\vec{x} = \begin{pmatrix} -2 \\ 0 \\ -2 \end{pmatrix} + s \cdot \begin{pmatrix} -1 \\ 2 \\ 1 \end{pmatrix} + t \cdot \begin{pmatrix} 2 \\ 1 \\ -1 \end{pmatrix}$; s, t ∈ ℝ

8. a) E: $\vec{x} = \begin{pmatrix} 5 \\ 0 \\ 2 \end{pmatrix} + s \cdot \begin{pmatrix} 3 \\ -1 \\ 4 \end{pmatrix} + t \cdot \begin{pmatrix} 0-5 \\ -1-0 \\ -1-2 \end{pmatrix} = \begin{pmatrix} 5 \\ 0 \\ 2 \end{pmatrix} + s \cdot \begin{pmatrix} 3 \\ -1 \\ 4 \end{pmatrix} + t \cdot \begin{pmatrix} -5 \\ -1 \\ -3 \end{pmatrix}$; s, t ∈ ℝ

b) Die Richtungsvektoren sind parallel zueinander:

$(-3) \cdot \begin{pmatrix} 1 \\ 1 \\ -2 \end{pmatrix} = \begin{pmatrix} -3 \\ -3 \\ 6 \end{pmatrix}$, daher E: $\vec{x} = \begin{pmatrix} 2 \\ 1 \\ 3 \end{pmatrix} + s \cdot \begin{pmatrix} 1 \\ 1 \\ -2 \end{pmatrix} + t \cdot \begin{pmatrix} 1 \\ -5 \\ -2 \end{pmatrix}$; s, t ∈ ℝ

269

9. Aufgrund der selbstständigen Wahl des Koordinatensystems gibt es unendlich viele Lösungsmöglichkeiten.
Beispiel: Wahl des Ursprungs in dem Mittelpunkt der Grundfläche.
Koordinatensystem: Standard-Rechtssystem

Grundfläche: $E_G: \vec{x} = \begin{pmatrix} 0 \\ 0 \\ 0 \end{pmatrix} + s \begin{pmatrix} 1 \\ 0 \\ 0 \end{pmatrix} + t \begin{pmatrix} 0 \\ 1 \\ 0 \end{pmatrix}; \; s, t \in \mathbb{R}$

Seitenflächen: $E_{S_1}: \vec{x} = \begin{pmatrix} 0 \\ 0 \\ 12 \end{pmatrix} + s \begin{pmatrix} 1 \\ 0 \\ 0 \end{pmatrix} + t \begin{pmatrix} 0 \\ 2,5 \\ 12 \end{pmatrix}; \; s, t \in \mathbb{R}$

$E_{S_2}: \vec{x} = \begin{pmatrix} 0 \\ 0 \\ 12 \end{pmatrix} + s \begin{pmatrix} 0 \\ 1 \\ 0 \end{pmatrix} + t \begin{pmatrix} 2,5 \\ 0 \\ 12 \end{pmatrix}; \; s, t \in \mathbb{R}$

$E_{S_3}: \vec{x} = \begin{pmatrix} 0 \\ 0 \\ 12 \end{pmatrix} + s \begin{pmatrix} -1 \\ 0 \\ 0 \end{pmatrix} + t \begin{pmatrix} 0 \\ -2,5 \\ 12 \end{pmatrix}; \; s, t \in \mathbb{R}$

Seitenfläche $E_{S_4}: \vec{x} = \begin{pmatrix} 0 \\ 0 \\ 12 \end{pmatrix} + s \begin{pmatrix} 0 \\ -1 \\ 0 \end{pmatrix} + t \begin{pmatrix} -2,5 \\ 0 \\ 12 \end{pmatrix}; \; s, t \in \mathbb{R}$

10. Zum Beispiel:
P_1: $s = 0$, $t = 0$: $P_1(-2; 0; 1)$;
P_2: $s = 1$, $t = 2$: $P_2(-3; 5; 2)$;
P_3: $s = -1$, $t = 1$: $P_3(-4; 1; 0)$

$E: \vec{x} = \begin{pmatrix} -2 \\ 0 \\ 1 \end{pmatrix} + s \cdot \begin{pmatrix} -1 \\ 5 \\ 1 \end{pmatrix} + t \cdot \begin{pmatrix} -2 \\ 1 \\ -1 \end{pmatrix}; \; s, t \in \mathbb{R}$

11. Sie hat nicht überprüft, ob die 3 Punkte auf einer Geraden liegen. Da A, B, C auf einer Geraden liegen, sind die Richtungsvektoren $\begin{pmatrix} 3 \\ 3 \\ -2 \end{pmatrix}$ und $\begin{pmatrix} 9 \\ 9 \\ -6 \end{pmatrix}$ linear abhängig und es wird keine Ebene sondern eine Gerade beschrieben.

12. Kein Punkt liegt auf der Ebene.

270

13. a) $E: \vec{x} = \begin{pmatrix} 6 \\ 5 \\ 0 \end{pmatrix} + \lambda \cdot \begin{pmatrix} 0 \\ -5 \\ 2 \end{pmatrix} + \mu \cdot \begin{pmatrix} -6 \\ -4 \\ 3 \end{pmatrix}$ **b)** $E: \vec{x} = \begin{pmatrix} 0 \\ 3 \\ 3 \end{pmatrix} + \lambda \cdot \begin{pmatrix} 6 \\ -1 \\ -1 \end{pmatrix} + \mu \cdot \begin{pmatrix} 1 \\ 3 \\ -2 \end{pmatrix}$

270

14. Dadurch, dass Timo die Konstanten in die 1. Spalte der Matrix geschrieben hat, lautet das lineare Gleichungssystem nach Einsatz des GTR:

$$\left|\begin{array}{l} 1 = 0{,}5t \\ 0 = s + 0{,}5t \\ 0 = 0 \end{array}\right|.$$

Man kann also nicht direkt die Werte von s, t ablesen, sondern muss noch rechnen: $t = 2$ und $s = -1$

15. **a)** $s = 0,\ t = 1$ **b)** $s = 2,\ t = -1$ **c)** P liegt nicht in E **d)** $s = -1,\ t = -\frac{1}{4}$

16. Geprüft wird, ob P_4 in der Ebene E liegt, die von P_1, P_2, P_3 bestimmt ist.

a) $\begin{pmatrix} 3 \\ 2 \\ 1 \end{pmatrix} = \begin{pmatrix} 7 \\ 2 \\ -1 \end{pmatrix} + s \cdot \begin{pmatrix} -8 \\ 0 \\ 4 \end{pmatrix} + t \cdot \begin{pmatrix} -7 \\ -4 \\ 3 \end{pmatrix} \Leftrightarrow \left|\begin{array}{l} s = \frac{1}{2} \\ t = 0 \\ s = \frac{1}{2} \end{array}\right|$, d. h. $P_4 \in E$

b) $\begin{pmatrix} -2 \\ -1 \\ 5 \end{pmatrix} = \begin{pmatrix} 2 \\ 1 \\ 3 \end{pmatrix} + s \cdot \begin{pmatrix} -4 \\ 1 \\ -2 \end{pmatrix} + t \cdot \begin{pmatrix} -2 \\ -1 \\ 1 \end{pmatrix} \Leftrightarrow \left|\begin{array}{l} s = 0 \\ t = 2 \\ s = 0 \end{array}\right|$, d. h. $P_4 \in E$

c) $\begin{pmatrix} 7 \\ 0 \\ -1 \end{pmatrix} = \begin{pmatrix} 5 \\ -1 \\ 5 \end{pmatrix} + s \cdot \begin{pmatrix} -4 \\ 2 \\ -6 \end{pmatrix} + t \cdot \begin{pmatrix} -2 \\ 3 \\ -10 \end{pmatrix} \Leftrightarrow \left|\begin{array}{r} s = -1 \\ t = 1 \\ -1 = 1 \end{array}\right|$, d. h. $P_4 \notin E$

17. **a)** Überprüfe, ob P, Q und R **nicht** auf einer Geraden liegen.

(1) $\overrightarrow{PQ} = \overrightarrow{QR}$ (d. h. die Punkte liegen auf einer Geraden)

(2) $\overrightarrow{PR} = 2 \cdot \overrightarrow{PQ}$ (d. h. die Punkte liegen auf einer Geraden)

b) Überprüfe, ob P **nicht** auf g liegt.

(1) Ja, denn P liegt nicht auf g.

(2) Für $s = 10$ ergibt sich $\vec{x} = \overrightarrow{OP}$. P liegt auf g.

c) Überprüfe, ob die Geraden **nicht** windschief zueinander oder identisch sind.

(1) $\begin{pmatrix} 2 \\ 1 \\ 4 \end{pmatrix} + s \cdot \begin{pmatrix} 3 \\ 0 \\ 1 \end{pmatrix} = \begin{pmatrix} 1 \\ 2 \\ 3 \end{pmatrix} + t \cdot \begin{pmatrix} -1 \\ 2 \\ 1 \end{pmatrix} \Leftrightarrow \left|\begin{array}{r} 3s + t = -1 \\ -2t = +1 \\ s - t = -1 \end{array}\right| \Leftrightarrow \left|\begin{array}{l} s = -\frac{1}{6} \\ t = -0{,}5 \\ s = -0{,}5 \end{array}\right|$

Die Geraden sind windschief zueinander.

(2) $\begin{pmatrix} 1 \\ 1 \\ 0 \end{pmatrix} + s \cdot \begin{pmatrix} -1 \\ 1 \\ 2 \end{pmatrix} = \begin{pmatrix} 2 \\ 1 \\ 1 \end{pmatrix} + t \cdot \begin{pmatrix} 0 \\ 1 \\ 1 \end{pmatrix} \Leftrightarrow \left|\begin{array}{r} -s = 1 \\ s - t = 0 \\ 2s - t = 1 \end{array}\right| \Leftrightarrow \left|\begin{array}{l} s = -1 \\ t = -1 \\ t = -3 \end{array}\right|$

Die Geraden sind windschief zueinander.

270

17. c) (3) $\begin{pmatrix}5\\0\\2\end{pmatrix}+s\cdot\begin{pmatrix}3\\-1\\4\end{pmatrix}=\begin{pmatrix}-1\\2\\-6\end{pmatrix}+t\cdot\begin{pmatrix}6\\-2\\8\end{pmatrix} \Leftrightarrow \left|\begin{matrix}3s-6t=-6\\-s+2t=2\\4s-8t=-8\end{matrix}\right| \Leftrightarrow$ t beliebig und $s=2t-2$

Die beiden Geraden sind identisch.

(4) Da $\begin{pmatrix}2\\-1\\3\end{pmatrix}\cdot 2=\begin{pmatrix}4\\-2\\0\end{pmatrix}$ und $\begin{pmatrix}2\\3\\1\end{pmatrix}\notin g_1$

sind die Geraden parallel und nicht identisch.

271

18. a) Die 3 Stützvektoren sind identisch
$\Rightarrow$ Ebene und Geraden haben gemeinsamen Punkt.
Jeweils der Richtungsvektor der Geraden ist auch ein Richtungsvektor der Ebene.

b) Beispielhaftes Vorgehen:

- F enthält $g_1 \Rightarrow F: \vec{x}=\begin{pmatrix}3\\1\\2\end{pmatrix}+s\begin{pmatrix}1\\-1\\2\end{pmatrix}+t\cdot\vec{u}$
- Mit P nicht in E ist z. B. $\vec{u}=\begin{pmatrix}3\\1\\2\end{pmatrix}-\overrightarrow{OP}$.

Beispiel: $P(1 \mid 1 \mid 1) \Rightarrow \vec{u}=\begin{pmatrix}2\\0\\1\end{pmatrix}$

$\Rightarrow$ z. B. F: $\vec{x}=\begin{pmatrix}3\\1\\2\end{pmatrix}+s\begin{pmatrix}1\\-1\\2\end{pmatrix}+t\begin{pmatrix}2\\0\\1\end{pmatrix}$

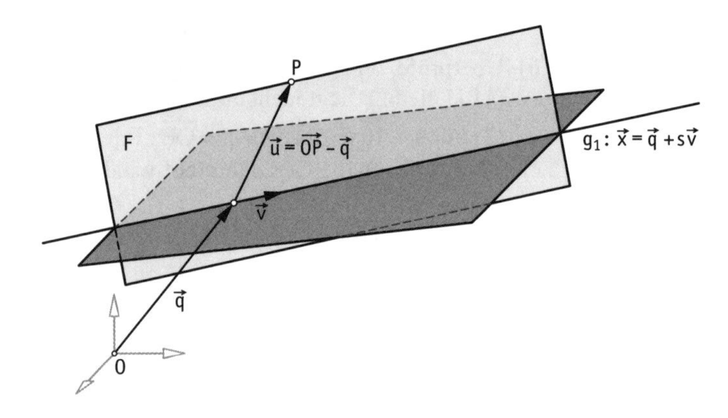

271

18. c) Beispielhaftes Vorgehen:

- G parallel zu E $\Rightarrow$ G: $\vec{x} = \vec{a} + s\begin{pmatrix}1\\-1\\2\end{pmatrix} + t\begin{pmatrix}2\\1\\4\end{pmatrix}$
- G enthält P $\Rightarrow \vec{a} = \overrightarrow{OP}$

Beispiel mit P(1 | 1 | 1): G: $\vec{x} = \begin{pmatrix}1\\1\\1\end{pmatrix} + s\begin{pmatrix}1\\-1\\2\end{pmatrix} + t\begin{pmatrix}2\\1\\4\end{pmatrix}$

19. a) $\vec{x} = s \cdot \begin{pmatrix}1\\0\\0\end{pmatrix} + t \cdot \begin{pmatrix}0\\1\\0\end{pmatrix}$

b) $\vec{x} = s \cdot \begin{pmatrix}0\\1\\0\end{pmatrix} + t \cdot \begin{pmatrix}0\\0\\1\end{pmatrix}$

c) $\vec{x} = \begin{pmatrix}3\\1\\-2\end{pmatrix} + s \cdot \begin{pmatrix}1\\0\\0\end{pmatrix} + t \cdot \begin{pmatrix}0\\0\\1\end{pmatrix}$

d) $\vec{x} = \begin{pmatrix}0\\0\\2\end{pmatrix} + s \cdot \begin{pmatrix}1\\0\\0\end{pmatrix} + t \cdot \begin{pmatrix}0\\1\\0\end{pmatrix}$

e) $\vec{x} = \begin{pmatrix}3\\0\\0\end{pmatrix} + s \cdot \begin{pmatrix}-3\\1\\0\end{pmatrix} + t \cdot \begin{pmatrix}-3\\0\\-1\end{pmatrix}$

f) $\vec{x} = \begin{pmatrix}0\\0\\4\end{pmatrix} + s \cdot \begin{pmatrix}3\\0\\-4\end{pmatrix} + t \cdot \begin{pmatrix}0\\-2\\-4\end{pmatrix}$

g) $\vec{x} = s \cdot \begin{pmatrix}1\\2\\0\end{pmatrix} + t \cdot \begin{pmatrix}0\\0\\1\end{pmatrix}$

20. - 3 Punkte: Beispiel: Schülerband S. 268, Aufgabe 5.
- 1 Punkt und 1 Gerade: Beispiel: Schülerband S. 269, Aufgabe 6
- 2 Geraden, die sich in einem Punkt schneiden:
Beispiel: Schülerband S. 269, Aufgabe 7
- 2 verschiedene parallele Geraden: Beispiel: Schülerband S. 269, Aufgabe 8

21. a) $E: \vec{x} = \begin{pmatrix}4\\4\\2\end{pmatrix} + \lambda \cdot \begin{pmatrix}0\\-2\\2\end{pmatrix} + \mu \cdot \begin{pmatrix}-4\\0\\2\end{pmatrix}$

b) Es muss gelten: $\lambda, \mu \geq 0$ und $\lambda + \mu \leq 1$.

22. a) Der Stützvektor aller drei Parameterdarstellungen ist gleich. Die Richtungsvektoren der Ebene sind die Richtungsvektoren der beiden Geraden. Für s = 0, r beliebig ergibt sich aus der Ebene die Gerade g_1 und für r = 0 und s beliebig die Gerade g_2.

271

22. b) Setze in $\vec{x} = \vec{a} + r \cdot \vec{u} + s \cdot \vec{v}$

(1) $s = 0$, das ergibt g: $\vec{x} = \vec{a} + t \cdot \vec{u}$

(2) $r = 0$, das ergibt g: $\vec{x} = \vec{a} + t \cdot \vec{v}$

(3) $r = 1$, das ergibt g: $\vec{x} = \vec{a} + \vec{u} + t \cdot \vec{v}$

(4) $s = 3$, das ergibt g: $\vec{x} = \vec{a} + 3\vec{v} + t \cdot \vec{u}$

4.4.2 Lagebeziehungen zwischen Gerade und Ebene

273

3. a) (1) Gleichsetzen führt auf Gleichungssystem:

$$\left| \begin{array}{r} r - t = 1 \\ 2r - 3s + 4t = -1 \\ -4r + 2s = -2 \end{array} \right| \Rightarrow \left| \begin{array}{r} r + t = 1 \\ 6t - 3s = -3 \\ 0 = 0 \end{array} \right|$$

Das Gleichungssystem hat einen freien Parameter und somit unendlich viele Lösungen $\Rightarrow$ g liegt in E.

(2) Richtungsvektor von g liegt in E (Linearkombination der Richtungsvektoren von E): $\begin{pmatrix} 1 \\ -4 \\ 0 \end{pmatrix} = \begin{pmatrix} 1 \\ 2 \\ -4 \end{pmatrix} + 2\begin{pmatrix} 0 \\ -3 \\ 2 \end{pmatrix}$.

Punkt $A(2 \mid 1 \mid -1)$ des Stützvektors $\overrightarrow{OA}$ von g liegt in E für $r = 1$; $s = 1$.

b) Beispiele:

$$g_1: \vec{x} = \begin{pmatrix} 1 \\ 2 \\ 1 \end{pmatrix} + t\begin{pmatrix} 1 \\ 2 \\ -4 \end{pmatrix} \text{ mit } t \in \mathbb{R}$$

$$g_2: \vec{x} = \begin{pmatrix} 1 \\ 2 \\ 1 \end{pmatrix} + t\begin{pmatrix} 0 \\ -3 \\ 2 \end{pmatrix} \text{ mit } t \in \mathbb{R}$$

$$g_3: \vec{x} = \begin{pmatrix} 2 \\ 4 \\ -3 \end{pmatrix} + t\begin{pmatrix} 1 \\ -1 \\ -2 \end{pmatrix} \text{ mit } t \in \mathbb{R}$$

274

4. Parameterdarstellung der Trägergeraden des Seils

$$\overrightarrow{OX} = \begin{pmatrix} 8 \\ 11 \\ 21 \end{pmatrix} + r\begin{pmatrix} 1 \\ 3 \\ 4 \end{pmatrix};\ r \in \mathbb{R}$$

Ortsvektor des Schnittpunkts: $\overrightarrow{OS} = \begin{pmatrix} 8 + r \\ 11 + 3r \\ 21 + 4r \end{pmatrix}$.

Dieser Ortsvektor muss auch die Ebenengleichung erfüllen. Einsetzen liefert $r = -4$; $t = -2$; $s = 0$. Aus der Parameterdarstellung der Geraden folgt $S(4 \mid -1 \mid 5)$. Dies ist ungefähr der Punkt, an dem die Verankerung angebracht werden sollte.

274

5. a) (1) S(−3 | 8 | 1) (3) keine Lösung, g ∥ E
(2) keine Lösung, g ∥ E (4) g liegt in E

b) g und E haben den gleichen Stützvektor.
Richtungsvektor von g ist auch Richtungsvektor von E.

6. (1) Gerade und Ebene sind parallel, sie haben keinen Schnittpunkt.
(2) Gerade liegt in der Ebene.
(3) Gerade und Ebene schneiden sich in einem Punkt.

7. a) Z. B.: g: $\vec{x} = \begin{pmatrix} -1 \\ 2 \\ 3 \end{pmatrix} + t \cdot \begin{pmatrix} 12 \\ 13 \\ 2 \end{pmatrix}$; $t \in \mathbb{R}$

b) Z. B.: g: $\vec{x} = \begin{pmatrix} -1 \\ 2 \\ 3 \end{pmatrix} + t \cdot \begin{pmatrix} 3 \\ -2 \\ 1 \end{pmatrix}$; $t \in \mathbb{R}$

oder g: $\vec{x} = \begin{pmatrix} -1 \\ 2 \\ 3 \end{pmatrix} + t \cdot \begin{pmatrix} 2 \\ -2 \\ 5 \end{pmatrix}$; $t \in \mathbb{R}$

c) Z. B.: g: $\vec{x} = \begin{pmatrix} 3 \\ -2 \\ 5 \end{pmatrix} + t \cdot \begin{pmatrix} 2 \\ -2 \\ 5 \end{pmatrix}$; $t \in \mathbb{R}$

oder g: $\vec{x} = \begin{pmatrix} 3 \\ -2 \\ 5 \end{pmatrix} + t \cdot \begin{pmatrix} 3 \\ -2 \\ 1 \end{pmatrix}$; $t \in \mathbb{R}$

8. Ebene $P_1P_2P_3$: $\overrightarrow{OX} = \overrightarrow{OP_1} + \lambda \overrightarrow{P_1P_2} + \mu \overrightarrow{P_1P_3}$

Gerade AB: $\overrightarrow{OX} = \overrightarrow{OA} + \varphi \cdot \overrightarrow{AB}$

$\lambda \overrightarrow{P_1P_2} + \mu \overrightarrow{P_1P_3} - \varphi \overrightarrow{AB} = \overrightarrow{OA} - \overrightarrow{OP_1}$

Für einen Schnittpunkt müssen wir Parameter λ, μ und φ finden.

$$\lambda \begin{pmatrix} -7 \\ 5 \\ -3 \end{pmatrix} + \mu \begin{pmatrix} 14 \\ -10 \\ -2 \end{pmatrix} - \varphi \begin{pmatrix} -3 \\ 3 \\ 15 \end{pmatrix} = \begin{pmatrix} 2 \\ -2 \\ -14 \end{pmatrix}$$

$\lambda = 1$, $\varphi = \frac{2}{3}$ und $\mu = \frac{1}{2}$.

S(−1 | 3 | 1)

274

9. Ebene, in der das Parallelogramm liegt:

$$E\colon \vec{x} = \begin{pmatrix} 1 \\ 2 \\ 0 \end{pmatrix} + r\begin{pmatrix} 2 \\ 3 \\ 0 \end{pmatrix} + s\begin{pmatrix} 0 \\ 2 \\ 6 \end{pmatrix}$$

Schnittpunkt von g mit E: $\left(-\frac{31}{9} \mid -\frac{59}{36} \mid \frac{109}{12}\right)$

für Parameterwerte $s = \frac{109}{72} > 1$ und $r = -\frac{20}{9} < 0$.

Alle Punkte des Parallelogramms werden beschrieben für Parameterwerte $0 \le s \le 1$ und $0 \le r \le 1$.

Die Gerade trifft nicht das Parallelogramm.

275

10. **a)** Z. B.: $E\colon \vec{x} = \begin{pmatrix} 0 \\ 2 \\ 0 \end{pmatrix} + r \cdot \begin{pmatrix} 0 \\ 0 \\ 1 \end{pmatrix} + s\begin{pmatrix} 1 \\ 0 \\ 0 \end{pmatrix}$

b) Z. B.: $E\colon \vec{x} = \begin{pmatrix} 1 \\ 0 \\ 0 \end{pmatrix} + r \cdot \begin{pmatrix} 0 \\ 1 \\ 0 \end{pmatrix} + s\begin{pmatrix} 0 \\ 0 \\ 1 \end{pmatrix}$

11. Das Tauchboot taucht auf im Punkt $(13 \mid 0 \mid 0)$.

12. Für $a = -1$ sind die 3 Richtungsvektoren linear abhängig und somit Ebene und Gerade parallel. Der Stützvektor der Geraden liegt nicht in der Ebene.

13. Beispiel:

$$E_1\colon \vec{x} = \begin{pmatrix} 3 \\ 1 \\ -2 \end{pmatrix} + s\begin{pmatrix} -1 \\ 1 \\ 2 \end{pmatrix} + t\begin{pmatrix} 1 \\ 0 \\ 0 \end{pmatrix}$$

$$E_2\colon \vec{x} = \begin{pmatrix} 1 \\ 1 \\ 3 \end{pmatrix} + s\begin{pmatrix} 1 \\ 0 \\ 0 \end{pmatrix} + t\begin{pmatrix} -1 \\ 1 \\ 2 \end{pmatrix}$$

$$E_3\colon \vec{x} = \begin{pmatrix} 1 \\ 1 \\ 3 \end{pmatrix} + s\begin{pmatrix} -1 \\ 1 \\ 2 \end{pmatrix} + t\begin{pmatrix} 2 \\ 0 \\ -5 \end{pmatrix}$$

275

14. $E_1: \begin{pmatrix} 0 \\ 4 \\ 7 \end{pmatrix} + \lambda \cdot \begin{pmatrix} 0 \\ 4 \\ -3 \end{pmatrix} + \mu \cdot \begin{pmatrix} -9 \\ 0 \\ 0 \end{pmatrix}$ $E_2: \begin{pmatrix} -3 \\ 11 \\ 4 \end{pmatrix} + \lambda \cdot \begin{pmatrix} -3 \\ 0 \\ 2 \end{pmatrix} + \mu \cdot \begin{pmatrix} 0 \\ -3 \\ 0 \end{pmatrix}$

$E_1: \begin{pmatrix} 0 \\ 3 \\ 4 \end{pmatrix} * \vec{x} = 40$ $E_2: \begin{pmatrix} 2 \\ 0 \\ 3 \end{pmatrix} * \vec{x} = 6$

Ermitteln Durchstoßpunkt S:

$E_1: 3x_2 + 4x_3 = 40$

Einsetzen von $x_1 = -2;\ x_2 = 6 \Rightarrow x_3 = 5{,}5$

$S = (-2 \mid 6 \mid 5{,}5)$

15. a) B(4 | 4 | 0); C(–4 | 4 | 0); D(–4 | –4 | 0); E(0 | 0 | 16); P(2 | –2 | 8)

b) S(–0,857 | –0,857 | 12,571)

c) Man benötigt lediglich Richtungsvektoren

$\overrightarrow{BE} = \begin{pmatrix} -4 \\ -4 \\ 16 \end{pmatrix};\ \overrightarrow{QR} = \begin{pmatrix} 4 \\ 2 \\ -8 \end{pmatrix}$

$\cos\varphi = \frac{|\overrightarrow{BE} * \overrightarrow{QR}|}{|\overrightarrow{BE}| \cdot |\overrightarrow{QR}|} = \frac{|-152|}{24\sqrt{42}} \Rightarrow \varphi = 12{,}24°$

4.4.3 Lagebeziehungen zwischen Ebenen

277

2. a) Gleichsetzen führt auf das Gleichungssystem

$$\left| \begin{aligned} 5r - s - 4k - 2t &= 4 \\ 6s - 6k - 18t &= 6 \\ 2r + 3s - 5k - 11t &= 5 \end{aligned} \right| \Rightarrow \left| \begin{aligned} r - k - t &= 1 \\ s - k - 3t &= 1 \\ 0 &= 0 \end{aligned} \right|$$

Das Gleichungssystem hat 2 freie Parameter, d. h. die Schnittmenge sind die Ebenen selber; sie sind identisch.

Alternativ:

Richtungsvektoren vergleichen:

$\begin{pmatrix} 4 \\ 6 \\ 5 \end{pmatrix} = \begin{pmatrix} 5 \\ 0 \\ 2 \end{pmatrix} + \begin{pmatrix} -1 \\ 6 \\ 3 \end{pmatrix};\ \begin{pmatrix} 2 \\ 18 \\ 11 \end{pmatrix} = \begin{pmatrix} 5 \\ 0 \\ 2 \end{pmatrix} + 3\begin{pmatrix} -1 \\ 6 \\ 3 \end{pmatrix}$

und Stützvektor von E liegt in F für r = –1; s = 0.

277

2. b) Beispiele:

$$E\colon \vec{x} = \begin{pmatrix} 0 \\ 8 \\ 4 \end{pmatrix} + r \begin{pmatrix} 5 \\ 0 \\ 2 \end{pmatrix} + s \begin{pmatrix} 2 \\ 18 \\ 11 \end{pmatrix} \text{ mit } r, s \in \mathbb{R}$$

$$E\colon \vec{x} = \begin{pmatrix} 1 \\ 2 \\ 1 \end{pmatrix} + r \begin{pmatrix} 4 \\ 6 \\ 5 \end{pmatrix} + s \begin{pmatrix} -1 \\ 6 \\ 3 \end{pmatrix} \text{ mit } r, s \in \mathbb{R}$$

$$E\colon \vec{x} = \begin{pmatrix} -4 \\ 2 \\ -1 \end{pmatrix} + r \begin{pmatrix} 6 \\ 24 \\ 16 \end{pmatrix} + s \begin{pmatrix} 0 \\ 30 \\ 17 \end{pmatrix} \text{ mit } r, s \in \mathbb{R}$$

3. Die Punkte der Schnittgeraden liegen sowohl in der Ebene E_1, als auch in der Ebene E_2, die z. B. durch die Punkte B, E und A gegeben ist.

$$E_2\colon \vec{x} = \overrightarrow{OB} + k \cdot \overrightarrow{BE} + t \cdot \overrightarrow{BA} = \begin{pmatrix} 0 \\ 8 \\ 0 \end{pmatrix} + k \begin{pmatrix} 0 \\ 0 \\ 4 \end{pmatrix} + t \begin{pmatrix} 6 \\ -8 \\ 0 \end{pmatrix};\ k, t \in \mathbb{R}$$

Gleichsetzen von E_1 und E_2 liefert:

$$\left| \begin{aligned} -3r - 3s - 6t &= -6 \\ 4s + 8t &= 8 \\ -4r - 4s - 4k &= -4 \end{aligned} \right| \Rightarrow \left| \begin{aligned} r &= 0 \\ s + 2t &= 2 \\ k - 2t &= -1 \end{aligned} \right|$$

Einsetzen von $k = -1 + 2t$ gibt die gesuchte Gerade

$$g\colon \vec{x} = \begin{pmatrix} 0 \\ 8 \\ -4 \end{pmatrix} + t \begin{pmatrix} 6 \\ -8 \\ 0 \end{pmatrix};\ t \in \mathbb{R}$$

4. $E: -3x_1 + 6x_2 + 4x_3 = 36$

a) $F: 3x_1 + 6x_2 + 4x_3 = 18$ Schnitt mit: $\vec{x} = \begin{pmatrix} -3 \\ 4{,}5 \\ 0 \end{pmatrix} + t \cdot \begin{pmatrix} 0 \\ -\frac{2}{3} \\ 1 \end{pmatrix}$

b) $F: 3x_1 + 6x_2 + 4x_3 = 36$ Schnitt mit: $\vec{x} = \begin{pmatrix} 0 \\ 6 \\ 0 \end{pmatrix} + t \cdot \begin{pmatrix} 0 \\ -\frac{2}{3} \\ 1 \end{pmatrix}$

c) $F: 3x_1 - 3x_2 + 4x_3 = 0$ Schnitt mit: $\vec{x} = \begin{pmatrix} 12 \\ 12 \\ 0 \end{pmatrix} + t \cdot \begin{pmatrix} -4 \\ -\frac{8}{3} \\ 1 \end{pmatrix}$

d) $F: x_1 - x_2 + x_3 = -2$ Schnitt mit: $\vec{x} = \begin{pmatrix} 18 \\ 17 \\ -3 \end{pmatrix} + t \cdot \begin{pmatrix} -20 \\ -14 \\ 6 \end{pmatrix}$

278

5. **a)** Die Ebenen schneiden sich in g: $\vec{x} = \begin{pmatrix} 4 \\ 2 \\ 5 \end{pmatrix} + s\begin{pmatrix} 0 \\ 1 \\ 1 \end{pmatrix}$; $s \in \mathbb{R}$.

b) Die Ebenen sind identisch.

c) Die Ebenen schneiden sich in g: $\vec{x} = \begin{pmatrix} -9{,}6 \\ -2{,}4 \\ 0 \end{pmatrix} + s\begin{pmatrix} -5 \\ -2 \\ -1 \end{pmatrix}$; $s \in \mathbb{R}$.

d) Die Ebenen schneiden sich in g: $\vec{x} = \begin{pmatrix} 0{,}5 \\ 1{,}5 \\ 1{,}5 \end{pmatrix} + s\begin{pmatrix} 2 \\ 1 \\ 0 \end{pmatrix}$; $s \in \mathbb{R}$.

e) Die Ebenen schneiden sich in g: $\vec{x} = \begin{pmatrix} 2 \\ 6 \\ 9 \end{pmatrix} + s\begin{pmatrix} 9 \\ -7 \\ 10 \end{pmatrix}$; $s \in \mathbb{R}$.

6. Z. B.: E_1: $\vec{x} = \begin{pmatrix} 3 \\ 2 \\ -1 \end{pmatrix} + t\begin{pmatrix} 1 \\ -2 \\ 2 \end{pmatrix} + s\begin{pmatrix} 2 \\ -2 \\ 2 \end{pmatrix}$; $s, t \in \mathbb{R}$

Z. B.: E_2: $\vec{x} = \begin{pmatrix} 3 \\ 2 \\ -1 \end{pmatrix} + t\begin{pmatrix} 1 \\ -2 \\ 2 \end{pmatrix} + r\begin{pmatrix} -6 \\ 0 \\ -3 \end{pmatrix}$; $t, r \in \mathbb{R}$

7. Beispiele:

E_1: $\vec{x} = \begin{pmatrix} 0 \\ 0 \\ 1 \end{pmatrix} + s\begin{pmatrix} 0 \\ 0 \\ 2 \end{pmatrix} + t\begin{pmatrix} 1 \\ 0 \\ 0 \end{pmatrix}$; $s, t \in \mathbb{R}$

E_2: $\vec{x} = \begin{pmatrix} 0 \\ 0 \\ 2 \end{pmatrix} + s\begin{pmatrix} 0 \\ 0 \\ 1 \end{pmatrix} + t\begin{pmatrix} 0 \\ 1 \\ 0 \end{pmatrix}$; $s, t \in \mathbb{R}$ oder

E_1: $\vec{x} = \begin{pmatrix} 0 \\ 0 \\ 5 \end{pmatrix} + s\begin{pmatrix} 0 \\ 0 \\ 1 \end{pmatrix} + t\begin{pmatrix} 1 \\ 1 \\ 0 \end{pmatrix}$; $s, t \in \mathbb{R}$

E_2: $\vec{x} = \begin{pmatrix} 2 \\ -2 \\ 0 \end{pmatrix} + s\begin{pmatrix} 0 \\ 0 \\ 3 \end{pmatrix} + t\begin{pmatrix} -1 \\ 1 \\ 0 \end{pmatrix}$; $s, t \in \mathbb{R}$

278

8. a) Z. B.: E_2: $\vec{x} = \begin{pmatrix} 1 \\ 0 \\ -4 \end{pmatrix} + t \begin{pmatrix} 5 \\ 4 \\ 3 \end{pmatrix} + s \begin{pmatrix} -3 \\ 3 \\ -4 \end{pmatrix}$; s, t ∈ ℝ

b) Z. B.: E: $\vec{x} = \begin{pmatrix} 1 \\ 1 \\ 1 \end{pmatrix} + t \begin{pmatrix} 1 \\ 0 \\ 0 \end{pmatrix} + s \begin{pmatrix} 0 \\ 0 \\ 1 \end{pmatrix}$; s, t ∈ ℝ

c) -

9. a) Die Ebenen E_1 und E_2 sind parallel.

b) E_3: $\vec{x} = \begin{pmatrix} 2 \\ 1 \\ 6 \end{pmatrix} + r \cdot \begin{pmatrix} -1 \\ 4 \\ 0 \end{pmatrix} + t \cdot \begin{pmatrix} 2 \\ 1 \\ 3 \end{pmatrix}$; r, t ∈ ℝ

c) z. B.: E: $\vec{x} = \begin{pmatrix} 0 \\ 0 \\ 0 \end{pmatrix} + r \cdot \begin{pmatrix} -1 \\ 4 \\ 0 \end{pmatrix} + t \cdot \begin{pmatrix} 2 \\ 1 \\ 3 \end{pmatrix}$

E: $\vec{x} = \begin{pmatrix} 1 \\ 0 \\ 0 \end{pmatrix} + r \cdot \begin{pmatrix} -2 \\ 8 \\ 0 \end{pmatrix} + t \cdot \begin{pmatrix} 2 \\ 1 \\ 3 \end{pmatrix}$

E: $\vec{x} = \begin{pmatrix} 6 \\ 3 \\ 6 \end{pmatrix} + r \cdot \begin{pmatrix} -2 \\ 8 \\ 0 \end{pmatrix} + t \cdot \begin{pmatrix} 1 \\ 5 \\ 3 \end{pmatrix}$

10. E ist parallel zur x_1x_2-Ebene, wie man an den Richtungsvektoren $\begin{pmatrix} 1 \\ -3 \\ 0 \end{pmatrix}$ und $\begin{pmatrix} -2 \\ 1 \\ 0 \end{pmatrix}$ direkt sieht.

11. Z. B: E: $\vec{x} = \begin{pmatrix} 4 \\ 1 \\ 4 \end{pmatrix} + r \cdot \begin{pmatrix} 0 \\ 3 \\ -3 \end{pmatrix} + t \cdot \begin{pmatrix} -2 \\ 3 \\ 0 \end{pmatrix}$

E_1 schneidet E in einer Geraden.

E_2 ist zu E echt parallel.

E_3 schneidet E in einer Geraden.

278

12. Beispiele

(1) • $E_1: \vec{x} = \begin{pmatrix} 1 \\ 0 \\ 0 \end{pmatrix} + r\begin{pmatrix} 1 \\ 0 \\ 0 \end{pmatrix} + s\begin{pmatrix} 1 \\ 1 \\ 0 \end{pmatrix}$ $E_2: \vec{x} = \begin{pmatrix} 2 \\ 0 \\ 0 \end{pmatrix} + r\begin{pmatrix} 1 \\ 0 \\ 0 \end{pmatrix} + s\begin{pmatrix} 0 \\ 1 \\ 1 \end{pmatrix}$

• $E_1: \vec{x} = \begin{pmatrix} 2 \\ 1 \\ 0 \end{pmatrix} + r\begin{pmatrix} 2 \\ 1 \\ 0 \end{pmatrix} + s\begin{pmatrix} 0 \\ 1 \\ 0 \end{pmatrix}$ $E_2: \vec{x} = \begin{pmatrix} 0 \\ 0 \\ 0 \end{pmatrix} + r\begin{pmatrix} 1 \\ 0 \\ 0 \end{pmatrix} + s\begin{pmatrix} 0 \\ 0 \\ 1 \end{pmatrix}$

• $E_1: \vec{x} = \begin{pmatrix} 2 \\ 1 \\ 1 \end{pmatrix} + r\begin{pmatrix} 5 \\ 0 \\ 0 \end{pmatrix} + s\begin{pmatrix} 2 \\ 2 \\ 2 \end{pmatrix}$ $E_2: \vec{x} = \begin{pmatrix} -3 \\ 0 \\ 0 \end{pmatrix} + r\begin{pmatrix} 3 \\ 4 \\ 3 \end{pmatrix} + s\begin{pmatrix} 4 \\ 4 \\ 3 \end{pmatrix}$

(2) • $E_1: \vec{x} = \begin{pmatrix} 0 \\ 1 \\ 0 \end{pmatrix} + r\begin{pmatrix} 0 \\ 1 \\ 0 \end{pmatrix} + s\begin{pmatrix} 1 \\ 0 \\ 0 \end{pmatrix}$ $E_2: \vec{x} = \begin{pmatrix} 0 \\ 1 \\ 0 \end{pmatrix} + r\begin{pmatrix} 0 \\ 1 \\ 0 \end{pmatrix} + s\begin{pmatrix} 0 \\ 0 \\ 1 \end{pmatrix}$

• $E_1: \vec{x} = \begin{pmatrix} 8 \\ 1 \\ 0 \end{pmatrix} + r\begin{pmatrix} 2 \\ 1 \\ 0 \end{pmatrix} + s\begin{pmatrix} -2 \\ 0 \\ 0 \end{pmatrix}$ $E_2: \vec{x} = \begin{pmatrix} 0 \\ 3 \\ 0 \end{pmatrix} + r\begin{pmatrix} 0 \\ 1 \\ 3 \end{pmatrix} + s\begin{pmatrix} 0 \\ 0 \\ -6 \end{pmatrix}$

• $E_1: \vec{x} = \begin{pmatrix} 0 \\ 2 \\ 0 \end{pmatrix} + r\begin{pmatrix} 1 \\ 2 \\ 3 \end{pmatrix} + s\begin{pmatrix} -1 \\ 0 \\ -3 \end{pmatrix}$ $E_2: \vec{x} = \begin{pmatrix} 3 \\ 2 \\ 5 \end{pmatrix} + r\begin{pmatrix} 3 \\ 1 \\ 5 \end{pmatrix} + s\begin{pmatrix} -6 \\ 4 \\ -10 \end{pmatrix}$

(3) • $E_1: \vec{x} = \begin{pmatrix} 0 \\ 0 \\ 1 \end{pmatrix} + r\begin{pmatrix} 0 \\ 0 \\ 1 \end{pmatrix} + s\begin{pmatrix} 1 \\ 0 \\ 0 \end{pmatrix}$ $E_2: \vec{x} = \begin{pmatrix} 0 \\ 0 \\ 1 \end{pmatrix} + r\begin{pmatrix} 0 \\ 0 \\ 1 \end{pmatrix} + s\begin{pmatrix} 0 \\ 1 \\ 0 \end{pmatrix}$

• $E_1: \vec{x} = \begin{pmatrix} 0 \\ 0 \\ 3 \end{pmatrix} + r\begin{pmatrix} 2 \\ 7 \\ 4 \end{pmatrix} + s\begin{pmatrix} -2 \\ -7 \\ 0 \end{pmatrix}$ $E_2: \vec{x} = \begin{pmatrix} 6 \\ 6 \\ 7 \end{pmatrix} + r\begin{pmatrix} 3 \\ 3 \\ 4 \end{pmatrix} + s\begin{pmatrix} 1 \\ 1 \\ 1 \end{pmatrix}$

• $E_1: \vec{x} = \begin{pmatrix} 0 \\ 0 \\ 2 \end{pmatrix} + r\begin{pmatrix} 6 \\ 7 \\ 8 \end{pmatrix} + s\begin{pmatrix} 12 \\ 14 \\ 14 \end{pmatrix}$ $E_2: \vec{x} = \begin{pmatrix} 1 \\ 1 \\ 2 \end{pmatrix} + r\begin{pmatrix} 1 \\ 1 \\ 1 \end{pmatrix} + s\begin{pmatrix} 0 \\ 0 \\ 1 \end{pmatrix}$

(4) • $E_1: \vec{x} = \begin{pmatrix} 0 \\ 0 \\ 0 \end{pmatrix} + r\begin{pmatrix} 1 \\ 1 \\ 1 \end{pmatrix} + s\begin{pmatrix} 1 \\ 0 \\ 0 \end{pmatrix}$ $E_2: \vec{x} = \begin{pmatrix} 0 \\ 1 \\ 0 \end{pmatrix} + r\begin{pmatrix} 1 \\ 1 \\ 1 \end{pmatrix} + s\begin{pmatrix} 0 \\ 1 \\ 0 \end{pmatrix}$

• $E_1: \vec{x} = \begin{pmatrix} 1 \\ 3 \\ 5 \end{pmatrix} + r\begin{pmatrix} 1 \\ 2 \\ 3 \end{pmatrix} + s\begin{pmatrix} 0 \\ 1 \\ 2 \end{pmatrix}$ $E_2: \vec{x} = \begin{pmatrix} 5 \\ 4 \\ 4 \end{pmatrix} + r\begin{pmatrix} 3 \\ 3 \\ 3 \end{pmatrix} + s\begin{pmatrix} 1 \\ 0 \\ 0 \end{pmatrix}$

• $E_1: \vec{x} = \begin{pmatrix} 1 \\ 1 \\ 1 \end{pmatrix} + r\begin{pmatrix} 6 \\ 1 \\ 4 \end{pmatrix} + s\begin{pmatrix} 7 \\ 2 \\ 5 \end{pmatrix}$ $E_2: \vec{x} = \begin{pmatrix} 5 \\ 9 \\ -1 \end{pmatrix} + r\begin{pmatrix} 3 \\ 5 \\ 0 \end{pmatrix} + s\begin{pmatrix} -2 \\ -4 \\ 1 \end{pmatrix}$

4.5 Normalenvektor einer Ebene

4.5.1 Normalenvektor und Koordinatengleichung einer Ebene

283

2. a) $\vec{n}$ ablesen: $\vec{n} = \begin{pmatrix} 3 \\ -2 \\ 6 \end{pmatrix}$

Punkt P bestimmen $x_2 = x_3 = 0$: P(6 | 0 | 0)

$\Rightarrow$ Normalenform: E: $\begin{pmatrix} 3 \\ -2 \\ 6 \end{pmatrix} * \left[\begin{pmatrix} x_1 \\ x_2 \\ x_3 \end{pmatrix} - \begin{pmatrix} 6 \\ 0 \\ 0 \end{pmatrix}\right] = 0$

b) Normalenvektor ablesbar: $\vec{n} = \begin{pmatrix} a \\ b \\ c \end{pmatrix}$ bzw. Vielfache davon

$\vec{n} = r \cdot \begin{pmatrix} a \\ b \\ c \end{pmatrix}$; $r \in \mathbb{R} \setminus \{0\}$

284

3. a) Die 3 Punkte dürfen nicht auf einer Geraden liegen.
Beispiel: P(0 | 3 | 0); Q(12 | 0 | 0); R(0 | 0 | 2) liefert

E: $\vec{x} = \begin{pmatrix} 0 \\ 3 \\ 0 \end{pmatrix} + r \begin{pmatrix} 12 \\ -3 \\ 0 \end{pmatrix} + s \begin{pmatrix} 0 \\ -3 \\ 2 \end{pmatrix}$

b) (1) $x_1 = 6 - 4x_2 - 6x_3$

(2) $x_2 = s$; $x_3 = t$

$x_1 = 6 - 4s - 6t$

$x_2 = s$

$x_3 = t$

(3) $\vec{x} = \begin{pmatrix} 6 \\ 0 \\ 0 \end{pmatrix} + s \begin{pmatrix} -4 \\ 1 \\ 0 \end{pmatrix} + t \begin{pmatrix} -6 \\ 0 \\ 1 \end{pmatrix}$

284

4. a)

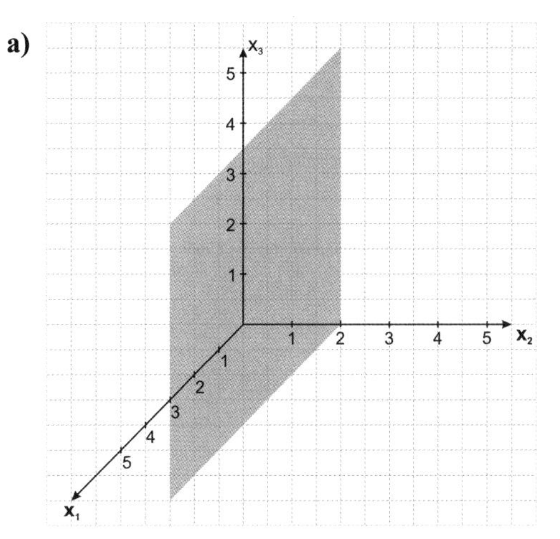

E_1 ist parallel zur x_1- und x_3-Achse .

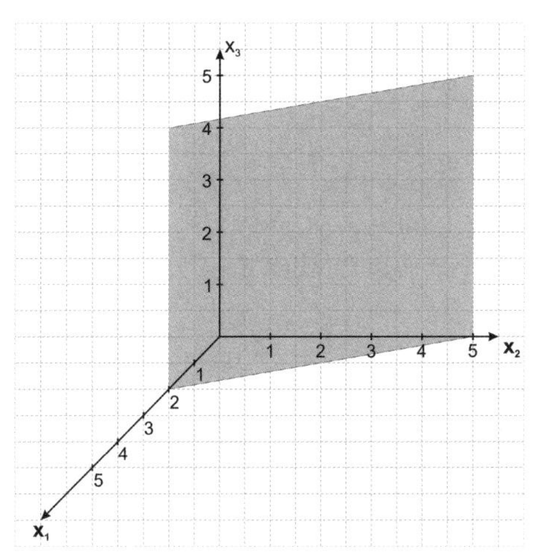

E_2 ist parallel zur x_3-Achse .

b) $d = 0$; a, b, c beliebig: Ebene beinhaltet Ursprung

$a = 0$; $b \neq 0$; $c \neq 0$: Ebene parallel zur x_1-Achse

$a = 0$; $b = 0$; $c \neq 0$: Ebene parallel zur x_1x_2-Ebene

$a = 0$; $b \neq 0$; $c = 0$: Ebene parallel zur x_1x_3-Ebene

$a \neq 0$; $b = 0$; $c \neq 0$: Ebene parallel zur x_2-Achse

$a \neq 0$; $b = 0$; $c = 0$: Ebene parallel zur x_2x_3-Ebene

$a \neq 0$; $b \neq 0$; $c = 0$: Ebene parallel zur x_3-Achse

284

5. Überprüfe, ob die Normalenvektoren Vielfache voneinander sind, also ob $\overrightarrow{n_1} = s \cdot \overrightarrow{n_2}$ mit $s \in \mathbb{R}$.

Ja: Überprüfe, ob Normalengleichungen äquivalent sind, d. h. multipliziere die Normalengleichung von E_2 mit s und überprüfe, ob dies die von E_1 ist.

Nein: Die Ebenen schneiden sich in einer Geraden g.

285

6. a) Ebene des Sockels

$$E: \begin{pmatrix} 2 \\ 5 \\ -8 \end{pmatrix} * \left[\begin{pmatrix} x_1 \\ x_2 \\ x_3 \end{pmatrix} - \begin{pmatrix} 17 \\ -8 \\ 19 \end{pmatrix}\right] = 0$$

Prüfe $B \in E$:

$$\begin{pmatrix} 2 \\ 5 \\ -8 \end{pmatrix} * \left[\begin{pmatrix} 29 \\ -24 \\ 12 \end{pmatrix} - \begin{pmatrix} 17 \\ -8 \\ 19 \end{pmatrix}\right] = \begin{pmatrix} 2 \\ 5 \\ -8 \end{pmatrix} * \begin{pmatrix} 12 \\ -16 \\ -7 \end{pmatrix} = 0 \quad \Rightarrow B \in E$$

Prüfe $C \in E$:

$$\begin{pmatrix} 2 \\ 5 \\ -8 \end{pmatrix} * \left[\begin{pmatrix} 11 \\ 5 \\ 20 \end{pmatrix} - \begin{pmatrix} 17 \\ -8 \\ 19 \end{pmatrix}\right] = \begin{pmatrix} 2 \\ 5 \\ -8 \end{pmatrix} * \begin{pmatrix} -6 \\ 13 \\ 1 \end{pmatrix} = 45 \neq 0 \quad \Rightarrow C \notin E.$$

b) x liegt genau dann in E, wenn die Gleichung

$$\begin{pmatrix} 2 \\ 5 \\ -8 \end{pmatrix} * \left[\begin{pmatrix} x_1 \\ x_2 \\ x_3 \end{pmatrix} - \begin{pmatrix} 17 \\ -8 \\ 19 \end{pmatrix}\right] = 0 \text{ gilt.}$$

7. a) $E: \begin{pmatrix} 2 \\ 1 \\ 2 \end{pmatrix} * \left[\begin{pmatrix} x_1 \\ x_2 \\ x_3 \end{pmatrix} - \begin{pmatrix} 2 \\ 3 \\ 2 \end{pmatrix}\right] = 0 \Leftrightarrow 2x_1 + x_2 + 2x_3 = 11$

b) $E: \begin{pmatrix} 4 \\ 0 \\ -3 \end{pmatrix} * \left[\begin{pmatrix} x_1 \\ x_2 \\ x_3 \end{pmatrix} - \begin{pmatrix} 6 \\ -2 \\ 3 \end{pmatrix}\right] = 0 \Leftrightarrow 4x_1 - 3x_2 = 15$

c) $E: \begin{pmatrix} 0 \\ 0 \\ 1 \end{pmatrix} * \left[\begin{pmatrix} x_1 \\ x_2 \\ x_3 \end{pmatrix} - \begin{pmatrix} 2 \\ -3 \\ 5 \end{pmatrix}\right] = 0 \Leftrightarrow x_3 = 5$

8. a) $P \notin E$; $Q \notin E$; $R \in E$ **c)** $P \in E$; $Q \in E$; $R \in E$

b) $P \notin E$; $Q \in E$; $R \notin E$ **d)** $P \in E$; $Q \in E$; $R \in E$

9. a) $E: \frac{x_2}{3} + \frac{x_3}{4} = 1 \Leftrightarrow$ $E: 4x_2 + 3x_2 = 12$

b) $E: \frac{x_1}{3} = 1 \Leftrightarrow x_1 = 3$

285 **9. c)** E: $x_1 + \frac{x_2}{3} = 1 \Leftrightarrow 3x_1 + x_2 = 3$

d) E: $\frac{x_1}{2} + \frac{x_3}{4} = 1 \Leftrightarrow 2x_1 + x_3 = 4$

286 **10. a)** (5) $S_1(0 \mid 0 \mid 0)$; $S_2(0 \mid 0 \mid 0)$; $S_3(0 \mid 0 \mid 0)$

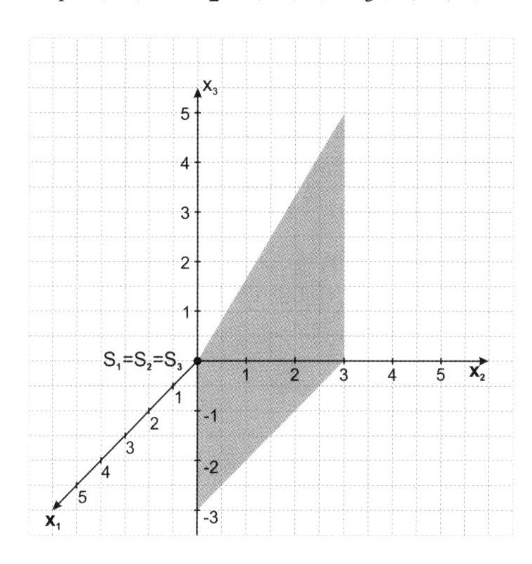

(6) $S_1(4 \mid 0 \mid 0)$; $S_2(0 \mid 2 \mid 0)$; S_3 existiert nicht

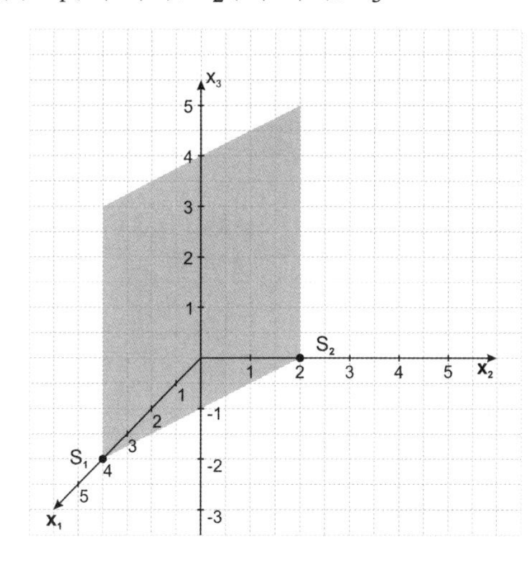

b) Setze 2 Koordinaten null und löse die entstehende Gleichung für die 3. Koordinate.

286

11. a) E: $\frac{x_1}{2} + \frac{x_2}{3} + \frac{x_3}{4} = 1 \Leftrightarrow$ E: $6x_1 + 4x_2 + 3x_3 = 12$

b) E: $x_1 + \frac{x_2}{3} - \frac{x_3}{4} = 1 \Leftrightarrow$ E: $12x_1 + 4x_2 - 3x_3 = 12$

c) E: $-\frac{x_1}{2} + \frac{x_2}{5} + \frac{x_3}{2} = 1 \Leftrightarrow$ E: $-5x_1 + 2x_2 + 5x_3 = 10$

12. a) parallel zur x_3-Achse

z. B. E: $\vec{x} = \begin{pmatrix} 3 \\ 0 \\ 0 \end{pmatrix} + r\begin{pmatrix} -3 \\ 2 \\ 0 \end{pmatrix} + s\begin{pmatrix} 0 \\ 0 \\ 1 \end{pmatrix}$; r, s $\in \mathbb{R}$

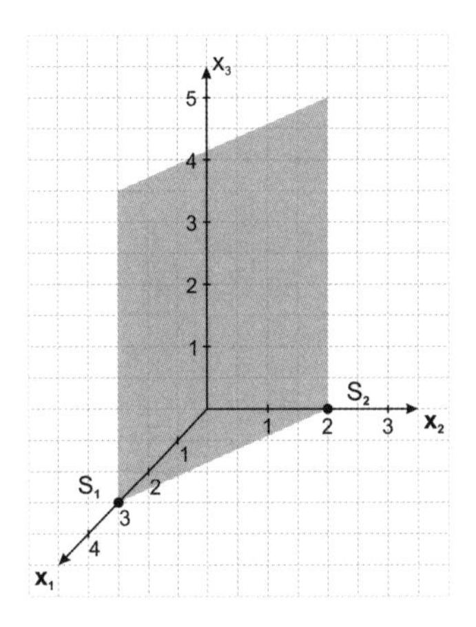

b) parallel zur x_1-Achse

z. B. E: $\vec{x} = \begin{pmatrix} 0 \\ 4 \\ 0 \end{pmatrix} + r\begin{pmatrix} 0 \\ -2 \\ 1 \end{pmatrix} + s\begin{pmatrix} 1 \\ 0 \\ 0 \end{pmatrix}$; r, s $\in \mathbb{R}$

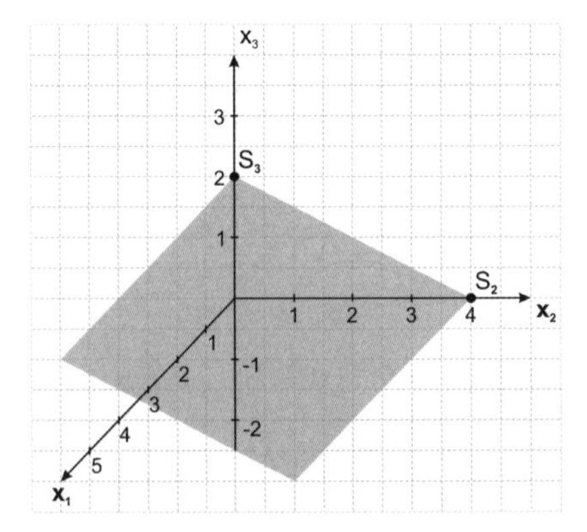

286 **12. c)** E beinhaltet die x_3-Achse

z. B. E: $\vec{x} = r\begin{pmatrix}1\\1\\0\end{pmatrix} + s\begin{pmatrix}0\\0\\1\end{pmatrix}$; $r, s \in \mathbb{R}$

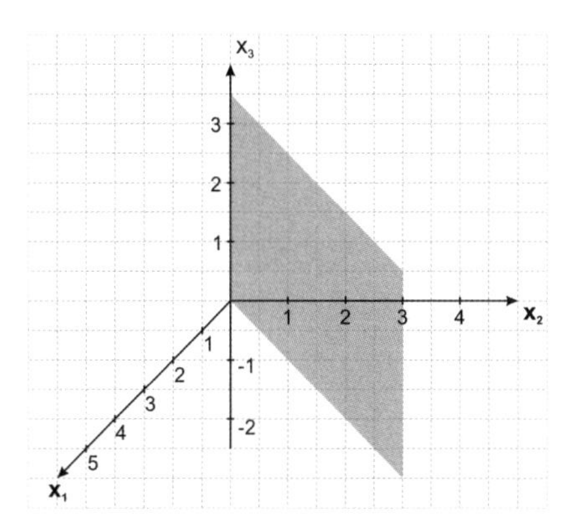

d) parallel zur x_2-x_3-Ebene

z. B. E: $\vec{x} = \begin{pmatrix}2\\0\\0\end{pmatrix} + r\begin{pmatrix}0\\1\\0\end{pmatrix} + s\begin{pmatrix}0\\0\\1\end{pmatrix}$; $r, s \in \mathbb{R}$

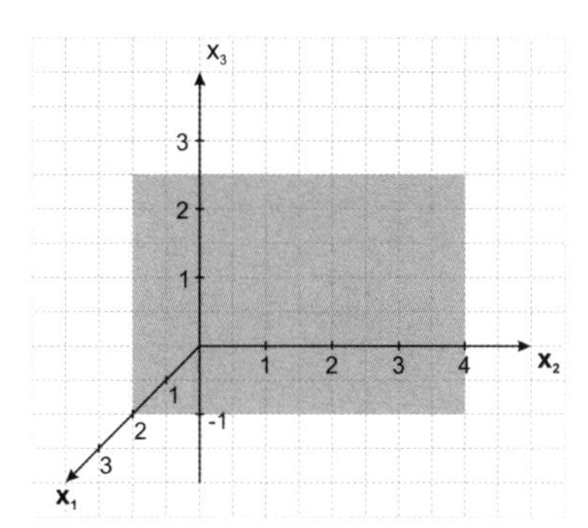

286

12. **e)** E ist die x_1-x_3-Ebene

z. B. E: $\vec{x} = r\begin{pmatrix}1\\0\\0\end{pmatrix} + s\begin{pmatrix}0\\0\\1\end{pmatrix}$; $r, s \in \mathbb{R}$

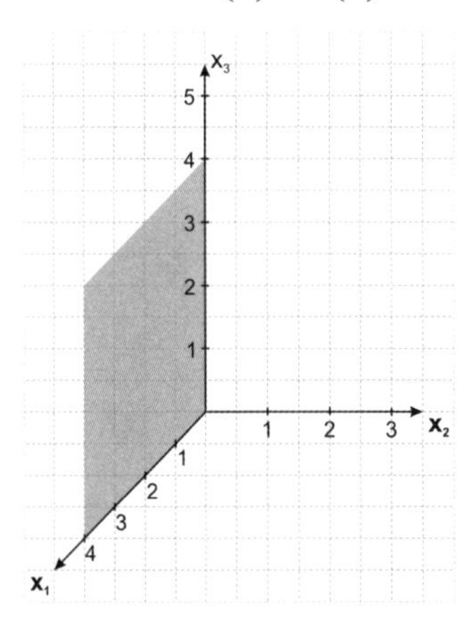

f) parallel zur x_1-x_2-Ebene

z. B. E: $\vec{x} = \begin{pmatrix}0\\0\\-2\end{pmatrix} + r\begin{pmatrix}1\\0\\0\end{pmatrix} + s\begin{pmatrix}0\\1\\0\end{pmatrix}$; $r, s \in \mathbb{R}$

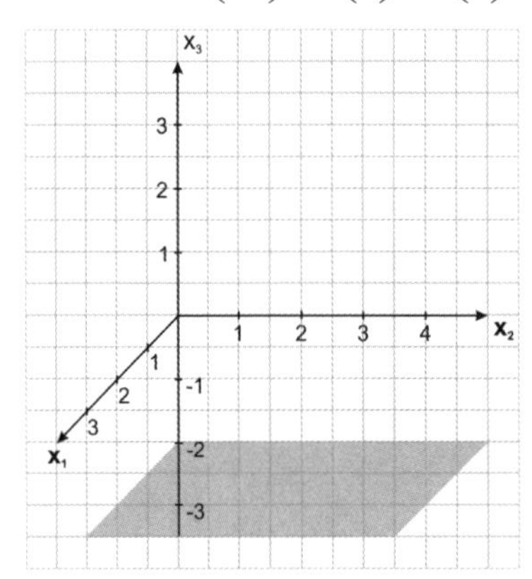

13. Koordinatenebenen: x_1-x_2-Ebene: $x_3 = 0$

x_1-x_3-Ebene: $x_2 = 0$

x_2-x_3-Ebene: $x_1 = 0$

Genau 2 Vorfaktoren von den Variablen müssen null ergeben.

$t^2 - 1 = 0 \Rightarrow t = 1$ oder $t = 1$

$-2t - 2 = 0 \Rightarrow t = -1$

$t^2 + t = 0 \Rightarrow t = 0$ oder $t = -1$

Es gibt keinen Parameterwert für t, sodass 2 Vorfaktoren gleichzeitig verschwinden. E_t ist nie parallel zu einer Koordinatenebene.

286

14. **a)** E: $\vec{x} = \begin{pmatrix} 2 \\ 0 \\ 0 \end{pmatrix} + s\begin{pmatrix} -1 \\ 1 \\ 0 \end{pmatrix} + t\begin{pmatrix} 1 \\ 0 \\ 1 \end{pmatrix}$ **c)** E: $\vec{x} = \begin{pmatrix} 5 \\ 0 \\ 0 \end{pmatrix} + s\begin{pmatrix} -3 \\ 1 \\ 0 \end{pmatrix} + t\begin{pmatrix} 1 \\ 0 \\ 1 \end{pmatrix}$

b) E: $\vec{x} = \begin{pmatrix} -\frac{1}{2} \\ 0 \\ 0 \end{pmatrix} + s\begin{pmatrix} \frac{1}{2} \\ 1 \\ 0 \end{pmatrix} + t\begin{pmatrix} -\frac{1}{2} \\ 0 \\ 1 \end{pmatrix}$ **d)** E: $\vec{x} = \begin{pmatrix} 1 \\ 0 \\ 0 \end{pmatrix} + s\begin{pmatrix} \frac{2}{3} \\ 1 \\ 0 \end{pmatrix} + t\begin{pmatrix} \frac{1}{3} \\ 0 \\ 1 \end{pmatrix}$

15. **a)** E_1: $2x_1 - 3x_2 + x_3 = 0$ E_2: $2x_1 - 3x_2 + x_3 = 1$
b) E_1: $4x_1 - 2x_2 + x_3 = 0$ E_2: $4x_1 - 2x_2 + x_3 = 1$
c) E_1: $x_1 - x_3 = 1$ E_2: $x_1 - x_3 = 2$
d) E_1: $x_2 + 2x_3 = 0$ E_2: $x_2 + 2x_3 = 1$

16. Koordinatengleichung: E: $x_1 = p_1$

17. **a)** $6t + 12t + 16 - 6t = 0 \Leftrightarrow t = -\frac{4}{3}$

b) Normalenvektor von E_t: $\overrightarrow{n_t} = \begin{pmatrix} 3t \\ 4t \\ 3 \end{pmatrix}$ muss ein Vielfaches des

Richtungsvektors der Geraden sein: $\begin{pmatrix} 3t \\ 4t \\ 3 \end{pmatrix} = r \cdot \begin{pmatrix} 3 \\ 4 \\ 1 \end{pmatrix} \Rightarrow t = 3;\ r = 3$

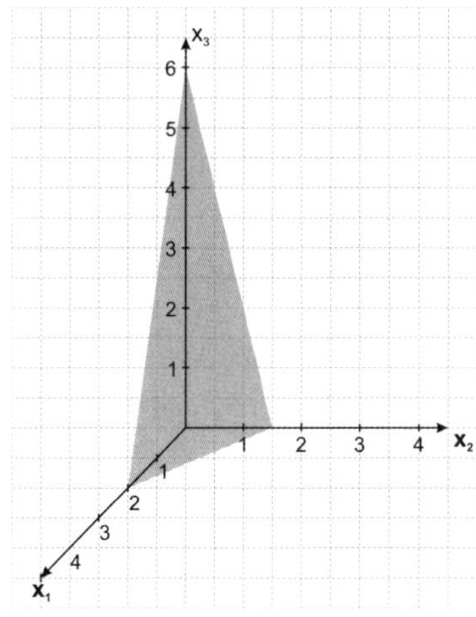

E: $9x_1 + 12x_2 + 3x_3 - 18 = 0$

4.5.2 Abstandsberechnungen

287

2. a) Normalenvektor von E: $\vec{n} = \begin{pmatrix} 3 \\ -1 \\ 2 \end{pmatrix}$; Richtungsvektor von g: $\vec{u} = \begin{pmatrix} 5 \\ 7 \\ -4 \end{pmatrix}$

$\vec{n} \cdot \vec{u} = 0 \Rightarrow$ die Gerade steht senkrecht auf $\vec{n}$.
Wegen $(11 \mid -11 \mid 1) \notin E$ ist $g \parallel E$.

b)

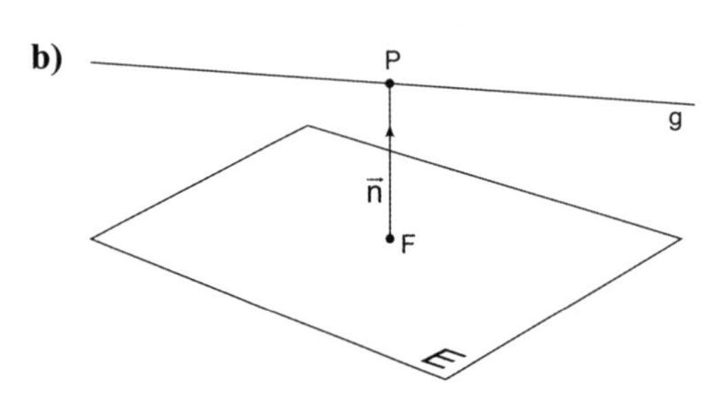

Man wählt einen beliebigen Punkt P der Geraden und berechnet den Abstand des Punktes zur Ebene:

Z. B.: $P(11 \mid -11 \mid 1)$; $\vec{n} = \begin{pmatrix} 3 \\ -1 \\ 2 \end{pmatrix} \Rightarrow h\colon \vec{x} = \begin{pmatrix} 11 \\ -11 \\ 1 \end{pmatrix} + t \begin{pmatrix} 3 \\ -1 \\ 2 \end{pmatrix}$

Schnittpunkt von h mit E: $F(5 \mid -9 \mid -3)$

$$|\overrightarrow{PF}| = \left| \begin{pmatrix} 6 \\ -2 \\ 4 \end{pmatrix} \right| = 2\sqrt{14} \approx 7{,}48$$

288

3. a) Die Normalenvektoren sind Vielfache voneinander

$\overrightarrow{n_1} = \begin{pmatrix} 10 \\ -2 \\ 11 \end{pmatrix}$; $\overrightarrow{n_2} = \begin{pmatrix} -20 \\ 4 \\ -22 \end{pmatrix}$

Jedoch ist z. B. $(3 \mid 0 \mid 0)$ ein Punkt von E_1 aber nicht von E_2.
Die Ebenen sind parallel aber verschieden.

288

3. b)

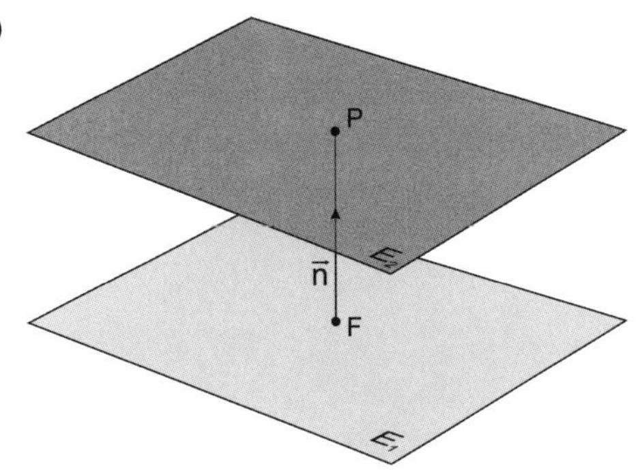

Man wählt beliebig einen Punkt P auf Ebene E_1 und berechnet den Abstand des Punktes P zur Ebene E_2:

Z. B.: $P(3 \mid 0 \mid 0)$; $\vec{n} = \begin{pmatrix} 10 \\ -2 \\ 11 \end{pmatrix} \Rightarrow g\colon \vec{x} = \begin{pmatrix} 3 \\ 0 \\ 0 \end{pmatrix} + t \begin{pmatrix} 10 \\ -2 \\ 11 \end{pmatrix}$

Schnittpunkt von g mit E_2: $F\left(1 \,\middle|\, \frac{2}{5} \,\middle|\, -\frac{11}{5}\right)$; $|\overrightarrow{PF}| = \left|\begin{pmatrix} 2 \\ -\frac{2}{5} \\ \frac{11}{5} \end{pmatrix}\right| = 3$

4. Hilfsebene: E: $\begin{pmatrix} 3 \\ -2 \\ 4 \end{pmatrix} * \left[\vec{x} - \begin{pmatrix} 4 \\ -5 \\ 8 \end{pmatrix}\right] = 0$

Schnittpunkt von E und g: $F\left(\frac{216}{29} \,\middle|\, \frac{1}{29} \,\middle|\, \frac{230}{29}\right)$ für $s = \frac{14}{29}$

$|\overrightarrow{FP}| = 6 \cdot \sqrt{\frac{30}{29}}$

5. $\text{Abst}(g; h) = \sqrt{\frac{2949}{29}}$

Für parallele Geraden wählt man einen beliebigen Punkt P der ersten Geraden und berechnet den Abstand zwischen P und der zweiten Geraden.

289

6. a) Siehe Information auf S. 288

b) Lotgerade durch P: g: $\vec{x} = \begin{pmatrix} -6 \\ 5 \\ 5 \end{pmatrix} + t \begin{pmatrix} 2 \\ -2 \\ 1 \end{pmatrix}$

Schnittpunkt mit der Ebene: $F(-2 \mid 1 \mid 7)$

Differenzvektor $\overrightarrow{FP} = \begin{pmatrix} -4 \\ 4 \\ -2 \end{pmatrix}$; $|\overrightarrow{FP}| = \sqrt{36} = 6$

Der Abstand von P zu E ist 6.

289 **7.** **a)** $\frac{1}{3}$ **b)** $\frac{1}{3}$ **c)** 2 **d)** 7 **e)** $\frac{1}{\sqrt{11}}$ **f)** $\frac{1}{\sqrt{5}}$

8. **a)** Der Normalenvektor $\vec{n} = \begin{pmatrix} 1 \\ 1 \\ -2 \end{pmatrix}$ ist senkrecht zum Richtungsvektor:

$\vec{n} \cdot \begin{pmatrix} 2 \\ 1 \\ 3 \end{pmatrix} = 0$.

Wähle z. B. $P(3 \mid -1 \mid 2) \Rightarrow \text{Abst}(g; E) = \text{Abst}(P; E) = \frac{5}{3}\sqrt{3} \approx 2{,}887$

b) Der Richtungsvektor der Geraden ist eine Linearkombination der Richtungsvektoren der Ebene:

$\begin{pmatrix} 2 \\ -1 \\ 0 \end{pmatrix} = \begin{pmatrix} 1 \\ 3 \\ 2 \end{pmatrix} - \begin{pmatrix} -1 \\ 4 \\ 2 \end{pmatrix}$

Gerade und Ebene sind parallel.

Wähle z. B. $P(1 \mid -2 \mid 1) \Rightarrow \text{Abst}(g; E) = \text{Abst}(P; E) = \frac{3}{23}\sqrt{69} \approx 1{,}083$

9. **a)** Die Normalenvektoren sind Vielfache voneinander:

$\overrightarrow{n_1} = \begin{pmatrix} 3 \\ -1 \\ 2 \end{pmatrix}; \overrightarrow{n_2} = \begin{pmatrix} -9 \\ 3 \\ -6 \end{pmatrix}; -3\overrightarrow{n_1} = \overrightarrow{n_2} \Rightarrow$ Ebenen parallel.

$\text{Abst}(E_1; E_2) = \sqrt{14} \approx 3{,}742$

b) Die Normalenvektoren sind Vielfache voneinander:

$\overrightarrow{n_1} = \begin{pmatrix} 1 \\ 1 \\ 2 \end{pmatrix} \times \begin{pmatrix} -1 \\ 2 \\ 2 \end{pmatrix} = \begin{pmatrix} -2 \\ -4 \\ 3 \end{pmatrix}; \overrightarrow{n_2} = \begin{pmatrix} 2 \\ 4 \\ -3 \end{pmatrix}; -\overrightarrow{n_1} = \overrightarrow{n_2} \Rightarrow$ Ebenen parallel.

$\text{Abst}(E_1; E_2) = \frac{13}{29}\sqrt{29} = 2{,}414$

c) Die Normalenvektoren sind Vielfache voneinander:

$\overrightarrow{n_1} = \begin{pmatrix} 1 \\ 1 \\ -1 \end{pmatrix} \times \begin{pmatrix} -1 \\ 2 \\ 0 \end{pmatrix} = \begin{pmatrix} 2 \\ 1 \\ 3 \end{pmatrix}; \overrightarrow{n_2} = \begin{pmatrix} -3 \\ 3 \\ 1 \end{pmatrix} \times \begin{pmatrix} 5 \\ -4 \\ 2 \end{pmatrix} = \begin{pmatrix} -2 \\ -1 \\ -3 \end{pmatrix}; -\overrightarrow{n_1} = \overrightarrow{n_2}$

$\Rightarrow$ Ebenen parallel.

$\text{Abst}(E_1; E_2) = \frac{9}{7}\sqrt{14} \approx 4{,}811$

290

10. **a)** $\vec{n} = \begin{pmatrix} 1 \\ 2 \\ -2 \end{pmatrix} \cdot \frac{2}{3}$; P(3 | 0 | 0)

$$\vec{q} = \overrightarrow{OP} + \vec{n} = \frac{1}{3}\begin{pmatrix} 11 \\ 4 \\ -4 \end{pmatrix};\quad E_1: \begin{pmatrix} 1 \\ 2 \\ -2 \end{pmatrix} * \left[\vec{x} - \begin{pmatrix} \frac{11}{3} \\ \frac{4}{3} \\ -\frac{4}{3} \end{pmatrix}\right] = 0$$

$$\vec{r} = \overrightarrow{OP} + \vec{n} = \begin{pmatrix} \frac{7}{3} \\ -\frac{4}{3} \\ \frac{4}{3} \end{pmatrix};\quad E_2: \begin{pmatrix} 1 \\ 2 \\ -2 \end{pmatrix} * \left[\vec{x} - \begin{pmatrix} \frac{7}{3} \\ -\frac{4}{3} \\ \frac{4}{3} \end{pmatrix}\right] = 0$$

b) $E_1:\ 6x_1 - 3x_2 + 2x_3 = 21$ $\qquad E_2:\ 6x_1 - 3x_2 + 2x_3 = -7$

c) $E_1:\ x_1 + x_2 = 2\sqrt{2}$ $\qquad E_2:\ x_1 + x_2 = -2\sqrt{2}$

d) $E_1:\ x_1 - 2x_3 = 3 + 2\sqrt{5}$ $\qquad E_2:\ x_1 - 2x_3 = 3 - 2\sqrt{5}$

11. **a)** $\overrightarrow{AB} = \begin{pmatrix} 2 \\ 2 \\ 0 \end{pmatrix}$; $\overrightarrow{AC} = \begin{pmatrix} 4 \\ 0 \\ 1 \end{pmatrix}$ sind offensichtlich linear unabhängig

$\Rightarrow$ A, B, C definieren eine Ebene E: $x_1 - x_2 - 4x_3 + 30 = 0$

b) Fehler in der 1. Auflage. Die Koordinate von P lautet: P(2 | 6 | 6,5).

- P liegt in E.
- Es gilt z. B.: $\overrightarrow{OP} = \overrightarrow{OA} + 1 \cdot \overrightarrow{AB} + 0{,}5 \cdot \overrightarrow{BC}$ und

  $\overrightarrow{OP} = \overrightarrow{OA} + 1 \cdot \overrightarrow{AC} + 0{,}5 \cdot \overrightarrow{CB}$, also P liegt auf der Seite BC.

  $\text{Abst}(P,\ g_{AB})$: 1,5 (Bei B hat das Dreieck einen rechten Winkel.)

  $\text{Abst}(P,\ g_{BC}) = 0$; $\text{Abst}(P,\ g_{AC}) \approx 1{,}138$

12. Ist P der Fußpunkt des Lots von B auf die Gerade so gilt:

$$\overrightarrow{OP} = \begin{pmatrix} 2 \\ 0 \\ 0 \end{pmatrix} + t \cdot \begin{pmatrix} 3 \\ 2 \\ 1 \end{pmatrix}.$$

Es gilt weiter: $\left[\begin{pmatrix} 2 \\ 0 \\ 0 \end{pmatrix} + t\begin{pmatrix} 3 \\ 2 \\ 1 \end{pmatrix}\right] - \begin{pmatrix} 10 \\ 7{,}5 \\ 0{,}3 \end{pmatrix} = \overrightarrow{BP}$ $\qquad \overrightarrow{BP} = \begin{pmatrix} -8 \\ -7{,}5 \\ -0{,}3 \end{pmatrix} + t \cdot \begin{pmatrix} 3 \\ 2 \\ 1 \end{pmatrix}$

$$\overrightarrow{BP} * \begin{pmatrix} 3 \\ 2 \\ 1 \end{pmatrix} = 0 \quad \Leftrightarrow \quad -39{,}3 + 14t = 0 \quad \Rightarrow \quad t = \frac{393}{140} \approx 2{,}807$$

$$\overrightarrow{BP} = \begin{pmatrix} 0{,}4214 \\ -1{,}8857 \\ 2{,}507 \end{pmatrix}, \qquad |\overrightarrow{BP}| \approx 3{,}165 \text{ km}$$

290

13. a) Abst(P; g) = 3

b) Abst(P; g) ≈ 2,928

c) g: $\vec{x} = \begin{pmatrix} 1 \\ 1 \\ 0 \end{pmatrix} + t\begin{pmatrix} 0 \\ 2 \\ 2 \end{pmatrix}$; Abst(P; g) = 3

d) g: $\vec{x} = \begin{pmatrix} 6 \\ 2 \\ 1 \end{pmatrix} + t\begin{pmatrix} -4 \\ -1 \\ 10 \end{pmatrix}$; Abst(P; g) ≈ 0,346

14. a) $\begin{pmatrix} 2 \\ -1 \\ 2 \end{pmatrix} = \frac{1}{2}\begin{pmatrix} 4 \\ -2 \\ 4 \end{pmatrix}$ ⇒ Richtungsvektoren kollinear ⇒ parallele Geraden

Abst(g; h) $= \frac{5}{3}\sqrt{26} \approx 8,498$

b) $\begin{pmatrix} 3 \\ -3 \\ 4 \end{pmatrix} = -\frac{1}{2}\begin{pmatrix} -6 \\ 6 \\ -8 \end{pmatrix}$ ⇒ parallele Geraden

Abst(g; h) ≈ 10,326

15. a) Abst(A; g) $= 2\sqrt{5}$

b) Ebene orthogonal zu g, die A enthält:

E: $2x_1 + x_2 - x_3 - 2 = 0$

Schnittpunkt mit g: F(2 | 1 | 3)

$\overrightarrow{FA} = \begin{pmatrix} 2 \\ -4 \\ 0 \end{pmatrix} \Rightarrow \overrightarrow{FA'} = -\overrightarrow{FA} = \begin{pmatrix} -2 \\ 4 \\ 0 \end{pmatrix} \Rightarrow$ A'(0 | 5 | 3)

16. a) Wenn P ∈ g gelten soll, müssen die Gleichungen für die x_1- und die x_3-Koordinate für das gleiche t erfüllt sein:

für x_1: $8 = 4 + t \quad \Rightarrow t = 4$

für x_3: $5 = -1 + t \Rightarrow t = 6$

Aus diesem Widerspruch folgt, dass P ∉ g ist.

b) Lotfußpunkt $F\left(\frac{1}{3}(20-p) \middle| \frac{1}{3}(2p-7) \middle| \frac{1}{3}(5-p)\right)$

Abst(P; g) $= |\overrightarrow{FP}| = \sqrt{\frac{1}{3}\left(p^2 + 14p + 55\right)} = 5$

$\Rightarrow p = -7 + \sqrt{69} \approx 1,31$ oder $p = -7 - \sqrt{69} \approx -15,31$

290

17. a) $a_1 = 5$, denn $\begin{pmatrix} 5 \\ -10 \\ 15 \end{pmatrix} = -5 \begin{pmatrix} -1 \\ 2 \\ -3 \end{pmatrix}$

$\text{Abst}(g;\ h_5) = \sqrt{\frac{5}{14}}$

b) $\begin{pmatrix} 5 \\ -2a \\ 3a \end{pmatrix} \cdot \begin{pmatrix} -1 \\ 2 \\ -3 \end{pmatrix} = -5 - 13a = 0 \Rightarrow a_2 = -\frac{5}{13}$

Lösen der Vektorgleichung $h_{a_2} = g$ nach t, r liefert Widerspruch

$\Rightarrow$ windschief

4.5.3 Winkel zwischen einer Geraden und einer Ebene

292

2. a) Der Winkel zwischen Bleistift und Buch, der kleiner ist als 90°, ist ein sinnvoller Winkel. Ebenso der Winkel zwischen Bleistift und Lot.

b)

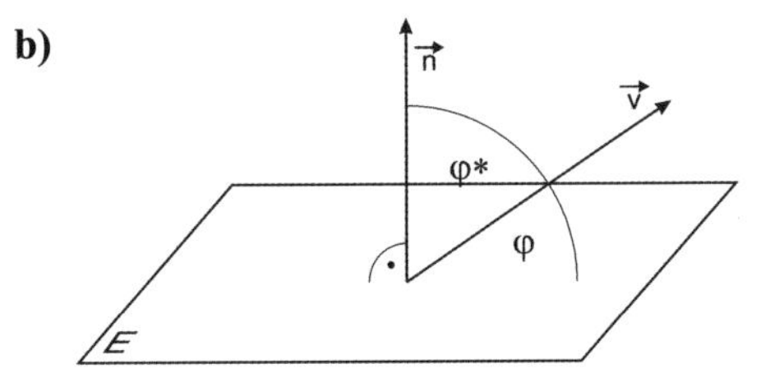

Nach Satz 5, S. 256 im Schülerband ist der Winkel zwischen zwei Vektoren $\vec{n} * \vec{v} = |\vec{n}| \cdot |\vec{v}| \cdot \cos\varphi^*$.

Da $\varphi = 90° - \varphi^*$ und $\cos(90° - \varphi) = \sin\varphi$ ist, folgt: $\sin\varphi = \frac{\vec{n} * \vec{v}}{|\vec{n}| \cdot |\vec{v}|}$.

Um immer den kleineren Winkel zu berechnen, ist der Betrag des Skalarproduktes zu nehmen: $\sin\varphi = \frac{|\vec{n} * \vec{v}|}{|\vec{n}| \cdot |\vec{v}|}$.

3. $\sin\varphi = \frac{|\vec{n} * \vec{v}|}{|\vec{n}| \cdot |\vec{v}|}$

a) $\varphi = 40{,}48°$ **c)** $\varphi = 4{,}34°$ **e)** $\varphi = 35{,}26°$

b) $\varphi = 35{,}26°$ **d)** $\varphi = 2{,}84°$ **f)** $\varphi = 32{,}31°$

4. Wegen $\vec{n} * \vec{v} = 0$ liegt g entweder in E oder parallel zu E. Da $(1 \mid 2 \mid 3) \notin E$, liegt g parallel. Es existiert also kein Schnittwinkel.

292

5. Z. B. $\overrightarrow{v_R} = \begin{pmatrix} 4 \\ 3 \\ -5 \end{pmatrix}$; $\overrightarrow{v_G} = \begin{pmatrix} 4 \\ -3 \\ -5 \end{pmatrix}$

Ebene \ Gerade	Rot	Grün
x_1x_2	45°	45°
x_1x_3	25,1°	25,1°
x_2x_3	34,45°	34,45°

6. a) Spurpunkte E_1: $S_1\left(\frac{2}{3}\,|\,0\,|\,0\right)$; $S_2(0\,|\,-1\,|\,0)$; $S_3(0\,|\,0\,|\,2)$

Spurpunkte E_2: $S_1(0\,|\,0\,|\,0)$; $S_2(0\,|\,0\,|\,0)$; $S_3(0\,|\,0\,|\,0)$

Winkel

Achse \ Ebene	E_1	E_2
x_1	53,3°	24,1°
x_2	32,31°	24,1°
x_3	15,5°	54,74°

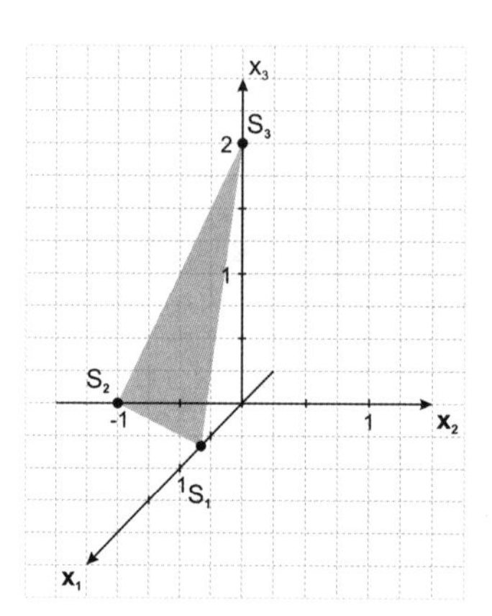

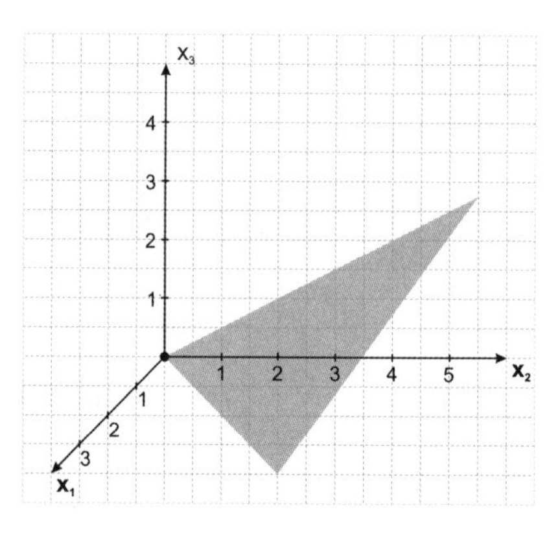

b) $\vec{n} = \begin{pmatrix} a \\ b \\ c \end{pmatrix}$; $\overrightarrow{v_{x_1}} = \begin{pmatrix} 1 \\ 0 \\ 0 \end{pmatrix}$; $\overrightarrow{v_{x_2}} = \begin{pmatrix} 0 \\ 1 \\ 0 \end{pmatrix}$; $\overrightarrow{v_{x_3}} = \begin{pmatrix} 0 \\ 0 \\ 1 \end{pmatrix}$

$\sin\varphi_1 = \frac{a}{|\vec{n}|}$; $\sin\varphi_2 = \frac{b}{|\vec{n}|}$; $\sin\varphi_3 = \frac{c}{|\vec{n}|}$

$|\vec{n}| = \sqrt{a^2 + b^2 + c^2}$

$(\sin\varphi_1)^2 + (\sin\varphi_2)^2 + (\sin\varphi_3)^2 = \frac{1}{|\vec{n}|^2}(a^2 + b^2 + c^2) = 1$

293

7. **a)** g liegt auf E

b) g liegt auf E

c) E: $x_1 + 2x_2 - 3x_3 = -28$ $S\left(-\frac{4}{7} \mid -\frac{36}{7} \mid \frac{40}{7}\right)$, $\varphi = 90°$,

Projektion besteht nur aus S.

d) E: $5x_1 - x_2 - 3x_3 = -3$ $S(2 \mid 1 \mid 4)$, $\varphi \approx 64{,}62°$

$S'\left(\frac{13}{7} \mid -\frac{4}{7} \mid \frac{30}{7}\right)$

$$g': \vec{x} = \begin{pmatrix} 2 \\ 1 \\ 4 \end{pmatrix} + t \cdot \begin{pmatrix} 1 \\ 11 \\ -2 \end{pmatrix}$$

8. $\vec{n} = \begin{pmatrix} 2 \\ 3 \\ 1 \end{pmatrix}$; $|\vec{n}| = \sqrt{15}$; $\sin(30°) = \frac{1}{2}$

Der Richtungsvektor habe die Länge 1

$\Rightarrow \frac{1}{2} = \frac{2v_1 + 3v_2 + v_3}{\sqrt{15}}$; $v_1{}^2 + v_2{}^2 + v_3{}^2 = 1$

Beispiele für Richtungsvektoren: $\overrightarrow{v_1} = \begin{pmatrix} 0{,}864 \\ 0{,}503 \\ 0 \end{pmatrix}$; $\overrightarrow{v_2} = \begin{pmatrix} 0{,}778 \\ 0 \\ 0{,}628 \end{pmatrix}$

Beispiele für die Position des Lasers:

$P_1 = (21{,}6 \mid 12{,}575 \mid 0)$; $P_2(19{,}45 \mid 0 \mid 15{,}7)$

(Alle möglichen Punkte bilden einen Kreis)

9. **a)** $D(-6 \mid 3 \mid 2)$;

Normalenvektor von E_{ABC} mit Länge 9 $\vec{n} = 3 \cdot \begin{pmatrix} 2 \\ 2 \\ 1 \end{pmatrix} = \begin{pmatrix} 6 \\ 6 \\ 3 \end{pmatrix}$;

Mittelpunkt von ABCD: $M(-3 \mid 0 \mid 2) \Rightarrow \overrightarrow{OS} = \overrightarrow{OM} \pm \vec{n}$

$\Rightarrow S(3 \mid 6 \mid 5)$ oder $S(-9 \mid -6 \mid -1)$

Da S oberhalb von x_1x_2-Ebene, ist die Lösung $S(3 \mid 6 \mid 5)$.

b) $\overrightarrow{SA} = \begin{pmatrix} -7 \\ -7 \\ 1 \end{pmatrix}$; $\overrightarrow{SB} = \begin{pmatrix} -3 \\ -9 \\ -3 \end{pmatrix}$; $\sin\varphi = \frac{9}{11} \Rightarrow \varphi \approx 54{,}9°$

c) Normalenvektor der Seite ABS: $\overrightarrow{n_{ABS}} = \begin{pmatrix} 5 \\ -4 \\ 7 \end{pmatrix}$

Winkel zwischen 2 Ebenen $\cos\alpha = \frac{\left|\vec{n} * \overrightarrow{n_{ABS}}\right|}{|\vec{n}| \cdot \left|\overrightarrow{n_{ABS}}\right|} \Rightarrow \alpha \approx 71{,}6°$

293

10. a) Mastspitze M(2 | 1 | 9)

Gerade der Sonnenstrahlen $g\colon \vec{x} = \begin{pmatrix} 2 \\ 1 \\ 9 \end{pmatrix} + r \begin{pmatrix} 1 \\ -2 \\ -2 \end{pmatrix}$

Schnittpunkt von g mit E: $S_1\left(\frac{54}{11} \middle| -\frac{53}{11} \middle| \frac{35}{11}\right)$

Winkel zwischen g und E: $\vec{n} = \begin{pmatrix} 1 \\ 2 \\ 4 \end{pmatrix}$; $\sin\varphi_1 = \frac{|\vec{n} * \vec{u}|}{|\vec{n}| \cdot |\vec{u}|} \Rightarrow \varphi_1 \approx 53{,}14°$

b) Richtungsvektor des Seils: $\vec{n} = \begin{pmatrix} 1 \\ 2 \\ 4 \end{pmatrix}$

Befestigungspunkt (2 | 1 | 3)

Gerade des Seils $g_S\colon \vec{x} = \begin{pmatrix} 2 \\ 1 \\ 3 \end{pmatrix} + s \begin{pmatrix} 1 \\ 2 \\ 4 \end{pmatrix}$

Schnittpunkt g_S mit E: $S_2\left(\frac{34}{21} \middle| \frac{5}{21} \middle| \frac{31}{21}\right)$

Winkel zwischen g_S und Mast: $\overrightarrow{n_M} = \begin{pmatrix} 0 \\ 0 \\ 1 \end{pmatrix}$

$\sin\varphi_2 = \frac{|\overrightarrow{n_M} * \vec{n}|}{|\overrightarrow{n_M}| \cdot |\vec{n}|} \Rightarrow \varphi_2 \approx 60{,}79°$

4.5.4 Winkel zwischen zwei Ebenen

295

1. a) $\cos(\varphi) = \frac{1}{3}$ $\varphi \approx 70{,}53°$

b) $\cos(\varphi) = \frac{1}{2}$ $\varphi = 60°$

c) $\overrightarrow{n_1} * \overrightarrow{n_2} = 0 \Rightarrow \varphi = 90°$

d) $\overrightarrow{n_2} = \begin{pmatrix} 4 \\ -5 \\ -1 \end{pmatrix} \Rightarrow \cos(\varphi) = \frac{\sqrt{126}}{63}$ $\varphi \approx 79{,}74°$

e) $\overrightarrow{n_2} = \begin{pmatrix} 9 \\ 4 \\ -7 \end{pmatrix} \Rightarrow \cos(\varphi) = \frac{4 \cdot \sqrt{292}}{73}$ $\varphi \approx 20{,}56°$

f) $\overrightarrow{n_1} = \begin{pmatrix} 1 \\ -2 \\ -1 \end{pmatrix}$, $\overrightarrow{n_2} = \begin{pmatrix} 7 \\ -5 \\ -4 \end{pmatrix} \Rightarrow \cos(\varphi) = \frac{7\sqrt{60}}{60}$ $\varphi \approx 25{,}35°$

295

1. **g)** $\overrightarrow{n_1} = \begin{pmatrix} 4 \\ 5 \\ 1 \end{pmatrix}$, $\overrightarrow{n_2} = \begin{pmatrix} 1 \\ -2 \\ 0 \end{pmatrix} \Rightarrow \cos(\varphi) = \frac{-6}{\sqrt{210}}$ $\varphi \approx 65{,}54°$

h) $\overrightarrow{n_1} = \begin{pmatrix} 2 \\ 2 \\ 1 \end{pmatrix}$, $\overrightarrow{n_2} = \begin{pmatrix} -4 \\ 11 \\ 5 \end{pmatrix} \Rightarrow \cos(\varphi) = \frac{19}{27\sqrt{2}}$ $\varphi \approx 60{,}16°$

2. Koordinatenebenen Normalenvektoren

x_1x_2-Ebene $\overrightarrow{n_{12}} = \begin{pmatrix} 0 \\ 0 \\ 1 \end{pmatrix} \Rightarrow$ Winkel φ_1

x_1x_3-Ebene $\overrightarrow{n_{13}} = \begin{pmatrix} 0 \\ 1 \\ 0 \end{pmatrix} \Rightarrow$ Winkel φ_2

x_2x_3-Ebene $\overrightarrow{n_{13}} = \begin{pmatrix} 1 \\ 0 \\ 0 \end{pmatrix} \Rightarrow$ Winkel φ_3

a) $\vec{n} = \begin{pmatrix} 1 \\ -1 \\ -2 \end{pmatrix}$; $\cos\varphi_1 = \sqrt{\frac{2}{3}}$; $\varphi_1 \approx 35{,}26°$

$\cos\varphi_2 = \frac{1}{\sqrt{6}}$; $\varphi_2 \approx 60{,}91°$

$\cos\varphi_3 = \frac{1}{\sqrt{6}}$; $\varphi_3 \approx 60{,}91°$

Spurpunkte $S_1(6 \mid 0 \mid 0)$; $S_2(0 \mid -6 \mid 0)$; $S_3(0 \mid 0 \mid -3)$

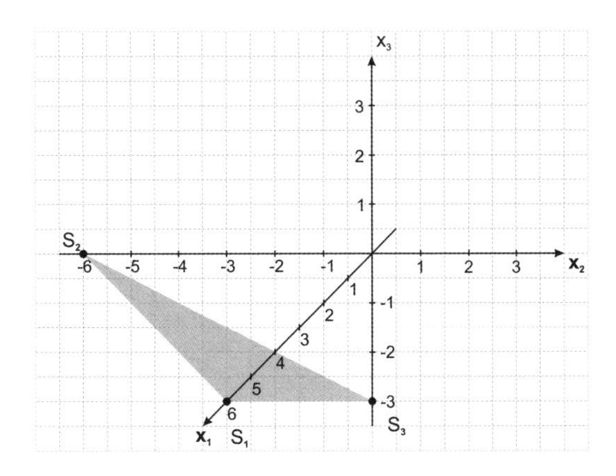

295

2. b) $\vec{n} = \begin{pmatrix} 1 \\ -3 \\ 5 \end{pmatrix}$; $\cos\varphi_1 = \sqrt{\frac{5}{7}}$; $\varphi_1 \approx 32{,}31°$

$\cos\varphi_2 = \frac{3}{\sqrt{35}}$; $\varphi_2 \approx 59{,}53°$

$\cos\varphi_3 = \frac{1}{\sqrt{35}}$; $\varphi_3 \approx 80{,}27°$

E: $x_1 - 3x_2 + 5x_3 = 4$

$S_1(4 \mid 0 \mid 0)$; $S_2\left(0 \mid -\frac{4}{3} \mid 0\right)$; $S_3\left(0 \mid 0 \mid \frac{4}{5}\right)$

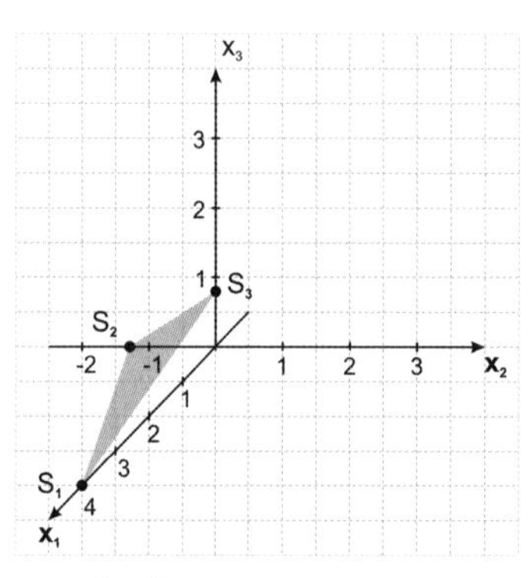

c) $\vec{n} = \begin{pmatrix} 1 \\ 3 \\ -4 \end{pmatrix}$; $\cos\varphi_1 = 2\sqrt{\frac{2}{13}}$; $\varphi_1 \approx 38{,}33°$

$\cos\varphi_2 = \frac{3}{\sqrt{26}}$; $\varphi_2 \approx 53{,}96°$

$\cos\varphi_3 = \frac{1}{\sqrt{26}}$; $\varphi_3 \approx 78{,}69°$

$S_1(12 \mid 0 \mid 0)$; $S_2(0 \mid 4 \mid 0)$; $S_3(0 \mid 0 \mid -3)$

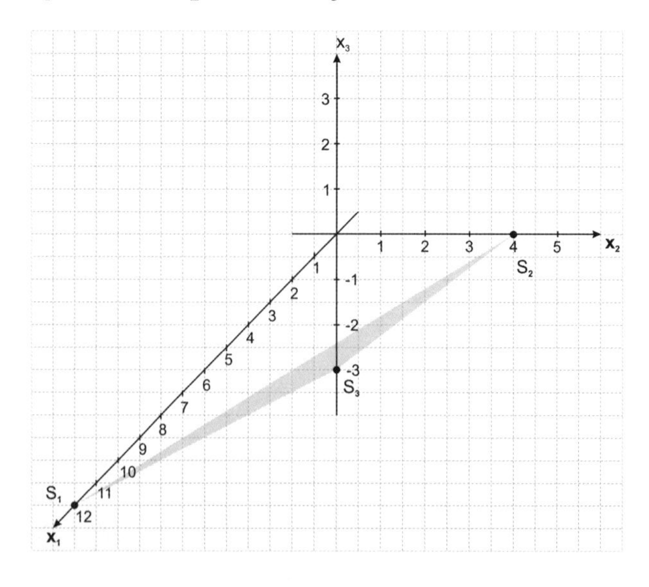

295

2. d) $\vec{n} = \begin{pmatrix} 1 \\ 3 \\ 0 \end{pmatrix}$; $\cos\varphi_1 = 0;\ \varphi_1 = 90°$

$\cos\varphi_2 = \frac{3}{\sqrt{10}};\ \varphi_2 \approx 18{,}43°$

$\cos\varphi_3 = \frac{1}{\sqrt{10}};\ \varphi_3 \approx 80{,}27°$

E: $x_1 + 3x_2 = 6$

$S_1(6 \mid 0 \mid 0)$; $S_2(0 \mid 2 \mid 0)$; S_3 existiert nicht

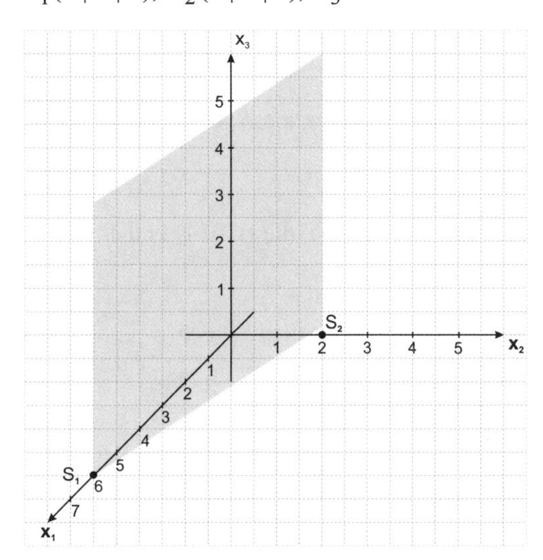

3. a) $S(4 \mid 4 \mid 10)$; $A(8 \mid 0 \mid 0)$; $B(8 \mid 8 \mid 0)$; $C(0 \mid 8 \mid 0)$

Normalenvektor SAB: $\overrightarrow{n_1} = \begin{pmatrix} 3 \\ 2 \\ 2 \end{pmatrix}$; Normalenvektor SBC: $\overrightarrow{n_2} = \begin{pmatrix} 6 \\ 4 \\ 1 \end{pmatrix}$

$\cos\varphi = \frac{28}{\sqrt{901}} \Rightarrow \varphi \approx 21{,}12°$

Da die Figur symmetrisch ist, gilt dies für alle Winkel zwischen Seitenflächen.

b) Schnittpunkte von E mit Kanten der Pyramide:

$S_1(6 \mid 2 \mid 5)$; $S_2\left(7 \mid 7 \middle| \frac{5}{2}\right)$; $S_3\left(3 \mid 5 \middle| \frac{15}{2}\right)$; $S_4\left(\frac{22}{7} \middle| \frac{22}{7} \middle| \frac{55}{7}\right)$

Schnittfläche ist Viereck mit $A = \frac{1}{2}d_1 \cdot d_2 \cdot \sin\alpha$.

Länge der Diagonalen $d_1 \approx 4{,}92$; $d_2 \approx 7{,}65$;

Schnittwinkel der Diagonalen $\alpha \approx 69{,}16° \Rightarrow A \approx 17{,}59$

c) $\overrightarrow{AS} = \begin{pmatrix} -4 \\ 4 \\ 10 \end{pmatrix}$; $\vec{n} = \begin{pmatrix} 20 \\ 5 \\ 18 \end{pmatrix} \Rightarrow \sin\varphi \approx 0{,}382 \Rightarrow \varphi \approx 22{,}44°$

295

4. a) $\overrightarrow{n_{PQR}} = \begin{pmatrix} 1 \\ 1 \\ 3 \end{pmatrix}$; $\overrightarrow{n_{BCG}} = \begin{pmatrix} 0 \\ 1 \\ 0 \end{pmatrix} \Rightarrow \cos\varphi_{Seite} = \frac{1}{\sqrt{11}} \Rightarrow \varphi_{Seite} \approx 72{,}45°.$

$\overrightarrow{n_{EGH}} = \begin{pmatrix} 0 \\ 0 \\ 1 \end{pmatrix} \Rightarrow \cos\varphi_{Deck} = \frac{3}{\sqrt{11}} \Rightarrow \varphi_{Deck} = 25{,}24°.$

b) $V = V_{Würfel} - V_{Pyramide} = 4^3 - \frac{1}{6}\left|\left(\overrightarrow{PQ} \times \overrightarrow{QR}\right) * \overrightarrow{QF}\right| = 64 - \frac{3}{2} = 62{,}5$

c) $A = \frac{1}{2}\left|\overrightarrow{QP} \times \overrightarrow{QR}\right| = \frac{3}{2}\sqrt{11} \approx 4{,}975$

5. Normalenvektor der Ebene, die A, B, C enthält $\overrightarrow{n_1} = \begin{pmatrix} 1 \\ 1 \\ -1 \end{pmatrix}$.

Normalenvektor der Ebene, die B, C, D enthält $\overrightarrow{n_2} = \begin{pmatrix} -1 \\ 1 \\ 1 \end{pmatrix}$.

Winkel φ zwischen den Ebenen: $\cos\varphi = \frac{\left|\overrightarrow{n_1} * \overrightarrow{n_2}\right|}{\left|\overrightarrow{n_1}\right| \cdot \left|\overrightarrow{n_2}\right|} = \frac{1}{3} \Rightarrow \varphi \approx 70{,}5°$

296

6. a) Dachneigung: $\tan\alpha = \frac{\text{Dachhöhe}}{\text{Grundmaß bis First}} = \frac{3\text{ m}}{4\text{ m}} \Rightarrow \alpha \approx 36{,}87°$

$A_{ABQP} = \frac{1}{2}\left(\left|\overrightarrow{BQ}\right| + \left|\overrightarrow{AP}\right|\right) * \left|\overrightarrow{AB}\right| = \frac{1}{2}(12 + 16) \cdot 5 = 70\text{ m}^2$

$A_{PQCD} = \frac{1}{2}\left(\left|\overrightarrow{QC}\right| + \left|\overrightarrow{PD}\right|\right) * \left|\overrightarrow{CD}\right| = 55\text{ m}^2$

Normalenvektoren:

$\overrightarrow{n_{ABQP}} = \begin{pmatrix} 0 \\ 3 \\ 4 \end{pmatrix}$ (proportional zu $\overrightarrow{AB} \times \overrightarrow{BQ}$)

$\overrightarrow{n_{PQCD}} = \begin{pmatrix} 3 \\ 0 \\ 4 \end{pmatrix}$ (proportional zu $\overrightarrow{CQ} \times \overrightarrow{CD}$)

$\Rightarrow \cos\varphi = \frac{\left|\overrightarrow{n_{ABQP}} \cdot \overrightarrow{n_{PQCD}}\right|}{\left|\overrightarrow{n_{ABQP}}\right| \cdot \left|\overrightarrow{n_{PQCD}}\right|} = \frac{16}{25} \Rightarrow \varphi = 50{,}2°$

b) $\left|\overrightarrow{PQ}\right| = \left|\begin{pmatrix} 4 \\ 4 \\ -3 \end{pmatrix}\right| = \sqrt{41} \approx 6{,}403\text{ m}$

c) Schornsteinspitze S(3 | 10 | 7,75); Dachebene E: $3x_1 + 4x_3 - 32 = 0$

Hessesche Normalenform $\frac{1}{5}(3x_1 + 4x_3 - 32) = 0 \Rightarrow$ Abst (S; E) = 1,6 m

296

7. a) C(–3 | 5 | 0); D(–3 | –5 | 0); G(–2 | 3 | 3); H(–2 | –3 | 3)
Zeichnung: siehe Schülerbuch.
Neigungswinkel = Winkel zwischen Seitenfläche und x_1x_2-Ebene

mit $\overrightarrow{n_1} = \begin{pmatrix} 0 \\ 0 \\ 1 \end{pmatrix}$

Normalenvektoren der Seitenflächen:

$\overrightarrow{n_{ABEF}} = \begin{pmatrix} 3 \\ 0 \\ 1 \end{pmatrix}$; $\overrightarrow{n_{BCFG}} = \begin{pmatrix} 0 \\ 3 \\ 2 \end{pmatrix}$

Neigungswinkel ABEF und CDGH:

$\cos \varphi_1 = \frac{\left|\overrightarrow{n_{ABEF}} * \overrightarrow{n_1}\right|}{\left|\overrightarrow{n_{ABEF}}\right| \cdot \left|\overrightarrow{n_1}\right|} = \frac{1}{\sqrt{10}}$; $\varphi_1 \approx 71{,}6°$.

Neigungswinkel BCFG und ADEH; $\cos \varphi_2 = \frac{2}{\sqrt{13}}$; $\varphi_2 \approx 56{,}3°$.

b) Der Mast ragt durch die Fläche BCFG, die in der Ebene
E: $3x_2 + 2x_3 - 15 = 0$ liegt. Abst(E; P) $= \frac{3}{\sqrt{13}} \approx 0{,}832$

$\Rightarrow$ Der Mast ragt (5 – 0,832) m = 4,168 m heraus.
Mitte des Mastes M(0 | 4 | 2,5); Abst(E; M) = 0,555 m
Das Seil ist 55,5 cm lang.

8. a)

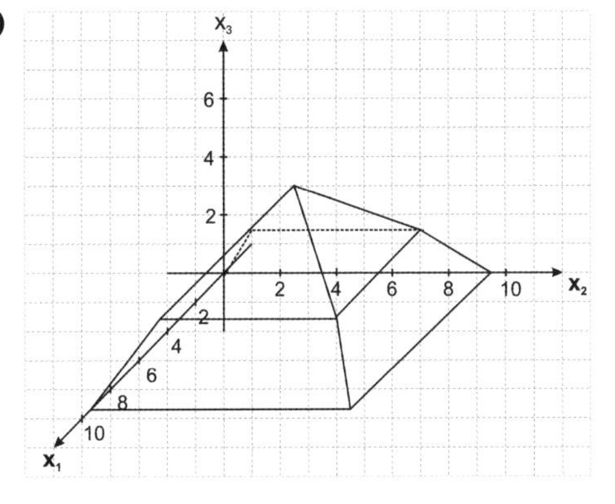

Böschungswinkel: $\tan \alpha = \frac{47{,}04 \text{ m}}{\frac{1}{2}(189{,}43 \text{ m} - 123{,}58 \text{ m})} = \frac{47{,}04}{32{,}925}$

$\alpha = 55{,}01° = 55°0'36''$
Mit den Längenangaben ist der Böschungswinkel etwas größer als der im Internet angegebene.
Innenwinkel $\gamma = 168{,}014° = 168°0'50''$

b) $h_P = \tan \alpha \cdot \frac{1}{2}(189{,}43 \text{ m}) = 135{,}32 \text{ m}$

5. MATRIZEN

300 Lernfeld: Überblick behalten mit Tabellen

1. Absatzplanung

	26 Zoll LCD TV	32 Zoll LCD TV	42 Zoll LCD TV		52 Zoll LCD TV	
	HD ready	HD ready	HD ready	Full HD	HD ready	Full HD
A	96	168	96	192	48	192
B	48	72	168	240	72	96
C	0	168	48	144	0	384
D	0	96	0	264	0	168

2. Module für Gartenhäuser

Wand	Dach (Überstand 20 cm)	Dach (Überstand 200 cm)	Fenster	Holzboden	Terrasse
740	75	110	205	155	50

Die Spalten beschreiben die verschiedenen Bundesländer. Die Zeilen stehen für verschiedene Modelle.

a_{ij} beschreibt die Anzahl der Bestellungen des i-ten Modells im j-ten Bundesland.

	Land 1	Land 2	Land 3	Land 4	Land 5
Wand	160	288	380	360	208
Dach (Überstand 20 cm)	37	50	35	38	26
Dach (Überstand 200 cm)	3	22	60	52	26
Fenster	18	64	135	94	60
Holzboden	15	52	95	60	42
Terrasse	3	12	40	34	18

301

3. Von Rohstoffen über Zwischenprodukte zum Endprodukt

Der Bedarf an Rohstoffen zur Herstellung der Zwischenprodukte kann durch die Matrix Z beschrieben werden:

$$Z = \begin{pmatrix} 36 & 36 & 36 \\ 0 & 0{,}5 & 0 \\ 120 & 120 & 120 \\ 0 & 0 & 0{,}6 \\ 0 & 0 & 3 \end{pmatrix}$$

301

3. Fortsetzung
Für den Bedarf an Zwischenprodukten für die Herstellung der drei Endprodukte erhält man die folgende Matrix P:

$$P = \begin{pmatrix} \frac{1}{60} & \frac{1}{120} & \frac{1}{120} & 0 \\ 0 & \frac{1}{120} & \frac{1}{120} & 0 \\ 0 & 0 & \frac{1}{120} & \frac{1}{100} \end{pmatrix}$$

Der Bedarf an Rohstoffen pro Packung ergibt sich aus

$$Z \cdot P \cdot E = \begin{pmatrix} 36 & 36 & 36 \\ 0 & 0{,}5 & 0 \\ 120 & 120 & 120 \\ 0 & 0 & 0{,}6 \\ 0 & 0 & 3 \end{pmatrix} \cdot \begin{pmatrix} \frac{1}{60} & \frac{1}{120} & \frac{1}{120} & 0 \\ 0 & \frac{1}{120} & \frac{1}{120} & 0 \\ 0 & 0 & \frac{1}{120} & \frac{1}{100} \end{pmatrix} \cdot \begin{pmatrix} 1 & 0 & 0 & 0 \\ 0 & 1 & 0 & 0 \\ 0 & 0 & 1 & 0 \\ 0 & 0 & 0 & 1 \end{pmatrix}$$

$$= \begin{pmatrix} \frac{3}{5} & \frac{3}{5} & \frac{9}{10} & \frac{9}{25} \\ 0 & \frac{1}{240} & \frac{1}{240} & 0 \\ 2 & 2 & 3 & \frac{6}{5} \\ 0 & 0 & \frac{1}{200} & \frac{3}{500} \\ 0 & 0 & \frac{1}{40} & \frac{3}{100} \end{pmatrix}$$

In der Ergebnismatrix gibt der Eintrag in der i-ten Zeile und j-ten Spalte der Bedarf an Rohstoff i für Packung j an.

Die Bestellung werde durch den Vektor $\vec{b} = \begin{pmatrix} b_1 \\ b_2 \\ b_3 \\ b_4 \end{pmatrix}$ beschrieben. Dann

ergibt sich der Rohstoffbedarf aus

$$Z \cdot P \cdot b = \begin{pmatrix} \frac{3}{5}b_1 + \frac{3}{5}b_2 + \frac{9}{10}b_3 + \frac{9}{25}b_4 \\ \frac{1}{240}b_2 + \frac{1}{240}b_3 \\ 2b_1 + 2b_2 + 3b_3 + \frac{6}{5}b_4 \\ \frac{1}{200}b_3 + \frac{3}{500}b_4 \\ \frac{1}{40}b_3 + \frac{3}{100}b_4 \end{pmatrix}.$$

301

4. Kundenwechsel

Die Übergänge können durch die Matrix $M = \begin{pmatrix} 0,85 & 0,15 & 0,05 \\ 0,05 & 0,75 & 0,05 \\ 0,1 & 0,1 & 0,9 \end{pmatrix}$

beschrieben werden.

Der momentane Bestand werde durch den Vektor $\vec{a} = \begin{pmatrix} 663 \\ 402 \\ 642 \end{pmatrix}$ beschrieben.

Kundenstand nach einem Jahr:

$$M \cdot \vec{a} = \begin{pmatrix} 0,85 & 0,15 & 0,05 \\ 0,05 & 0,75 & 0,05 \\ 0,1 & 0,1 & 0,9 \end{pmatrix} \cdot \begin{pmatrix} 663 \\ 402 \\ 642 \end{pmatrix} = \begin{pmatrix} 655,95 \\ 366,75 \\ 684,3 \end{pmatrix}$$

Kundenstand nach zwei Jahren:

$$M^2 \cdot \vec{a} = \begin{pmatrix} 0,735 & 0,245 & 0,095 \\ 0,085 & 0,575 & 0,085 \\ 0,18 & 0,18 & 0,82 \end{pmatrix} \cdot \begin{pmatrix} 663 \\ 402 \\ 642 \end{pmatrix} = \begin{pmatrix} 646,785 \\ 342,075 \\ 718,14 \end{pmatrix}$$

Kundenstand nach drei Jahren:

$$M^3 \cdot \vec{a} = \begin{pmatrix} 0,6465 & 0,3035 & 0,1345 \\ 0,1095 & 0,4525 & 0,1095 \\ 0,244 & 0,244 & 0,756 \end{pmatrix} \cdot \begin{pmatrix} 663 \\ 402 \\ 642 \end{pmatrix} = \begin{pmatrix} 636,985 \\ 324,803 \\ 745,212 \end{pmatrix}$$

5.1 Matrizen – Addieren und Vervielfachen

304

2. Schreibe die Werte in eine Matrix und multipliziere mit Faktor $(8 + 3 \cdot 0,8 + 1,12) = 11,52$

	Braunschweig	Hannover	Oldenburg	Schaumburg-Lippe	Bremen	Hamburg
Müsli pur	3 110,4	5 253,12	1 647,36	1 428,48	3 525,12	5 483,52
Knusper-müsli	4 216,32	1 797,12	1 209,6	1 025,28	2 626,56	6 543,36
Frucht-müsli	2 050,56	4 354,56	1 128,96	1 117,44	2 154,24	8 801,28
Schoko-müsli	2 568,96	2 592	1 002,24	898,56	1 301,76	4 101,12

3. $A = \begin{pmatrix} 3 & 5 & 4 & 0 \\ -2 & -2 & 0 & 1 \\ 1 & 4 & 5 & 0 \end{pmatrix}$

4. a) $A = \begin{pmatrix} 1 & 0 & 0 \\ 0 & 1 & 0 \\ 0 & 0 & 1 \end{pmatrix}$ **b)** $A = \begin{pmatrix} 0 & -1 & -2 & -3 \\ 1 & 0 & -1 & -2 \\ 2 & 1 & 0 & -1 \\ 3 & 2 & 1 & 0 \end{pmatrix}$ **c)** $A = \begin{pmatrix} 1 & 2 & 3 & 4 & 5 \\ 2 & 4 & 6 & 8 & 10 \\ 3 & 6 & 9 & 12 & 15 \end{pmatrix}$

305

5. a) $\begin{pmatrix} 5 & -2 & 0 \\ 1 & 2 & 4 \\ -2 & -2 & 0 \\ 9 & 6 & 4 \end{pmatrix}$ **b)** $\begin{pmatrix} 6 & 0 & -3 \\ 3 & 3 & 6 \\ -12 & -6 & 3 \\ 15 & 3 & -6 \end{pmatrix}$ **c)** $\begin{pmatrix} -10 & 0 & -2 \\ 0 & -5 & -6 \\ 2 & 4 & -3 \\ -14 & -12 & -2 \end{pmatrix}$

d) $\begin{pmatrix} 1 & -2 & 2 \\ -1 & 0 & 0 \\ 6 & 2 & -2 \\ -1 & 4 & 8 \end{pmatrix}$ **e)** $\begin{pmatrix} 0 & -0,4 & -0,2 \\ 0,2 & -0,1 & 0,2 \\ -0,2 & 0 & -0,3 \\ 0,4 & 0 & 0,6 \end{pmatrix}$

f) $A - (C - 2A) + C = 3 \cdot A = \begin{pmatrix} 9 & -6 & 3 \\ 0 & 3 & 6 \\ 6 & 0 & -3 \\ 12 & 15 & 18 \end{pmatrix}$ **g)** $\begin{pmatrix} 5 & 2 & 2 \\ -1 & 3 & 2 \\ 0 & -2 & 3 \\ 5 & 6 & -2 \end{pmatrix}$

h) $\begin{pmatrix} -6 & 16 & 4 \\ -6 & 1 & -10 \\ 2 & 0 & 11 \\ -20 & -10 & -30 \end{pmatrix}$ **i)** $B - 2(A + B) + 3A = A - B = \begin{pmatrix} 1 & -2 & 2 \\ -1 & 0 & 0 \\ 6 & 2 & -2 \\ -1 & 4 & 8 \end{pmatrix}$

6. a)

München – Berlin (Straße)	587
Hamburg – München (Bahn)	820
Berlin – Hamburg (Straße)	285
Bonn – München (Bahn)	600

b) keine

7. a) $\begin{pmatrix} 0 & 2,2 & 2,3 & 2,6 & 2,0 \\ 2,2 & 0 & 1,8 & 1,9 & 2,4 \\ 2,3 & 1,8 & 0 & 2,7 & 1,7 \\ 2,6 & 1,9 & 2,7 & 0 & 3,0 \\ 2,0 & 2,4 & 1,7 & 3,0 & 0 \end{pmatrix}$

b) E ist symmetrisch mit $e_{ij} = 0$ für $i = j$. Die Zeilen bzw. Spalten geben jeweils die Entfernungen von einer Filiale zu allen Filialen $F_1, ..., F_5$ an.

8. Es wurden zwei Matrizen unterschiedlichen Typs addiert.

9.

Zinssatz \ Jahre	1	2	3	4	5
5%	500	1025	1576	2155	2763
6%	600	1236	1910	2625	3382
7%	700	1449	2250	3108	4026

Rechnung mit Zinseszins; gerundet auf €.

5.2 Multiplikation von Matrizen

308

3. a) $E = \begin{pmatrix} 1 & 0 & 0 \\ 0 & 1 & 0 \\ 0 & 0 & 1 \end{pmatrix}$ **b)** $E^* = \begin{pmatrix} 1 & 0 & 0 & 0 \\ 0 & 1 & 0 & 0 \\ 0 & 0 & 1 & 0 \\ 0 & 0 & 0 & 1 \end{pmatrix}$ **c)** -

d) E und E* sind quadratische Matrizen mit $e_{ij} = 1$ für $i = j$ und $e_{ij} = 0$ für $i \neq j$. $E \cdot E = E$ und $E^* \cdot E^* = E^*$.

309

4. a) Berechne das Produkt $\begin{pmatrix} 20 & 10 & 20 & 10 \\ 10 & 15 & 10 & 20 \\ 15 & 20 & 10 & 5 \\ 5 & 10 & 5 & 10 \\ 0 & 5 & 0 & 10 \\ 15 & 10 & 20 & 10 \\ 5 & 0 & 5 & 5 \end{pmatrix} \cdot \begin{pmatrix} 30 \\ 25 \\ 45 \\ 12 \end{pmatrix} = \begin{pmatrix} 1870 \\ 1365 \\ 1460 \\ 745 \\ 245 \\ 1720 \\ 435 \end{pmatrix}$

Damit: 1870 ME Gerstenflocken; 1365 ME Hafer geschrotet; 1460 ME Maisflocken; 745 ME Weizengrießkleie; 245 ME Zuckerrübenmelasse; 1720 ME Kräuter; 435 ME Pflanzenöl.

b) Berechne das Produkt

$$\begin{pmatrix} 20 & 10 & 20 & 10 \\ 10 & 15 & 10 & 20 \\ 15 & 20 & 10 & 5 \\ 5 & 10 & 5 & 10 \\ 0 & 5 & 0 & 10 \\ 15 & 10 & 20 & 10 \\ 5 & 0 & 5 & 5 \end{pmatrix} \cdot \begin{pmatrix} 26 & 46 & 22 & 78 & 12 \\ 36 & 58 & 75 & 19 & 32 \\ 102 & 79 & 66 & 58 & 24 \\ 15 & 10 & 12 & 8 & 4 \end{pmatrix}$$

$$= \begin{pmatrix} 3070 & 3180 & 2630 & 2990 & 1080 \\ 2120 & 2320 & 2245 & 1805 & 920 \\ 2205 & 2690 & 2550 & 2170 & 1080 \\ 1150 & 1305 & 1310 & 950 & 540 \\ 330 & 390 & 495 & 175 & 200 \\ 2940 & 2950 & 2520 & 2600 & 1020 \\ 715 & 675 & 500 & 720 & 200 \end{pmatrix}$$

In der Ergebnismatrix stehen die Spalten für die Gestüte und die Zeilen für die Zutaten.

309

5. Verkaufsmatrix $M = \begin{pmatrix} 10 & 5 & 0 & 3 \\ 6 & 15 & 10 & 1 \\ 0 & 0 & 20 & 10 \end{pmatrix}$

Preisvektor $\vec{p} = \begin{pmatrix} 15 \\ 20 \\ 30 \\ 45 \end{pmatrix}$

Rechnungsvektor $\vec{R} = M \cdot \vec{p} = \begin{pmatrix} 385 \\ 735 \\ 1050 \end{pmatrix}$

6. In der ersten Rechnung wurden zwei Matrizen komponentenweise multipliziert. In der zweiten wurde die Reihenfolge der Matrizen vertauscht.

310

7. **a)** $\begin{pmatrix} 3 \\ 1 \end{pmatrix}$ **c)** $\begin{pmatrix} -2 \\ 7 \\ -2 \end{pmatrix}$ **e)** (30)

b) $\begin{pmatrix} -1 \\ 5 \end{pmatrix}$ **d)** $\begin{pmatrix} -4 \\ 3 \\ -13 \\ -7 \\ 8 \end{pmatrix}$ **f)** $\begin{pmatrix} 4 \\ 7 \\ 3 \end{pmatrix}$

8. **a)** $\begin{pmatrix} 20 & -1 \\ 3 & 4 \end{pmatrix}$ **d)** $\begin{pmatrix} 3 & 1 & -3 \\ 0 & 0 & -1 \\ 1 & 5 & 4 \end{pmatrix}$ **g)** (99)

b) $\begin{pmatrix} 5 & -8 & 1 \\ -2 & 8 & -4 \\ 4 & -20 & 11 \end{pmatrix}$ **e)** $\begin{pmatrix} -13 & -8 & 5 \\ 24 & 5 & 12 \end{pmatrix}$ **h)** $\begin{pmatrix} 12 & 21 & -6 \\ 44 & 77 & -22 \\ -20 & -35 & 10 \end{pmatrix}$

c) $\begin{pmatrix} -1 & 3 & 1 \\ 4 & -1 & 0 \\ 5 & 4 & 6 \end{pmatrix}$ **f)** $\begin{pmatrix} -11 & 0 & 0 \\ 6 & 1 & -8 \\ 0 & 0 & -11 \end{pmatrix}$ **i)** $\begin{pmatrix} 0 & 1 \\ -1 & 0 \end{pmatrix}$

9. $A \cdot C = \begin{pmatrix} 17 & -1 \\ 14 & 6 \end{pmatrix}$ $B \cdot A = \begin{pmatrix} 8 & -3 & 4 \\ -1 & 11 & 2 \end{pmatrix}$

$C \cdot A = \begin{pmatrix} 11 & -2 & 6 \\ -3 & 16 & 2 \\ -20 & 33 & -4 \end{pmatrix}$ $C \cdot B = \begin{pmatrix} 7 & 1 \\ -1 & 7 \\ -11 & 12 \end{pmatrix}$

310

10. $A \cdot B = \begin{pmatrix} 11 & -10 \\ 23 & 11 \end{pmatrix}$ und $B \cdot A = \begin{pmatrix} 3 & -21 \\ 14 & 19 \end{pmatrix}$

Die Ergebnisse sind nicht identisch, d. h. die Matrizenmultiplikation ist nicht kommutativ.

11. **a)** $\begin{pmatrix} 21 & 13 & 6 \\ 9 & 16 & 4 \\ -14 & 4 & -8 \\ -23 & 10 & 17 \end{pmatrix}$ Die Spalten werden vertauscht.

b) $\begin{pmatrix} 24 & -32 & 65 & -31 & 22 \\ 18 & 22 & -34 & 0 & 9 \\ -6 & 53 & -11 & -21 & 17 \end{pmatrix}$ Die Zeilen werden vertauscht.

12. $\begin{pmatrix} 0{,}4 & 0{,}25 \\ 0{,}3 & 0{,}3 \\ 0{,}3 & 0{,}45 \end{pmatrix} \cdot \begin{pmatrix} 25 \\ 15 \end{pmatrix} = \begin{pmatrix} 13{,}75 \\ 12 \\ 14{,}25 \end{pmatrix}$

13. **a)** Die Mischung wird durch die Matrix

$M = \begin{pmatrix} 0{,}2 & 0{,}3 & 0{,}1 & 0{,}4 \\ 0{,}6 & 0{,}3 & 0{,}6 & 0{,}3 \\ 1 & 1 & 1 & 1 \end{pmatrix}$ und den Massenvektor

$\vec{m} = \begin{pmatrix} m_1 \\ m_2 \\ m_3 \\ m_4 \end{pmatrix}$ mit folgender Gleichung beschrieben $M \cdot \vec{m} = 15 \begin{pmatrix} 0{,}2 \\ 0{,}5 \\ 1 \end{pmatrix}$.

Die allgemeine Lösung ist $\vec{m} = \begin{pmatrix} 5-x \\ 5-x \\ 5+x \\ x \end{pmatrix}$, $0 \le x \le 5$.

310

13. b) Preisvektor $\vec{p} = \begin{pmatrix} 550 \\ 600 \\ 500 \\ 700 \end{pmatrix}$; daraus folgt der Mischungspreis:

$P_M = \vec{p} * \vec{m} = 5 \cdot 1650 + 50 \cdot x$

P_M wird minimal für x = 0. Die preisgünstigste Kombination ist

$\vec{m} = \begin{pmatrix} 5 \\ 5 \\ 5 \\ 0 \end{pmatrix}$.

5.3 Materialverflechtung

313

2. a) $Z = \begin{pmatrix} 4 & 2 & 5 \\ 0 & 3 & 6 \end{pmatrix}$; $P = \begin{pmatrix} 8 & 1 \\ 4 & 0 \\ 3 & 10 \end{pmatrix}$; $E = \begin{pmatrix} 10 & 12 & 5 & 1 \\ 8 & 0 & 2 & 0 \end{pmatrix}$

Rohstoffbedarf für jedes Endprodukt: $Z \cdot P \cdot E = \begin{pmatrix} 982 & 660 & 383 & 55 \\ 780 & 360 & 270 & 30 \end{pmatrix}$

b) Rohstoffbedarf:

$$Z \cdot P \cdot E \cdot \begin{pmatrix} 16 \\ 24 \\ 40 \\ 8 \end{pmatrix} = \begin{pmatrix} 982 & 660 & 383 & 55 \\ 780 & 360 & 270 & 30 \end{pmatrix} \cdot \begin{pmatrix} 16 \\ 24 \\ 40 \\ 8 \end{pmatrix} = \begin{pmatrix} 47\,312 \\ 32\,160 \end{pmatrix}$$

Zwischenproduktbedarf:

$$P \cdot E \cdot \begin{pmatrix} 16 \\ 24 \\ 40 \\ 8 \end{pmatrix} = \begin{pmatrix} 88 & 96 & 42 & 8 \\ 40 & 48 & 20 & 4 \\ 110 & 36 & 35 & 3 \end{pmatrix} \cdot \begin{pmatrix} 16 \\ 24 \\ 40 \\ 8 \end{pmatrix} = \begin{pmatrix} 5456 \\ 2624 \\ 4048 \end{pmatrix}$$

315

4. a)

$$\begin{array}{c|cc} & Z_1 & Z_2 \\ \hline R_1 & 3 & 4 \\ R_2 & 4 & 3 \\ R_3 & 0 & 2 \end{array} ; \qquad \begin{array}{c|ccc} & E_1 & E_2 & E_3 \\ \hline Z_1 & 2 & 3 & 4 \\ Z_2 & 4 & 2 & 3 \end{array}$$

b) Rohstoffbedarf:

$$\begin{pmatrix} 3 & 4 \\ 4 & 3 \\ 0 & 2 \end{pmatrix} \cdot \begin{pmatrix} 2 & 3 & 4 \\ 4 & 2 & 3 \end{pmatrix} \cdot \begin{pmatrix} 500 \\ 800 \\ 600 \end{pmatrix} = \begin{pmatrix} 22 & 17 & 24 \\ 20 & 18 & 25 \\ 8 & 4 & 6 \end{pmatrix} \cdot \begin{pmatrix} 500 \\ 800 \\ 600 \end{pmatrix} = \begin{pmatrix} 39\,000 \\ 39\,400 \\ 10\,800 \end{pmatrix}$$

315 **5. a)**

$$A = \begin{matrix} & \begin{matrix} Z_1 & Z_2 & Z_3 \end{matrix} \\ \begin{matrix} R_1 \\ R_2 \\ R_3 \end{matrix} & \begin{pmatrix} 5 & 2 & 3 \\ 0 & 4 & 3 \\ 2 & 1 & 3 \end{pmatrix} \end{matrix} \qquad B = \begin{matrix} & \begin{matrix} E_1 & E_2 \end{matrix} \\ \begin{matrix} Z_1 \\ Z_2 \\ Z_3 \end{matrix} & \begin{pmatrix} 2 & 2 \\ 1 & 4 \\ 1 & 1 \end{pmatrix} \end{matrix}$$

b) $A \cdot B = \begin{pmatrix} 15 & 21 \\ 7 & 19 \\ 8 & 11 \end{pmatrix}$

c) Einschränkungen: Geringe Zahl der Rohstoffkomponenten, abgeschlossene Verflechtungsnetze (kein Abfluss von Zwischenprodukten durch Verkauf), keine Direktverwendung von Rohstoffen für Endprodukt.

d) Rohstoffbedarf:

$$\begin{pmatrix} 5 & 2 & 3 \\ 0 & 4 & 3 \\ 2 & 1 & 3 \end{pmatrix} \cdot \begin{pmatrix} 2 & 2 \\ 1 & 4 \\ 1 & 1 \end{pmatrix} \cdot \begin{pmatrix} 8 & 15 & 0 \\ 10 & 7 & 3 \end{pmatrix} = \begin{pmatrix} 330 & 372 & 63 \\ 246 & 238 & 57 \\ 174 & 197 & 33 \end{pmatrix}$$

Zwischenproduktbedarf:

$$\begin{pmatrix} 2 & 2 \\ 1 & 4 \\ 1 & 1 \end{pmatrix} \cdot \begin{pmatrix} 8 & 15 & 0 \\ 10 & 7 & 3 \end{pmatrix} = \begin{pmatrix} 36 & 44 & 6 \\ 48 & 43 & 12 \\ 18 & 22 & 3 \end{pmatrix}$$

316 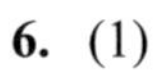 **6.** (1)

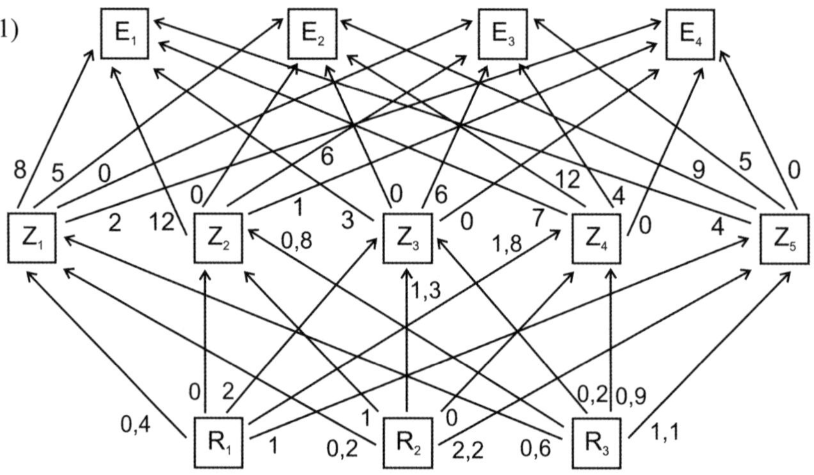

(2) Rohstoffbedarf:

$$B \cdot C = \begin{pmatrix} 0{,}4 & 0 & 2 & 1{,}8 & 1 \\ 0{,}2 & 1 & 1{,}3 & 0 & 2{,}2 \\ 0{,}6 & 0{,}8 & 0{,}2 & 0{,}9 & 1{,}1 \end{pmatrix} \cdot \begin{pmatrix} 8 & 5 & 0 & 2 \\ 12 & 0 & 6 & 1 \\ 3 & 0 & 6 & 0 \\ 7 & 12 & 4 & 0 \\ 4 & 9 & 5 & 0 \end{pmatrix}$$

$$= \begin{pmatrix} 25{,}8 & 32{,}6 & 24{,}2 & 0{,}8 \\ 26{,}3 & 20{,}8 & 24{,}8 & 1{,}4 \\ 25{,}7 & 23{,}7 & 15{,}1 & 2 \end{pmatrix}$$

316

6. (3) Wähle eine beliebige 4×6-Matrix A und bilde das Produkt $B \cdot A$.

7.

$$Z = \begin{matrix} & A & B & C \\ P & 0{,}3 & 0 & 0{,}1 \\ D & 0{,}7 & 0{,}5 & 0{,}8 \\ S & 0 & 0{,}5 & 0{,}1 \end{matrix}; \quad E = \begin{matrix} & BM & WR & ST & LH & SE \\ A & 0{,}2 & 0{,}5 & 0{,}3 & \frac{1}{3} & 0{,}8 \\ B & 0{,}4 & 0 & 0{,}7 & \frac{1}{3} & 0{,}15 \\ C & 0{,}4 & 0{,}5 & 0 & \frac{1}{3} & 0{,}05 \end{matrix}$$

$$Z \cdot E \cdot \begin{pmatrix} 850 \\ 1300 \\ 1750 \\ 900 \\ 2100 \end{pmatrix} = \begin{pmatrix} 1137 \\ 4533{,}5 \\ 1229{,}5 \end{pmatrix}$$

8. a)

$$Z = \begin{matrix} & L & R & O \\ H & 0{,}0008 & 0{,}0024 & 0 \\ S & 0 & 0 & 0{,}24 \end{matrix}$$

$$E = \begin{matrix} & ZVI & ZVII \\ L & 7 & 13 \\ R & 3{,}2 & 4{,}8 \\ O & 1 & 2 \end{matrix}$$

Bestellmatrix $B = \begin{matrix} & L & P & H \\ ZVI & 80 & 60 & 150 \\ ZVII & 140 & 120 & 400 \end{matrix}$

$$Z \cdot E \cdot B = \begin{pmatrix} 4{,}1312 & 3{,}4272 & 10{,}76 \\ 86{,}4 & 72 & 228 \end{pmatrix}$$

Gesamtbedarf: Holz: 18,3184 m^2 ; Stahlblech: 386,4 m^2

b) $E \cdot B = \begin{pmatrix} 2380 & 1980 & 6250 \\ 928 & 768 & 2400 \\ 360 & 300 & 950 \end{pmatrix}$

Gesamtbedarf: Latten: 10610; Rahmenteile: 4096; Ornamentteile: 1610

5.4 Chiffrieren und Dechiffrieren – Inverse Matrix

317

(1) Verschlüsselung und Entschlüsselung mithilfe von Matrizen

$$\begin{pmatrix} -1 & 2 \\ -1 & 1 \end{pmatrix} \cdot \begin{pmatrix} -39 & -25 & 3 & -20 \\ -18 & -5 & 8 & -2 \end{pmatrix} = \begin{pmatrix} 3 & 15 & 13 & 16 \\ 21 & 20 & 5 & 18 \end{pmatrix}$$

$\rightarrow$ Klartext: COMPUTER

319

1. a) SPIONAGE $\rightarrow$ 19 16 9 15 14 1 7 5 $\rightarrow \begin{pmatrix} 19 & 16 & 9 & 15 \\ 14 & 1 & 7 & 5 \end{pmatrix}$

Verschlüsselung: $\begin{pmatrix} 1 & -2 \\ 1 & -1 \end{pmatrix} \cdot \begin{pmatrix} 19 & 16 & 9 & 15 \\ 14 & 1 & 7 & 5 \end{pmatrix} = \begin{pmatrix} -9 & 14 & -5 & 5 \\ 5 & 15 & 2 & 10 \end{pmatrix}$

319

1. b) $\begin{pmatrix} -1 & 2 \\ -1 & 1 \end{pmatrix} \cdot \begin{pmatrix} -5 & -51 & 10 & -10 \\ 4 & -25 & 15 & 4 \end{pmatrix} = \begin{pmatrix} 13 & 1 & 20 & 18 \\ 9 & 26 & 5 & 14 \end{pmatrix}$

$\rightarrow$ Klartext: MATRIZEN

2. a) ELEFANT $\rightarrow$ 51 121 51 61 11 141 201 $\rightarrow \begin{pmatrix} 51 & 121 & 51 & 61 \\ 11 & 141 & 201 & 0 \end{pmatrix}$

Verschlüsselung:

$$\begin{pmatrix} 2 & 3 \\ 3 & 5 \end{pmatrix} \cdot \begin{pmatrix} 51 & 121 & 51 & 61 \\ 11 & 141 & 201 & 0 \end{pmatrix} = \begin{pmatrix} 135 & 665 & 705 & 122 \\ 208 & 1068 & 1158 & 183 \end{pmatrix}$$

AUTOWERKSTATT

$\rightarrow$ 11 211 201 151 231 51 181 111 191 201 11 201 201

$\rightarrow \begin{pmatrix} 11 & 211 & 201 & 151 & 231 & 51 & 181 \\ 111 & 191 & 201 & 11 & 201 & 201 & 0 \end{pmatrix}$

Verschlüsselung:

$$\begin{pmatrix} 2 & 3 \\ 3 & 5 \end{pmatrix} \cdot \begin{pmatrix} 11 & 211 & 201 & 151 & 231 & 51 & 181 \\ 111 & 191 & 201 & 11 & 201 & 201 & 0 \end{pmatrix}$$

$$= \begin{pmatrix} 355 & 995 & 1005 & 335 & 1065 & 705 & 362 \\ 588 & 1588 & 1608 & 508 & 1698 & 1158 & 543 \end{pmatrix}$$

TASCHENRECHNER

$\rightarrow$ 201 11 191 31 81 51 141 181 51 31 81 141 51 181

$\rightarrow \begin{pmatrix} 201 & 11 & 191 & 31 & 81 & 51 & 141 \\ 181 & 51 & 31 & 81 & 141 & 51 & 181 \end{pmatrix}$

Verschlüsselung:

$$\begin{pmatrix} 2 & 3 \\ 3 & 5 \end{pmatrix} \cdot \begin{pmatrix} 201 & 11 & 191 & 31 & 81 & 51 & 141 \\ 181 & 51 & 31 & 81 & 141 & 51 & 181 \end{pmatrix}$$

$$= \begin{pmatrix} 945 & 175 & 475 & 305 & 585 & 255 & 825 \\ 1508 & 288 & 728 & 498 & 948 & 408 & 1328 \end{pmatrix}$$

b) Wegen $\begin{pmatrix} 5 & -3 \\ -3 & 2 \end{pmatrix} \cdot \begin{pmatrix} 2 & 3 \\ 3 & 5 \end{pmatrix} = \begin{pmatrix} 1 & 0 \\ 0 & 1 \end{pmatrix}$ ergibt Multiplikation der Chiffre-Matrix wieder die Klartext-Matrix.

c) ELEFANT:

$$\begin{pmatrix} 3 & 5 \\ 1 & 2 \end{pmatrix} \cdot \begin{pmatrix} 51 & 121 & 51 & 61 \\ 11 & 141 & 201 & 0 \end{pmatrix} = \begin{pmatrix} 208 & 1068 & 1158 & 183 \\ 73 & 403 & 453 & 61 \end{pmatrix}$$

AUTOWERKSTATT:

$$\begin{pmatrix} 3 & 5 \\ 1 & 2 \end{pmatrix} \cdot \begin{pmatrix} 11 & 211 & 201 & 151 & 231 & 51 & 181 \\ 111 & 191 & 201 & 11 & 201 & 201 & 0 \end{pmatrix}$$

$$= \begin{pmatrix} 588 & 1588 & 1608 & 508 & 1698 & 1158 & 543 \\ 233 & 593 & 603 & 173 & 633 & 453 & 181 \end{pmatrix}$$

319

2. c) TASCHENRECHNER:

$$\begin{pmatrix} 3 & 5 \\ 1 & 2 \end{pmatrix} \cdot \begin{pmatrix} 201 & 11 & 191 & 31 & 81 & 51 & 141 \\ 181 & 51 & 31 & 81 & 141 & 51 & 181 \end{pmatrix}$$

$$= \begin{pmatrix} 1508 & 288 & 728 & 498 & 948 & 408 & 1328 \\ 563 & 113 & 253 & 193 & 363 & 153 & 503 \end{pmatrix}$$

Entschlüsselung erfolgt mit $A^{-1} = \begin{pmatrix} 2 & -5 \\ -1 & 3 \end{pmatrix}$

3. (1) Ist C die zu verschlüsselnde Matrix und $D = A \cdot C$ die verschlüsselte Matrix, dann liefert $A^{-1} \cdot D = A^{-1} \cdot A \cdot C = E \cdot C = C$ den Klartext.

(2) Ist C die zu verschlüsselnde Matrix und $D = A^{-1} \cdot C$ die verschlüsselte Matrix, dann liefert $A \cdot D = A \cdot A^{-1} \cdot C = E \cdot C = C$ den Klartext.

4. Es gilt in beiden Fällen $A \cdot B = E$.

5. $\begin{pmatrix} 0 & 1 \\ 1 & 0 \end{pmatrix} \cdot \begin{pmatrix} a & b \\ c & d \end{pmatrix} = \begin{pmatrix} a & b \\ c & d \end{pmatrix} \cdot \begin{pmatrix} 0 & 1 \\ 1 & 0 \end{pmatrix} \Leftrightarrow \begin{pmatrix} c & d \\ a & b \end{pmatrix} = \begin{pmatrix} b & a \\ d & c \end{pmatrix} \Leftrightarrow B = \begin{pmatrix} a & b \\ b & a \end{pmatrix}$

mit $a, b \in \mathbb{R}$

320

6. a) $\begin{pmatrix} 3 & 1 \\ -2 & -1 \end{pmatrix} \cdot \begin{pmatrix} a & b \\ c & d \end{pmatrix} = \begin{pmatrix} 1 & 0 \\ 0 & 1 \end{pmatrix} \Leftrightarrow \begin{aligned} 3a + c &= 1 \\ 3b + d &= 0 \\ -2a - c &= 0 \\ -2b - d &= 1 \end{aligned}$

Lösung des LGS: $a = 1$; $b = 1$; $c = -2$; $d = -3$. Damit ist $B = \begin{pmatrix} 1 & 1 \\ -2 & -3 \end{pmatrix}$.

b) $\begin{pmatrix} 2 & -2 \\ 1 & -1 \end{pmatrix} \cdot \begin{pmatrix} a & b \\ c & d \end{pmatrix} = \begin{pmatrix} 1 & 0 \\ 0 & 1 \end{pmatrix} \Leftrightarrow \begin{aligned} 2a - 2c &= 1 \\ 2b - 2d &= 0 \\ a - c &= 0 \\ b - d &= 1 \end{aligned}$

Das LGS besitzt keine Lösung.

Alle Matrizen $\begin{pmatrix} a & b \\ c & d \end{pmatrix}$ mit $ad - bc = 0$ sind nicht invertierbar.

7. a) $\begin{pmatrix} 2 & -3 \\ -5 & 8 \end{pmatrix}, \begin{pmatrix} 7 & -11 \\ -5 & 8 \end{pmatrix}, \begin{pmatrix} 12 & -19 \\ -5 & 8 \end{pmatrix}, \begin{pmatrix} 17 & -27 \\ -5 & 8 \end{pmatrix}, \begin{pmatrix} 22 & -35 \\ -5 & 8 \end{pmatrix}, \ldots$

Allgemein: $A(k) = \begin{pmatrix} 8 & 3 + 8k \\ 5 & 2 + 5k \end{pmatrix} \Rightarrow A(k)^{-1} = \begin{pmatrix} 2 + 5k & -3 - 8k \\ -5 & 8 \end{pmatrix}$

320

7. b) $\begin{pmatrix} 5 & -2 \\ -7 & 3 \end{pmatrix}$

Allgemein: $A = \begin{pmatrix} a & b \\ c & d \end{pmatrix} \Rightarrow A^{-1} = \frac{1}{ad-bc}\begin{pmatrix} d & -b \\ -c & a \end{pmatrix}$, falls $ad - bc \neq 0$.

c) $A = 10 \cdot \begin{pmatrix} 8 & 3 \\ 5 & 2 \end{pmatrix} = \begin{pmatrix} 80 & 30 \\ 50 & 20 \end{pmatrix} \Rightarrow A^{-1} = \begin{pmatrix} 0{,}2 & -0{,}3 \\ -0{,}5 & 0{,}8 \end{pmatrix} = \frac{1}{10} \cdot \begin{pmatrix} 2 & -3 \\ -5 & 8 \end{pmatrix}$

$A = 10 \cdot \begin{pmatrix} 3 & 2 \\ 7 & 5 \end{pmatrix} = \begin{pmatrix} 30 & 20 \\ 70 & 50 \end{pmatrix} \Rightarrow A^{-1} = \begin{pmatrix} 0{,}5 & -0{,}2 \\ -0{,}7 & 0{,}3 \end{pmatrix} = \frac{1}{10} \cdot \begin{pmatrix} 5 & -2 \\ -7 & 3 \end{pmatrix}$

Es gilt $(c \cdot A)^{-1} = \frac{1}{c} \cdot A^{-1}$.

8. Beweis des Assoziativgesetzes:
A sei eine $m \times n$-, B eine $n \times p$- und C eine $p \times r$-Matrix.
Berechne erst A · B, dann (A · B) · C:

i-te Zeile von A: $a_{i1}\ a_{i2}\ \dots\ a_{in-1}\ a_{in}$; j-te Spalte von B: $\begin{matrix} b_{1j} \\ b_{2j} \\ \vdots \\ b_{nj} \end{matrix}$

i-te Zeile von A · B: $\sum_{\lambda=1}^{n} a_{i\lambda} b_{\lambda 1}\ \sum_{\lambda=1}^{n} a_{i\lambda} b_{\lambda 2}\ \dots\ \sum_{\lambda=1}^{n} a_{i\lambda} b_{\lambda p}$;

k-te Spalte von C: $\begin{matrix} c_{1k} \\ c_{2k} \\ \vdots \\ c_{pk} \end{matrix}$

i-te Zeile, k-te Spalte von (A · B) · C:

$$\sum_{\lambda=1}^{n} a_{i\lambda} b_{\lambda 1} \cdot c_{1k} + \sum_{\lambda=1}^{n} a_{i\lambda} b_{\lambda 2} \cdot c_{2k} + \dots + \sum_{\lambda=1}^{n} a_{i\lambda} b_{\lambda p} \cdot c_{pk}$$

$$= \sum_{\mu=1}^{p} \sum_{\lambda=1}^{n} a_{i\lambda} b_{\lambda\mu} c_{\mu k}$$

320

8. Fortsetzung

Berechne erst B · C, dann A · (B · C):

j-te Zeile von B: $b_{j1}\ b_{j2}\ \dots\ b_{jp-1}\ b_{jp}$; k-te Spalte von C: $\begin{matrix} c_{1k} \\ c_{2k} \\ \vdots \\ c_{pk} \end{matrix}$

k-te Spalte von B · C: $\begin{matrix} \sum_{\mu=1}^{p} b_{1\mu}c_{\mu k} \\ \sum_{\mu=1}^{p} b_{2\mu}c_{\mu k} \\ \vdots \\ \sum_{\mu=1}^{p} b_{q\mu}c_{\mu k} \end{matrix}$

i-te Zeile von A: $a_{i1}\ a_{i2}\ \dots\ a_{in-1}\ a_{in}$;

k-te Spalte von B · C: $\begin{matrix} \sum_{\mu=1}^{p} b_{1\mu}c_{\mu k} \\ \sum_{\mu=1}^{p} b_{2\mu}c_{\mu k} \\ \vdots \\ \sum_{\mu=1}^{p} b_{n\mu}c_{\mu k} \end{matrix}$

i-te Zeile, k-te Spalte von A · (B · C):

$$a_{i1} \cdot \sum_{\mu=1}^{p} b_{1\mu}c_{\mu k} + a_{i2} \cdot \sum_{\mu=1}^{p} b_{2\mu}c_{\mu k} + \dots + a_{1n} \cdot \sum_{\mu=1}^{p} b_{n\mu}c_{\mu k}$$

$$= \sum_{\lambda=1}^{n} \sum_{\mu=1}^{p} a_{i\lambda}b_{\lambda\mu}c_{\mu k}$$

Beweis des 2. Distributivgesetzes:

A sei eine $m \times n$-, B und C eine $n \times p$-Matrix.

Berechne A · (B + C):

i-te Zeile von A: $a_{i1}\ a_{i2}\ \dots\ a_{in-1}\ a_{in}$; j-te Spalte von B + C: $\begin{matrix} b_{1j} + c_{1j} \\ b_{2j} + c_{2j} \\ \vdots \\ b_{nj} + c_{nj} \end{matrix}$

i-te Zeile, j-te Spalte von A · (B + C):

$$\sum_{\lambda=1}^{n} a_{i\lambda}\left(b_{\lambda j} + c_{\lambda j}\right) = \sum_{\lambda=1}^{n} a_{i\lambda}b_{\lambda j} + \sum_{\lambda=1}^{n} a_{i\lambda}c_{\lambda j}$$

320

8. Fortsetzung

Berechne $A \cdot B + A \cdot C$:

i-te Zeile, j-te Spalte von $A \cdot B$: $\sum_{\lambda=1}^{n} a_{i\lambda} b_{\lambda j}$

i-te Zeile, j-te Spalte von $A \cdot C$: $\sum_{\lambda=1}^{n} a_{i\lambda} c_{\lambda j}$

i-te Zeile, j-te Spalte von $A \cdot B + A \cdot C$: $\sum_{\lambda=1}^{n} a_{i\lambda} b_{\lambda j} + \sum_{\lambda=1}^{n} a_{i\lambda} c_{\lambda j}$

Beweis von $(r \cdot A)(s \cdot B) = rs \cdot A \cdot B$:

A und B seinen $m \times n$-Matrizen.

Berechne $(r \cdot A)(s \cdot B)$:

i-te Zeile von $r \cdot A$: $ra_{i1}\ ra_{i2}\ \dots\ ra_{in-1}\ ra_{in}$; j-te Spalte von $s \cdot B$: $\begin{matrix} sb_{1j} \\ sb_{2j} \\ \vdots \\ sb_{nj} \end{matrix}$

i-te Zeile, j-te Spalte von $(r \cdot A)(s \cdot B)$: $\sum_{\lambda=1}^{n} ra_{i\lambda} sb_{\lambda j} = rs \cdot \sum_{\lambda=1}^{n} a_{i\lambda} b_{\lambda j}$

Berechne $rs \cdot A \cdot B$:

i-te Zeile von A: $a_{i1}\ a_{i2}\ \dots\ a_{in-1}\ a_{in}$; j-te Spalte von B: $\begin{matrix} b_{1j} \\ b_{2j} \\ \vdots \\ b_{nj} \end{matrix}$

i-te Zeile, j-te Spalte von $rs \cdot A \cdot B$: $rs \cdot \sum_{\lambda=1}^{n} a_{i\lambda} b_{\lambda j}$

9. -

10. -

5.5 Bedarfsermittlung

323

2. a) $D = \begin{pmatrix} 0 & 0 & 0 & 0 & 0 \\ 0 & 0 & 6 & 0 & 0 \\ 1 & 0 & 0 & 0 & 0 \\ 0 & 4 & 3 & 0 & 0 \\ 5 & 2 & 0 & 0 & 0 \end{pmatrix}$

323

2. b) $\vec{y} = \begin{pmatrix} 10 \\ 3 \\ 0 \\ 0 \\ 0 \end{pmatrix}$; $\vec{x} = (E - D)^{-1} \cdot \vec{y} = \begin{pmatrix} 1 & 0 & 0 & 0 & 0 \\ 6 & 1 & 6 & 0 & 0 \\ 1 & 0 & 1 & 0 & 0 \\ 27 & 4 & 27 & 1 & 0 \\ 17 & 2 & 12 & 0 & 1 \end{pmatrix} \cdot \begin{pmatrix} 10 \\ 3 \\ 0 \\ 0 \\ 0 \end{pmatrix} = \begin{pmatrix} 10 \\ 63 \\ 10 \\ 282 \\ 176 \end{pmatrix}$

c) $D \cdot \vec{x} = \begin{pmatrix} 0 & 0 & 0 & 0 & 0 \\ 0 & 0 & 6 & 0 & 0 \\ 1 & 0 & 0 & 0 & 0 \\ 0 & 4 & 3 & 0 & 0 \\ 5 & 2 & 0 & 0 & 0 \end{pmatrix} \cdot \begin{pmatrix} 10 \\ 63 \\ 10 \\ 282 \\ 176 \end{pmatrix} = \begin{pmatrix} 0 \\ 60 \\ 10 \\ 282 \\ 176 \end{pmatrix}$

Es gilt $(E - D)\vec{x} = \vec{y}$.

324

3. a) Berechne zunächst die Direktbedarfsmatrix D und dann aus dem Auftragsvektor $\vec{y}$ mittels $(E - D)^{-1} \cdot \vec{y}$ den Produktionsvektor $\vec{x}$.

$$D = \begin{pmatrix} 0 & 0 & 0 & 0 & 0 & 0 & 0 & 0 & 0 & 0 \\ 0 & 0 & 0 & 0 & 0 & 0 & 0 & 0 & 0 & 0 \\ 1 & 0 & 0 & 0 & 0 & 0 & 0 & 0 & 0 & 0 \\ 5 & 5 & 0 & 0 & 0 & 0 & 0 & 0 & 0 & 0 \\ 0 & 1 & 0 & 0 & 0 & 0 & 0 & 0 & 0 & 0 \\ 0 & 0 & 200 & 160 & 0 & 0 & 0 & 0 & 0 & 0 \\ 4 & 0 & 0 & 0 & 0 & 0 & 0 & 0 & 0 & 0 \\ 0 & 4 & 0 & 0 & 0 & 0 & 0 & 0 & 0 & 0 \\ 0 & 0 & 0 & 300 & 400 & 0 & 0 & 0 & 0 & 0 \\ 0 & 0 & 0 & 0 & 150 & 0 & 0 & 0 & 0 & 0 \end{pmatrix}; \quad \vec{y} = \begin{pmatrix} 6000 \\ 4500 \\ 0 \\ 0 \\ 0 \\ 300 \\ 0 \\ 0 \\ 0 \\ 750 \end{pmatrix}$$

$\vec{x} = (E - D)^{-1} \cdot \vec{y}$

$$= \begin{pmatrix} 1 & 0 & 0 & 0 & 0 & 0 & 0 & 0 & 0 & 0 \\ 0 & 1 & 0 & 0 & 0 & 0 & 0 & 0 & 0 & 0 \\ 1 & 0 & 1 & 0 & 0 & 0 & 0 & 0 & 0 & 0 \\ 5 & 5 & 0 & 1 & 0 & 0 & 0 & 0 & 0 & 0 \\ 0 & 1 & 0 & 0 & 1 & 0 & 0 & 0 & 0 & 0 \\ 1000 & 800 & 200 & 160 & 0 & 1 & 0 & 0 & 0 & 0 \\ 4 & 0 & 0 & 0 & 0 & 0 & 1 & 0 & 0 & 0 \\ 0 & 4 & 0 & 0 & 0 & 0 & 0 & 1 & 0 & 0 \\ 1500 & 1900 & 0 & 300 & 400 & 0 & 0 & 0 & 1 & 0 \\ 0 & 150 & 0 & 0 & 150 & 0 & 0 & 0 & 0 & 1 \end{pmatrix} \cdot \begin{pmatrix} 6000 \\ 4500 \\ 0 \\ 0 \\ 0 \\ 300 \\ 0 \\ 0 \\ 0 \\ 750 \end{pmatrix} = \begin{pmatrix} 6\,000 \\ 4\,500 \\ 6\,000 \\ 52\,500 \\ 4\,500 \\ 9\,600\,300 \\ 24\,000 \\ 18\,000 \\ 17\,550\,000 \\ 675\,750 \end{pmatrix}$$

324

3. b) $\vec{x} = (E - D)^{-1} \cdot \vec{y}$

$$= \begin{pmatrix} 1 & 0 & 0 & 0 & 0 & 0 & 0 & 0 & 0 & 0 \\ 0 & 1 & 0 & 0 & 0 & 0 & 0 & 0 & 0 & 0 \\ 1 & 0 & 1 & 0 & 0 & 0 & 0 & 0 & 0 & 0 \\ 5 & 5 & 0 & 1 & 0 & 0 & 0 & 0 & 0 & 0 \\ 0 & 1 & 0 & 0 & 1 & 0 & 0 & 0 & 0 & 0 \\ 1000 & 800 & 200 & 160 & 0 & 1 & 0 & 0 & 0 & 0 \\ 4 & 0 & 0 & 0 & 0 & 0 & 1 & 0 & 0 & 0 \\ 0 & 4 & 0 & 0 & 0 & 0 & 0 & 1 & 0 & 0 \\ 1500 & 1900 & 0 & 300 & 400 & 0 & 0 & 0 & 1 & 0 \\ 0 & 150 & 0 & 0 & 150 & 0 & 0 & 0 & 0 & 1 \end{pmatrix} \cdot \begin{pmatrix} 3000 \\ 1500 \\ 0 \\ 0 \\ 0 \\ 0 \\ 150 \\ 250 \\ 0 \\ 0 \end{pmatrix} = \begin{pmatrix} 3\,000 \\ 1\,500 \\ 3\,000 \\ 22\,500 \\ 1\,500 \\ 4\,200\,000 \\ 12\,150 \\ 6\,250 \\ 7\,350\,000 \\ 225\,000 \end{pmatrix}$$

Produktionsvektor für beide Aufträge:

$$\begin{pmatrix} 6\,000 \\ 4\,500 \\ 6\,000 \\ 52\,500 \\ 4\,500 \\ 9\,600\,300 \\ 24\,000 \\ 18\,000 \\ 17\,550\,000 \\ 675\,750 \end{pmatrix} + \begin{pmatrix} 3\,000 \\ 1\,500 \\ 3\,000 \\ 22\,500 \\ 1\,500 \\ 4\,200\,000 \\ 12\,150 \\ 6\,250 \\ 7\,350\,000 \\ 225\,000 \end{pmatrix} = \begin{pmatrix} 9\,000 \\ 6\,000 \\ 9\,000 \\ 75\,000 \\ 6\,000 \\ 13\,800\,300 \\ 36\,150 \\ 24\,250 \\ 24\,900\,000 \\ 900\,750 \end{pmatrix}$$

4. a)

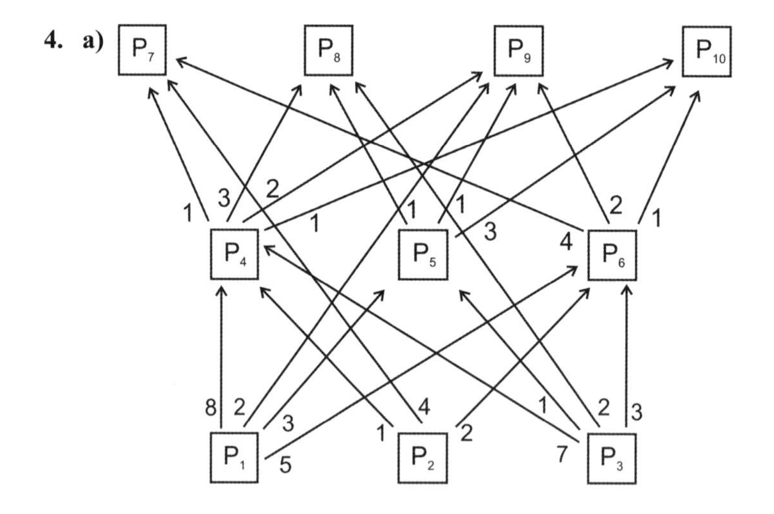

324

4. b) $\vec{x} = (E - D)^{-1} \cdot \vec{y}$

$$= \begin{pmatrix} 1 & 0 & 0 & 8 & 3 & 5 & 28 & 27 & 31 & 22 \\ 0 & 1 & 0 & 1 & 0 & 2 & 13 & 3 & 6 & 3 \\ 0 & 0 & 1 & 7 & 1 & 3 & 19 & 24 & 21 & 13 \\ 0 & 0 & 0 & 1 & 0 & 0 & 1 & 3 & 2 & 1 \\ 0 & 0 & 0 & 0 & 1 & 0 & 0 & 1 & 1 & 3 \\ 0 & 0 & 0 & 0 & 0 & 1 & 4 & 0 & 2 & 1 \\ 0 & 0 & 0 & 0 & 0 & 0 & 1 & 0 & 0 & 0 \\ 0 & 0 & 0 & 0 & 0 & 0 & 0 & 1 & 0 & 0 \\ 0 & 0 & 0 & 0 & 0 & 0 & 0 & 0 & 1 & 0 \\ 0 & 0 & 0 & 0 & 0 & 0 & 0 & 0 & 0 & 1 \end{pmatrix} \cdot \begin{pmatrix} 0 \\ 0 \\ 0 \\ 0 \\ 12 \\ 26 \\ 35 \\ 0 \\ 130 \\ 250 \end{pmatrix} = \begin{pmatrix} 10676 \\ 2037 \\ 6735 \\ 545 \\ 892 \\ 676 \\ 35 \\ 0 \\ 130 \\ 250 \end{pmatrix}$$

5. -

Blickpunkt: Das Leontief-Modell

328

1. a)

	A	B	C	Interner Verbrauch	Konsum	Summe
A	1	2	2	5	5	10
B	3	4	1	8	12	20
C	4	2	3	9	16	25

b) $T = \begin{pmatrix} \frac{1}{10} & \frac{1}{10} & \frac{2}{25} \\ \frac{3}{10} & \frac{1}{5} & \frac{1}{25} \\ \frac{2}{5} & \frac{1}{10} & \frac{3}{25} \end{pmatrix}$

c) $\vec{x} = (E - T)^{-1} \cdot \vec{y} = \begin{pmatrix} \frac{50}{41} & \frac{48}{287} & \frac{34}{287} \\ \frac{20}{41} & \frac{380}{287} & \frac{30}{287} \\ \frac{25}{41} & \frac{65}{287} & \frac{345}{287} \end{pmatrix} \cdot \begin{pmatrix} 15 \\ 12 \\ 16 \end{pmatrix} \approx \begin{pmatrix} 22{,}20 \\ 24{,}88 \\ 31{,}10 \end{pmatrix}$

d) $\vec{y} = (E - T) \cdot \vec{x} = \begin{pmatrix} \frac{9}{10} & -\frac{1}{10} & -\frac{2}{25} \\ -\frac{3}{10} & \frac{4}{5} & -\frac{1}{25} \\ -\frac{2}{5} & -\frac{1}{10} & \frac{22}{25} \end{pmatrix} \cdot \begin{pmatrix} 15 \\ 25 \\ 30 \end{pmatrix} \approx \begin{pmatrix} 8{,}6 \\ 14{,}3 \\ 17{,}9 \end{pmatrix}$

328

2. a) $T = \begin{pmatrix} \frac{1}{10} & \frac{1}{5} & \frac{3}{10} \\ \frac{3}{10} & \frac{2}{5} & \frac{1}{20} \\ \frac{7}{10} & \frac{1}{5} & \frac{1}{2} \end{pmatrix}$

$$\vec{x} = (E - T)^{-1} \cdot \vec{y} = \begin{pmatrix} \frac{29}{8} & 2 & \frac{19}{8} \\ \frac{37}{16} & 3 & \frac{27}{16} \\ 6 & 4 & 6 \end{pmatrix} \cdot \begin{pmatrix} 60 \\ 120 \\ 140 \end{pmatrix} = \begin{pmatrix} 790 \\ 735 \\ 1680 \end{pmatrix}$$

Sektor A: 790; Sektor B: 735; Sektor C: 1680

b) Sei $\vec{z}$ der Exportvektor und $\vec{a}$ der Inlandskonsumvektor, dann gilt:

$$\vec{z} = \vec{y} - \vec{a} = (E - T) \cdot \vec{x} - \vec{a} = \begin{pmatrix} \frac{9}{10} & -\frac{1}{5} & -\frac{3}{10} \\ -\frac{3}{10} & \frac{3}{5} & -\frac{1}{20} \\ -\frac{7}{10} & -\frac{1}{5} & \frac{1}{2} \end{pmatrix} \cdot \begin{pmatrix} 1500 \\ 1500 \\ 3000 \end{pmatrix} - \begin{pmatrix} 60 \\ 120 \\ 140 \end{pmatrix} = \begin{pmatrix} 90 \\ 180 \\ 10 \end{pmatrix}$$

Sektor A: 90; Sektor B: 180; Sektor C: 10

c) Mit $\vec{y} = 1{,}03 \cdot \begin{pmatrix} 60 \\ 120 \\ 140 \end{pmatrix} + 1{,}05 \cdot \begin{pmatrix} 90 \\ 180 \\ 10 \end{pmatrix} = \begin{pmatrix} 156{,}3 \\ 312{,}6 \\ 154{,}7 \end{pmatrix}$ gilt:

$$\vec{x} = (E - T)^{-1} \cdot \vec{y} = \begin{pmatrix} \frac{29}{8} & 2 & \frac{19}{8} \\ \frac{37}{16} & 3 & \frac{27}{16} \\ 6 & 4 & 6 \end{pmatrix} \cdot \begin{pmatrix} 156{,}3 \\ 312{,}6 \\ 154{,}7 \end{pmatrix} = \begin{pmatrix} 1559{,}2 \\ 1560{,}3 \\ 3116{,}4 \end{pmatrix}$$

Sektor A: 1559,2; Sektor B: 1560,3; Sektor C: 3116,4

3. $T = \begin{pmatrix} \frac{1}{10} & \frac{1}{20} & \frac{4}{5} \\ \frac{6}{5} & \frac{1}{10} & \frac{3}{5} \\ 0 & \frac{1}{5} & 0 \end{pmatrix}$

$$\vec{x} = (E - T)^{-1} \cdot \vec{y} = \begin{pmatrix} \frac{26}{15} & \frac{7}{15} & \frac{5}{3} \\ \frac{8}{3} & 2 & \frac{10}{3} \\ \frac{8}{15} & \frac{2}{5} & \frac{5}{3} \end{pmatrix} \cdot \begin{pmatrix} 200 \\ 400 \\ 600 \end{pmatrix} \approx \begin{pmatrix} 1533{,}33 \\ 3333{,}33 \\ 1266{,}67 \end{pmatrix}$$

Forstwirtschaft: 1533,33; Fischfang: 3333,33; Bootsbau: 1266,67

4. Berechnung von $(E - T)^{-1}$ mit $E - T = \begin{pmatrix} 0{,}9 & -0{,}3 & -0{,}1 \\ -0{,}2 & 0{,}8 & -0{,}4 \\ -0{,}7 & -0{,}5 & 0{,}5 \end{pmatrix}$ mit dem GTR liefert keine Lösung. Damit hat das LGS $(E - T) \cdot \vec{x} = \vec{y}$ keine eindeutige Lösung, d. h. nicht zu jedem Konsumvektor $\vec{y}$ kann ein eindeutiger Produktionsvektor $\vec{x}$ angegeben werden.

5.6 Beschreiben von Zustandsänderungen durch Matrizen

5.6.1 Übergangsmatrizen – Matrixpotenzen

332

2. a) 1. Komponente: kurz und knapp tv
2. Komponente: Fernsehen heute
3. Komponente: Alles im Blick

$$M = \begin{pmatrix} 0,2 & 0,1 & 0,05 \\ 0,3 & 0,4 & 0,25 \\ 0,5 & 0,5 & 0,7 \end{pmatrix}$$

b) Anfangsvektor $\vec{a} = \begin{pmatrix} 0,45 \\ 0,20 \\ 0,35 \end{pmatrix}$

Marktanteil nach einem Jahr:

$$M \cdot \vec{a} = \begin{pmatrix} 0,1275 \\ 0,3025 \\ 0,57 \end{pmatrix}$$

Marktanteil nach zwei Jahren:

$$M^2 \cdot \vec{a} = \begin{pmatrix} 0,095 & 0,085 & 0,07 \\ 0,305 & 0,315 & 0,29 \\ 0,6 & 0,6 & 0,64 \end{pmatrix} \cdot \begin{pmatrix} 0,45 \\ 0,20 \\ 0,35 \end{pmatrix} = \begin{pmatrix} 0,08425 \\ 0,30175 \\ 0,614 \end{pmatrix}$$

Marktanteil nach fünf Jahren:

$$M^5 \cdot \vec{a} = \begin{pmatrix} 0,076495 & 0,076485 & 0,07633 \\ 0,298705 & 0,298715 & 0,29855 \\ 0,6248 & 0,6248 & 0,62512 \end{pmatrix} \cdot \begin{pmatrix} 0,45 \\ 0,20 \\ 0,35 \end{pmatrix} \approx \begin{pmatrix} 0,0764 \\ 0,2987 \\ 0,6249 \end{pmatrix}$$

c) Anfangsvektor

$$\vec{a} = M^{-1} \cdot \begin{pmatrix} 0,09 \\ 0,29 \\ 0,62 \end{pmatrix} = \begin{pmatrix} 7,75 & -2,25 & 0,25 \\ -4,25 & 5,75 & -1,75 \\ -2,5 & -2,5 & 2,5 \end{pmatrix} \cdot \begin{pmatrix} 0,09 \\ 0,29 \\ 0,62 \end{pmatrix} = \begin{pmatrix} 0,2 \\ 0,2 \\ 0,6 \end{pmatrix}$$

333

3. a) **b)**

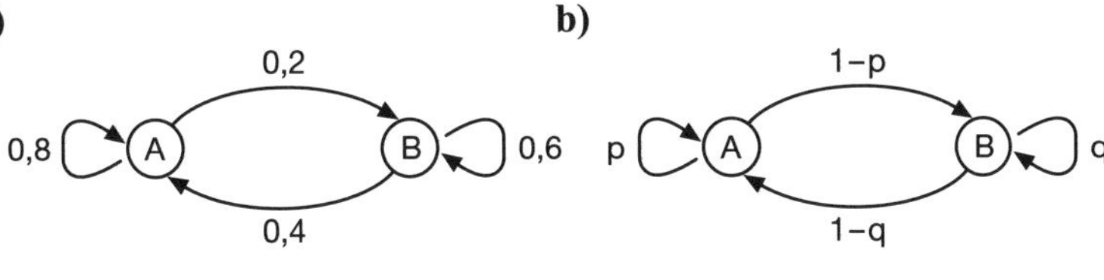

c)

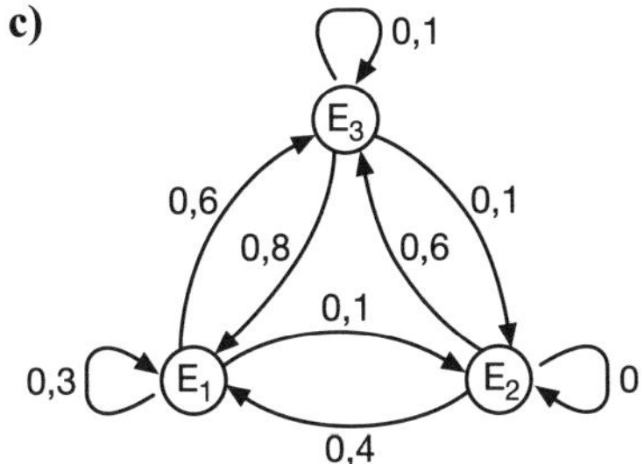

333

4. **a)** $\begin{pmatrix} 0,1 & 0,8 \\ 0,9 & 0,2 \end{pmatrix}$ **b)** $\begin{pmatrix} 0,7 & 0 \\ 0,3 & 1 \end{pmatrix}$ **c)** $\begin{pmatrix} 0,4 & 0 & 0,8 \\ 0,1 & 0,2 & 0,2 \\ 0,5 & 0,8 & 0 \end{pmatrix}$

5. **a)**

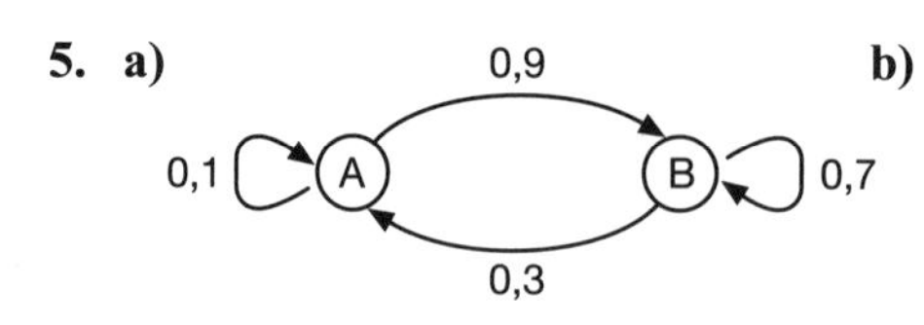

b)

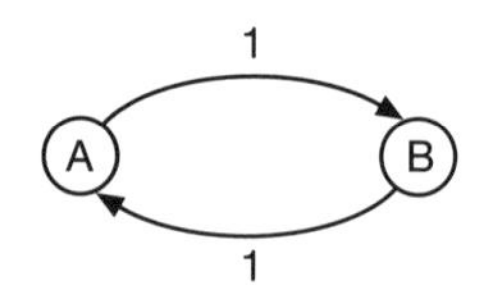

c)

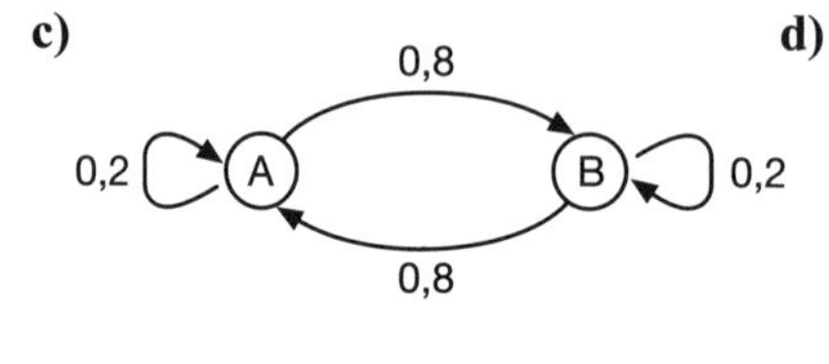

d)

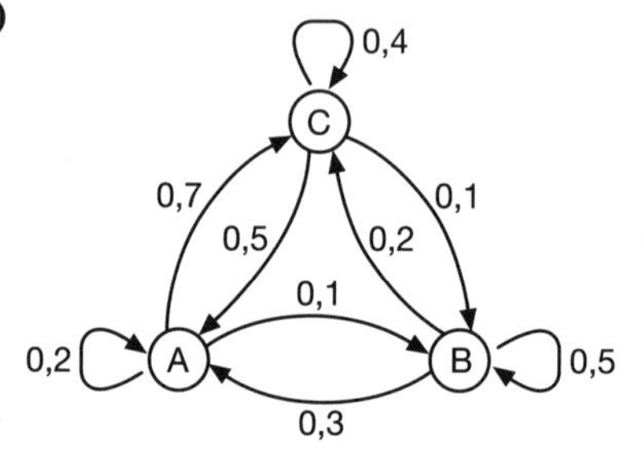

6. **a)** $\begin{pmatrix} 0,5 & 0,1 & 0,05 & 0,1 \\ 0,2 & 0,4 & 0,05 & 0,2 \\ 0,1 & 0,3 & 0,8 & 0,1 \\ 0,2 & 0,2 & 0,1 & 0,6 \end{pmatrix}$

b) $\begin{pmatrix} 0,5 & 0,1 & 0,05 & 0,1 \\ 0,2 & 0,4 & 0,05 & 0,2 \\ 0,1 & 0,3 & 0,8 & 0,1 \\ 0,2 & 0,2 & 0,1 & 0,6 \end{pmatrix} \cdot \begin{pmatrix} 0,25 \\ 0,25 \\ 0,25 \\ 0,25 \end{pmatrix} = \begin{pmatrix} 0,1875 \\ 0,2125 \\ 0,3250 \\ 0,2750 \end{pmatrix}$ (nach einem Tag),

nach zwei Tagen: $\begin{pmatrix} 0,15875 \\ 0,19375 \\ 0,37 \\ 0,2775 \end{pmatrix}$, nach drei Tagen $\begin{pmatrix} 0,145 \\ 0,18325 \\ 0,39775 \\ 0,274 \end{pmatrix}$

7. N = Tag mit Niederschlag S = Tag ohne Niederschlag

a)

0,3; 0,5 (N); (S) 0,7; 0,5

$\begin{pmatrix} 0,5 & 0,3 \\ 0,5 & 0,7 \end{pmatrix}$

b) $\begin{pmatrix} 0,5 & 0,3 \\ 0,5 & 0,7 \end{pmatrix} \cdot \begin{pmatrix} 1 \\ 0 \end{pmatrix} = \begin{pmatrix} 0,5 \\ 0,5 \end{pmatrix}$ (↑ heute, ↑ morgen)

$\begin{pmatrix} 0,5 & 0,3 \\ 0,5 & 0,7 \end{pmatrix} \cdot \begin{pmatrix} 0,5 \\ 0,5 \end{pmatrix} = \begin{pmatrix} 0,4 \\ 0,6 \end{pmatrix}$ (↑ morgen, ↑ übermorgen)

334

8.

(1) $\begin{pmatrix} 0,5 & 0,7 \\ 0,5 & 0,3 \end{pmatrix} \cdot \begin{pmatrix} 0,5 \\ 0,5 \end{pmatrix} = \begin{pmatrix} 0,6 \\ 0,4 \end{pmatrix}, \begin{pmatrix} 0,58 \\ 0,42 \end{pmatrix}, \begin{pmatrix} 0,584 \\ 0,416 \end{pmatrix} \to \begin{pmatrix} 0,58\overline{3} \\ 0,41\overline{6} \end{pmatrix}$

0. Tag 1. Tag 2. Tag 3. Tag

(2) $\begin{pmatrix} 0,5 & 0,7 \\ 0,5 & 0,3 \end{pmatrix} \cdot \begin{pmatrix} 0,\overline{6} \\ 0,\overline{3} \end{pmatrix} = \begin{pmatrix} 0,5\overline{6} \\ 0,4\overline{3} \end{pmatrix}, \begin{pmatrix} 0,58\overline{6} \\ 0,41\overline{3} \end{pmatrix}, \begin{pmatrix} 0,582\overline{6} \\ 0,417\overline{3} \end{pmatrix} \to \begin{pmatrix} 0,58\overline{3} \\ 0,41\overline{6} \end{pmatrix}$

0. Tag 1. Tag 2. Tag 3. Tag

9. a)

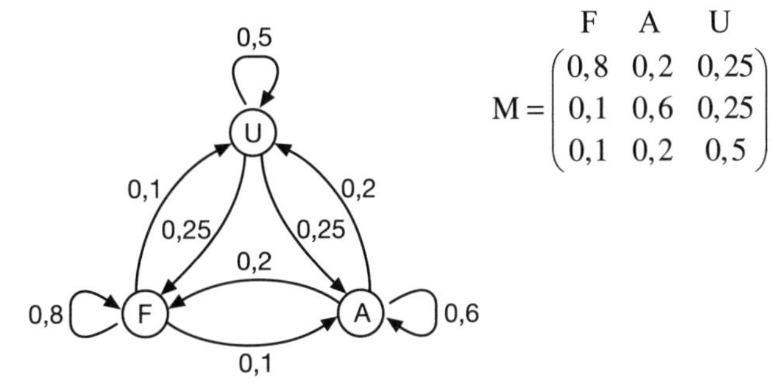

$$M = \begin{pmatrix} 0,8 & 0,2 & 0,25 \\ 0,1 & 0,6 & 0,25 \\ 0,1 & 0,2 & 0,5 \end{pmatrix} \quad (\text{Spalten: F, A, U})$$

$$M^2 = \begin{pmatrix} 0,685 & 0,330 & 0,375 \\ 0,165 & 0,430 & 0,300 \\ 0,150 & 0,240 & 0,325 \end{pmatrix} \quad M^3 = \begin{pmatrix} 0,6185 & 0,4100 & 0,4413 \\ 0,2050 & 0,3510 & 0,2988 \\ 0,1765 & 0,2390 & 0,2600 \end{pmatrix}$$

$$M^4 = \begin{pmatrix} 0,57993 & 0,45795 & 0,47775 \\ 0,22898 & 0,31135 & 0,28838 \\ 0,19110 & 0,23070 & 0,23388 \end{pmatrix}$$

b) Startvektor $\overrightarrow{p_0} = \begin{pmatrix} 0 \\ 1 \\ 0 \end{pmatrix}$, $\overrightarrow{p_2} = \begin{pmatrix} 0,33 \\ 0,43 \\ 0,24 \end{pmatrix}$ (Enkel), $\overrightarrow{p_4} = \begin{pmatrix} 0,410 \\ 0,351 \\ 0,239 \end{pmatrix}$ (Urenkel),

$\overrightarrow{p_5} = \begin{pmatrix} 0,458 \\ 0,311 \\ 0,231 \end{pmatrix}$ (Ururenkel)

c)

	F	A	U
1. Generation	0,395	0,345	0,260
2. Generation	0,450	0,312	0,239
3. Generation	0,482	0,292	0,227
4. Generation	0,500	0,280	0,220
5. Generation	0,511	0,273	0,216
10. Generation	0,525	0,264	0,211

334

10. a)

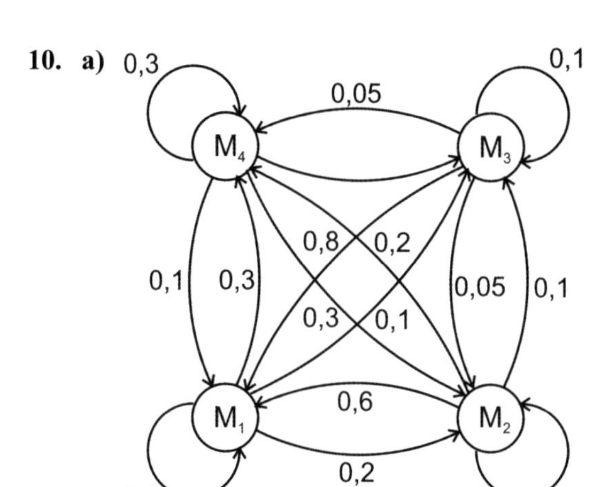

b) Anfangsvektor

$$\vec{a} = M^{-1} \cdot \vec{z} = \begin{pmatrix} 0,75 & 15,75 & -11,75 & -4,25 \\ -0,75 & -25,75 & 11,75 & 14,25 \\ 1,5 & 11,5 & -3,5 & -8,5 \\ -0,5 & -0,5 & 4,5 & -0,5 \end{pmatrix} \cdot \begin{pmatrix} 0,53 \\ 0,14 \\ 0,12 \\ 0,21 \end{pmatrix} = \begin{pmatrix} 0,3 \\ 0,4 \\ 0,2 \\ 0,1 \end{pmatrix}$$

c) Entwicklung nach 2 Jahren:

$$M^2 \cdot \vec{a} = \begin{pmatrix} 0,39 & 0,4 & 0,435 & 0,49 \\ 0,195 & 0,195 & 0,185 & 0,155 \\ 0,16 & 0,14 & 0,11 & 0,16 \\ 0,255 & 0,265 & 0,27 & 0,195 \end{pmatrix} \cdot \begin{pmatrix} 0,3 \\ 0,4 \\ 0,2 \\ 0,1 \end{pmatrix} = \begin{pmatrix} 0,413 \\ 0,189 \\ 0,142 \\ 0,256 \end{pmatrix}$$

Entwicklung nach fünf Jahren:

$$M^5 \cdot \vec{a} = \begin{pmatrix} 0,422665 & 0,423295 & 0,42425 & 0,422505 \\ 0,18387 & 0,18365 & 0,1833 & 0,18383 \\ 0,14881 & 0,14863 & 0,14846 & 0,14945 \\ 0,244655 & 0,244425 & 0,24399 & 0,244215 \end{pmatrix} \cdot \begin{pmatrix} 0,3 \\ 0,4 \\ 0,2 \\ 0,1 \end{pmatrix}$$

$$= \begin{pmatrix} 0,423218 \\ 0,183664 \\ 0,148732 \\ 0,244386 \end{pmatrix}$$

334

11. a)

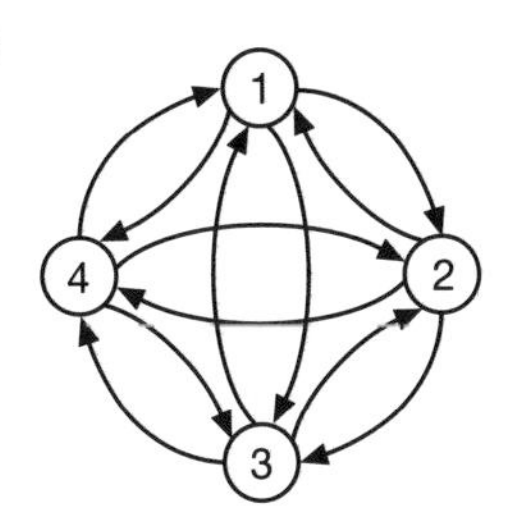

$$M = \begin{pmatrix} 0 & \frac{1}{3} & \frac{1}{3} & \frac{1}{3} \\ \frac{1}{3} & 0 & \frac{1}{3} & \frac{1}{3} \\ \frac{1}{3} & \frac{1}{3} & 0 & \frac{1}{3} \\ \frac{1}{3} & \frac{1}{3} & \frac{1}{3} & 0 \end{pmatrix}; \quad M^2 = \begin{pmatrix} \frac{3}{9} & \frac{2}{9} & \frac{2}{9} & \frac{2}{9} \\ \frac{2}{9} & \frac{3}{9} & \frac{2}{9} & \frac{2}{9} \\ \frac{2}{9} & \frac{2}{9} & \frac{3}{9} & \frac{2}{9} \\ \frac{2}{9} & \frac{2}{9} & \frac{2}{9} & \frac{3}{9} \end{pmatrix}$$

$$M^4 \approx \begin{pmatrix} 0,2592 \\ 0,2469 \\ 0,2469 \\ 0,2469 \end{pmatrix}; \quad M^8 \approx \begin{pmatrix} 0,2501 \\ 0,2499 \\ 0,2499 \\ 0,2499 \end{pmatrix}$$

b) $$M = \begin{pmatrix} 0 & \frac{2}{5} & \frac{2}{5} & \frac{1}{3} \\ \frac{2}{5} & 0 & \frac{2}{5} & \frac{1}{3} \\ \frac{2}{5} & \frac{2}{5} & 0 & \frac{1}{3} \\ \frac{1}{5} & \frac{1}{5} & \frac{1}{5} & 0 \end{pmatrix}; \quad M^2 = \begin{pmatrix} 0,38\overline{6} & 0,22\overline{6} & 0,22\overline{6} & 0,2\overline{6} \\ 0,22\overline{6} & 0,38\overline{6} & 0,22\overline{6} & 0,2\overline{6} \\ 0,22\overline{6} & 0,22\overline{6} & 0,38\overline{6} & 0,2\overline{6} \\ 0,16 & 0,16 & 0,16 & 0,2 \end{pmatrix}$$

$$M^4 \approx \begin{pmatrix} 0,294 & 0,269 & 0,269 & 0,277\overline{3} \\ 0,269 & 0,294 & 0,269 & 0,277\overline{3} \\ 0,269 & 0,269 & 0,294 & 0,277\overline{3} \\ 0,1664 & 0,1664 & 0,1664 & 0,168 \end{pmatrix}$$

$$M^8 \approx \begin{pmatrix} 0,278 & 0,277 & 0,277 & 0,277 \\ 0,277 & 0,278 & 0,277 & 0,277 \\ 0,277 & 0,277 & 0,278 & 0,277 \\ 0,166 & 0,166 & 0,166 & 0,166 \end{pmatrix} \rightarrow M^\infty = \begin{pmatrix} \frac{5}{18} & \frac{5}{18} & \frac{5}{18} & \frac{5}{18} \\ \frac{5}{18} & \frac{5}{18} & \frac{5}{18} & \frac{5}{18} \\ \frac{5}{18} & \frac{5}{18} & \frac{5}{18} & \frac{5}{18} \\ \frac{1}{6} & \frac{1}{6} & \frac{1}{6} & \frac{1}{6} \end{pmatrix}$$

5.6.2 Fixvektor – Grenzmatrix

337

2. $$M^{30} \cdot \vec{a} = \begin{pmatrix} 0,228697 & 0,228606 & 0,228518 \\ 0,142857 & 0,142859 & 0,142857 \\ 0,628447 & 0,628535 & 0,628625 \end{pmatrix} \cdot \begin{pmatrix} 0,3 \\ 0,6 \\ 0,1 \end{pmatrix} = \begin{pmatrix} 0,228624 \\ 0,142858 \\ 0,628517 \end{pmatrix}$$

Die Anteile für Modi, A-Kauf bzw. Centy konvergieren gegen 22,9 %; 14,3 % bzw. 62,9 %.

3. $$M = \begin{pmatrix} 0,8 & 0,6 \\ 0,2 & 0,4 \end{pmatrix}, \quad M^2 = \begin{pmatrix} 0,76 & 0,72 \\ 0,24 & 0,28 \end{pmatrix}$$

$$M^4 = \begin{pmatrix} 0,7504 & 0,7488 \\ 0,2496 & 0,2512 \end{pmatrix}; \quad M^8 = \begin{pmatrix} 0,75000064 & 0,74999808 \\ 0,24999936 & 0,25000192 \end{pmatrix}$$

337

4. a) $\begin{pmatrix} 0{,}1356 \\ 0{,}6441 \\ 0{,}2203 \end{pmatrix}$

b) alle Vektoren der Form $\begin{pmatrix} a \\ a \\ 1-2a \end{pmatrix}$

c) alle Vektoren

d) $\begin{pmatrix} 0{,}\overline{27} \\ 0{,}\overline{72} \end{pmatrix}$

e) $\begin{pmatrix} 0{,}1\overline{6} \\ 0{,}8\overline{3} \end{pmatrix}$

f) $\begin{pmatrix} 0{,}\overline{148} \\ 0{,}\overline{4} \\ 0{,}\overline{259} \\ 0{,}\overline{148} \end{pmatrix}$

5. a) $\overrightarrow{p_1} = \begin{pmatrix} 0{,}12 \\ 0{,}47 \\ 0{,}41 \end{pmatrix}$, $\overrightarrow{p_2} = \begin{pmatrix} 0{,}171 \\ 0{,}283 \\ 0{,}546 \end{pmatrix}$, $\overrightarrow{p_3} = \begin{pmatrix} 0{,}2322 \\ 0{,}2099 \\ 0{,}5579 \end{pmatrix}$, $\overrightarrow{p_4} = \begin{pmatrix} 0{,}26025 \\ 0{,}19783 \\ 0{,}54192 \end{pmatrix}$,

$\overrightarrow{p_F} = \begin{pmatrix} 0{,}26316 \\ 0{,}21053 \\ 0{,}52632 \end{pmatrix}$

b) $\overrightarrow{p_1} = \begin{pmatrix} 0{,}\overline{3} \\ 0{,}1\overline{6} \\ 0{,}5 \end{pmatrix}$, $\overrightarrow{p_2} = \begin{pmatrix} 0{,}36\overline{1} \\ 0{,}2\overline{7} \\ 0{,}36\overline{1} \end{pmatrix}$, $\overrightarrow{p_3} = \begin{pmatrix} 0{,}347\overline{2} \\ 0{,}319\overline{4} \\ 0{,}\overline{3} \end{pmatrix}$, $\overrightarrow{p_4} = \begin{pmatrix} 0{,}33796 \\ 0{,}33102 \\ 0{,}33102 \end{pmatrix}$,

$\overrightarrow{p_F} = \begin{pmatrix} 0{,}\overline{3} \\ 0{,}\overline{3} \\ 0{,}\overline{3} \end{pmatrix}$

c) $\overrightarrow{p_1} = \begin{pmatrix} 0{,}\overline{3} \\ 0{,}3541\overline{6} \\ 0{,}3125 \end{pmatrix}$, $\overrightarrow{p_2} = \begin{pmatrix} 0{,}33507 \\ 0{,}32986 \\ 0{,}33507 \end{pmatrix}$, $\overrightarrow{p_3} = \begin{pmatrix} 0{,}33290 \\ 0{,}33377 \\ 0{,}33333 \end{pmatrix}$, $\overrightarrow{p_4} = \begin{pmatrix} 0{,}33341 \\ 0{,}33330 \\ 0{,}33330 \end{pmatrix}$,

$\overrightarrow{p_F} = \begin{pmatrix} 0{,}\overline{3} \\ 0{,}\overline{3} \\ 0{,}\overline{3} \end{pmatrix}$

d) $M = \begin{pmatrix} 0{,}3 & 0{,}2 & 0{,}5 \\ 0{,}5 & 0{,}8 & 0{,}5 \\ 0{,}2 & 0 & 0 \end{pmatrix}$, $\overrightarrow{p_0} = \begin{pmatrix} 0 \\ 0 \\ 1 \end{pmatrix}$,

$\overrightarrow{p_1} = \begin{pmatrix} 0{,}5 \\ 0{,}5 \\ 0 \end{pmatrix}$, $\overrightarrow{p_2} = \begin{pmatrix} 0{,}25 \\ 0{,}65 \\ 0{,}10 \end{pmatrix}$, $\overrightarrow{p_3} = \begin{pmatrix} 0{,}255 \\ 0{,}695 \\ 0{,}050 \end{pmatrix}$, $\overrightarrow{p_4} = \begin{pmatrix} 0{,}2405 \\ 0{,}7085 \\ 0{,}0510 \end{pmatrix}$,

$\overrightarrow{p_F} = \begin{pmatrix} 0{,}2381 \\ 0{,}7143 \\ 0{,}0476 \end{pmatrix}$

337

5. e) $M = \begin{pmatrix} 0{,}8 & 0 & 0{,}2 \\ 0{,}2 & 0{,}8 & 0 \\ 0 & 0{,}2 & 0{,}8 \end{pmatrix}$, $\overrightarrow{p_0} = \begin{pmatrix} 0 \\ 1 \\ 0 \end{pmatrix}$,

$$\overrightarrow{p_1} = \begin{pmatrix} 0 \\ 0{,}8 \\ 0{,}2 \end{pmatrix}, \overrightarrow{p_2} = \begin{pmatrix} 0{,}04 \\ 0{,}64 \\ 0{,}32 \end{pmatrix}, \overrightarrow{p_3} = \begin{pmatrix} 0{,}096 \\ 0{,}520 \\ 0{,}384 \end{pmatrix}, \overrightarrow{p_4} = \begin{pmatrix} 0{,}1536 \\ 0{,}4352 \\ 0{,}4112 \end{pmatrix}, \overrightarrow{p_F} = \begin{pmatrix} 0{,}\overline{3} \\ 0{,}\overline{3} \\ 0{,}\overline{3} \end{pmatrix}$$

6. Zustände: A: 0 Zigaretten; B: 10 Zigaretten; C: 20 Zigaretten

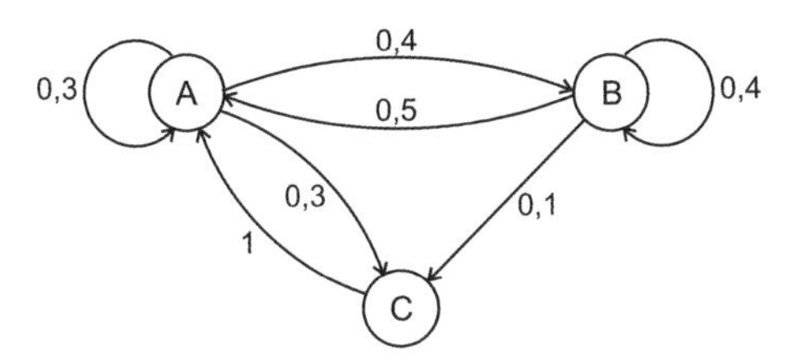

Berechne für einen beliebigen Startvektor $\vec{p}$ das Produkt $M^k \cdot \vec{p}$ für

$k = 0; 1; \ldots$ mit $M = \begin{pmatrix} 0{,}3 & 0{,}5 & 1 \\ 0{,}4 & 0{,}4 & 0 \\ 0{,}3 & 0{,}1 & 0 \end{pmatrix}$, dann ergibt sich auf lange Sicht,

d. h. k hinreichend groß (hier k etwa 20)

$$M^k \cdot \vec{p} = \begin{pmatrix} 0{,}00491803p_1 + 0{,}00491803p_2 + 0{,}00491803p_3 \\ 0{,}00327869p_1 + 0{,}00327869p_2 + 0{,}00327869p_3 \\ 0{,}00180328p_1 + 0{,}00180328p_2 + 0{,}00180328p_3 \end{pmatrix}$$

$$= \begin{pmatrix} 0{,}00491803 \\ 0{,}00327869 \\ 0{,}00180328 \end{pmatrix}$$

d. h. im Mittel beträgt der Zigarettenkonsum etwa
$0{,}492 \cdot 0 + 0{,}328 \cdot 10 + 0{,}180 \cdot 20 = 6{,}88$ Zigaretten pro Tag.
Der Konsum wurde also gesenkt.

338

7. a)

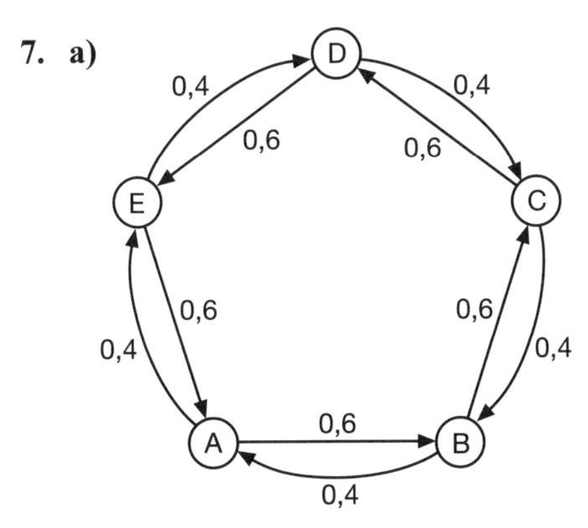

$$M = \begin{pmatrix} 0 & 0{,}4 & 0 & 0 & 0{,}6 \\ 0{,}6 & 0 & 0{,}4 & 0 & 0 \\ 0 & 0{,}6 & 0 & 0{,}4 & 0 \\ 0 & 0 & 0{,}6 & 0 & 0{,}4 \\ 0{,}4 & 0 & 0 & 0{,}6 & 0 \end{pmatrix}$$

Auf lange Sicht wird sie an jeder Stelle jeweils ca. $\frac{1}{5}$ ihres Futters aufnehmen; dabei spielt der Startpunkt keine Rolle.

338 **7. b)**

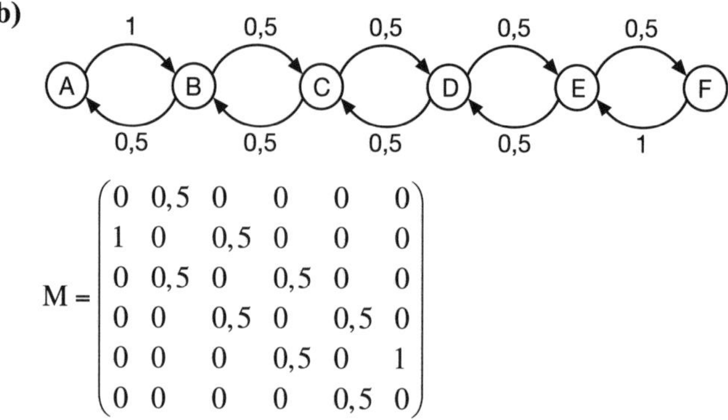

$$M = \begin{pmatrix} 0 & 0,5 & 0 & 0 & 0 & 0 \\ 1 & 0 & 0,5 & 0 & 0 & 0 \\ 0 & 0,5 & 0 & 0,5 & 0 & 0 \\ 0 & 0 & 0,5 & 0 & 0,5 & 0 \\ 0 & 0 & 0 & 0,5 & 0 & 1 \\ 0 & 0 & 0 & 0 & 0,5 & 0 \end{pmatrix}$$

Betrachtet man Matrixpotenzen der Übergangsmatrix M, dann stellt man fest: Für große n gilt

$$M^n = \begin{pmatrix} 0,2 & 0 & 0,2 & 0 & 0,2 & 0 \\ 0 & 0,4 & 0 & 0,4 & 0 & 0,4 \\ 0,4 & 0 & 0,4 & 0 & 0,4 & 0 \\ 0 & 0,4 & 0 & 0,4 & 0 & 0,4 \\ 0,4 & 0 & 0,4 & 0 & 0,4 & 0 \\ 0 & 0,2 & 0 & 0,2 & 0 & 0,2 \end{pmatrix} \text{ für n gerade und}$$

$$M^n = \begin{pmatrix} 0 & 0,2 & 0 & 0,2 & 0 & 0,2 \\ 0,4 & 0 & 0,4 & 0 & 0,4 & 0 \\ 0 & 0,4 & 0 & 0,4 & 0 & 0,4 \\ 0,4 & 0 & 0,4 & 0 & 0,4 & 0 \\ 0 & 0,4 & 0 & 0,4 & 0 & 0,4 \\ 0,2 & 0 & 0,2 & 0 & 0,2 & 0 \end{pmatrix} \text{ für n ungerade}$$

Es existiert also keine Grenzmatrix wie in den anderen Beispielen, was ja auch einleuchtet, wenn man bedenkt, dass es Übergänge gibt, die mit Wahrscheinlichkeit 1 eintreten. Es spielt also eine Rolle, wo die Maus startet. Beginnt die Maus beispielsweise bei A, dann ist sie auf lange Sicht mit einer Wahrscheinlichkeit von 20 % wieder in A, 40 % in C und 40 % in E, wenn die Anzahl der Schritte gerade ist, und mit einer Wahrscheinlichkeit von 40 % in B, 40 % in D und 20 % in F, sofern die Anzahl der Schritte ungerade ist. Fasst man diese beiden Beobachtungen zusammen und setzt voraus, dass die Anzahl der Schritte, welche die Maus beim Futteraufnehmen absolviert gleichermaßen gerade oder ungerade ist, dann kann man sagen, dass die Maus auf lange Sicht in je 10 % der Fälle ihr Futter in A und in F aufnimmt und in je 20 % der Fälle in B, C, D und E.

8.a) Die Wahrscheinlichkeit, dass von 3 Maschinen

3 ausfallen ist	p^3	Binomialverteilung für 3-stufigen Bernoulli-Versuch
2 ausfallen ist	$3p^2(1-p)$	
1 ausfällt ist	$3p(1-p)^2$	
0 ausfallen ist	$(1-p)^3$	

Wenn das System im Zustand 2 ist (d. h. 2 Maschinen in Ordnung sind), wird bis zum nächsten Kontrollzeitpunkt die eine defekte Maschine repariert. Wenn dann 2 Maschinen ausfallen (Wahrscheinlichkeit p^2), reduziert sich das System auf 1 funktionierende Maschine. Wenn 1 Maschine ausfällt (Wahrscheinlichkeit 2p (1 – p)), bleibt die Anzahl der funktionierenden Maschinen gleich. Wenn keine ausfällt (Wahrscheinlichkeit $(1-p)^2$), dann erhöht sich die Anzahl wieder auf 3 funktionierende Maschinen. Entsprechend erhöht sich die Anzahl der funktionierenden Maschinen von 1 auf 2, wenn die eine funktionierende Maschine nicht ausfällt (Wahrscheinlichkeit 1 – p), sie bleibt bei 1, wenn die eine Maschine ebenfalls ausfällt.

338

8. b) $$M = \begin{pmatrix} 0 & 0 & 0 & p^3 \\ 1 & p & p^2 & 3p^2(1-p) \\ 0 & 1-p & 2p(1-p) & 3p(1-p)^2 \\ 0 & 0 & (1-p)^2 & (1-p)^3 \end{pmatrix}$$

p =0,1

M =

0	0	0	0,001
1	0,1	0,01	0,027
0	0,9	0,18	0,243
0	0	0,81	0,729

M^2 =

0,0000	0,0000	0,0008	0,0007
0,1000	0,0190	0,0247	0,0258
0,9000	0,2520	0,2382	0,2452
0,0000	0,7290	0,7363	0,7283

M^4 =

0,00072900	0,00073556	0,00072972	0,00072951
0,02410300	0,02539552	0,02543272	0,02541097
0,23960700	0,24356328	0,24422811	0,24413446
0,73556100	0,73030564	0,72960945	0,72972506

p =0,2

M =

0	0	0	0,008
1	0,2	0,04	0,096
0	0,8	0,32	0,384
0	0	0,64	0,512

M^2 =

0,0000	0,0000	0,0051	0,0041
0,2000	0,0720	0,0822	0,0917
0,8000	0,4160	0,3802	0,3963
0,0000	0,5120	0,5325	0,5079

M^4 =

0,00409600	0,00422707	0,00412746	0,00410937
0,08019200	0,08635238	0,08704444	0,08659408
0,38732800	0,39099802	0,39384490	0,39335810
0,52838400	0,51842253	0,51498320	0,51593845

338

8. b) p =0,05

M =

0	0	0	0,000125
1	0,05	0,0025	0,007125
0	0,95	0,095	0,135375
0	0	0,9025	0,857375

M² =

0,0000	0,0000	0,0001	0,0001
0,0500	0,0049	0,0068	0,0069
0,9500	0,1378	0,1336	0,1357
0,0000	0,8574	0,8595	0,8573

M^4 =

0,00010717	0,00010743	0,00010719	0,00010718
0,00669692	0,00689978	0,00690127	0,00690046
0,13378464	0,13541442	0,13551907	0,13551026
0,85941127	0,85757837	0,85747247	0,85748210

c) p = 0,1: Mittelwert 2,70
p = 0,2: Mittelwert 2,42
p = 0,05: Mittelwert 2,85

9. a)

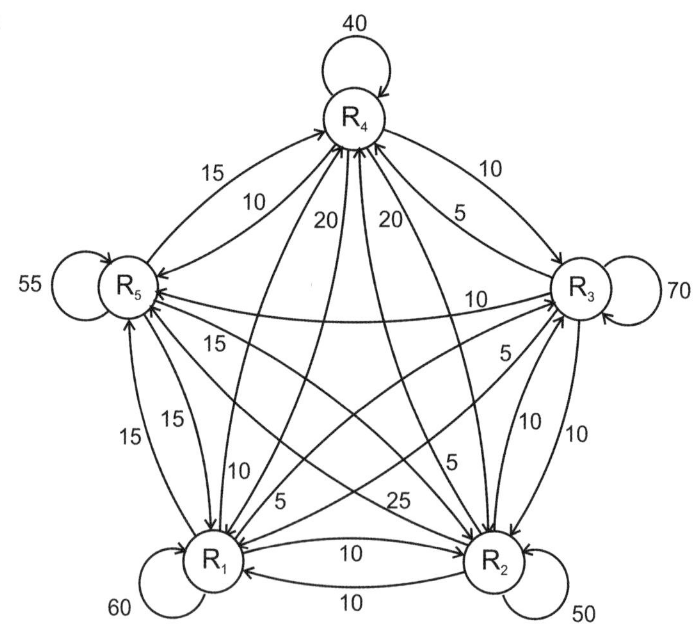

338

9. a) Fortsetzung

Entwicklung nach einem Jahr:

$$M \cdot \vec{a} = \begin{pmatrix} 0,6 & 0,1 & 0,05 & 0,2 & 0,15 \\ 0,1 & 0,5 & 0,1 & 0,2 & 0,15 \\ 0,05 & 0,1 & 0,7 & 0,1 & 0 \\ 0,1 & 0,05 & 0,05 & 0,4 & 0,15 \\ 0,15 & 0,25 & 0,1 & 0,1 & 0,55 \end{pmatrix} \cdot \begin{pmatrix} 2500 \\ 3600 \\ 1700 \\ 2100 \\ 2400 \end{pmatrix} = \begin{pmatrix} 2725 \\ 3000 \\ 1885 \\ 1715 \\ 2975 \end{pmatrix}$$

Entwicklung nach zwei Jahren:

$$M^2 \cdot \vec{a} = \begin{pmatrix} 0,415 & 0,1625 & 0,1 & 0,24 & 0,2175 \\ 0,1575 & 0,3175 & 0,15 & 0,225 & 0,2025 \\ 0,085 & 0,13 & 0,5075 & 0,14 & 0,0375 \\ 0,13 & 0,0975 & 0,08 & 0,21 & 0,165 \\ 0,2125 & 0,2925 & 0,1625 & 0,185 & 0,3775 \end{pmatrix} \cdot \begin{pmatrix} 2500 \\ 3600 \\ 1700 \\ 2100 \\ 2400 \end{pmatrix}$$

$$= \begin{pmatrix} 2818,5 \\ 2750,25 \\ 1927,25 \\ 1649 \\ 3155 \end{pmatrix}$$

Entwicklung nach drei Jahren:

$$M^3 \cdot \vec{a} = \begin{pmatrix} 0,3269 & 0,1991 & 0,1408 & 0,2433 & 0,2423 \\ 0,1866 & 0,2514 & 0,1761 & 0,2203 & 0,2164 \\ 0,109 & 0,1406 & 0,3833 & 0,1535 & 0,0739 \\ 0,1375 & 0,1215 & 0,0993 & 0,154 & 0,1564 \\ 0,24 & 0,2874 & 0,2006 & 0,229 & 0,3111 \end{pmatrix} \cdot \begin{pmatrix} 2500 \\ 3600 \\ 1700 \\ 2100 \\ 2400 \end{pmatrix}$$

$$= \begin{pmatrix} 2865,54 \\ 2652,75 \\ 1929,93 \\ 1648,58 \\ 3203,21 \end{pmatrix}$$

Entwicklung nach vier Jahren:

$$M^4 \cdot \vec{a} = \begin{pmatrix} 0,2837 & 0,2191 & 0,1712 & 0,2408 & 0,2486 \\ 0,2004 & 0,2271 & 0,1904 & 0,2150 & 0,2177 \\ 0,1251 & 0,1457 & 0,3029 & 0,1570 & 0,1011 \\ 0,1385 & 0,1312 & 0,1118 & 0,1390 & 0,1480 \\ 0,2523 & 0,2770 & 0,2237 & 0,2483 & 0,2846 \end{pmatrix} \cdot \begin{pmatrix} 2500 \\ 3600 \\ 1700 \\ 2100 \\ 2400 \end{pmatrix}$$

$$= \begin{pmatrix} 2891,29 \\ 2616,12 \\ 1924,36 \\ 1655,6 \\ 3212,64 \end{pmatrix}$$

338

9. b) Berechne $M^k \cdot \vec{a}$ für k = 0; 1; …, dann ergibt sich auf lange Sicht, d. h. k hinreichend groß (hier k etwa 30)

$$M^k \cdot \vec{a} = \begin{pmatrix} 0,237662 & 0,237662 & 0,237661 & 0,237661 & 0,237662 \\ 0,210972 & 0,210972 & 0,210972 & 0,210972 & 0,210972 \\ 0,155052 & 0,155052 & 0,155054 & 0,155052 & 0,155051 \\ 0,135353 & 0,135353 & 0,135352 & 0,135353 & 0,135353 \\ 0,260962 & 0,260962 & 0,260961 & 0,260962 & 0,260962 \end{pmatrix}$$

$$= \begin{pmatrix} 2923,24 \\ 2594,96 \\ 1907,14 \\ 1664,84 \\ 3209,83 \end{pmatrix}$$

Bestand vor 2 Jahren: Gesucht ist $\vec{x}$ mit $M^2 \cdot \vec{x} = \vec{a} \Leftrightarrow \vec{x} = \left(M^2\right)^{-1} \cdot \vec{a}$

$$\left(M^2\right)^{-1} \cdot \vec{a} = \begin{pmatrix} 3,9404 & -0,5856 & 0,0892 & -3,5845 & -0,3983 \\ -0,0924 & 5,7072 & -0,6398 & -4,8598 & -0,8205 \\ -0,2113 & -1,4957 & 2,2371 & -0,4320 & 0,8907 \\ -1,1397 & 1,6134 & -0,3315 & 7,6619 & -3,5248 \\ -1,4970 & -4,2393 & -0,3550 & 2,2145 & 4,8530 \end{pmatrix} \cdot \begin{pmatrix} 2500 \\ 3600 \\ 1700 \\ 2100 \\ 2400 \end{pmatrix}$$

$$= \begin{pmatrix} -588,79 \\ 7052,2 \\ -879,33 \\ 10026,1 \\ -3310,15 \end{pmatrix}$$

Der Vektor enthält negative Komponenten, d. h. das Wanderungsverhalten muss sich in den letzten 2 Jahren verändert haben.

c) Modifizierte Übergangsmatrix:

$$M = \begin{pmatrix} 0,4 & 0,1 & 0,05 & 0,2 & 0,15 \\ 0,1 & 0,5 & 0,1 & 0,2 & 0,15 \\ 0,05 & 0,1 & 0,8 & 0,1 & 0 \\ 0,1 & 0,05 & 0,05 & 0,4 & 0,15 \\ 0,15 & 0,25 & 0,1 & 0,1 & 0,35 \end{pmatrix}$$

338

9. c) Fortsetzung
Veränderung der Population in den Regionen:

k	R_1	R_2	R_3	R_4	R_5	gesamt
0	2500	3600	1700	2100	2400	12 300
5	1577,31	2072,61	2287,87	1218,84	1872,01	9028,63
10	1182,26	1570,71	1941,79	919,74	1422,26	7036,76
15	927,26	1234,94	1558,13	722,30	1118,72	5561,35
20	733,70	977,60	1238,05	571,67	885,67	4406,69
25	581,50	774,86	981,97	453,09	702,01	3493,43
30	461	614,31	778,60	359,21	556,55	2769,68
35	365,50	487,05	617,31	284,73	441,25	2195,91
40	289,78	386,15	489,43	225,80	349,84	1741
45	229,75	306,16	388,04	179,02	277,37	1380,34
50	182,16	242,73	307,66	141,93	219,91	1094,39

Bei unverändertem Wanderverhalten stirbt die Population in den Regionen aus.

5.6.3 Populationsentwicklungen – Zyklische Prozesse

341

2. a) Übergangmatrix $M = \begin{pmatrix} 0 & 0,025 & 0 \\ 0,4 & 0 & 0 \\ 0 & 0,85 & 0 \end{pmatrix}$, Anfangsvektor $\vec{a} = \begin{pmatrix} 250 \\ 650 \\ 180 \end{pmatrix}$

k	Jungtiere	zeugungsfähige Tiere	Alttiere
0	250	650	180
1	1625	100	552,5
2	250	650	180
3	1625	100	552,5
4	250	650	180

Die Population wechselt aus dem Startzustand immer zwischen zwei Zuständen.

b)

k	Jungtiere	zeugungsfähige Tiere	Alttiere
0	340	800	500
1	2000	136	680
2	340	800	115,6
3	2000	136	680
4	340	800	115,6

Die Population wechselt aus dem Startzustand immer zwischen zwei Zuständen.

341

2. c) $M^2 = \begin{pmatrix} 1 & 0 & 0 \\ 0 & 1 & 0 \\ 0,34 & 0 & 0 \end{pmatrix}$; $M^3 = \begin{pmatrix} 0 & 2,5 & 0 \\ 0,4 & 0 & 0 \\ 0 & 0,85 & 0 \end{pmatrix}$; $M^4 = \begin{pmatrix} 1 & 0 & 0 \\ 0 & 1 & 0 \\ 0,34 & 0 & 0 \end{pmatrix}$;

$M^5 = \begin{pmatrix} 0 & 2,5 & 0 \\ 0,4 & 0 & 0 \\ 0 & 0,85 & 0 \end{pmatrix}$; $M^6 = \begin{pmatrix} 1 & 0 & 0 \\ 0 & 1 & 0 \\ 0,34 & 0 & 0 \end{pmatrix}$

Es gilt $M^2 = M^{2n}$, $n \in \mathbb{N}$.

Daher folgt $M^{2n}\vec{a} = M^2\vec{a}$ für alle $n \in \mathbb{N}$.

342

3. a)

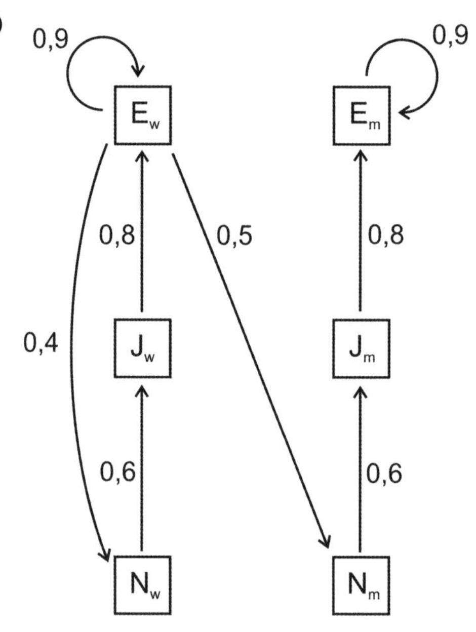

Überlebensrate: Anteil der Überlebenden pro Zyklus. Von den Erwachsenen überleben jeweils 90 %.
Geburtenraten: Anzahl der Geburten pro Zyklus und Weibchen. Jedes weibliche Erwachsene produziert 0,4 weibliche und 0,5 männliche Neugeborene.
Todesrate: Anteil der nicht Überlebenden pro Zyklus. Von den Erwachsenen sterben jeweils 10 %.

b) $M = \begin{pmatrix} 0,9 & 0 & 0,8 & 0 & 0 & 0 \\ 0 & 0,9 & 0 & 0,8 & 0 & 0 \\ 0 & 0 & 0 & 0 & 0,6 & 0 \\ 0 & 0 & 0 & 0 & 0 & 0,6 \\ 0 & 0,5 & 0 & 0 & 0 & 0 \\ 0 & 0,4 & 0 & 0 & 0 & 0 \end{pmatrix}$; $\vec{a} = \begin{pmatrix} 15 \\ 15 \\ 8 \\ 8 \\ 0 \\ 0 \end{pmatrix}$

Nach k Zyklen existiert ein Bestand von $M^k \cdot \vec{a}$ Tieren. Der Bestand wächst exponentiell.

342

3. b) Fortsetzung

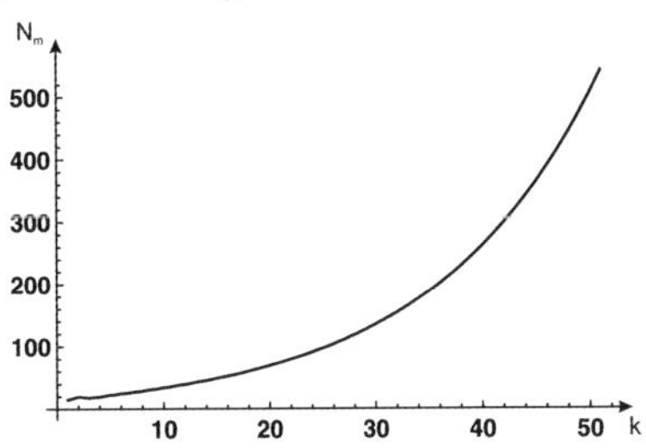

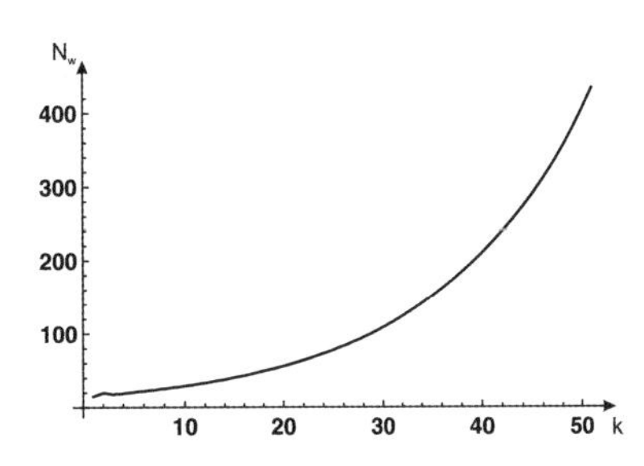

Probieren mit GTR liefert: Bei einer Abschussquote von ca. 9,1 %, d. h. einer Überlebensrate von 0,805 % bleibt die Population stabil.

c) Probieren mit dem GTR liefert: Falls die Dürre die Überlebensrate der weiblichen Erwachsenen dauerhaft auf 0,8 senkt, stirbt die Population langfristig aus.

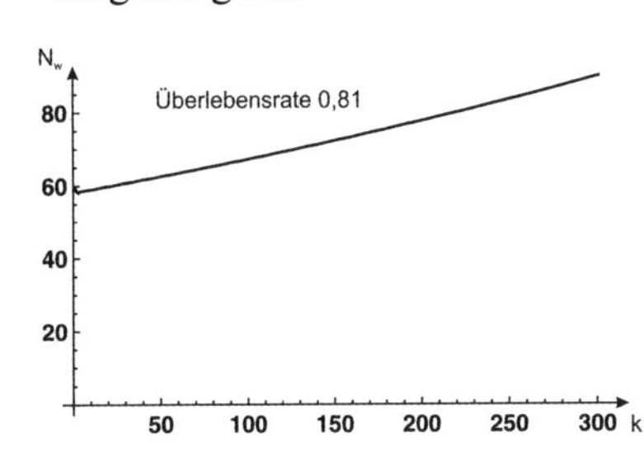

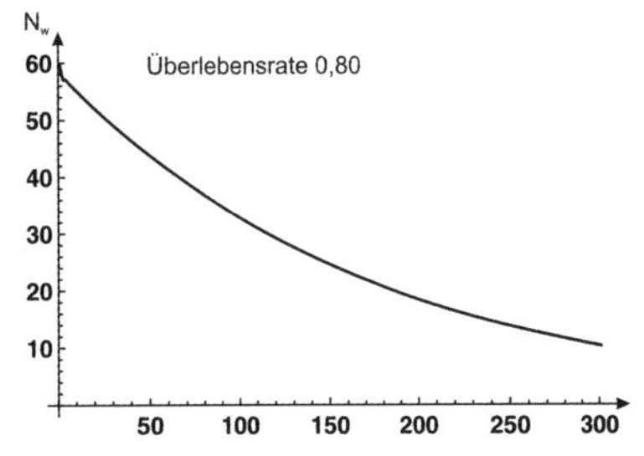

4. a) Unabhängig vom Anfangsvektor ergeben sich immer die gleichen zyklischen Muster, wobei die Population in jedem Zyklus zunimmt.

b) Beispiel: $M = \begin{pmatrix} 0 & 0 & 0{,}001 & 0{,}5 \\ 50 & 0 & 0 & 0 \\ 0 & 0{,}2 & 0 & 0 \\ 0 & 0 & 0{,}4 & 0 \end{pmatrix}$; Anfangsvektor $\vec{a}_0 = \begin{pmatrix} 800 \\ 200 \\ 200 \\ 100 \end{pmatrix}$

$\vec{a}_n$ beschreibt den Zustand nach n Jahren.

$\vec{a}_1 = \begin{pmatrix} 50 \\ 40000 \\ 40 \\ 80 \end{pmatrix}$; $\vec{a}_2 = \begin{pmatrix} 40 \\ 2510 \\ 8000 \\ 16 \end{pmatrix}$; $\vec{a}_3 = \begin{pmatrix} 16 \\ 2002 \\ 502 \\ 3200 \end{pmatrix}$; $\vec{a}_4 = \begin{pmatrix} 1600 \\ 800 \\ 400 \\ 200 \end{pmatrix}$;

$\vec{a}_5 = \begin{pmatrix} 100 \\ 80025 \\ 160 \\ 160 \end{pmatrix}$; $\vec{a}_6 = \begin{pmatrix} 80 \\ 5040 \\ 16005 \\ 64 \end{pmatrix}$; $\vec{a}_7 = \begin{pmatrix} 48 \\ 4012 \\ 1008 \\ 6402 \end{pmatrix}$; $\vec{a}_8 = \begin{pmatrix} 3202 \\ 2400 \\ 802 \\ 403 \end{pmatrix}$;

$\vec{a}_9 = \begin{pmatrix} 202 \\ 160100 \\ 480 \\ 320 \end{pmatrix}$; $\vec{a}_{10} = \begin{pmatrix} 160 \\ 10120 \\ 32020 \\ 192 \end{pmatrix}$; $\vec{a}_{11} = \begin{pmatrix} 128 \\ 8048 \\ 2024 \\ 12808 \end{pmatrix}$; $\vec{a}_{12} = \begin{pmatrix} 6406 \\ 6401 \\ 1609 \\ 809 \end{pmatrix}$

Auch hier kann man alle 4 Jahre so genannte Flugjahre feststellen.

342 4. c)

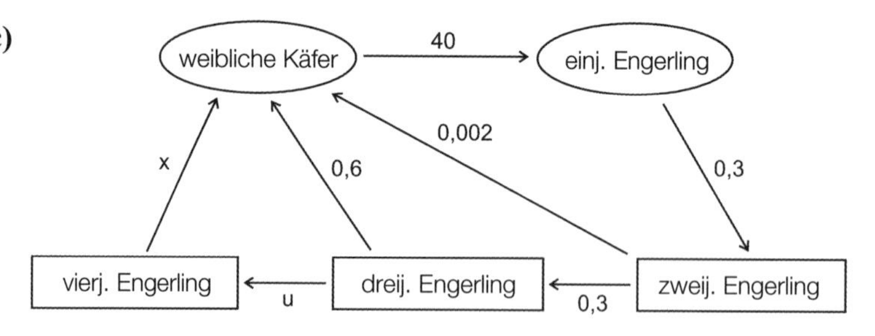

u sei der Anteil der dreij. Engerlinge, die zu vierj. Engerlingen werden. Von diesen verpuppt sich der Anteil x. Damit ergibt sich die folgende Übergangsmatrix:

$$M = \begin{pmatrix} 0 & 0 & 0{,}002 & 0{,}6 & x \\ 40 & 0 & 0 & 0 & 0 \\ 0 & 0{,}3 & 0 & 0 & 0 \\ 0 & 0 & 0{,}3 & 0 & 0 \\ 0 & 0 & 0 & u & 0 \end{pmatrix}$$

5.

Aus

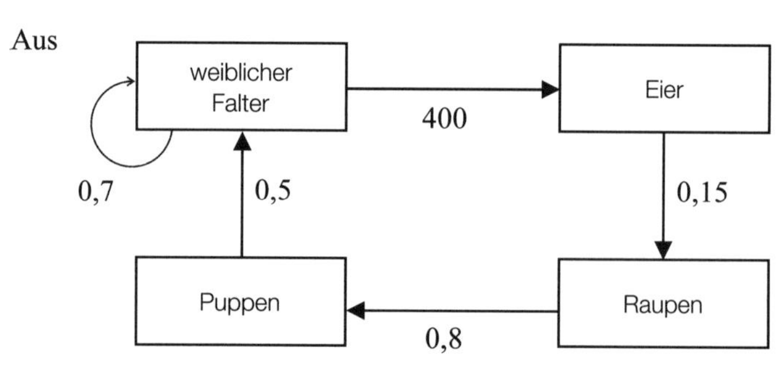

ergibt sich die Matrix M (Reihenfolge: weiblicher Falter, Ei, Raupe, Puppe) und der Anfangsvektor $\vec{a}$ wie folgt:

$$M = \begin{pmatrix} 0{,}7 & 0 & 0 & 0{,}5 \\ 400 & 0 & 0 & 0 \\ 0 & 0{,}15 & 0 & 0 \\ 0 & 0 & 0{,}8 & 0 \end{pmatrix}; \vec{a} = \begin{pmatrix} 0 \\ 0 \\ 50 \\ 0 \end{pmatrix}$$

Dies führt zu folgendem Bestand:

Phase	Zeit	Weibl. Falter	Eier	Raupe	Puppe
Start	0 Mon.	0	0	50	0
1	2 Mon.	0	0	0	40
2	4 Mon.	20	0	0	0
3	6 Mon.	14	8 000	0	0
4	8 Mon.	9,8 $\approx$ 10	5 600	1 200	0
5	10 Mon.	6,86 $\approx$ 7	3 920	840	960
6	12 Mon.	484,8 $\approx$ 485	2 744	588	672

Nach 5 Entwicklungsphasen sind erstmals alle Entwicklungsstadien vorhanden.

343

6. a)

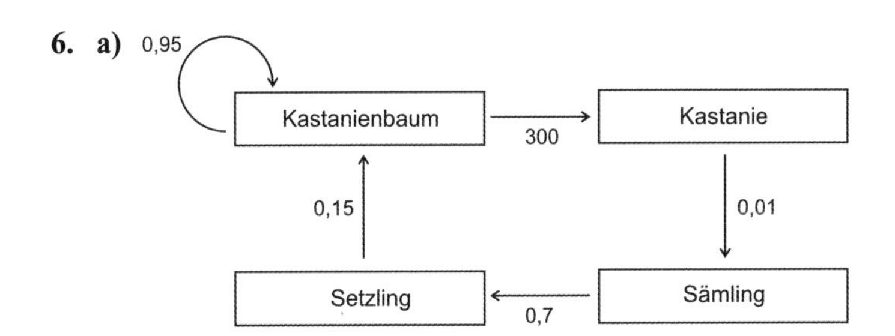

Reihenfolge: Kastanienbaum, Kastanie, Sämling, Setzling

$$M = \begin{pmatrix} 0{,}95 & 0 & 0 & 0{,}15 \\ 300 & 0 & 0 & 0 \\ 0 & 0{,}01 & 0 & 0 \\ 0 & 0 & 0{,}7 & 0 \end{pmatrix}; \ \vec{a} = \begin{pmatrix} 264 \\ 0 \\ 0 \\ 0 \end{pmatrix}$$

Zyklus	Kastanienbaum	Kastanie	Sämling	Setzling
1	250,8	79 200	0	0
2	238,2	75 240	792	0
3	226,3	71 478	752,4	554,4
4	298,2	67 904	714,8	526,7
5	362,3	89 457	679	500,3
6	419,2	108 685	894,6	475,3
7	469,6	125 766	1 086,9	626,2
8	540	140 867	1 257,7	760,8
9	627,1	162 003	1 408,7	880,4
10	727,8	188 139	1 620	986,1

b) Nach 6 Jahren.

7. a) $M^3 = M$ **b)** $M^4 = M$ **c)** $M^3 = M$

8. a) $M^3 = \begin{pmatrix} abc & 0 & 0 \\ 0 & abc & 0 \\ 0 & 0 & abc \end{pmatrix} = \begin{pmatrix} 1 & 0 & 0 \\ 0 & 1 & 0 \\ 0 & 0 & 1 \end{pmatrix}$, also $M^4 = M$.

b) Wegen $M^3 = a \cdot b \cdot c \cdot E$ folgt $M^{3k} = (a \cdot b \cdot c)^k \cdot E$.
Daher kann in beiden Fällen kein zyklischer Prozess eintreten.

343

9. 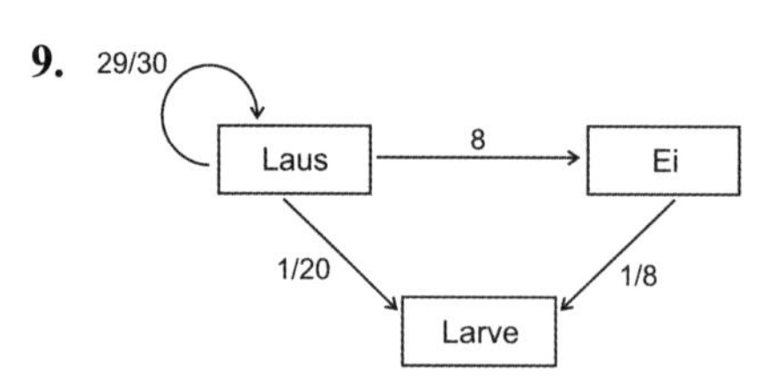

Reihenfolge: Laus, Ei, Larve

Übergangsmatrix: $M = \begin{pmatrix} \frac{29}{30} & 0 & \frac{1}{20} \\ 8 & 0 & 0 \\ 0 & \frac{1}{20} & 0 \end{pmatrix}$; Anfangsvektor $\vec{a} = \begin{pmatrix} 1000 \\ 1000 \\ 800 \end{pmatrix}$

Der Arzt hat recht, aber es dauert noch gut ein Jahr, bis die Läuse verschwunden sind.

Tage	Laus	Ei	Larve
50	526	4259	216
100	276	2235	113
150	145	1173	59
200	76	616	31
250	40	323	16
300	21	170	9
350	11	89	5
400	6	47	2

6 HÄUFIGKEITVERTEILUNGEN – BESCHREIBENDE STATISTIK

345

Die Kinder dieser Welt:
Anteil der unter 15 Jährigen an der Gesamtbevölkerung weltweit und nach Regionen unterteilt.

Erziehungsziele:
Auflistung der Erziehungsziele, aufsteigend sortiert nach prozentualer Zustimmung. Mehrfachnennungen möglich.

Kleiner Mann auf großer Fahrt:
Absolute Anzahl der Bundesbürger, die eine Hochsee-Kreuzfahrt gebucht haben und absolute Umsatzzahlen der Tourismusbranche in den Jahren von 1997 bis 2008, sowie der prozentuale Anteil der Ziele.

Mangelhaft:
Entwicklung der absoluten Anzahlen der Rückrufaktionen von 1998 bis 2008, sowie absolute Anzahl der stillgelegten Fahrzeuge in den Jahren 2006 bis 2008.

346 Lernfeld

Erheben, Darstellen und Auswerten von Daten

Viele leere Autos

1. In der Diskussion werden die Schülerinnen und Schüler möglicherweise Vermutungen aufstellen wie beispielsweise, dass in Stoßzeiten mehr Autos mit nur einer Person besetzt sind, die zur Arbeit fahren, morgens vielleicht weniger als abends, weil morgens eventuell Kinder zur Schule mitgenommen werden. Auf jeden Fall erscheint es notwendig, dass unterschiedliche Tageszeiten betrachtet werden. Auch ist es denkbar, dass Fahrzeuge in Hauptstraßen mit weniger Personen besetzt sind, weil Hauptstraßen eher von Fahrern benutzt werden, die längere Fahrten vorhaben.
   Bei der Festlegung des Umfangs der Erhebung muss man die zeitlichen Möglichkeiten der Schülerinnen und Schüler berücksichtigen und man sollte sich eher darauf beschränken, die Daten an *einem* Beobachtungsort zu *verschiedenen* Tageszeiten zu erheben oder an *verschiedenen* Orten zu einer *bestimmten* Beobachtungszeit.
   Die Vorgabe von Daten in der dritten Aufgabenstellung soll auf die Mittelwertbildung vorbereiten:
   $\overline{x} = \frac{297 \cdot 1 + 87 \cdot 2 + 15 \cdot 3 + 1 \cdot 4}{400} = \frac{297}{400} \cdot 1 + \frac{87}{400} \cdot 2 + \frac{15}{400} \cdot 3 + \frac{1}{400} \cdot 4 = \frac{520}{400} = 1{,}3$

346

1. Fortsetzung
   Als Modellierung für die letzte Aufgabenstellung kann die Option „Zufallsregen“ des Programms VuStatistik verwendet werden:
   Zunächst werden die 100 Fahrer auf die 100 Pkw verteilt, dann die 30 anderen Personen; Simulation eines 30-stufigen BERNOULLI-Versuchs mit
   $p = \frac{1}{100}$.
   Später ist dann die Berechnung möglich: $P(X = 0) \approx 0{,}740$;
   $P(X = 1) \approx 0{,}224$; $P(X = 2) \approx 0{,}033$, $P(X = 3) \approx 0{,}003$, d. h. im Sinne der Häufigkeitsinterpretation ca. in 74 Fahrzeugen sitzt nur der Fahrer, in 22 Pkw sitzen 2 Personen, in 3 Pkw sitzen 3 Personen.

... wie ein Ei dem anderen

2. Laut Wikipedia unterscheidet man bei Hühnereiern heute vier (früher acht) Gewichtsklassen:

Gewichtsklasse	Beschreibung	Gewicht
XL	Sehr groß	mindestens 73 g
L	Groß	63 g – 73 g
M	Mittel	53 g – 63 g
S	Klein	unter 53 g

   Außerdem gibt es noch unterschiedliche Güteklassen (A, B, C), wobei in der Regel nur Güteklasse A in den Verkauf kommt.
   Bei den Eiern aus den 10 Packungen handelte es sich (eigentlich) um Eier der Güteklasse A und Gewichtsklasse L, jedoch erfüllen nicht alle Eier die vorgegebenen Bedingungen. Auffallend ist, dass es nur wenige Eier gibt, deren Gewicht nahe zur oberen Grenze des Intervalls [63 g; 73 g[liegt. Daher liegt der Mittelwert des Gewichts der Eier am unteren Ende des Intervalls.

346

2. Fortsetzung

Der Mittelwert der 100 Eier der Stichprobe wird wie folgt gebildet:

$$\overline{x} = \frac{60 \cdot 1 + 61 \cdot 4 + 62 \cdot 15 + ... + 72 \cdot 1}{100} = \frac{1}{100} \cdot 60 + \frac{4}{100} \cdot 61 + \frac{15}{100} \cdot 62 + ... + \frac{1}{100} \cdot 72$$

$$= \frac{6488}{100} = 64{,}88$$

wobei es praktisch ist, die Berechnung mithilfe einer Tabelle vorzunehmen.

Gewicht in g	Anzahl	Produkt
60	1	60
61	4	244
62	15	930
63	14	882
64	19	1216
65	8	520
66	14	924
67	8	536
68	6	408
69	6	414
70	2	140
71	2	142
72	1	72
	Summe	6488

Grafische Darstellung:

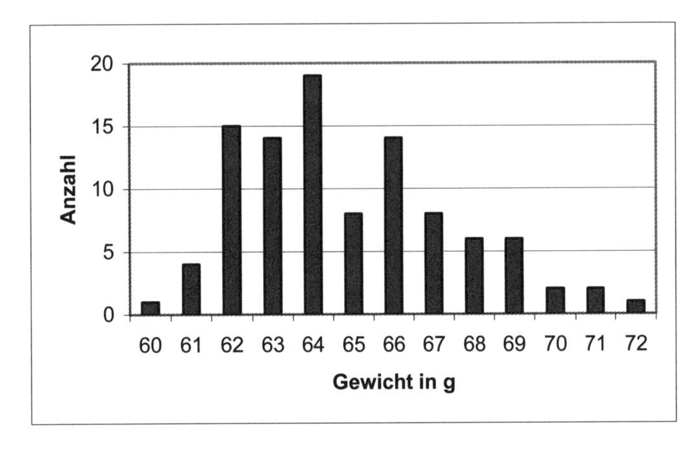

347 Gerecht verteilt?

3. In der Sprechblase für das 2. Zehntel der Bevölkerung steht eine Interpretationshilfe, die entsprechend für die anderen Zehntel gilt.
Da für jeweils ein Zehntel der Bevölkerung das durchschnittliche *Vermögen* angegeben ist, müssen die Beträge nur addiert und die Summe durch 10 geteilt werden:

$$\frac{(32238\ € + \ldots + 317072\ €)}{10} \approx 92\,675\ €$$

Das (laufende) Einkommen der Bevölkerung kann man durch Kumulieren der Anteile (von unten nach oben) wie folgt erfassen:

Anteil Bevölkerung	Anteil Einkommen
10 %	2,9 %
20 %	7,7 %
30 %	13,7 %
40 %	20,7 %
50 %	28,7 %
60 %	38,0 %
70 %	48,5 %
80 %	60,6 %
90 %	75,2 %
100 %	100,1 %

Diese Daten könnte man in Form eines Streckenzuges darstellen, um ungefähre (interpolierte) Zwischenwerte ablesen zu können:

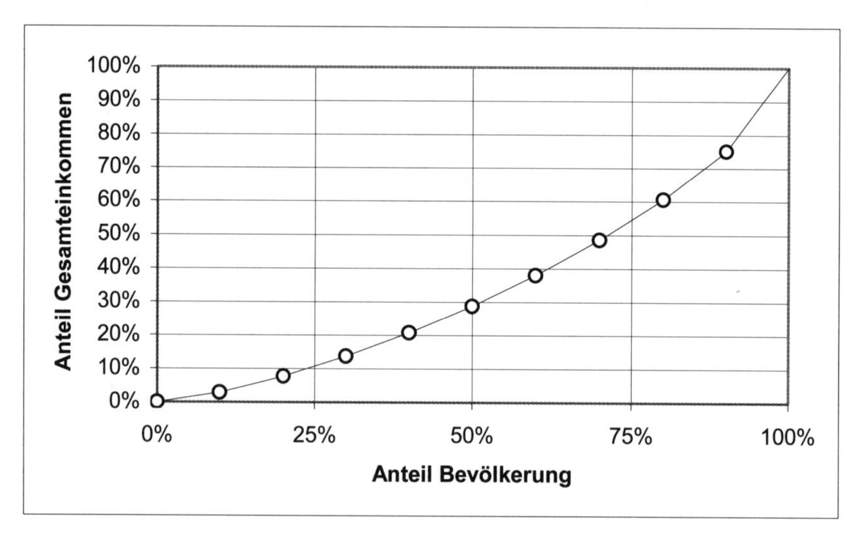

347

3. Fortsetzung
und beispielsweise in Worten wie folgt wiedergeben:
Eine Hälfte der Bevölkerung (nämlich die mit den geringeren Einkommen) hat nur etwa 29 % des Gesamteinkommens. Das einkommensschwächste Viertel der Bevölkerung hat etwa 11 % des Gesamteinkommens, das einkommensstärkste Viertel etwa 100 % – 55 % ≈ 45 % des Gesamteinkommens.
Diese Informationen lassen sich in Form eines Boxplots umsetzen:

Blick in die Zukunft

4. Die Daten aus der Grafik können als Liste in den GTR oder in eine Tabellenkalkulation eingegeben werden und die zugehörige Regressionsgerade kann bestimmt werden. Beim GTR empfiehlt es sich, die Jahreszahlen durch die Zahlen 0, 2, 4, ... zu ersetzen (also 1995 = 0). Das angegebene Bestimmtheitsmaß zeigt, dass das gewählte lineare Modell gut geeignet ist, die Entwicklung zu beschreiben, allerdings ist es grundsätzlich fragwürdig, dies für über einen längeren Zeitraum zu tun.
Durch Einsetzen in die Funktionsgleichung erhält man:
Für die Anzahl der Verkehrstoten im Jahr 2008: f(2008) ≈ 4471, was ziemlich genau der tatsächlichen Anzahl entspricht.
Dagegen erscheint die Prognose für 2015 zu optimistisch zu sein:
f(2015) ≈ 1840

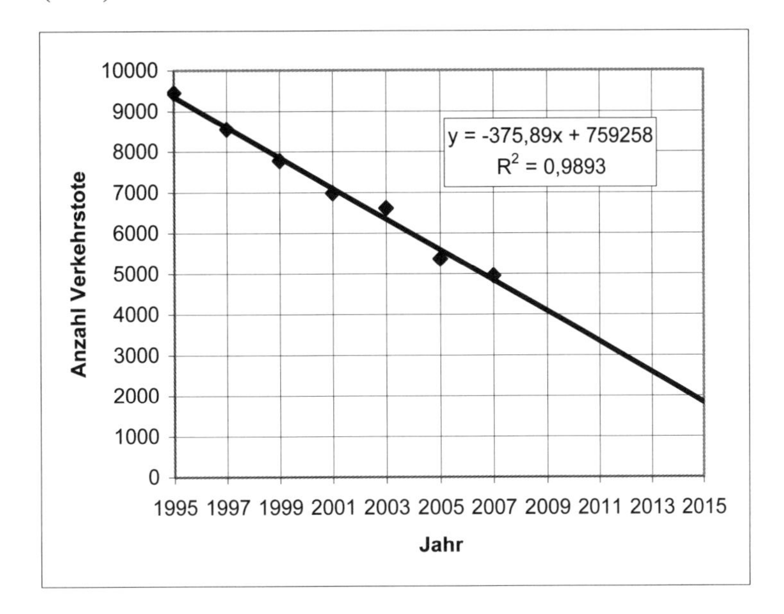

6.1 Merkmale – Relative Häufigkeit

6.1.1 Arithmetisches Mittel einer Häufigkeitsverteilung

350

1. Ordne die Liste nach Reinheitsgraden:
Piqué 3, Piqué 1, Piqué 1, Piqué 1, SI, VS, VS, VVS, VVS, IF
Zentralwerte: SI, VS

351

2. $\overline{x} = 2{,}846$ Tore

3. $\overline{x} = 52{,}68$ cm

4. Fehler in der 1. Auflage: In der Tabelle ist die Anzahl der Haushalte in absoluten Zahlen und nicht in % angegeben.
$\overline{x} = 1{,}15$ Haustiere

5. $\overline{x} = 2{,}18$ Personen

6. In den insgesamt 260 befragten Haushalten gibt es im Mittel 1,46 Pkw pro Haushalt.

352

7. Sortiere die Daten: ll, ll, ll, ll, l, l, l, l, l, l, l, sl, sl, sl, sl, sl, sl, sl, ul
Zentralwert: l

8. (1) Anzahl der Bewertungen für die Zimmer: 100; Mitte der Liste: Position: 50/51. Das liegt im Bereich der zweitbesten Bewertung. Damit ist die zweitbeste Bewertung der Zentralwert.
(2) Anzahl der Bewertungen für das Restaurant: 100; Mitte der Liste: Position: 50/51. Das liegt genau zwischen der zweitbesten und drittbesten Bewertung. Damit sind beide Bewertungen Zentralwerte.

9. a) Arithmetisches Mittel beim 1. HC: $\overline{x} = 12{,}3273$ s;
arithmetisches Mittel beim LHV: $\overline{x} = 12{,}3455$ s.
Damit ist der 1. HC im Mittel etwas schneller.
b) Die Zeit liegt in beiden Vereinen nur knapp über dem Durchschnitt.

10. Vergleiche die relativen Häufigkeiten:

Zulassungen	weiß	rot/gelb/ orange	blau	grün	grau/ silber	schwarz	sonstige
weiblich (in %)	2,6	14,1	16,5	1,7	33,8	28,9	2,4
andere (in %)	2,9	7,2	14,9	1,6	40,4	30,9	2,0

Der Anteil der Farben rot/gelb/orange ist bei Frauen doppelt so hoch, als bei anderen. Der Anteil der Farben grau/silber ist bei Frauen deutlich geringer, als bei anderen.

353

11. a) In der Tabelle ist in der rechten Spalte die Anzahl der Pkw erfasst, deren Erstzulassung nach dem in der linken Spalte angegebenen Datum erfolgte. Die Zahlen nehmen mit dem absteigendem Datum zu, da der betreffende Zeitraum größer wird.

$x_{2000} = 22\ 321\ 721 - 19\ 747\ 032 = 2\ 574\ 680$

[$x_{1995} = 34\ 278\ 366 - 32\ 403\ 814 = 1\ 874\ 552$;

$x_{2005} = 8\ 966\ 430 - 5\ 937\ 349 = 3\ 029\ 081$]

b) Anteil der Erstzulassungen:

in 2004 oder 2005: $\frac{11\ 745\ 096 - 5\ 937\ 349}{41\ 183\ 594} \approx 0{,}141 = 14{,}1\ \%$

vor 2000: $\frac{41\ 183\ 594 - 22\ 321\ 712}{41\ 183\ 594} \approx 0{,}458 = 45{,}8\ \%$

zwischen 2000 und 2006: $\frac{22\ 321\ 712 - 2\ 809\ 519}{41\ 183\ 594} \approx 0{,}474 = 47{,}4\ \%$

c)

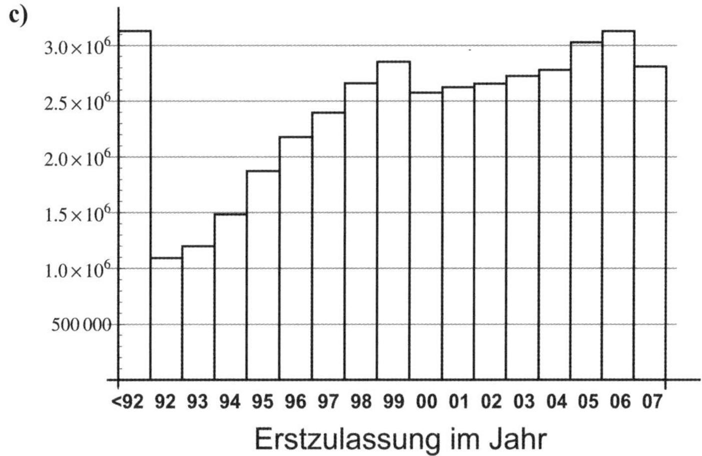

12. Das Merkmal der Nationalität lässt sich nicht anordnen. Der Zentralwert ist nicht definiert. Man kann lediglich die Häufigkeiten der Nationalitäten vergleichen. Wenn „typischer Gast“ die am häufigsten anzutreffende Nationalität beschreibt, dann ist der typische Gast ein Deutscher.

13. a) vor 100 Jahren:

$\overline{x} = 0{,}07 \cdot 1 + 0{,}15 \cdot 2 + 0{,}17 \cdot 3 + 0{,}17 \cdot 4 + 0{,}44 \cdot 5 = 376$

heute:

$\overline{x} = 0{,}38 \cdot 1 + 0{,}34 \cdot 2 + 0{,}13 \cdot 3 + 0{,}10 \cdot 4 + 0{,}04 \cdot 5 = 2{,}05$

b) Da für Haushalte mit fünf oder mehr Personen jeweils 5 angesetzt wurde, sind die berechneten Durchschnittswerte jeweils zu klein. Der für Haushalte vor 100 Jahren ermittelte Wert weicht stärker vom angegebenen Wert ab, da der in der Rechnung nicht berücksichtigte Anteil der Haushalte mit 6 oder mehr Personen stärker ins Gewicht fällt. Dieser Anteil ist heute nicht mehr so groß. Daher ist die Abweichung des für heute errechneten Wertes geringer.

6.1.2 Klassieren von Daten

356

1. a) Das Stabdiagramm würde nur Stäbe fast gleicher Höhe mit vielen Lücken dazwischen aufweisen.

b)

Gewichtsminderung (in g)	0 - 2,5	2,5 - 5	5 - 7,5	7,5 - 10	10 - 12,5	12,5 - 15
absolute Häufigkeit	9	17	9	10	4	1
relative Häufigkeit	0,18	0,34	0,18	0,20	0,08	0,02

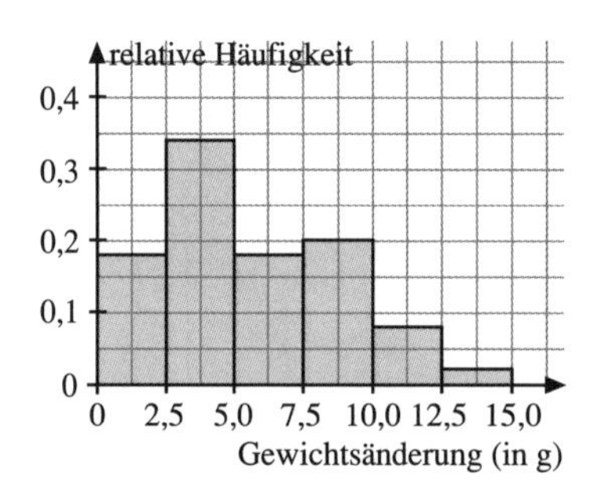

2.

Geschwindigkeit (in $\frac{km}{h}$)	absolute Häufigkeit
190 - 210	4
210 - 230	4
230 - 250	0
250 - 270	2
270 - 290	3
290 - 310	4
310 - 330	6
330 - 350	2
350 - 370	5
370 - 390	3
390 - 410	3
410 - 430	2

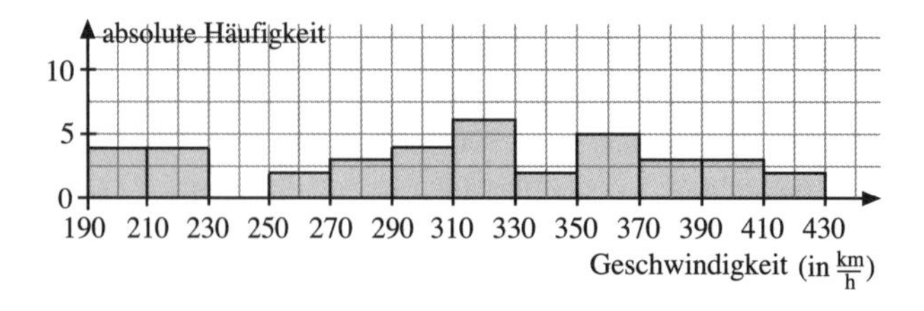

356

2. Fortsetzung
oder

Geschwindigkeit (in $\frac{km}{h}$)	absolute Häufigkeit
150 - 200	1
200 - 250	7
250 - 300	9
300 - 350	8
350 - 400	11
400 - 450	2

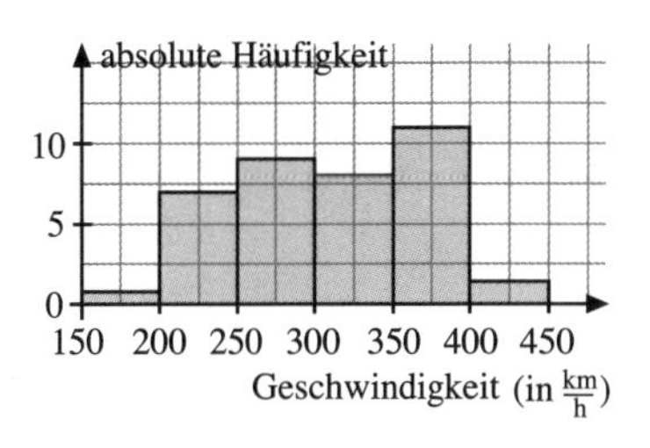

oder

Geschwindigkeit (in $\frac{km}{h}$)	absolute Häufigkeit
0 - 200	1
200 - 400	35
400 - 600	2

Eine mittlere Klassenbreite zeigt die Verteilung der Geschwindigkeiten am besten.

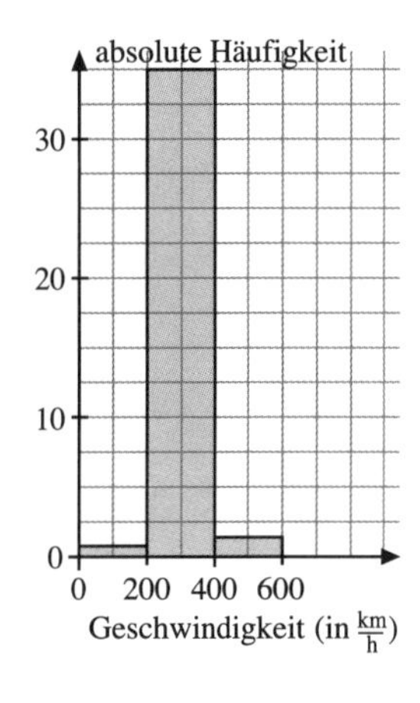

357

3. Druckfehler in der 1. Auflage in der Tabelle, vorletzte Spalte: 14 - 18 Jahre

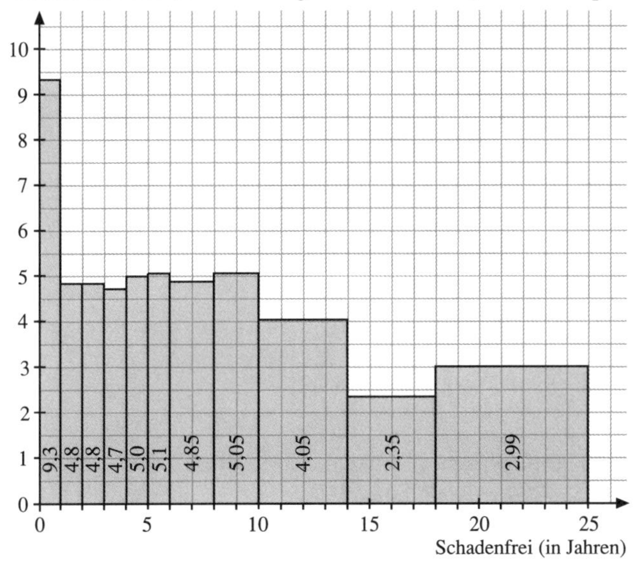

357

4.

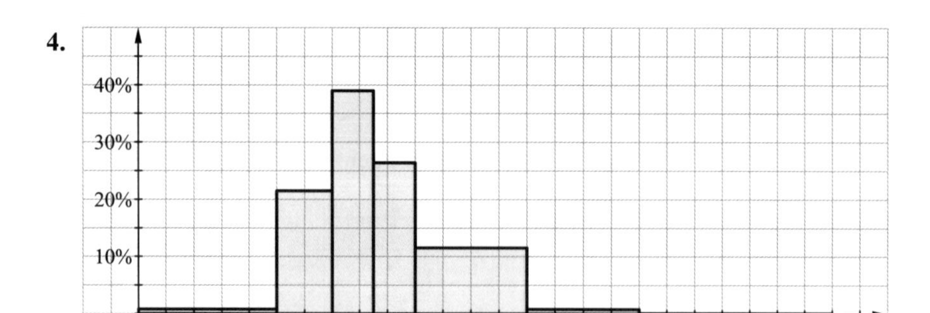

In einem Säulendiagramm können auch Klassen mit unterschiedlicher Breite in gleichbreiten Säulen dargestellt werden. In Histogrammen wird die unterschiedliche Klassenbreite mit dargestellt.

5. a) (1)

Geschwindigkeit	Anzahl der Lkw
15 bis 24,9 $\frac{km}{h}$	1
25 bis 34,9 $\frac{km}{h}$	0
35 bis 44,9 $\frac{km}{h}$	7
45 bis 54,9 $\frac{km}{h}$	3
55 bis 64,9 $\frac{km}{h}$	9
65 bis 74,9 $\frac{km}{h}$	11
75 bis 84,9 $\frac{km}{h}$	5
85 bis 94,9 $\frac{km}{h}$	1
95 bis 104,9 $\frac{km}{h}$	1

(2)

Geschwindigkeit	Anzahl der Lkw
10 bis 29,9 $\frac{km}{h}$	1
30 bis 49,9 $\frac{km}{h}$	7
50 bis 69,9 $\frac{km}{h}$	17
70 bis 89,9 $\frac{km}{h}$	12
90 bis 109,9 $\frac{km}{h}$	1

b) arithmetisches Mittel aus der Urliste: $\overline{x} = 63{,}768$
praktischer Mittelwert:
Klassenmitten (1) $\overline{x} = 61{,}84$ Klassenmitten (2) $\overline{x} = 62{,}63$

357

6. **a)** West: 37,83 h; Ost: 38,50 h

b) Die Durchschnittsberechnung wird mit den klassierten Daten durchgeführt. Damit lässt sich nur ein ungefährer Wert ermitteln.

358

7. 89,07 m^2

Je nach der Wahl der Klassenwerte für die äußeren Klassen können sich abweichende Werte ergeben.

8. (1) 48,33 Jahre

Je nach der Wahl der Klassenwerte für die äußeren Klassen können sich verschiedene Werte ergeben.

(2) 1 723 Kinder

Für die äußere Klasse wurde der Wert 4 angesetzt. Der berechnete Wert liegt daher unter dem wahren Wert.

9. Berechne das arithmetische Mittel der Klassenmitten. Für die erste Klasse „≤ 500" kann man als Klassenmitte 250 annehmen. Für die letzte Klasse „> 500 000" muss die Klassenmitte durch einen angemessenen Näherungswert ersetzt werden. Das könnte die Durchschnittseinwohnerzahl der Städte mit mehr als 500 000 Einwohnern sein.

Legt man die Einwohner der 14 Städte mit mehr als 500 000 Einwohnern zugrunde, so erhält man als Klassendurchschnitt eine mittlere Einwohnerzahl von 938 401.

Damit ergibt sich das arithmetische Mittel zu 191 812.

10. (1)

Merkmal	Ausprägungen
Alter	15 bis 29; 30 bis 49; 50 bis 64; 65 und älter
Familienstand	verheiratet, zusammen lebend; ledig; verwitwet; geschieden; verheiratet getrennt lebend
Kinder	mit Kindern; mit Kindern, allein erziehend; ohne Kinder; ohne Kinder, allein stehend; ohne Kinder, im Elternhaus
Einkommen	bis 899 €; 900 € bis 1499 €; 1500 € bis 2599 €; 2600 € bis 4499 €; 4500 € und mehr

(2)

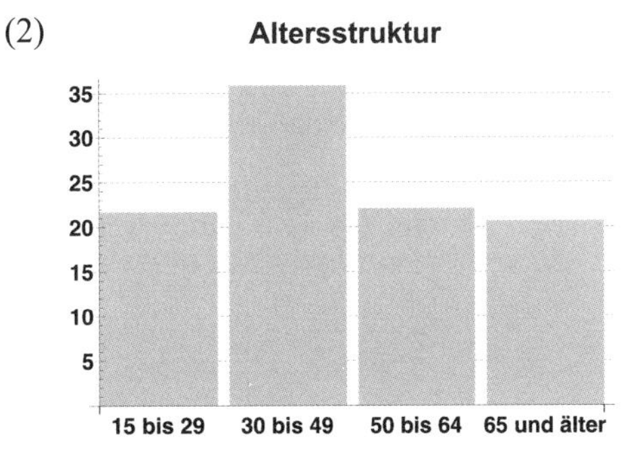

358 **10.** (2) Fortsetzung

Familienstand

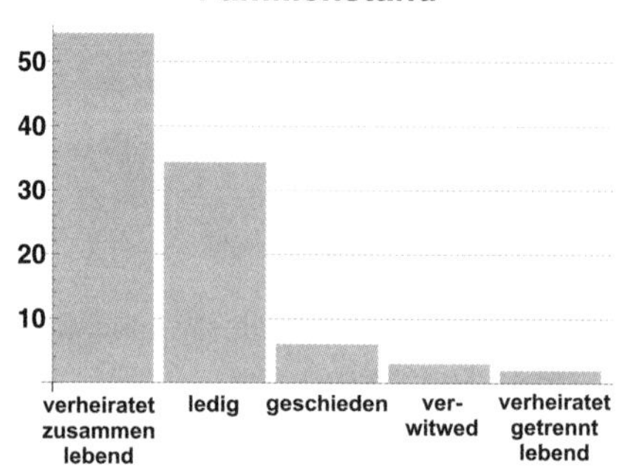

Kinder

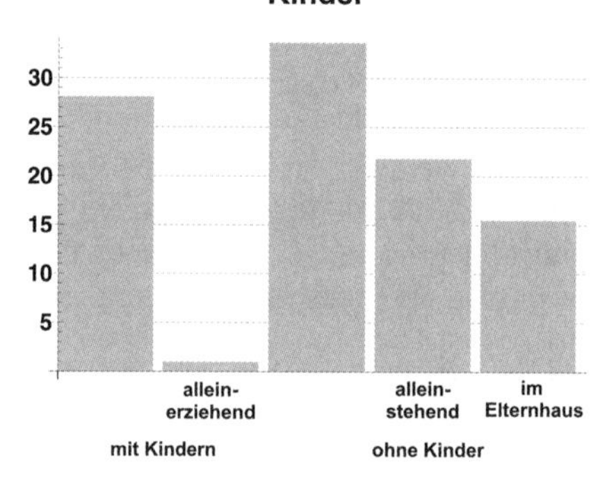

Einkommen

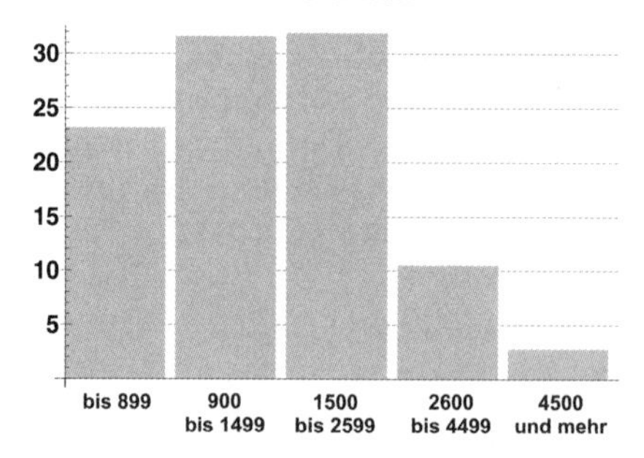

Blickpunkt

Das SIMPSONsche Paradox (oder: Statistiken lügen nicht – aber manchmal verbergen sie die Wahrheit)

360 1.

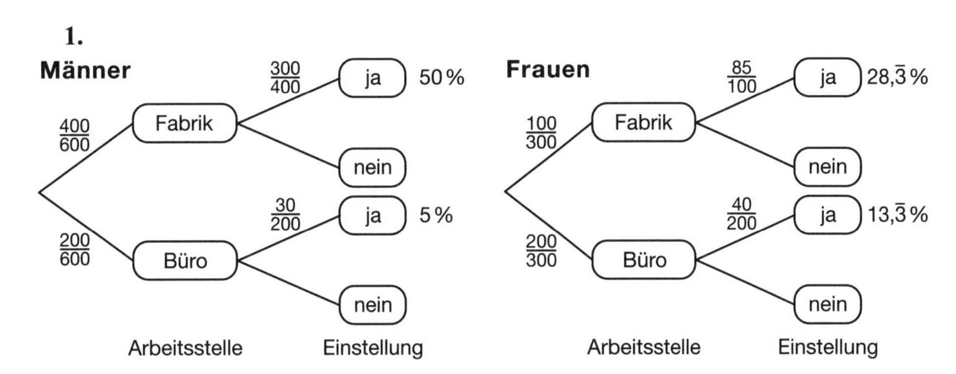

Gesamt Männer: 600 Bewerber, 55% erfolgreiche Bewerbungen
Frauen: 300 Bewerber, $41,\overline{6}$% erfolgreiche Bewerbungen
also: Männer erfolgreicher als Frauen

Einzelvergleich: vgl. Aufgabentext (20% > 15%, 85% > 75%)
Frauen erfolgreicher als Männer

2.

Krankenhaus A
$\frac{594}{600}$ ja 28,3 %
$\frac{600}{2100}$ Routine
nein
$\frac{1443}{1500}$ ja 68,7 %
$\frac{1500}{2100}$ schwierig
nein
Art Erfolg

Krankenhaus B
$\frac{592}{600}$ ja 74,0 %
$\frac{600}{800}$ Routine
nein
$\frac{192}{200}$ ja 24,0 %
$\frac{200}{800}$ schwierig
nein
Art Erfolg

Gesamt Krankenhaus A 2 100 Patienten, 97,0% erfolgreiche Operationen
Krankenhaus B 800 Patienten, 98,0% erfolgreiche Operationen

Einzelvergleich: Routine $\frac{594}{600} > \frac{592}{600}$ schwierige OP $\frac{1443}{1500} > \frac{192}{200}$

also: Krankenhaus A scheinbar erfolgreicher als Krankenhaus B.
Da Krankenhaus A vergleichsweise mehr schwierige Operationen durchführte, liegt die Gesamtquote der erfolgreichen Operationen unter der von Krankenhaus B.

6.2 Streuung – Empirische Standardabweichung

363

1. Testgerät 1: $\overline{x} = 80$, $\overline{s} = 2{,}070$
Testgerät 2: $\overline{x} = 80$, $\overline{s} = 1{,}280$
Testgerät 3: $\overline{x} = 80{,}0833$, $\overline{s} = 1{,}289$

Testgerät 2 ist das beste, da der Mittelwert exakt 80 $\frac{km}{h}$ ergibt und gleichzeitig die Streuung am kleinsten ist.

2. **a)** $\overline{x} = 35{,}1$ min
b) Fehler in der 1. Auflage: Es muss heißen: „Berechnen Sie die empirische Standardabweichung".
Spannweite: 25 min; $\overline{s} = 6{,}789$ min
c) $\overline{x} = 33{,}11$ min, Spannweite: 10 min; $\overline{s} = 3{,}414$ min
Das Weglassen des „Ausreißers" hat eine deutliche Verringerung von Spannweite und empirischer Standardabweichung zur Folge.

3. **a)** Fehler in der 1. Auflage: Es muss heißen: „Berechnen Sie die empirische Standardabweichung".
Gruppe A: $\overline{x}_A = 25{,}067$ Punkte; Spannweite: 23 Punkte;
$\overline{s}_A = 5{,}790$ Punkte
Gruppe B: $\overline{x}_B = 27{,}231$ Punkte; Spannweite: 28 Punkte;
$\overline{s}_B = 7{,}556$ Punkte
b) Bei Gruppe B sind die durchschnittliche Punktzahl und auch die erreichte Höchstpunktzahl höher als bei Gruppe A. Dafür ist die Streuung bei Gruppe A geringer.
c) Werte über beide Gruppen: $\overline{x} = 26{,}071$ Punkte; Spannweite: 28 Punkte;
$\overline{s}_A = 6{,}756$ Punkte.

4. **a)** Sorte A: $\overline{x}_A = 500{,}5$ g; Spannweite: 16 g
Sorte B: $\overline{x}_B = 499{,}5$ g; Spannweite: 17 g
b) Sorte A: $\overline{s}_A = 4{,}472$ g; Sorte B: $\overline{s}_B = 5{,}572$ g

364

5. (1) Weitsprung der Frauen

Nr.	1	2	3	4	5	6
Mittelwert (in m)	8,240	8,040	8,020	7,822	7,933	8,032
empirische Standardabweichung (in m)	0,073	0,156	0,112	0,602	0,218	0,076

Die Gewinnerin hat auch die höchste Durchschnittsweite erreicht. Der Siegersprung ist also kein extremer Ausreißer einer sonst schlechten Springerin. Gleichzeitig ist die empirische Standardabweichung bei der Siegerin am kleinsten. Sie hat also auch die konstanteste Leistung gezeigt.
Die Reihenfolge der Platzierungen entspricht nicht der Reihenfolge der Mittelwerte.

364

5. (2) Kugelstoßen der Männer

Nr.	1	2	3	4	5	6
Mittelwert (in kg)	20,886	20,815	20,812	20,710	20,568	20,483
empirische Standardabweichung (in kg)	0,418	0,226	0,165	0,241	0,346	0,116

6.

	$\overline{x}$ (Punkte)	$\overline{s}$ (Punkte)	$\overline{x}$ (Tore)	$\overline{s}$ (Tore)
Bayer 04 Leverkusen	56,4	9,541	62,4	9,426
Bayern München	70,2	5,564	67,6	5,517
Borussia Dortmund	52,5	9,211	51,8	7,960
Hamburger SV	52,4	8,535	51,2	5,810
Herta BSC	51,7	7,577	50,0	7,642
FC Schalke	56,7	8,649	51,2	6,194
VfB Stuttgart	54,6	9,625	51,0	7,975
VfL Wolfsburg	47,2	9,130	52,0	13,000
Werder Bremen	58,8	9,368	66,5	10,337

Der FC Bayern München ist die beständigste Mannschaft. Sowohl bei den erreichten Punkten als auch bei den erzielten Treffern hat er die geringste empirische Abweichung.

6.3 Regression und Korrelation

6.3.1 Regressionsgerade

367

1. (1) Regressionsgerade: $y(x) = -306{,}6x + 629\,526{,}9$
Prognose für 2020: $y(2020) = 10\,195$

(2) Es handelt sich um einen exponentiellen Abnahmeprozess. Ein linearer Zusammenhang scheidet schon deswegen aus, weil die Anzahl der Tankstellen nicht negativ werden kann.
Lösung mit GTR:

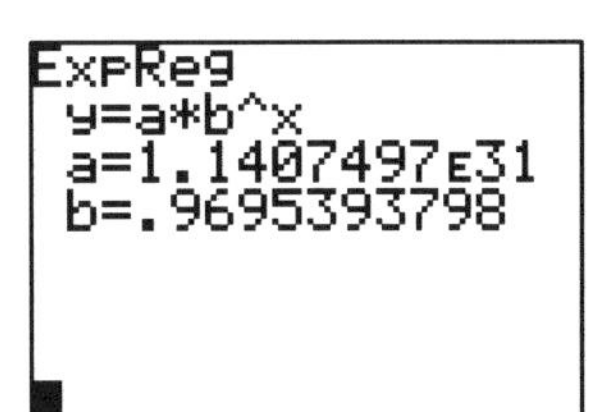

Prognose für 2020:

$g(2020) = 1{,}14075 \cdot 10^{31} \cdot 0{,}969539^{2020} \approx 8306$ Tankstellen

368

2. -

3. Berechne die Summe der quadratischen Abweichungen:

$$S(a,b) = \left(y_1\left(ax_1 + b\right)\right)^2 + \left(y_2\left(ax_2 + b\right)\right)^2 + ... + \left(y_n\left(ax_n + b\right)\right)^2$$

Für die Regressionsgerade nimmt S sein Minimum an.
Für g ergibt sich S(0.21.5) = 3,64; für h ergibt sich S(0.40.8) = 2,8; für i ergibt sich S(0.50.5) = 3. Damit h die Regressionsgerade.

4. **a)** $y(x) = 3{,}143x - 2{,}286$
b) $y(21) = 63{,}7$

369

5. **a)** $f(x)=0{,}057x + 20{,}414$
b) Löse $f(x) = 25$ nach x auf. Das ergibt: $x = 80{,}50$.

6. Regressionsgerade $f(x) = 66{,}48 - 0{,}023x$. Prognose $f(2020) = 20{,}65$

7. Zusammenhang: Niederschlagsmenge/mittlere Temperatur

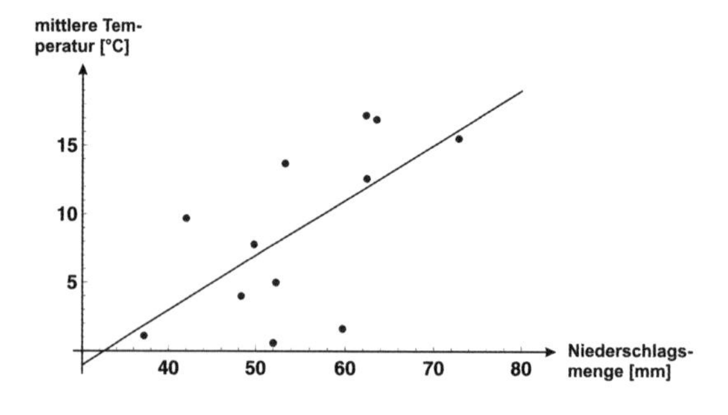

Korrelationskoeffizient: $r = 0{,}634$;
Regressionsgerade: $f(x) = 0{,}401x - 13{,}046$

Zusammenhang: Niederschlagsmenge/Sonnenscheindauer

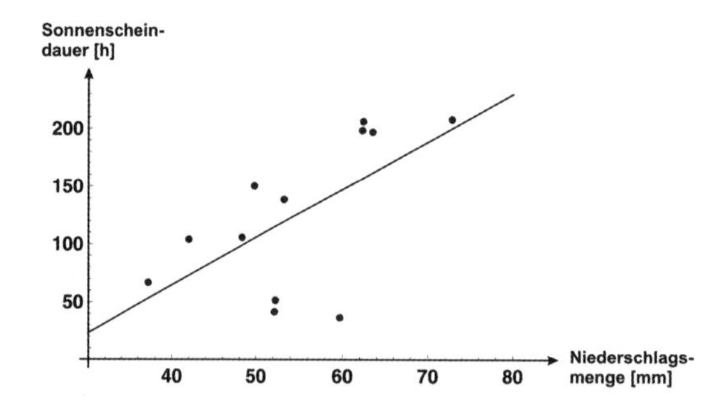

Korrelationskoeffizient: $r = 0{,}612$;
Regressionsgerade: $f(x) = 4{,}129x - 100{,}556$

369

7. Fortsetzung
Zusammenhang: mittlere Temperatur/Sonnenscheindauer

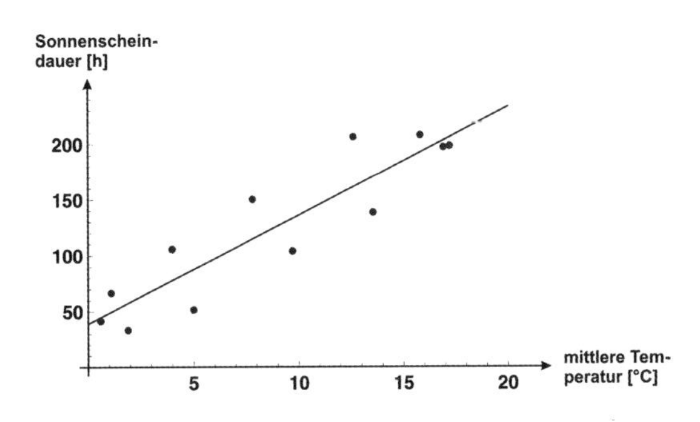

Korrelationskoeffizient: r = 0,910;
Regressionsgerade: f(x) = 9,723x – 39,004

8. a) (1) $\sum_{i=1}^{5} i^2 = 1^2 + 2^2 + 3^2 + 4^2 + 5^2 = 55$

(2) $\sum_{i=0}^{3} (2i+1) = 2 \cdot 0 + 1 + 2 \cdot 1 + 1 + 2 \cdot 2 + 1 + 2 \cdot 3 + 1 = 16$

(3) $\sum_{i=2}^{4} 2^i = 2^2 + 2^3 + 2^4 = 28$

(4) $\sum_{i=-1}^{2} (2+i) = 2 + (-1) + 2 + 0 + 2 + 1 + 2 + 2 = 10$

b) (1) $\sum_{i=1}^{3} i^2 = 14$ (2) $\sum_{i=1}^{5} 2i = 30$ (3) $\sum_{i=0}^{5} (2i+1) = 36$ (4) $\sum_{i=2}^{5} x^i$

6.3.2 Korrelationskoeffizient

373

2. Korrelationskoeffizient: r = 0,937

3. -

4. a) Beispiel 1: $\{(0 \mid -1); (0 \mid 1); (1 \mid -1); (1 \mid 1)\}$
Beispiel 2: $\{(0 \mid 0); (1 \mid 1); (2 \mid -1); \left(3 \mid \frac{2}{3}\right)\}$

b) Die Steigung der Regressionsgeraden ist 0.

374

5. a) Regressionsgerade:
Gesucht ist eine Gerade f(x) = ax + b, deren Abweichung von allen Messpunkten minimal wird. Als Maß für die Abweichung wird das Quadrat des Abstands der y-Koordinate des Messpunkts vom zugehörigen y-Wert auf der Geraden gemessen, also $(y_i - f(x_i))^2$. Man nimmt die quadratische Differenz, damit sich positive nicht gegen negative Differenzen wegheben. Man kann Abstandsquadrate in einem Koordinatensystem darstellen (vgl. Schülerband, S. 368 Aufgabe 2 b)). Die Regressionsgerade ist nun diejenige Gerade, bei der die Summe der Quadrate über alle Messpunkte minimal wird.
Korrelationskoeffizient: vgl. Schülerband S. 370 (1) Allgemeiner Korrelationskoeffizient.

b) Regressionsgerade f(x) = 77,981 – 0,176x
Korrelationskoeffizient: r = –0,867

c) Löse f(x) = 0, das ergibt x = 443,754 g.

d) Es liegt eine starke Korrelation vor.

e) Trotz der nachgewiesenen starken Korrelation ist die Behauptung des Textes nicht ohne weiteres haltbar. So führt der Verzehr von 150 g gegenüber 30 g zu keiner nennenswerten Verringerung des Risikos. Die beobachtete dramatische Reduzierung bei den Eskimos könnte auch auf andere, durch extreme Lebensumstände verursachte Effekte zurück zu führen sein.

6. Korrelationskoeffizient: r = 0,901

Bleib fit im Umgang mit Wahrscheinlichkeiten

377

1. **a)** jeweils $\frac{1}{8}$ **b)** $\frac{1}{8}$ **c)** $400 \cdot \frac{2}{8} = 100$

2. **a)** Es gibt zwei mögliche Ergebnisse:
- eine Fläche mit Loch liegt oben
- eine Fläche ohne Loch liegt oben

b) Marie hat Recht. Da zwei der sechs Würfelflächen ein Loch haben, beträgt die Wahrscheinlichkeit, dass die Fläche mit Loch oben liegt, $\frac{2}{6} = \frac{1}{3}$.

3. **a)** Erzeuge mit dem GTR Zufallszahlen aus $\{1; 2\}$. Mannschaft 1 bekommt einen Punkt, wenn 1 kommt. Mannschaft 2 bekommt einen Punkt, wenn 2 kommt.

b)

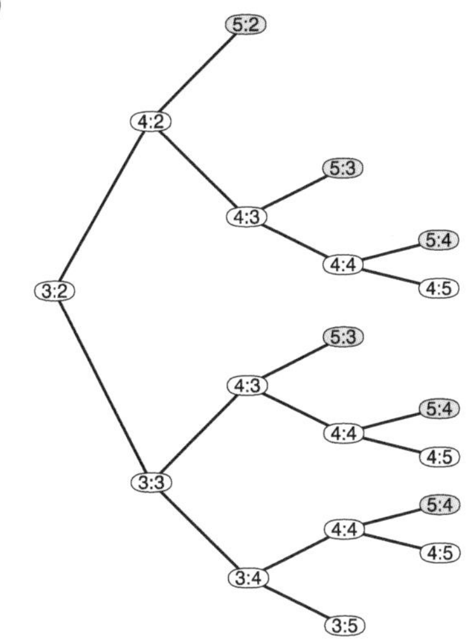

P (erste Mannschaft gewinnt)
$= \frac{1}{4} + 2 \cdot \frac{1}{8} + 3 \cdot \frac{1}{16} = \frac{11}{16}$

380

1. **a)** $\frac{1}{37}$

b) 10-mal

c) Die relativen Häufigkeiten stabilisieren sich bei $\frac{1}{37}$.

2. Insgesamt leben 82,3 Millionen Menschen in Deutschland, davon sind 44,5 Millionen mindestens 21 Jahre alt, aber unter 60. Die Wahrscheinlichkeit, eine solche Person zufällig auszuwählen, beträgt daher

$\frac{44{,}5}{82{,}3} \approx 0{,}541 = 54{,}1\,\%$.

381

3. (1) Diese Aussage ist falsch, als Mittelwertaussage jedoch richtig (Zusatz: im Mittel...)
(2) falsch: Es gibt auch Wurfserien von 6 Würfen ohne 3.
(3) falsch: Der Würfel hat kein Gedächtnis.
(4) wahr
(5) vergl. (2)
(6) wahr

4. $E_1 = \{2, 3, 5, 7, 11, 13, 17, 19, 23, 29, 31, 37, 41, 43, 47\}$

$P(E_1) = \frac{15}{50} = 0{,}3$

$E_2 = \{9, 18, 27, 36, 45\}$ $\qquad P(E_2) = \frac{5}{50} = 0{,}1$

$E_3 = \{1, 3, 5, 7, ..., 47, 49\}$ $\qquad P(E_3) = \frac{25}{50} = 0{,}5$

$E_4 = \{10, 11, 12, ..., 49, 50\}$ $\qquad P(E_4) = \frac{41}{50} = 0{,}82$

$E_5 = \{5, 10, 15, 20, 25, 30, 35, 40, 45, 50\}$ $\qquad P(E_5) = \frac{10}{50} = 0{,}2$

$E_6 = \{1, 2, 3, ..., 30, 31\}$ $\qquad P(E_6) = \frac{31}{50} = 0{,}62$

5. (1) $\frac{8}{32} = \frac{1}{4}$ (2) $\frac{16}{32} = \frac{1}{2}$ (3) $\frac{16}{32} = \frac{1}{2}$ (4) $\frac{2}{32} = \frac{1}{16}$

6. a) (1) P(alle Blutgruppen gleich) = 0,150
(2) P(alle Blutgruppen verschieden) = 0,197

b)

Blutspende für Person mit Blutgruppe	möglicher Spender	Wahrscheinlichkeit P
0	0	0,41
A	A, 0	0,84
B	B, 0	0,52
AB	AB, A, B, 0	1

P(mindestens ein geeigneter Spender)
= 1 – P(drei nicht geeignete Spender) = $1 - (1 - p)^3$

Patient mit Blutgruppe	P(mindestens ein geeigneter Spender)
0	$1 - 0{,}59^3 = 0{,}795$
A	$1 - 0{,}16^3 = 0{,}996$
B	$1 - 0{,}48^3 = 0{,}889$
AB	$1 - 0^3 = 1$

382

7. (1) Man kann davon ausgehen, dass die beiden Merkmalausprägungen unabhängig voneinander sind, also P (E) = 0,43 · 0,30 = 0,129.
(2) Es ist davon auszugehen, dass die Leistungsfähigkeit in Deutsch und Englisch nicht voneinander unabhängig sind. Der Anteil wird vermutlich größer als 12 % sein.

8. Die Wahrscheinlichkeit für ein repräsentatives Ergebnis hängt von der Anzahl der auszulosenden Jugendlichen ab. In einem repräsentativen Ergebnis müssen doppelt so viele Mädchen wie Jungen ausgelost werden. Das kann nur eintreten, wenn die Zahl der auszulosenden Jugendlichen ein Vielfaches von 3 ist.
(1) 0,444 (2) 0,329 (3) 0,273

9. P (mindestens eine 6 beim 4fachen Würfeln)
$= 1 - P\text{ (4-mal keine 6)} = 1 - \left(\frac{5}{6}\right)^4 = 0{,}5177 > 50\ \%$
P (mindestens ein 6er-Pasch beim 24fachen Doppelwurf)
$= 1 - P\text{ (24-mal kein 6er-Pasch)} = 1 - \left(\frac{35}{36}\right)^{24} = 0{,}4914 < 50\ \%$
Für eine „kleine Anzahl" von Wiederholungen ist der Unterschied nicht erkennbar, da die Wahrscheinlichkeiten zu dicht beieinander liegen.

10. Das bisherige Prüfverfahren können wir wie folgt darstellen:

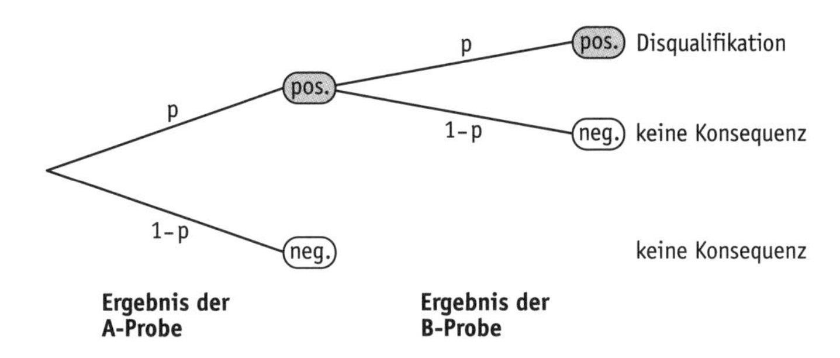

382

10. Fortsetzung
Das geplante neue Verfahren sieht dann so aus:

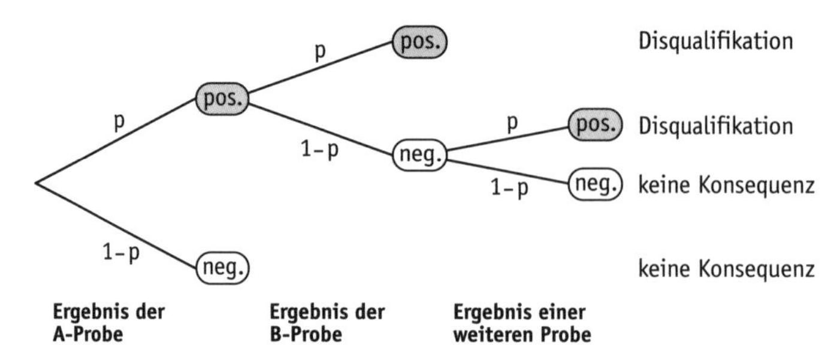

Die Wahrscheinlichkeit, dass der gedopte Sportler disqualifiziert wird, ist

- nach geltender Regelung: P(Disqualifikation) $= p^2$

  P(keine Konsequenz) $= 1 - p^2$,

  denn die Wahrscheinlichkeit für das Ereignis *keine Konsequenz* und für das (Gegen-)Ereignis *Disqualifikation* ergänzen sich zu 1.
- nach geplanter Regelung: P(Disqualifikation)

  $= p^2 + p^2(1-p) = p^2 \cdot (2-p)$

  P(keine Konsequenz) $= 1 - p^2 \cdot (2-p)$

Falls das verwendete Dopingmittel mit Wahrscheinlichkeit p erkannt wird, bedeutet dies:

Disqualifikation	p = 0,25	p = 0,5	p = 0,75	p = 0,9
geltende Regelung	6 %	25 %	56 %	81 %
geplante Regelung	11 %	37,5 %	70 %	89 %

keine Konsequenz	p = 0,25	p = 0,5	p = 0,75	p = 0,9
geltende Regelung	94 %	75 %	44 %	19 %
geplante Regelung	89 %	62,5 %	30 %	11 %

Die Einführung der neuen Kontrollregelung würde also die Chancen deutlich verbessern, Sportler, die Dopingmittel verwenden, als „Doping-Sünder“ zu entlarven.

7 WAHRSCHEINLICHKEITS-VERTEILUNGEN

Lernfeld: Ein Zufall nach dem anderen

384

1. **Lottoglück**
Die Aufgabe ist dazu gedacht, erste kombinatorische Überlegungen vorzunehmen:
Man kann alle $6 \cdot 5 \cdot 4 = 120$ möglichen Ziehungsfolgen für das Lottospiel *3 aus 6* notieren und dann überlegen, dass es bei den Lottotipps nicht auf die Reihenfolge der Ziehung ankommt, d. h., dass die 120 Ziehungsfolgen zu $\frac{6 \cdot 5 \cdot 4}{6} = 20$ verschiedenen Tipps gehören:

123	124	125	126	134	135	136	145	146	156	234	235	236	245	246	256	345	346	356	456
132	142	152	162	143	153	163	154	164	165	243	253	263	254	264	265	354	364	365	465
213	214	215	216	314	315	316	415	416	516	324	325	326	425	426	526	435	436	536	546
231	241	251	261	341	351	361	451	461	561	342	352	362	452	462	562	453	463	563	564
312	412	512	612	413	513	613	514	614	615	423	523	623	524	624	625	534	634	635	645
321	421	521	621	431	531	631	541	641	651	432	532	632	542	642	652	543	643	653	654

Analog findet man beim Lottospiel *4 aus 8* die Anzahl der möglichen Tipps zu $\frac{8 \cdot 7 \cdot 6 \cdot 5}{24} = 70$.
Beim Lottospiel 3 aus 6 gibt es nur die Möglichkeit für 3 Richtige (1. Rang) und 9 Möglichkeiten für 2 Richtige (2. Rang), wie man durch Abzählen an der oben aufgeführten Tabelle herausfinden kann, d. h. in $\frac{1}{20} = 5\ \%$ der Fälle müsste ein Betrag für 3 Richtige ausgezahlt werden und in $\frac{9}{20} = 45\ \%$ der Fälle ein Betrag für 2 Richtige.
Wie viel Geld für die Gewinnränge ausgegeben wird, ist diskussionswürdig, und verschiedene Modelle sollen von den Schülern/innen in ihrer Gruppen-/Partnerarbeit verglichen werden.
Wenn man beachtet, dass die Hälfte für einen wohltätigen Zweck gedacht ist, dann findet man beim Probieren mit verschiedenen Auszahlungsvarianten schnell heraus, dass das Spiel nicht sehr attraktiv sein kann: Wenn man beispielsweise den Gewinnern im 2. Rang ihren Einsatz zurückzahlt und den Gewinnern im 1. Rang den Einsatz plus 1 €, dann ist der Erwartungswert der Auszahlung bereits größer als 0,50 €. Und wenn man die Auszahlungsbeträge senkt, dann wird das Spiel bestimmt nicht attraktiver.

384 **1.** Fortsetzung

Auszahlung	Wahrscheinlichkeit	Produkt
1 €	$\frac{9}{20}$	0,45
2 €	$\frac{1}{20}$	0,10
		0,55

Es ist zu vermuten, dass die Schülerinnen und Schüler den Erwartungswert als zu erwartender Mittelwert ausrechnen (wenn 100 Tipps abgegeben werden, dann werden ungefähr 5 im 1. Rang sein und ungefähr 45 im 2. Rang).
Für das Spiel *4 aus 8* gilt analog: Die Wahrscheinlichkeit für einen Tipp im 1. Rang (4 Richtige) beträgt $\frac{1}{70}$, für einen Gewinn im 2. Rang (2 Richtige) $\frac{16}{70}$, für einen Gewinn im 3. Rang (2 Richtige) $\frac{36}{70}$.
Ein Auszahlungsplan von beispielsweise 0,50 € (halber Einsatz zurück) bei einem Gewinn im 3. Rang, 1 € (Einsatz zurück) bei einem Gewinn im 2. Rang und 2 € (Gewinn: 1 €) bei einem Gewinn im 1. Rang erscheint nicht sehr attraktiv. Die Vorgabe (die Hälfte für den guten Zweck) wird dabei leicht überschritten.

Auszahlung	Wahrscheinlichkeit	Produkt
0,50 €	$\frac{36}{70}$	$\frac{18}{70}$
1 €	$\frac{16}{70}$	$\frac{16}{70}$
2 €	$\frac{1}{70}$	$\frac{2}{70}$
		$\frac{36}{70}$

Die Simulation könnte aus Zeitgründen mithilfe eines Würfels (Hexaeder) bzw. Oktaeder durchgeführt werden; jedoch müsste man beachten, dass es bei den 3 bzw. 4 Würfen mit großer Wahrscheinlichkeit zur Wiederholung von Augenzahlen kommen kann:
P(3 verschiedene Augenzahlen beim 3fachen Werfen eines Hexaeders)
$= \frac{6 \cdot 5 \cdot 4}{6^3} \approx 56\ \%$
P(4 verschiedene Augenzahlen beim 4fachen Werfen eines Hexaeders)
$= \frac{8 \cdot 7 \cdot 6 \cdot 5}{8^4} \approx 41\ \%$

384 Kein Groschengrab

2. Die Ergebnisse Herz, Krone, Ball treten jeweils mit einer Wahrscheinlichkeit von $\frac{1}{3}$ auf. Das Ereignis *Drei gleiche Bilder* hat eine Wahrscheinlichkeit von $\frac{3}{27} = \frac{1}{9}$, das Ereignis *lauter verschiedene Bilder* eine Wahrscheinlichkeit von $\frac{6}{27} = \frac{2}{9}$.

Wie man den Gewinnplan gestaltet, ist willkürlich, also diskussionswürdig; beispielsweise kann in der Diskussion unter den Schülern/innen herauskommen, dass man „aus Gerechtigkeitsgründen" für das erstgenannte Ereignis einen doppelt so hohen Gewinn vorsehen müsste, wie für das zweitgenannte.

Wenn es nur darauf ankommt, wie viele Herzen zu sehen sind (führt zu einem Binomialansatz):

P(0 Herzen) = $\frac{8}{27}$; P(1 Herz) = $\frac{12}{27}$; P(2 Herzen) = $\frac{6}{27}$; P(3 Herzen) = $\frac{1}{27}$

Wenn auf einem Zylinder 1 Herz, 2 Kronen und 3 Bälle zu sehen sind, dann haben die oben aufgeführten Ereignisse folgende Wahrscheinlichkeiten

P(3 gleiche Bilder) $= \left(\frac{1}{6}\right)^3 + \left(\frac{2}{6}\right)^3 + \left(\frac{3}{6}\right)^3 = \frac{36}{216} = \frac{1}{6}$

P(3 verschiedene Bilder) $= 6 \cdot \frac{1}{6} \cdot \frac{2}{6} \cdot \frac{3}{6} = \frac{1}{6}$ bzw.

P(0 Herzen) = $\frac{125}{216}$; P(1 Herz) = $\frac{75}{216}$; P(2 Herzen) = $\frac{15}{216}$;

P(3 Herzen) = $\frac{1}{216}$

Spieleinsatz gemäß gesetzlicher Regelung: Wenn ein Spiel 15 Sekunden dauert, können schätzungsweise ca. 120 Spiele pro Stunde durchgeführt werden (15 Sekunden für das Nachwerfen des Spieleinsatzes). Falls der Spielplan vorsieht, dass die Hälfte des Einsatzes als Gewinn beim Spielbetreiber bleibt, dann dürfte der Spieleinsatz nur ca. 0,50 € kosten.

385 Links oder rechts

3. Durch Simulation mithilfe eines Münzwurfs findet man heraus, dass ca. $\frac{1}{8}$ aller Wege nach A, $\frac{3}{8}$ nach B, $\frac{3}{8}$ nach C und $\frac{1}{8}$ nach D führen.

Beim Werfen eines Tetraeders hat man: P(dreimal links) $= \left(\frac{1}{4}\right)^3 = \frac{1}{64}$;

P(zweimal links) $= \frac{9}{64}$; P(einmal links) $= \frac{27}{64}$; P(keinmal links) $= \frac{27}{64}$

Bei Vergrößerung des Irrgartens erhält man:

Münzwurf: P(viermal links) $= \frac{1}{16}$; P(dreimal links) $= \frac{4}{16}$;

P(zweimal links) $= \frac{6}{16}$; P(einmal links) $= \frac{4}{16}$; P(keinmal links) $= \frac{1}{16}$

385

3. Fortsetzung

Tetraeder: P(viermal links) $= \frac{1}{256}$; P(dreimal links) $= \frac{12}{256}$;

P(zweimal links) $= \frac{54}{256}$; P(einmal links) $= \frac{108}{256}$; P(keinmal links) $= \frac{81}{256}$

Merkwürdiger Zufall

4 Das Lernfeld bereitet zwei Fragen vor, die im Zusammenhang des Kugel-Fächer-Modells behandelt werden: das klassische Geburtstagsproblem und das Rosinenproblem:
Die Wahrscheinlichkeit, dass alle 25 Zufallszahlen aus der Menge {1, 2, …, 365} voneinander verschieden sind, beträgt nur ca. 43,1 %.
Wenn man 50 Zufallszahlen auswählt, dann beträgt die Wahrscheinlichkeit, dass ein Feld leer bleibt, ca. $\left(\frac{364}{365}\right)^{50} \approx 87{,}2\ \%$, dass ein Feld nur ein Kreuzchen hat ca. $50 \cdot \frac{1}{365} \cdot \left(\frac{364}{365}\right)^{49} \approx 12{,}0\ \%$, also ca. 0,8 %, dass in einem Feld mehr als ein Kreuzchen ist. Im Sinne der Häufigkeitsinterpretation bedeutet dies, dass ca. 318 Felder leer sind, ca. 44 Felder 1 Kreuzchen enthalten und in ca. 3 Felder mehr als 1 Kreuzchen gemacht wurde.

7.1 Zufallsgröße – Erwartungswert einer Zufallsgröße

388

2. **a)** Jedes der 16 Ergebnisse ist gleich wahrscheinlich. Damit tritt jede Symbolkombination mit der Wahrscheinlichkeit $\frac{1}{16}$ ein.
Erwartungswert:

$$2 \cdot \frac{1}{16} \cdot 0{,}00 + 4 \cdot \frac{1}{16} \cdot 0{,}10 + 4 \cdot \frac{1}{16} \cdot 0{,}20 + 3 \cdot \frac{1}{16} \cdot 0{,}30 + 2 \cdot \frac{1}{16} \cdot 0{,}40$$
$$+ \frac{1}{16} \cdot 0{,}50 = 0{,}2125$$

b) Das Spiel ist fair, wenn der Einsatz 0,2125 € beträgt.

3. Die Zufallsgröße X gebe die Spieldauer in Sätzen an. Aus einem reduzierten Baumdiagramm kann man die folgenden Wahrscheinlichkeiten ablesen:
$P(X = 3) = \frac{1}{4}$; $P(X = 4) = \frac{3}{8}$; $P(X = 5) = \frac{3}{8}$.
Damit erhält man als Erwartungswert $E(X) = 3 \cdot \frac{1}{4} + 4 \cdot \frac{3}{8} + 5 \cdot \frac{3}{8} = 4{,}125$.

388

4. Die Zufallsgröße X gebe die Summe der Bahnnummern an.

a) Man kann die Wahrscheinlichkeiten auf die folgende Weise ermitteln: Ein Vertreter der ersten Mannschaft zieht drei Lose ohne Zurücklegen.

Da für die Summe die Reihenfolge nicht beachtet wird, gibt es $\binom{6}{3} = 20$ verschiedene Loskombinationen. Da alle Kombinationen gleich wahrscheinlich sind, tritt jede Kombination mit der Wahrscheinlichkeit $\frac{1}{20}$ auf.

X	Loskombination	Wahrscheinlichkeit
9	(2, 3, 4)	$\frac{1}{20}$
10	(2, 3, 5)	$\frac{1}{20}$
11	(2, 3, 6), (2, 3, 5)	$\frac{2}{20}$
12	(2, 3, 7), (2, 4, 6), (3, 4, 5)	$\frac{3}{20}$
13	(2, 4, 7), (2, 5, 6), (3, 4, 6)	$\frac{3}{20}$
14	(2, 5, 7), (3, 4, 7), (3, 5, 6)	$\frac{3}{20}$
15	(2, 6, 7), (3, 5, 7), (4, 5, 6)	$\frac{3}{20}$
16	(3, 6, 7), (4, 5, 7)	$\frac{2}{20}$
17	(4, 6, 7)	$\frac{1}{20}$
18	(5, 6, 7)	$\frac{1}{20}$

b) (1) $P(X < 12) = \frac{1}{20} + \frac{1}{20} + \frac{2}{20} = \frac{1}{5}$

(2) $P(X > 7) = 1$

(3) $P(X \geq 14) = \frac{3}{20} + \frac{3}{20} + \frac{2}{20} + \frac{1}{20} + \frac{1}{20} = \frac{1}{2}$

389

5. Verteilung der Gewinne auf dem Glücksrad:

Gewinn (in $)	1	2	5	10	20	40
Anzahl	24	15	7	3	3	2

Die Zufallsgröße X zähle den Gewinn, dann gilt

$E(X) = 1 \cdot \frac{24}{54} + 2 \cdot \frac{15}{54} + 5 \cdot \frac{7}{54} + 10 \cdot \frac{3}{54} + 20 \cdot \frac{3}{54} + 40 \cdot \frac{2}{54} = \frac{259}{54} = 4,7963$

Ein Einsatz von mindestens 4,80 $ bringt Gewinn. Der Preis wird vermutlich bei 5 $ liegen.

389

6. $E(X) = \frac{1}{6} \cdot 2 + \frac{1}{6} \cdot 4 + \frac{1}{6} \cdot 8 + \frac{1}{6} \cdot 16 + \frac{1}{6} \cdot 32 + \frac{1}{6} \cdot 64 = 21$

7. Sei x der Einsatz. Die Zufallsgröße X zähle den Gewinn, dann gilt

$E(X) = \frac{19}{37} \cdot (-x) + \frac{18}{37} \cdot x = -\frac{x}{37}$.

D. h. auf lange Sicht verliert man $\frac{1}{37}$ des Einsatzes.

8. (1) Spielende nach 4 Gewinnpunkten:

$P(X = 4) = P(4:0) + P(4:1) + P(4:2) + P(2:4) + P(1:4) + P(0:4)$

$= 1 \cdot \frac{1}{2^4} + 4 \cdot \frac{1}{2^5} + 10 \cdot \frac{1}{2^6} + 10 \cdot \frac{1}{2^6} + 4 \cdot \frac{1}{2^5} + 1 \cdot \frac{1}{2^4} = \frac{11}{16}$.

Spielende nach 5 Gewinnpunkten:
Ein Spielende mit 5 Gewinnpunkten kann nur ausgehend vom Spielstand 3 : 3 nur mit den Spielständen 5 : 3 und 3 : 5 eintreten. Es gibt $\binom{3+3}{3} = 20$ Wege zu einen 3 : 3 und von dort jeweils 2 Wege zu einem Spielende mit 5 Gewinnpunkten, also

$P(X = 5) = P(5:3) + P(3:5) = 40 \cdot \frac{1}{2^8} = \frac{5}{32}$.

Spielende nach 6 Gewinnpunkten:
Ein Spielende mit 6 Gewinnpunkten kann nur ausgehend vom Spielstand 4 : 4 nur mit den Spielständen 6 : 4 und 4 : 6 eintreten. Es gibt 40 Wege zu 4 : 4 (nämlich 2 Wege von 3 : 3). Damit gibt es 80 Wege zu einem Spielende mit 6 Gewinnpunkten, also

$P(X = 6) = P(6:4) + P(4:6) = 80 \cdot \frac{1}{2^{10}} = \frac{5}{64}$.

Spielende nach 7 Gewinnpunkten:
Ein Spielende mit 7 Gewinnpunkten kann nur ausgehend vom Spielstand 5 : 5 nur mit den Spielständen 7 : 5 und 5 : 7 eintreten. Es gibt 80 Wege zu 5 : 5 (nämlich 2 Wege von 4 : 4). Damit gibt es 160 Wege zu einem Spielende mit 7 Gewinnpunkten, also

$P(X = 7) = P(7:5) + P(5:7) = 160 \cdot \frac{1}{2^{12}} = \frac{5}{128}$.

Entsprechend gilt:

$P(X = 8) = \frac{5}{256}$; $P(X = 9) = \frac{5}{512}$; $P(X = 10) = \frac{5}{1024}$

(2) Wenn man nicht berücksichtigt, dass ein Spiel über 10 Gewinnpunkte hinaus dauern kann, erhält man den Erwartungswert

$$E(X) = 4 \cdot \frac{11}{16} + 5 \cdot \frac{5}{32} + 6 \cdot \frac{5}{64} + 7 \cdot \frac{5}{128} + 8 \cdot \frac{5}{256} + 9 \cdot \frac{5}{512} + 10 \cdot \frac{5}{1024}$$

$$= \frac{1169}{256} \approx 4{,}5664$$

Werden auch längere Spiele berücksichtigt, so gilt

$$E(X) = 4 \cdot \frac{11}{16} + 5 \cdot \sum_{k=5}^{\infty} \frac{k}{2^k} = 4{,}625$$

389

8. (3) Ohne die Regel der Zwei-Punkte-Differenz verändert sich die Wahrscheinlichkeit für das Beenden eines Spiels mit 5 Gewinnpunkten. Dann gilt

$P(X = 5) = P(5:3) + P(3:5) + P(5:4) + P(4:5) = \frac{5}{32} + 80 \cdot \frac{1}{2^9} = \frac{5}{16}$

und damit $E(X) = 4 \cdot \frac{11}{16} + 5 \cdot \frac{5}{16} = \frac{69}{16} = 4{,}3125$.

390

9. Mit $P(X = 0) = \frac{1}{8}$; $P(X = 1) = \frac{3}{8}$; $P(X = 2) = \frac{3}{8}$; $P(X = 3) = \frac{1}{8}$ folgt

$E(X) = 0 \cdot \frac{1}{8} + 1 \cdot \frac{3}{8} + 2 \cdot \frac{3}{8} + 3 \cdot \frac{1}{8} = \frac{3}{2}$.

10. a)

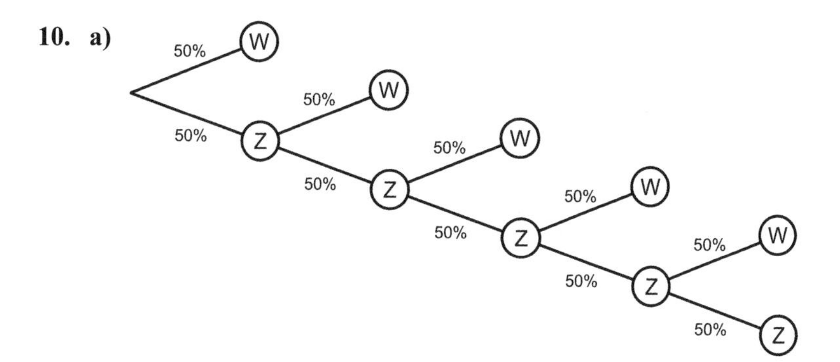

Mit $P(X = 1) = \frac{1}{2}$; $P(X = 2) = \frac{1}{4}$; $P(X = 3) = \frac{1}{8}$; $P(X = 4) = \frac{1}{16}$;

$P(X = 5) = \frac{1}{32}$; $P(X = 7) = \frac{1}{32}$ folgt

$E(X) = 1 \cdot \frac{1}{2} + 2 \cdot \frac{1}{4} + 3 \cdot \frac{1}{8} + 4 \cdot \frac{1}{16} + 5 \cdot \frac{1}{32} + 7 \cdot \frac{1}{32} = 2$

b) Das Spiel ist fair, wenn der Einsatz 2 € beträgt.

11. X zähle die Ausgaben für die gekauften Lose bis zum ersten Gewinn. Dann gilt $P(X = 2k) = 0{,}8^{k-1} \cdot 0{,}2$ für k = 1, …, 4. Da nach 5 Losen abgebrochen wird, ist $P(X = 10) = 0{,}8^4$.

Damit folgt

$E(X) = 0{,}2 \cdot 2 + 0{,}8 \cdot 0{,}2 \cdot 4 + 0{,}8^2 \cdot 0{,}2 \cdot 6 + 0{,}8^3 \cdot 0{,}2 \cdot 8 + 0{,}8^4 \cdot 10$
$= 6{,}7232$,

d. h. man muss mit einer Ausgabe von etwa 6,72 € rechnen.

12. X beschreibe den Gewinn. Dann gilt

$P(X = 15) = P(X = 10) = P(X = 4) = \frac{1}{25}$ und $P(X = 0{,}5) = \frac{22}{25}$.

Damit folgt $E(X) = \frac{1}{25} \cdot 15 + \frac{1}{25} \cdot 10 + \frac{1}{25} \cdot 4 + \frac{22}{25} \cdot 0{,}5 = 1{,}6$, d. h. ein Los muss 1,60 € kosten.

390

13. a)

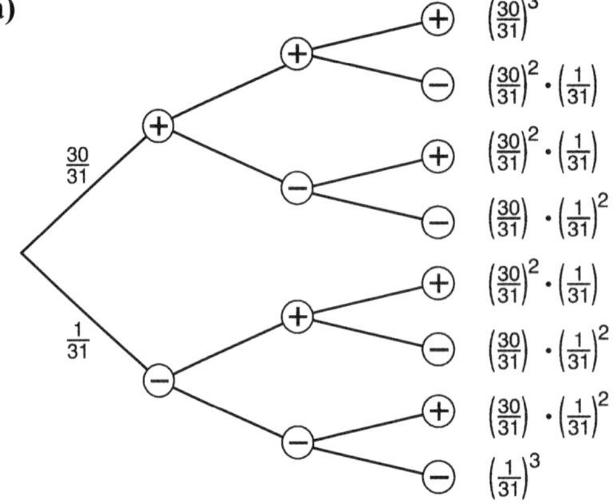

X: Anzahl der Tage, an denen man nicht Ski laufen kann

$P(X = 0) = \left(\frac{30}{31}\right)^3 = 90,63\ \%$

$P(X = 1) = 3 \cdot \left(\frac{30}{31}\right)^2 \cdot \frac{1}{31} = 9,06\ \%$

$P(X = 2) = 3 \cdot \frac{30}{31} \cdot \left(\frac{1}{31}\right)^2 = 0,30\ \%$

$P(X = 3) = \left(\frac{1}{31}\right)^3 = 0,003\ \%$

b)

Einnahmen pro Skipass	Wahrschein-lichkeit	Produkt
20	0,9063	18,126
15	0,0906	1,359
10	0,0030	0,030
5	0,00003	0

$E(X) \approx 19,52$ €

14. Bei 17 Portionen gilt:
$E(X) = 34 \cdot 0,05 + 44 \cdot 0,95 = 43,50$
Bei 12 Portionen gilt:
$E(X) = 28 \cdot 0,05 + 38 \cdot 0,15 + 48 \cdot 0,8 = 45,50$
Bei 13 Portionen gilt:
$E(X) = 22 \cdot 0,05 + 32 \cdot 0,15 + 42 \cdot 0,30 + 52 \cdot 0,50 = 44,50$
Den maximalen Nettogewinn erreicht er bei 12 Portionen, nämlich 43,50 €.
Allerdings gehen dann 80 % der Tage Kunden leer aus.

7.2 Binomialverteilung

7.2.1 Bernoulli-Ketten

393

2.

k	P(X = k)
0	0,5787
1	0,3472
2	0,0694
3	0,0046

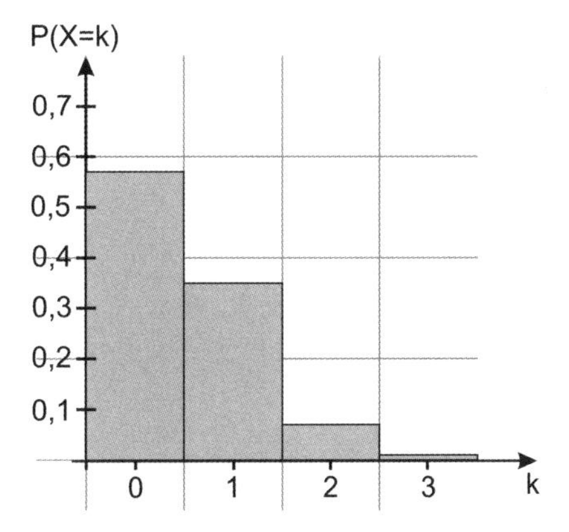

3. Jedes Experiment kann als Bernoulli-Experiment interpretiert werden. Dazu muss man die Menge S der Ergebnisse in die zwei Teilmengen E (Erfolg) und M (Misserfolg) zerlegen. Für die Erfolgswahrscheinlichkeit p gilt dann p = P(E).

4. **a)** Es handelt sich nicht um eine Bernoulli-Kette, da das zugrunde liegende Zufallsexperiment kein Bernoulli-Experiment ist. Es wurde kein Erfolgsereignis erklärt.

b) Das zugrunde liegende Zufallsexperiment ist ein Bernoulli-Experiment (Erfolg: Kugel ist weiß). Beim Ziehen mit Zurücklegen handelt es sich um eine Bernoulli-Kette, da das Bernoulli-Experiment unter gleichen Bedingungen wiederholt wird.
Beim Ziehen ohne Zurücklegen handelt es sich nicht um eine Bernoulli-Kette, da sich die Bedingungen von Stufe zu Stufe ändern.

5. (1) Festlegen von Erfolg und Misserfolg. Beide haben die Wahrscheinlichkeit p = q = 50 %.
(2) Unter der Voraussetzung, dass 10 Münzen mit gleicher Erfolgs- bzw. Misserfolgswahrscheinlichkeit geworfen werden, z. B. alle p = q = 0,5.
(3) Wenn Erfolg (p = 0,05) und Misserfolg (p = 0,95) für alle Dosen gleich sind.
(4) Wenn ein ausgewählter Haushalt auch mehrfach befragt werden darf („Ziehen mit Zurücklegen"). Ist die Grundgesamtheit groß genug, liegt eine Bernoulli-Kette annähernd vor, weil sich p und q beim Ziehen (fast) nicht ändern.

6. **a)** Erfolg: Jeder kann schwimmen.
b) Erfolg: Ein Schmuggler wird erwischt.
c) Erfolg: Alle Fragen richtig beantwortet.

394

7.

k	zugehörige Ergebnisse	Anzahl	P(X = k)
0	(Z, Z, Z, Z, Z)	1	0,03125
1	(W, Z, Z, Z, Z), (Z, W, Z, Z, Z), (Z, Z, W, Z, Z), (Z, Z, Z, W, Z), (Z, Z, Z, Z, W)	5	0,15625
2	(W, W, Z, Z, Z), (W, Z, W, Z, Z), (W, Z, Z, W, Z), (W, Z, Z, Z, W), (Z, W, W, Z, Z), (Z, W, Z, W, Z), (Z, W, Z, Z, W), (Z, Z, W, W, Z), (Z, Z, W, Z, W), (Z, Z, Z, W, W)	10	0,3125
3	(W, W, W, Z, Z), (W, W, Z, W, Z), (W, W, Z, Z, W), (W, Z, W, W, Z), (W, Z, W, Z, W), (W, Z, Z, W, W), (Z, W, W, W, Z), (Z, W, W, Z, W), (Z, W, Z, W, W), (Z, Z, W, W, W)	10	0,3125
4	(W, W, W, W, Z), (W, W, W, Z, W), (W, W, Z, W, W), (W, Z, W, W, W), (Z, W, W, W, W)	5	0,15625
5	(W, W, W, W, W)	1	0,03125

8. **a)** Ja, Erfolg: Schraube brauchbar. Voraussetzung: Alle Schrauben stammen aus der gleichen Charge, d. h. Wahrscheinlichkeit für Ausschuss ist für jede Schraube gleich.

b) Nein, Erfolg: Spieler trifft. Die Erfolgswahrscheinlichkeit ist abhängig vom Spieler und kann nicht als konstant angenommen werden.

c) Nein, Erfolg z. B.: Kugel weiß. Alle Kugeln auf einmal zu ziehen, entspricht Ziehen ohne Zurücklegen.

d) Nein, Erfolg: Person stimmt zu. Die Erfolgswahrscheinlichkeit ist abhängig von der befragten Person und kann nicht als konstant angenommen werden.

e) Nein, Erfolg: Schüler entscheidet sich für das Schülerpaar (X, Y). Die Erfolgswahrscheinlichkeit ist abhängig von den Preferenzen des jeweiligen Schülers.

9. Sei $z_1z_2z_3$ die Gewinnzahl mit $z_1, z_2, z_3 \in \{0, 1, 2, 3, 4, 5, 6, 7, 8, 9\}$, dann kann die Ziehung durch 3-maliges Wiederholen des Bernoulli-Experiments „richtige Ziffer getroffen“ mit $p = \frac{1}{10}$ simuliert werden. Dabei ist es unerheblich, ob sich die Ziffern unterscheiden. Die Erfolgswahrscheinlichkeit ist in jeder Stufe konstant.
Die Zufallsgröße X zähle die richtigen Ziffern. Dann gilt
P(1. Preis) = P(X = 3) = 0,001; P(2. Preis) = P(X = 2) = 0,027

10. (1)

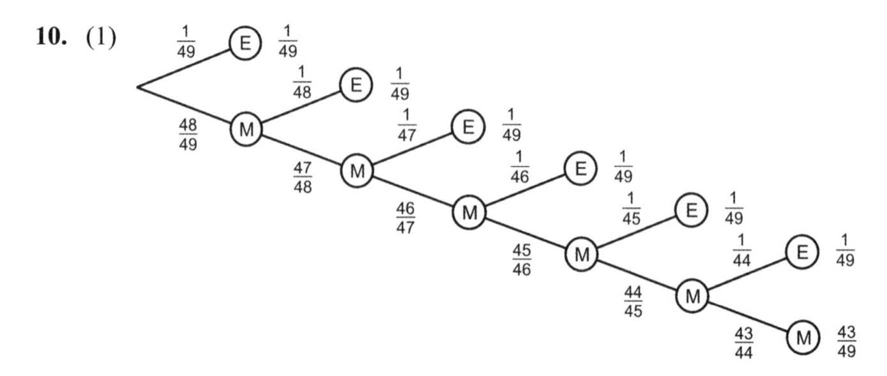

394

10. (1) Fortsetzung
E bezeichnet das Ereignis „gewünschte Zahl gezogen“,
M bezeichnet das Ereignis „gewünschte Zahl nicht gezogen“.
Dann gilt: $P(E) = 6 \cdot \frac{1}{49} = \frac{6}{49}$.

(2) Das zugrunde liegende Bernoulli-Experiment lautet: „Bestimmte Zahl wurde gezogen“. Nach (1) gilt $p = \frac{6}{49}$. Die Erfolgswahrscheinlichkeit ist in jeder Stufe identisch.

11. (1) Bei einer Simulation muss zunächst eine geeignete Liste von Zufallszahlen generiert werden. Danach muss die Liste nach dem Erfolgsereignis durchsucht werden. Beide Schritte lassen sich leicht automatisieren.

(2) Erzeuge eine Liste von 4 Zufallszahlen aus dem Bereich von 1 bis 7. Zähle die Anzahl der 7er. Wiederhole diesen Prozess hinreichend oft, z. B. 100-mal und berechne dann die relativen Häufigkeiten der Ereignisse „keine 7 in der Liste“, „genau eine 7 in der Liste“, „genau zweimal 7 in der Liste“, „genau dreimal 7 in der Liste“.

(3) -

7.2.2 Binomialkoeffizienten – Bernoulli-Formel

400

2. a) (1) Benutze die Bernoulli-Formel mit $n = 4$, $p = \frac{8}{15}$:

$P(X = 0) = 0{,}0474$; $P(X = 1) = 0{,}2168$; $P(X = 2) = 0{,}3717$;
$P(X = 3) = 0{,}2832$; $P(X = 4) = 0{,}0809$

(2) $P(X = 0) = \frac{70}{150} \cdot \frac{69}{149} \cdot \frac{68}{148} \cdot \frac{67}{147} = 0{,}0453$

$P(X = 1) = 4 \cdot \frac{80}{150} \cdot \frac{69}{149} \cdot \frac{68}{148} \cdot \frac{67}{147} = 0{,}2161$

$P(X = 2) = 6 \cdot \frac{80}{150} \cdot \frac{79}{149} \cdot \frac{70}{148} \cdot \frac{69}{147} = 0{,}3767$

$P(X = 3) = 4 \cdot \frac{80}{150} \cdot \frac{79}{149} \cdot \frac{78}{148} \cdot \frac{70}{147} = 0{,}2839$

$P(X = 4) = \frac{80}{150} \cdot \frac{79}{149} \cdot \frac{78}{148} \cdot \frac{77}{147} = 0{,}0781$

b) Eine Urne enthalte n Kugeln, davon seien m rot und n – m schwarz. Dann ist $p = \frac{m}{n}$ die Wahrscheinlichkeit für eine rote Kugel in der ersten Ziehung. X zähle die roten Kugeln, wenn k-mal ohne Zurücklegen gezogen wird. Wenn n groß im Vergleich zu k ist, dann gilt für $l = 0, \ldots, k$

400

2. b) Fortsetzung

$$P(X = l) = \binom{k}{l} \cdot \frac{m}{n} \cdot \frac{m-1}{n-1} \cdot \ldots \cdot \frac{m-l+1}{n-l+1} \cdot \frac{n-m}{n-l} \cdot \ldots \cdot \frac{n-m-k+l+1}{n-k+1}$$

$$= \binom{k}{l} \cdot \frac{pn}{n} \cdot \frac{pn-1}{n-1} \cdot \ldots \cdot \frac{pn-l+1}{n-l+1} \cdot \left(1 - \frac{m-l}{n-l}\right) \cdot \ldots \cdot \left(1 - \frac{m-l}{n-k+1}\right)$$

$$= \binom{k}{l} \cdot \underbrace{\frac{pn}{n}}_{=p} \cdot \underbrace{\frac{pn-1}{n-1}}_{\approx p} \cdot \ldots \cdot \underbrace{\frac{pn-l+1}{n-l+1}}_{\approx p} \cdot \underbrace{\left(1 - \frac{pn-l}{n-l}\right)}_{\approx 1-p} \cdot \ldots \cdot \underbrace{\left(1 - \frac{pn-l}{n-k+1}\right)}_{\approx 1-p}$$

$$\approx \binom{k}{l} \cdot \underbrace{p \cdot p \cdot \ldots \cdot p}_{l} \cdot \underbrace{(1-p) \cdot \ldots \cdot (1-p)}_{k-l}$$

$$= \binom{k}{l} \cdot p^l \cdot (1-p)^{k-l}$$

3. a) 1. Gewinnzahl: 49 Möglichkeiten; 2. Gewinnzahl: 48 Möglichkeiten, …, 6. Gewinnzahl: 44 Möglichkeiten
Mit Beachtung der Reihenfolge ergeben sich
$49 \cdot 48 \cdot 44 = 10\,068\,347\,520$ Möglichkeiten.

b) Anzahl der Anordnungen von 6 Elementen: $6! = 720$.
Ohne Beachtung der Reihenfolge ergeben sich
$\frac{10\,068\,347\,520}{720} = 13\,983\,816$ Möglichkeiten.

c) $\binom{49}{6} = 13\,983\,816$

Es handelt sich um das gleiche Problem. In b) müssen wir aus 49 verschiedenen Objekten 6 auswählen, wobei die Reihenfolge irrelevant ist. Bei dem Würfelproblem müssen wir aus 49 möglichen Positionen 6 auswählen, auf die die Einsen gesetzt werden. Auch hier ist die Reihenfolge irrelevant.

4. $\binom{8}{4} = 70$; $\binom{9}{3} = 84$

401

5. a) 1; 10; 45; 120; 210; 252; 210; 120; 45; 10; 1

b) Da es keinen Unterschied macht, ob man 3 Erfolge und 7 Misserfolge oder 7 Erfolge und 3 Misserfolge aus 10 anordnet.

c) Es macht keinen Unterschied, ob man k Erfolge und n – k Misserfolge oder n – k Erfolge und k Misserfolge auf n Plätzen anordnet.

401

6. $n = 5;\ p = \frac{1}{5} = 0{,}2$

Anzahl der richtigen Antworten	0	1	2	3	4	5
Wahrscheinl.	0,328	0,410	0,205	0,051	0,006	0,0003

P (mehr als die Hälfte richtig) = 0,058.

7. a) $n = 12;\ p = 0{,}514$

P (6 Jungen + 6 Mädchen) = $\binom{12}{6} \cdot 0{,}514^6 \cdot 0{,}486^6 = 0{,}225$

b) $n = 4;\ p = 0{,}486$

k	0	1	2	3	4
P (X = k)	0,070	0,264	0,374	0,236	0,056

c) $n = 6;\ p = 0{,}514$

P (mehr Jungen als Mädchen) = P (mindestens 4 Jungen) = 0,370

8. a) $n = 6;\ p = \frac{1}{6};\ P(X = 2) = 0{,}201$

b)

Würfel	P(X = 1)	P(X = 5)
Oktaeder	0,3927	0,0011
Dodekaeder	0,3840	0,0017
Ikosaeder	0,3774	0,0022

9. (1) $n = 10;\ p = 70\ \%;\ P(X = 7) = 0{,}2668$

(2) $P(X = 7) = \dfrac{\binom{21}{7} \cdot \binom{30-21}{10-7}}{\binom{30}{10}} = 0{,}3251$

(3) In (1) ist die Grundgesamtheit so groß, dass näherungsweise eine Binomialverteilung angenommen werden kann. In (2) muss berücksichtigt werden, dass sich die Wahrscheinlichkeiten nach jedem ausgewählten Schüler verändern.

10. a) (1) $p = 0{,}25;\ n = 8;\ P(X = 2) = 0{,}311$
(2) $p = 0{,}75;\ n = 8;\ P(X = 6) = 0{,}311$

401

10. b) n = 10; p = 0,25

k	P (X = k)
0	0,056
1	0,188
2	0,282
3	0,250
4	0,146
5	0,058
6	0,016
7	0,003
8	0,00039
9	0,000029
10	0,000001

n = 10; p = 0,75

k	P (X = k)
0	0,000001
1	0,000029
2	0,00039
3	0,0031
4	0,016
5	0,058
6	0,146
7	0,250
8	0,282
9	0,188
10	0,056

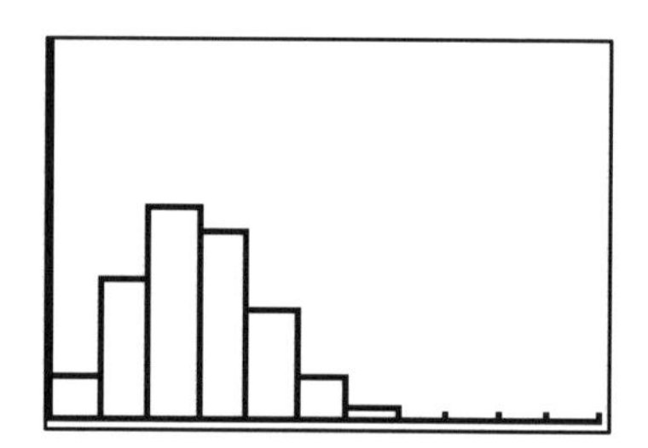

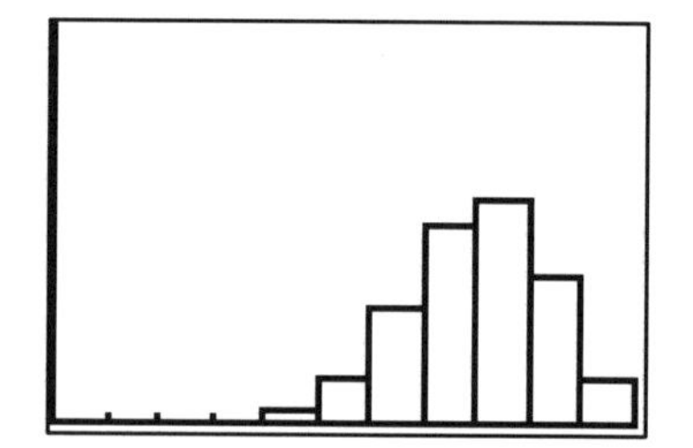

7.2.3 Rekursive Berechnung von Wahrscheinlichkeiten bei Bernoulli-Ketten

404

1. Um k-mal Augenzahl 4 in Stufe 10 zu erreichen, muss in Stufe 9 entweder k – 1-mal Augenzahl 4 vorliegen und in der 10. Wiederholung wieder 4 kommen oder in Stufe 9 bereits k-mal Augenzahl 4 vorliegen und in der 10. Wiederholung nicht die 4 kommen.

2. (1) $\binom{10}{3} = 120$ (2) $\binom{8}{5} = 56$

3. a)

$$a^2 + 2ab + b^2$$

$\swarrow \cdot a \searrow \cdot b \quad \swarrow \cdot a \searrow \cdot b \quad \swarrow \cdot a \searrow \cdot b$

$$a^3 + 3a^2b + 3ab^2 + b^3$$

$\swarrow \cdot a \searrow \cdot b \quad \swarrow \cdot a \searrow \cdot b \quad \swarrow \cdot a \searrow \cdot b \quad \swarrow \cdot a \searrow \cdot b$

$$a^4 + 4a^3b + 6a^2b^2 + 4ab^3 + b^4$$

404

3. b) Die Summanden $\binom{5}{k}p^k q^{5-k}$ bezeichnen die Wahrscheinlichkeit für k Erfolge in 5 Wiederholungen. Die Summe der Terme für k = 0, …, 5 ergibt 1, da in 5 Versuchen genau einer der 6 Fälle eintreten muss.

405

4. $\binom{n}{0} = \binom{n}{n} = 1$ für $n \in \mathbb{N}_0$

und $\binom{n}{k} = \binom{n-1}{k-1} + \binom{n-1}{k}$ für $k = 1, ..., n-1;\ n \in \mathbb{N}$.

5. Setze in $(a+b)^n = \sum_{k=0}^{n} \binom{n}{k} a^k b^{n-k}$ für a und b den Wert 1 ein, dann folgt

$$2^n = (1+1)^n = \sum_{k=0}^{n} \binom{n}{k} 1^k 1^{n-k} = \sum_{k=0}^{n} \binom{n}{k}.$$

6. (1) $(0,5+0,5)^6 = \binom{6}{0}0,5^0 0,5^6 + \binom{6}{1}0,5^1 0,5^5 + \binom{6}{2}0,5^2 0,5^4 + \binom{6}{3}0,5^3 0,5^3 + \binom{6}{4}0,5^2 0,5^4 + \binom{6}{5}0,5^5 0,5 + \binom{6}{6}0,5^6 0,5^0$

$P(X=k) = \binom{6}{k}0,5^k 0,5^{6-k}$ ist die Wahrscheinlichkeit für genau k Erfolge in 6 Wiederholungen eines Bernoulli-Experiments mit Erfolgswahrscheinlichkeit p = 0,5.

(2) $\left(\frac{5}{6}+\frac{1}{6}\right)^8 = \binom{8}{0}\left(\frac{5}{6}\right)^0 \cdot \left(\frac{1}{6}\right)^8 + \binom{8}{1}\left(\frac{5}{6}\right)^1 \cdot \left(\frac{1}{6}\right)^7 + \binom{8}{2}\left(\frac{5}{6}\right)^2 \cdot \left(\frac{1}{6}\right)^6 + \binom{8}{3}\left(\frac{5}{6}\right)^3 \cdot \left(\frac{1}{6}\right)^5 + \binom{8}{4}\left(\frac{5}{6}\right)^4 \cdot \left(\frac{1}{6}\right)^4 + \binom{8}{5}\left(\frac{5}{6}\right)^5 \cdot \left(\frac{1}{6}\right)^3 + \binom{8}{6}\left(\frac{5}{6}\right)^6 \cdot \left(\frac{1}{6}\right)^2 + \binom{8}{7}\left(\frac{5}{6}\right)^7 \cdot \left(\frac{1}{6}\right)^1 + \binom{8}{8}\left(\frac{5}{6}\right)^8 \cdot \left(\frac{1}{6}\right)^0$

$P(X=k) = \binom{8}{k}\left(\frac{5}{6}\right)^k \cdot \left(\frac{1}{6}\right)^{n-k}$ ist die Wahrscheinlichkeit für genau k Erfolge in 8 Wiederholungen eines Bernoulli-Experiments mit Erfolgswahrscheinlichkeit $p = \frac{5}{6}$.

405

6. (3) $\left(\frac{3}{4}+\frac{1}{4}\right)^7 = \binom{7}{0}\left(\frac{3}{4}\right)^0 \cdot \left(\frac{1}{4}\right)^7 + \binom{7}{1}\left(\frac{3}{4}\right)^1 \cdot \left(\frac{1}{4}\right)^6 + \binom{7}{2}\left(\frac{3}{4}\right)^2 \cdot \left(\frac{1}{4}\right)^5 +$

$\binom{7}{3}\left(\frac{3}{4}\right)^3 \cdot \left(\frac{1}{4}\right)^4 + \binom{7}{4}\left(\frac{3}{4}\right)^4 \cdot \left(\frac{1}{4}\right)^3 + \binom{7}{5}\left(\frac{3}{4}\right)^5 \cdot \left(\frac{1}{4}\right)^2 +$

$\binom{7}{6}\left(\frac{3}{4}\right)^6 \cdot \left(\frac{1}{4}\right)^1 + \binom{7}{7}\left(\frac{3}{4}\right)^7 \cdot \left(\frac{1}{4}\right)^0$

$P(X = k) = \binom{7}{k}\left(\frac{3}{4}\right)^k \cdot \left(\frac{1}{4}\right)^{n-k}$ ist die Wahrscheinlichkeit für genau k Erfolge in 7 Wiederholungen eines Bernoulli-Experiments mit Erfolgswahrscheinlichkeit $p = \frac{3}{4}$.

7. a) Um zum Punkt (k | n – k) zu gelangen, muss man k-mal nach rechts und n – k-mal nach oben gehen. Also kann man k bzw. n – k Entscheidungen auf n Entscheidungsplätzen verteilen.

b) Wenn man von den „normalen“ Planquadraten ausgeht, also z. B. nicht Abweichungen wie bei den Planquadraten M3 und M4 berücksichtigt, erhält man:

(1) $\binom{15}{8} = 6435$ (2) $\binom{10}{6} = 210$

7.3 Erwartungswert einer Binomialverteilung

407

2. a) Das Maximum der Binomialverteilung liegt bei der größten natürlichen Zahl $k \leq n \cdot p + p = E(X) + p$. Falls der Erwartungswert $n \cdot p$ selbst ganzzahlig ist, nimmt die Verteilung bei $k = E(X)$ ein Maximum an.

b)

	E(X)	Maximum bei k =
(1)	6	6
(2)	7,6	7 und 8
(3)	8,5	8 und 9
(4)	6,6	7
(5)	11,2	11
(6)	12,75	13
(7)	7,75	7 und 8
(8)	8	8

408

3. a) Die Zufallsgröße X zähle die richtigen Antworten. X ist binomialverteilt mit $n = 10$ und $p = \frac{1}{4}$.

k	P(X = k)	k	P(X = k)
0	0,0563	6	0,0162
1	0,1877	7	0,0031
2	0,2816	8	0,0004
3	0,2503	9	0,00003
4	0,1460	10	0,000001
5	0,0584		

b) $E(X) = 10 \cdot \frac{1}{4} = 2{,}5$

4. a) $n = 40$; $p = 0{,}2$

k	P (X = k)
6	0,125
7	0,151
8	0,156
9	0,139
10	0,107

L1	L2	L3 2
5	.08541	
6	.12456	
7	.15125	
8	[illegible]	
9	.13865	
10	.10745	
11	.07326	

L2(9) =.155981232...

b) (1) $n = 60$; $p = 0{,}7$

k	P (X = k)
40	0,093
41	0,106
42	0,112
43	0,109
44	0,098

L1	L2	L3 2
39	.07597	
40	.09306	
41	.10592	
42	[illegible]	
43	.1092	
44	.09845	
45	.08168	

L2(43)=.111803623...

(2) $n = 55$; $p = 0{,}6$

k	P (X = k)
31	0,093
32	0,105
33	0,109
34	0,106
35	0,095

L1	L2	L3 2
30	.07681	
31	.09291	
32	.10453	
33	[illegible]	
34	.10607	
35	.09546	
36	.07955	

L2(34)=.109279702...

(3) $n = 80$; $p = 0{,}3$

k	P (X = k)
22	0,088
23	0,095
24	0,097
25	0,093
26	0,084

L1	L2	L3 2
21	.07668	
22	.08813	
23	.09525	
24	[illegible]	
25	.09307	
26	.08438	
27	.07233	

L2(25)=.096951307...

408

4. b) (4) n = 72; p = 0,5

k	P (X = k)
34	0,084
35	0,092
36	0,094
37	0,091
38	0,084

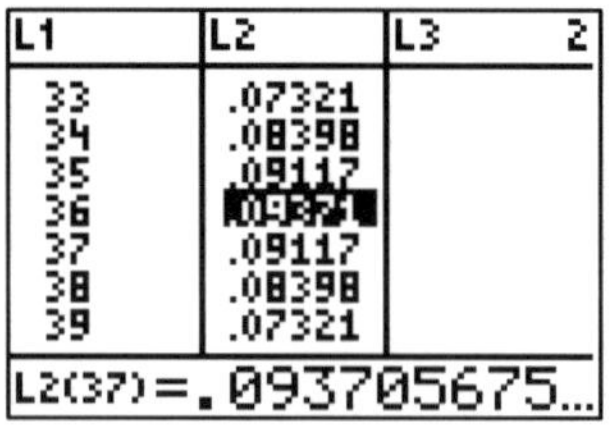

L1	L2	L3
33	.07321	
34	.08398	
35	.09117	
36	.09371	
37	.09117	
38	.08398	
39	.07321	

L2(37) = .093705675...

409

5. a) Mithilfe des randBin-Befehls erhalten wir beispielsweise:

Anzahl der Sechsen	0	1	2	3	4	5	6	7	…
Anzahl der Wurfserien mit k Sechsen	13	25	32	22	7	1	0	0	

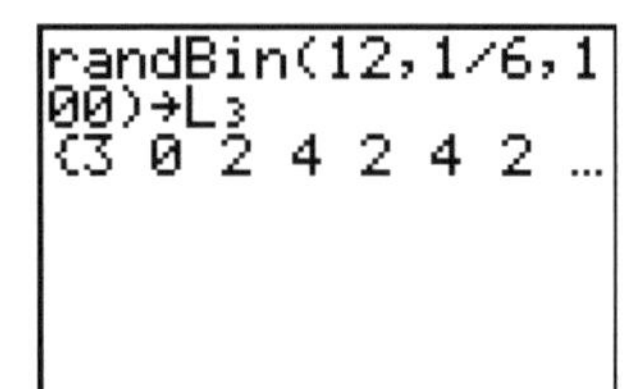

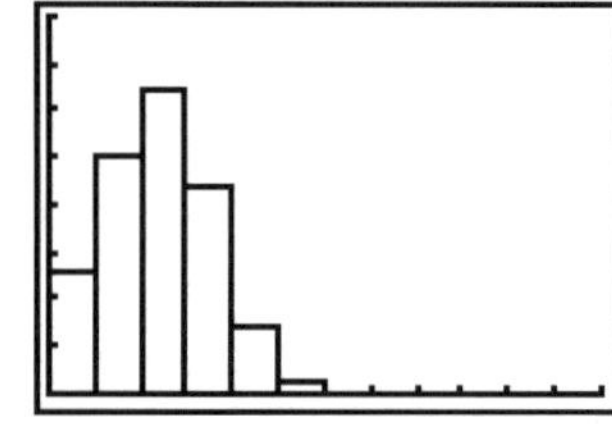

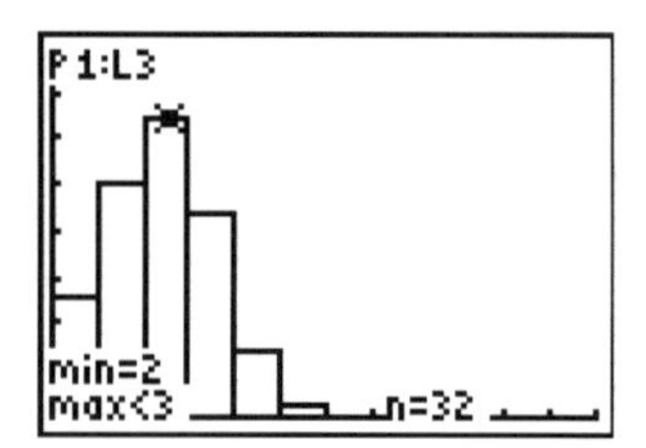

Die durchschnittliche Anzahl der Würfe mit Augenzahl 6 bei der Simulation ist:

$$\frac{13\cdot 0+25\cdot 1+32\cdot 2+22\cdot 3+7\cdot 4+1\cdot 5}{100}=\frac{188}{100}\approx 1{,}9$$

b) (1) Mithilfe des Befehls binompdf (12, 1/6) erhaltenwir die gesuchten Wahrscheinlichkeiten und die zugehörige grafische Darstellung der Verteilung.

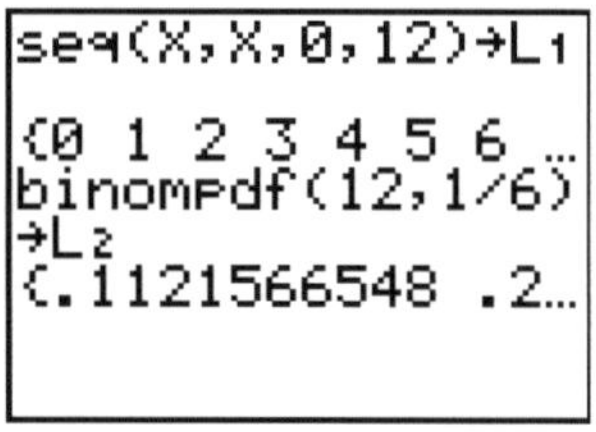

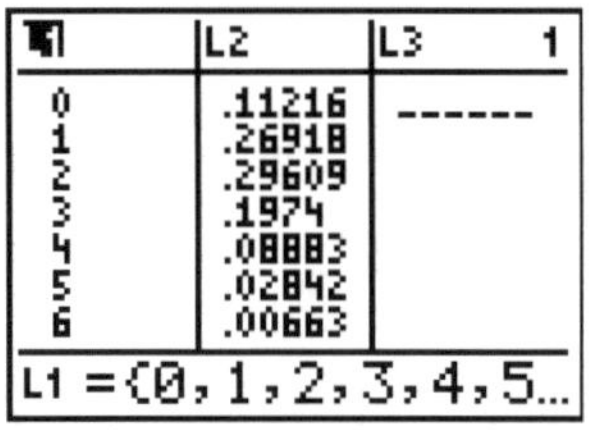

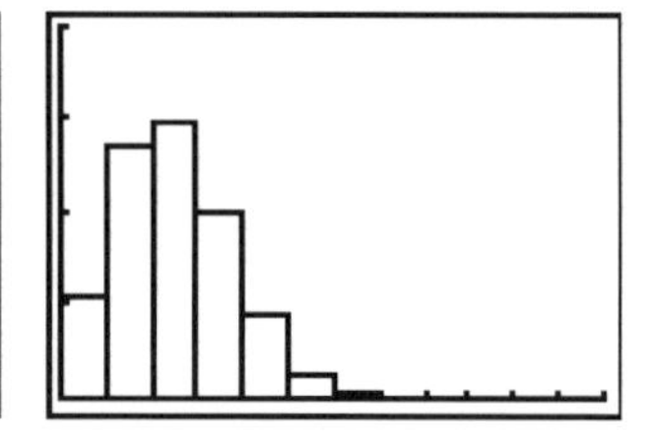

L1	L2	L3
0	.11216	------
1	.26918	
2	.29609	
3	.1974	
4	.08883	
5	.02842	
6	.00663	

L1 = {0,1,2,3,4,5...

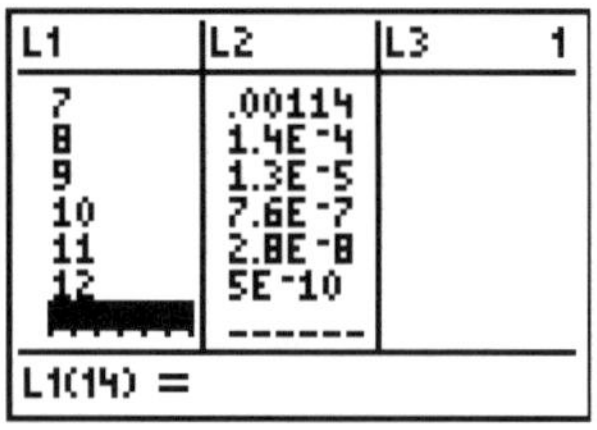

L1	L2	L3
7	.00114	
8	1.4E-4	
9	1.3E-5	
10	7.6E-7	
11	2.8E-8	
12	5E-10	

L1(14) =

Analog zu Teilaufgabe a) berechnen wir den Erwartungswert μ:

$\mu = 0{,}11216 \cdot 0 + 0{,}26918 \cdot 1 + 0{,}29609 \cdot 2 + \ldots$

Mithilfe des GTR multiplizieren wir dazu gliedweise die Elemente der Listen L1 und L2 und addieren die Produkte mithilfe des Befehls sum aus dem Menü LIST unter MATH oder aus dem CATALOG. Wir erhalten den Erwartungswert μ = 2.

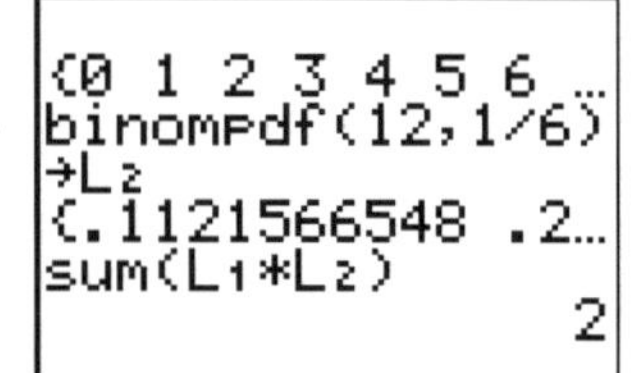

409

5. b) (2) Wenn man das 12-fache Würfeln also 1000-mal, … s-mal durchführt, so erwartet man, dass im Mittel 2 Sechsen pro 12-stufigem Zufallsversuch auftreten. Dieser berechnete (theoretische) Mittelwert ist plausibel, denn bei Zufallsversuchen mit Erfolgswahrscheinlichkeit $p = \frac{1}{6}$ erwartet man durchschnittlich in einem Sechstel der Fälle einen Erfolg („im Durchschnitt bei jedem sechsten Wurf"), d. h. hier erwartet man im Durchschnitt $n \cdot p = 12 \cdot \frac{1}{6} = 2$ Erfolge pro Versuch.

6. a) $p = 0{,}5$

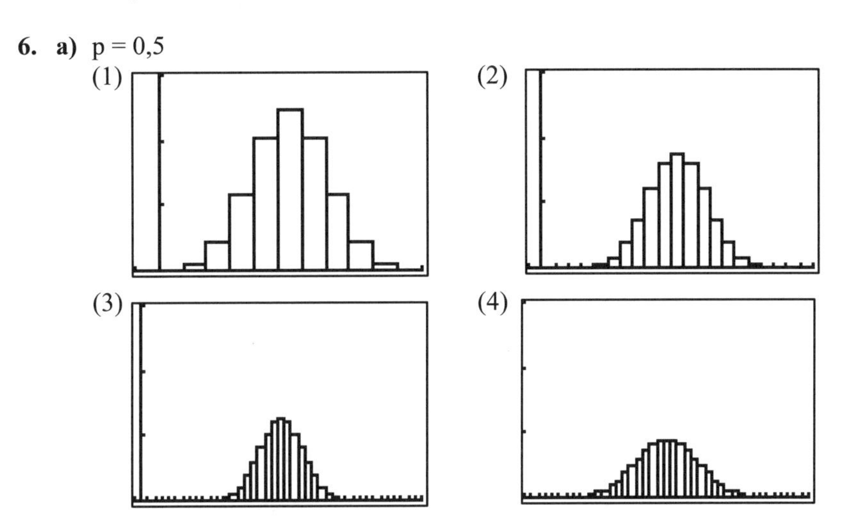

Beim Histogramm in (4) konnte wegen der Auflösung des Displays nur ein Ausschnitt $20 \leq X \leq 60$ gezeichnet werden.
Die Histogramme werden immer breiter und flacher.

$p = 0{,}3$

(1) (2)

(3) (4)

Die Histogramme werden ebenfalls immer breiter und flacher, nehmen aber auch immer mehr eine symmetrische Gestalt an.

409

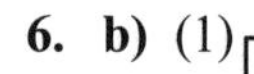

6. b) (1)

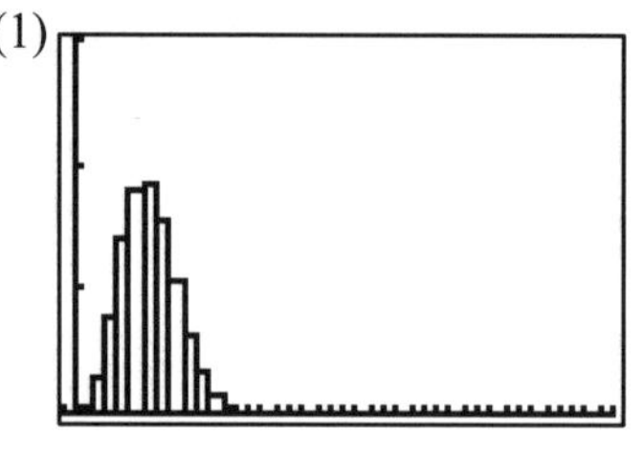

(2)

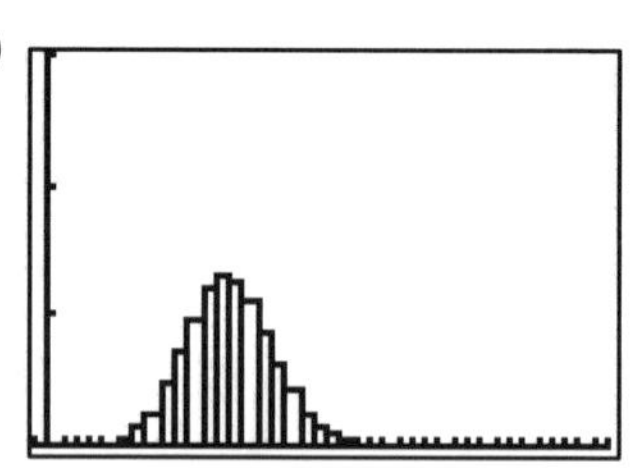

(3)

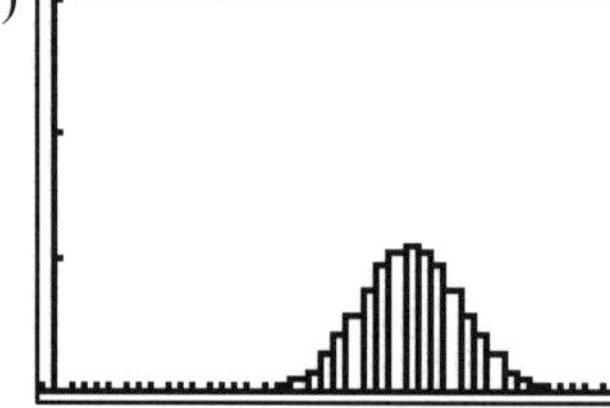

(4)

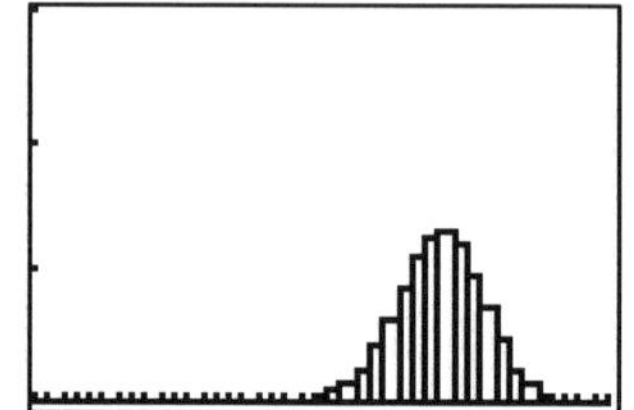

(5)

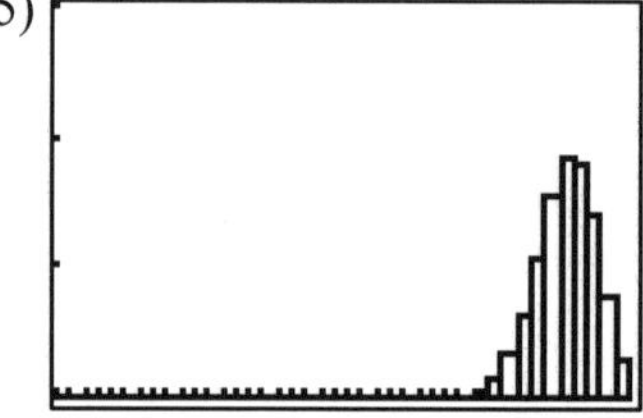

Das Histogramm in (4) entsteht aus dem Histogramm in (2) durch Spiegelung an der Achse k = 25 (Vertauschen von Erfolg und Misserfolg).
Das Histogramm in (5) entsteht aus dem Histogramm in (1) durch Spiegelung an der Achse k = 25 (Vertauschen von Erfolg und Misserfolg).

7. $E(X) = 100$ $[E(X) = 50]$

8. $p \approx 0{,}25$; $p \approx 0{,}75$; $p \approx 0{,}5$

9. a) (1) $p = \frac{1}{5}$

n	np – p	k_{max}	np + p
10	1,8	2	2,2
20	3,8	4	4,2
50	9,8	10	10,2
100	19,8	20	20,2

409

9. a) (2) $p = \frac{2}{3}$

n	np – p	k_{max}	np + p
10	6	7	7,33
20	12,67	13; 14	14
50	32,67	33; 34	34
100	66	67	67,33

(3) $p = \frac{2}{7}$

n	np – p	k_{max}	np + p
10	2,57	3	3,14
20	5,43	5; 6	6
50	14	14	14,57
100	28,29	28	28,86

b) Ja, wenn $(n + 1) \cdot p$ ganzzahlig ist.
Hinweis: Der Beweis des angegebenen Satzes erfolgt mithilfe der Rekursionsformel für Binomialverteilungen.

$$\frac{P(X=k)}{P(X=k-1)} = \frac{n-k+1}{k} \cdot \frac{p}{1-p}$$

also $P(X = k) = P(X = k - 1) \Leftrightarrow (n - k + 1)p = k(1 - p) \Leftrightarrow (n + 1)p = k$

7.4 Anwendungen der Binomialverteilung

7.4.1 Kumulierte Binomialverteilung – Auslastungsmodell

413

3. X beschreibe die Anzahl der Kunden, die zu einem beliebigen Zeitpunkt einen Automaten benutzen wollen. $p = \frac{1}{60}$ ist die Wahrscheinlichkeit, dass ein Automat zu einem beliebigen Zeitpunkt besetzt ist.
$P(X > 3) = 1 - P(X \leq 3) = 1 - \text{binomcdf}(120,1/60,3) = 0,141$

4. X beschreibe die Anzahl der Telefonate, die im ersten Versuch zustande kommen. X ist binomialverteilt mit $n = 5$ und $p = 0,65$.
$P(X = 5) = 0,116$
$[P(X = 0) = 0,005 \quad P(X = 3) = 0,336 \quad P(X \geq 3) = 1 - P(X \leq 2) = 0,765]$

5. *Annahme*: Daniels Gewinn-Wahrscheinlichkeit beträgt in jedem Spiel 60 %:
Damit: $P(X \geq 8) = 0,787$
Er hat also sehr gute Chancen.

6. X beschreibe die Anzahl der richtig geratenen Fragen. X ist binomialverteilt mit $n = 12$ und $p = \frac{1}{3}$.
$P(X \geq 6) = 1 - P(X \leq 5) = 1 - \text{binomcdf}(12,1/3,5) = 0,1777$

413

7. X beschreibe die Anzahl keimender Blumenzwiebeln.

a) X ist binomialverteilt mit $n = 10$ und $p = 0{,}95$.
$P(9 \leq X \leq 10) = P(X = 9) + P(X = 10) = 0{,}914$

b) X ist binomialverteilt mit $n = 12$ und $p = 0{,}95$.
$P(X > 9) = 1 - P(X \leq 9) = 0{,}980$

c) X ist binomialverteilt mit $n = 15$ und $p = 0{,}95$.
$P(X \geq 13) = 1 - P(X \leq 12) = 0{,}964$

8. (1) Es wurde $P(X > 4)$ statt $P(X \geq 4)$ berechnet.
$P(X \geq 4) = 1 - \text{binomcdf}(10,1/6,3) = 0{,}0697$

(2) Es wurde $P(3 < X \leq 7)$ statt $P(3 < X < 7)$ berechnet.
$P(3 < X < 7) = \text{binomcdf}(10,1/6,6) - \text{binomcdf}(10,1/6,3) = 0{,}06946$

9. **a)** 8-stufige Bernoulli-Kette; $p = \frac{1}{6}$; 3 Erfolge

6-stufige Bernoulli-Kette; $p = \frac{1}{2}$; höchstens 4 Erfolge

b) (1) 0 oder Error, denn 4 Erfolge sind bei einem 3-stufigen Experiment nicht möglich.

(2) Error, da zu viele Argumente.

414

10. (1) 0,1897 (2) 0,4148 (3) 0,7748 (4) 0,9087 (5) 0,6172 (6) 0,8069 (7) 0,5713

11. (1) $P(X \leq 22) \approx 0{,}24$; $P(X \leq 23) \approx 0{,}39$; $k = 23$

(2) $P(X \leq 24) \approx 0{,}57$; $P(X \leq 23) \approx 0{,}39$; $k = 24$

12. **a)** Wahrscheinlichkeit, dass ein Kunde gerade ziehen will: $p = \frac{1}{60}$.

n-stufige Bernoulli-Kette mit Wahrscheinlichkeit $p = \frac{1}{60}$ und $n = 50$.

X: Anzahl der Kunden, die gerade eine Karte ziehen wollen.
$P(X \leq 2) = 0{,}9492$ [0,8699; 0,7667; 0,6540]

b) $P(X \leq 3) = 0{,}9903$ [0,9631; 0,9134; 0,8432]

13. Druckfehler in der 1. Auflage: Es fehlt die Angabe, dass 85 % aller Kunden ihren Flug antreten.
Es werden $150 \cdot 1{,}12 = 168$ Karten verkauft, also $p = 0{,}85$ und $n = 168$.
$P(X \leq 150) \approx 0{,}957$

7.4.2 Das Kugel-Fächer-Modell

416

2. (1) X: Anzahl der Personen, die an einem bestimmten Tag Geburtstag haben
$n = 365$; $p = \frac{1}{365}$
$P(X = 0) = 0{,}367$; $P(X = 1) = 0{,}368$; $P(X > 1) = 0{,}264$

416

2. (2) X: Anzahl der Runden, in denen die Kugel auf einem bestimmten Feld stehen bleibt

$n = 37;\ p = \frac{1}{37}$

$P(X = 0) = 0{,}363;\ P(X = 1) = 0{,}373;\ P(X > 1) = 0{,}264$

(3) X: Anzahl der Regentropfen in einem bestimmten Feld

$n = 100;\ p = \frac{1}{100}$

$P(X = 0) = 0{,}366;\ \ P(X = 1) = 0{,}370;\ \ P(X > 1) = 0{,}264$

3. a) $P(X = 0) = \left(\frac{36}{37}\right)^n$

b) $\left(\frac{36}{37}\right)^n \approx \frac{10}{37}$ (Anteil der nicht besetzten Felder)

↑ (Wahrscheinlichkeit, dass ein Feld nicht besetzt wird)

Lösung durch systematisches Probieren oder durch Logarithmieren:

$n \approx 48$, denn

$\left(\frac{36}{37}\right)^{47} \approx 0{,}2759$

$\frac{10}{37} \approx 0{,}2703$

$\left(\frac{36}{37}\right)^{48} \approx 0{,}2684$

419

4. a) $n = 100,\ p = 0{,}01$:

(1) $P(X = 0) = \binom{100}{0} 0{,}01^0 \cdot 0{,}99^{100} = 0{,}3660$

$P(X = 1) = P(X = 0)\ \frac{100}{1} \cdot \frac{1}{99} = 0{,}3697$

$P(X = 2) = P(X = 1)\ \frac{99}{2} \cdot \frac{1}{99} = 0{,}1849$

$P(X > 2) = 1 - P(X \le 2) = 1 - (0{,}3660 + 0{,}3697 + 0{,}1849)$
$= 1 - 0{,}9206 = 0{,}0794$

(2) $0{,}3660 \cdot 100 \approx 37$ Samentüten ohne Unkrautsamen

$0{,}3697 \cdot 100 \approx 37$ Samentüten mit 1 Unkrautsamen

$0{,}1847 \cdot 100 \approx 18$ Samentüten mit 2 Unkrautsamen

$0{,}0794 \cdot 100 \approx\ \ 8$ Samentüten mit mehr als 2 Unkrautsamen

b) $p = 0{,}01$:

(1) $P(X = 0) = \binom{n}{0} 0{,}01^0 \cdot 0{,}99^n = 0{,}99^n$

(2) $100 \cdot 0{,}99^n$

(3) $100 \cdot 0{,}99^n = 50 \quad \Leftrightarrow \quad \ln(100) + n \ln(0{,}99) = \ln(50)$

$\Leftrightarrow\ n = \frac{\ln(50) - \ln(100)}{\ln(0{,}99)} = \frac{\ln(0{,}5)}{\ln(0{,}99)} = 68{,}96 \approx 69$

ca. 69 Unkrautsamen sind in die Abfüllmenge gelangt.

419

5. a) $n = 60;\ p = \frac{1}{400}$ (60 Kugeln werden zufällig auf 400 Fächer verteilt)

k	0	1	2	3	4	5	6	7	8
P(X = k)	0,861	0,129	0,009	0,0005	0	0	0	0	0

b) $P(X \geq 2) = 1 - P(X \leq 1) = 0{,}01 = 1\%$
Es wurde die Modellannahme gemacht, dass die Fehler zufällig auf die Seiten verteilt sind. Fächer = Seite; Kugel = Fehler.

6. $n = 100;\ p = \frac{1}{365}$

$P(X = 0) = 0{,}760$ $\quad$ $P(X = 2) = 0{,}028$
$P(X = 1) = 0{,}209$ $\quad$ $P(X > 2) = 0{,}003$

7. a) $n = 400,\ p = \frac{1}{365}$:

$$P(X=0) = \binom{400}{0}\left(\frac{1}{365}\right)^0\left(\frac{364}{365}\right)^{400} \approx 0{,}3337$$

$$P(X=1) = P(X=0)\frac{400}{1}\cdot\frac{1}{364} = 0{,}3667$$

$$P(X=2) = P(X=1)\frac{399}{2}\cdot\frac{1}{364} = 0{,}2010$$

$$P(X>2) = 1 - P(X \leq 2) = 1 - (0{,}3337 + 0{,}3667 + 0{,}2010) = 1 - 0{,}9014 = 0{,}0986$$

Es treten ca. $365 \cdot 0{,}3337 \approx 122$ Tage ohne Alarm,
ca. $365 \cdot 0{,}3667 \approx 134$ Tage mit einem Alarm,
ca. $365 \cdot 0{,}2010 \approx 73$ Tage mit zwei Alarmen,
ca. $365 \cdot 0{,}0986 \approx 36$ Tage mit drei Alarmen auf.

b) $P(X=0) = \left(\frac{364}{365}\right)^n$:

$$365\cdot\left(\frac{364}{365}\right)^n = 100 \iff n = \frac{\ln\left(\frac{100}{365}\right)}{\ln\left(\frac{364}{365}\right)} \iff n \approx 472$$

Ca. 472-mal wurde die Feuerwehr alarmiert.

8. a) Unbekannte Zahl n der Schüler der anderen Jahrgangsstufe

$P(X=0) = \left(\frac{364}{365}\right)^n$ = Wahrscheinlichkeit dafür, dass an einem bestimmten Tag des Jahres kein Schüler Geburtstag hat, d. h. es gibt ca. $365\cdot\left(\frac{364}{365}\right)^n$ Tage im Jahr mit 0 Geburtstagskindern.

$365\cdot\left(\frac{364}{365}\right)^n \approx 260 \iff \left(\frac{364}{365}\right)^n \approx \frac{260}{365}$ ist für $n \approx 124$ erfüllt.

b) -

419

9. Kugel-Fächer-Modell mit n = 837 und f = 306. X zählt die Tore pro Spiel.

Anzahl k der Tore	0	1	2	3	4
Wahrsch. P(X = k)	0,065	0,177	0,243	0,222	0,152
erwartete Anzahl von Spielen	20	54	74	68	46

Anzahl k der Tore	5	6	7	8
Wahrsch. P(X = k)	0,083	0,038	0,015	0,005
erwartete Anzahl von Spielen	25	12	4	2

420

10. a) $n = 1\,000,\ p = \frac{1}{500}$:

$P(X=0) = \left(\frac{499}{500}\right)^{1000} = 0{,}1351$

$P(X=1) = \frac{1000}{1} \cdot \frac{1}{499} = 0{,}2707$

$P(X=2) = \frac{999}{2} \cdot \frac{1}{499} = 0{,}2709$

$P(X=3) = \frac{998}{3} \cdot \frac{1}{499} = 0{,}1806$

$P(X=4) = \frac{997}{4} \cdot \frac{1}{499} = 0{,}0902$

$P(X=5) = \frac{996}{5} \cdot \frac{1}{499} = 0{,}0360$

$P(X=6) = \frac{995}{6} \cdot \frac{1}{499} = 0{,}0120$

$P(X=7) = \frac{994}{7} \cdot \frac{1}{499} = 0{,}0034$

$P(X=8) = \frac{993}{8} \cdot \frac{1}{499} = 0{,}0008$

$500 \cdot 0{,}1351 \approx$ 68 Brötchen ohne Rosinen
$500 \cdot 0{,}2707 \approx$ 135 Brötchen mit 1 Rosine
$500 \cdot 0{,}2709 \approx$ 135 Brötchen mit 2 Rosinen
$500 \cdot 0{,}1806 \approx$ 90 Brötchen mit 3 Rosinen
$500 \cdot 0{,}0902 \approx$ 45 Brötchen mit 4 Rosinen
$500 \cdot 0{,}0360 \approx$ 18 Brötchen mit 5 Rosinen
$500 \cdot 0{,}0120 \approx$ 6 Brötchen mit 6 Rosinen
$500 \cdot 0{,}0034 \approx$ 2 Brötchen mit 7 Rosinen
$500 \cdot 0{,}0008 \approx$ 0 Brötchen mit 8 Rosinen

b) $P(X=0) = \left(\frac{499}{500}\right)^n$:

$500 \cdot \left(\frac{499}{500}\right)^n = 50 \iff n = \frac{\ln 0{,}1}{\ln \frac{499}{500}} = 1150$

Ca. 1 150 Rosinen wurden in den Teig gemischt.

420

11. $n = 85;\ p = \frac{1}{100}$;

X: Anzahl der Wassertierchen in einem Feld

k	P (X = k)	100 · P (X = k)
0	0,426	≈ 43
1	0,365	≈ 37
2	0,155	≈ 16

k	P (X = k)	100 · P (X = k)
3	0,043	≈ 4
4	0,001	≈ 0

12. -

13. -

Blickpunkt: Das Problem der vollständigen Serie

421

1. a) Nach S. 422, Aufgabe 2 sind im Mittel 14,7 Würfe notwendig.

b) Aus der Grafik ablesbar: kleinster Wert: 6; unteres Quartil: 10; Median: ca. 13,2; oberes Quartil: 18; größter Wert: 29

c) -

422

2. a) Ausgehend vom Startzustand „0 Augenzahlen" geht man mit dem ersten Wurf mit Wahrscheinlichkeit 1 in den Zustand „1 Augenzahl" über. Nun wird mit Wahrscheinlichkeit $\frac{1}{6}$ die gleiche Augenzahl wiederholt, d. h. der Zustand ändert sich nicht. Mit Wahrscheinlichkeit $\frac{5}{6}$ wird eine andere Augenzahl geworfen und man erreicht den Zustand „2 verschiedene Augenzahlen". Jetzt wird mit Wahrscheinlichkeit $\frac{2}{6}$ eine der beiden schon getroffenen Augenzahlen geworfen, d. h. der Zustand ändert sich nicht. Mit Wahrscheinlichkeit $\frac{4}{6}$ wird eine andere Augenzahl geworfen und man erreicht den Zustand „3 verschiedene Augenzahlen", usw..

b) Man benötigt einen Wurf für eine beliebige Augenzahl. Die Wahrscheinlichkeit, nun gemäß des Übergangsdiagramms aus a) in den nächsten Zustand überzugehen ist $\frac{5}{6}$. Dazu braucht man im Mittel $\frac{6}{5}$ Versuche. Für den nächsten Zustand kommen bei einer Wahrscheinlichkeit von $\frac{4}{6}$ im Mittel $\frac{6}{4}$ weitere Versuche hinzu, usw.. Insgesamt ergibt sich die angegebene Summe.

c) (1) 8,33 (2) 21,74 (3) 37,24 (4) 71,95

d) Die Berechnung erfolgt analog zu der in b) beschriebenen Vorgehensweise.

422

3. a)

	k = 1	k = 2	k = 3	k = 4	k = 5	k = 6
n = 5	$\frac{1}{1296}$	$\frac{25}{432}$	$\frac{125}{324}$	$\frac{25}{54}$	$\frac{5}{54}$	0
n = 6	$\frac{1}{7776}$	$\frac{155}{7776}$	$\frac{25}{108}$	$\frac{325}{648}$	$\frac{25}{108}$	$\frac{5}{324}$

b)

	k = 1	k = 2	k = 3	k = 4	k = 5	k = 6
7	0,00002	0,00675	0,12903	0,45010	0,36008	0,05401
8	3,57225 E-6	0,00227	0,06902	0,36458	0,45010	0,11403
9	5,95374 E-7	0,00076	0,03602	0,27756	0,49661	0,18904
10	9,92290 E-8	0,00025	0,01852	0,20305	0,50637	0,27181
11	1,65382 E-8	0,00008	0,00943	0,14463	0,48966	0,35621
12	2,75636 E-9	0,00003	0,00477	0,10113	0,45626	0,43782
13	4,59394 E-10	9,40609 E-6	0,00240	0,06981	0,41392	0,51386
14	7,65656 E-11	3,13574 E-6	0,00121	0,04774	0,36820	0,58285
15	1,27609 E-11	1,04531 E-6	0,00061	0,03243	0,32275	0,64421
16	2,12682 E-12	3,48448 E-7	0,00030	0,02192	0,27977	0,69800
17	3,54470 E-13	1,16151 E-7	0,00015	0,01477	0,24045	0,74463
18	5,90784 E-14	3,87173 E-8	0,00008	0,00992	0,20530	0,78471
19	9,84640 E-15	1,29058 E-8	0,00004	0,00665	0,17439	0,81892
20	1,64107 E-15	4,30195 E-9	0,00002	0,00445	0,14754	0,84799

c)

s	P(n; k = s) > 0,5 für n =
4	7
6	13
8	20
12	35
20	67

4. a) Mittlere Anzahl der Wiederholung für eine komplette Bilderserie:

$$20 \cdot \left(1 + \frac{1}{2} + \frac{1}{3} + \ldots + \frac{1}{20}\right) = 84{,}0317$$

b) Mittlere Anzahl der Wiederholung für eine komplette Rouletteserie:

$$37 \cdot \left(1 + \frac{1}{2} + \frac{1}{3} + \ldots + \frac{1}{37}\right) = 155{,}459$$

8 BEURTEILENDE STATISTIK

Lernfeld: Stichproben liefern weitreichende Erkenntnisse

426

1. **Fast sichere Vorhersagen**

n	Anzahl der Erfolge	Wahrscheinlichkeit	Übergangsfaktor
100	50	0,0796	$\frac{0{,}0563}{0{,}0796} \approx 0{,}707 \approx \frac{1}{\sqrt{2}}$
200	100	0,0563	$\frac{0{,}0399}{0{,}0563} \approx 0{,}709 \approx \frac{1}{\sqrt{2}}$
400	200	0,0399	

Beim Übergang von n = 100 zu n = 400 wird die Wahrscheinlichkeit ungefähr halbiert.

n	Intervall	Wahrscheinlichkeit	Übergangsfaktor
100	$42 \le X \le 58$	0,911	$\frac{22}{16} \approx 1{,}38 \approx \sqrt{2}$
200	$89 \le X \le 111$	0,896	$\frac{32}{22} \approx 1{,}45 \approx \sqrt{2}$
400	$184 \le X \le 216$	0,901	

Beim Übergang von n = 100 zu n = 400 wird der Bereich verdoppelt.

2. **Genau oder nicht genau**

Bei einer Befragung von n = 1000 Personen werden in der dargestellten Stichprobe dann ca. 360 angegeben haben, dass sie die CDU/CSU wählen würden, ca. 250 die SPD usw.
Da die GTR eine beschränkte Kapazität haben, muss der Versuch mit zweimal 500 Zufallszahlen durchgeführt werden. Gemäß den zu erarbeitenden Sigma-Regeln ist zu erwarten, dass mit einer Wahrscheinlichkeit von ca. 90 %, die Anzahl der CDU/CSU-Wähler in der Stichprobe vom Umfang 1000 im Intervall [335; 385] liegen wird und mit einer Wahrscheinlichkeit von ca. 95 % im Intervall [330; 390].

427

3. Auf drei Stellen genau

In Deutschland sind ca. 72 Mio. Menschen älter als 14 Jahre; von diesen sind ca. 10 Mio. Studenten und Schüler, ca. 39 Mio. Erwerbstätige, ca. 15 Mio. Hausfrauen, ca. 4 Mio. Arbeitslose, ca. 16 Mio. Rentner (Personen über 65 Jahre); selbst wenn diese geschätzten Zahlen von den tatsächlichen abweichen, spielt dies für die folgende Aussage kaum eine Rolle. Bezogen auf 1000 Personen in der repräsentativen Stichprobe bedeutet dies, dass von diesen 1000 Personen ca. 140 Studenten und Schüler, 540 Erwerbstätige, 210 Hausfrauen, 55 Arbeitslose, 250 Rentner sind, und von diesen gaben dann einige / viele an, das Internet zu nutzen.
Später wird gezeigt, dass die Konfidenzintervalle umso breiter sind, je kleiner die Stichprobe ist. Mithilfe der entsprechenden Berechnung erhält man:

Teilgruppe	Stichproben-umfang	Anteil gemäß Befragung	90 %-Konfidenz-intervall
Studenten/Schüler	140	0,978	$0{,}947 \leq p < 0{,}991$
Erwerbstätige	540	0,807	$0{,}7778 \leq p \leq 0{,}833$
Hausfrauen	210	0,569	$0{,}512 \leq p \leq 0{,}624$
Arbeitslose	55	0,564	$0{,}454 \leq p \leq 0{,}668$
Rentner	250	0,448	$0{,}367 \leq p \leq 0{,}500$

Auch ohne diese Vorkenntnisse ist aufgrund der in dem Zeitungsartikel enthaltenen Information klar, dass die Genauigkeit der Veröffentlichung suggeriert wird, dass exakte Angaben gemacht werden, was sich aber nicht halten lässt. Die Angaben auf die 3. Dezimalstelle genau sind völlig unangemessen!
Hier lesen wir an der Berechnung des 90 %-Konfidenzintervalls ab:
dass mit hoher Wahrscheinlichkeit der wahre Anteil
bei den Studenten/Schülern im Intervall von 97,8 % + 3,1 % bis 97,8 % – 1,3 %,
bei den Erwerbstätigen im Intervall von 80,7 % – 2,9 % bis 80,7 % + 2,6 %,
bei den Hausfrauen im Intervall von 56,9 % – 5,7 % bis 56,9 % + 5,5 %,
bei den Arbeitslosen im Intervall von 56,4 % – 11,0 % bis 56,4 % + 10,4 %,
bei den Rentnern im Intervall von 44,8 % – 8,1 % bis 44,8 % + 5,2 % liegt.

427

4. Was ist normal?

Beschriftung: 3 bzw. 50 bzw. 97 bedeutet: 3 % bzw. 50 % bzw. 97 % der Personen in der Stichprobe (der Gesamtheit) liegen mit ihrem BMI unterhalb des dargestellten Wertes.
Ablesen der Daten: 3 % der Mädchen im Alter von 18 Jahren haben einen BMI, der unterhalb von 18,5 liegt, bei 50 % liegt er unterhalb von 21, bei 97 % unter 30,5 .
In Wikipedia findet man folgende Gewichtsklassifikation bei Erwachsenen anhand des BMI (nach WHO, Stand 2008):
Gewichtsklassen in Abhängigkeit von Körpermasse und Körpergröße (nach BMI-Angaben)

Kategorie	**BMI (kg/m²)**	
Starkes Untergewicht	< 16	< 18,5 Untergewicht
Mäßiges Untergewicht	16 – 17	
Leichtes Untergewicht	17 – 18,5	
Normalgewicht	18,5 – 25	
Präadipositas	25 – 30	≥ 25 Übergewicht
Adipositas Grad I	30 – 35	≥ 30 Adipositas
Adipositas Grad II	35 – 40	
Adipositas Grad III	≥ 40	

Alter und Geschlecht spielen bei der Interpretation des BMI eine wichtige Rolle. Männer haben in der Regel einen höheren Anteil von Muskelmasse an der Gesamtkörpermasse als Frauen. Deshalb sind die Unter- und Obergrenzen der BMI-Werteklassen bei Männern etwas höher als bei Frauen. So liegt das Normalgewicht bei Männern laut Deutsche Gesellschaft für Ernährung im Intervall von 20 bis 25 kg/m², während es sich bei Frauen im Intervall von 19 bis 24 kg/m² befindet.
Im Lernfeld ist eine sogenannte Percentilekurve abgedruckt, dabei liegt der ideale BMI auf dem Durchschnitt der vorhandenen Werte, adipös ist das Kind, wenn es einen höheren BMI als 97 % (97. Altersperzentil) seiner Altersgenossen hat, untergewichtig, wenn nur 3 % (3. Altersperzentil) oder weniger einen niedrigeren BMI haben.

8.1 Binomialverteilung für große Stufenzahlen

8.1.1 Standardabweichung bei Wahrscheinlichkeitsverteilungen

430

2. a) Berechne die Standardabweichung:
$n = 400,\ p = 0{,}1 \Rightarrow \sigma = 6$
$n = 50,\ p = 0{,}8 \Rightarrow \sigma = 2{,}828$
$n = 100,\ p = 0{,}4 \Rightarrow \sigma = 4{,}899$
Alle Histogramme haben ein Maximum beim Erwartungswert $\mu = 40$. Wegen der unterschiedlichen Standardabweichung, besitzen die Histogramme verschiedene Breiten. Je größer σ, desto breiter die Kurve.
Damit:
(1) $n = 50,\ p = 0{,}8$ (2) $n = 100,\ p = 0{,}4$ (3) $n = 400,\ p = 0{,}1$

431

b) An der Stelle des Mittelwerts tritt der Erwartungswert, die relative Häufigkeit wird durch die Wahrscheinlichkeit ersetzt.
Mit $\mu = 4 \cdot 0{,}2 = 0{,}8$ erhält man

$$\sigma = \sqrt{\sum_{k=0}^{4} (k - 0{,}8)^2 \cdot P(X = k)} = \sqrt{0{,}64} = 0{,}8$$

c) Erzeuge eine Liste L_1 mit den Zahlen von 0 bis 4, erzeuge eine Liste L_2 aus $(L_1 - 0{,}8)^2$, erzeuge eine Liste L_3 mit den Wahrscheinlichkeiten binompdf(4; 0,2; L_1). Bilde das Produkt $L_4 = L_2 \cdot L_3$, summiere die Liste L_4 und ziehe die Wurzel.

3. a)

p	$\sigma = \sqrt{np(1-p)}$
0,1	$\sqrt{4{,}5}$
0,2	$\sqrt{8}$
0,3	$\sqrt{10{,}5}$
0,4	$\sqrt{12}$
0,5	$\sqrt{12{,}5}$
0,6	$\sqrt{12}$
0,7	$\sqrt{10{,}5}$
0,8	$\sqrt{8}$
0,9	$\sqrt{4{,}5}$

Die Standardabweichung ist für $p = 0{,}5$ am größten.

b) Die Funktion $g(p) = n \cdot p \cdot (1 - p)$ ist eine nach oben geöffnete Parabel mit dem Maximum bei $p = 0{,}5$. Wegen der Monotonie der Wurzelfunktion besitzt auch $f(p) = \sqrt{n \cdot p \cdot (1-p)}$ dort ein Maximum.

431

4. (1) $\mu = 12$; $\sigma = 2{,}191$ (3) $\mu = 12$; $\sigma = 2{,}898$
(2) $\mu = 24$; $\sigma = 3{,}098$ (4) $\mu = 9$; $\sigma = 2{,}510$
Damit ergibt sich die Zuordnung:
(1): 2. Histogramm, da Standardabweichung am kleinsten
(2): 3. Histogramm, da Standardabweichung am größten
(3): 4. Histogramm, Erwartungswert wie das 2. aber größere Standardabweichung
(4): 1. Histogramm, da Erwartungswert am kleinsten

5. **a)** $n = 48,\ p = \frac{3}{4}$

b) keine eindeutige Lösung: $p_1 = \frac{1}{6}\left(3 - \sqrt{7}\right) \approx 0{,}059$;

$p_2 = \frac{1}{6}\left(3 + \sqrt{7}\right) \approx 0{,}941$

c) $n = 150$; $\mu = 60$

d) zu a): Gegeben: μ und σ, dann folgt: $n = \frac{\mu^2}{\mu - \sigma^2}$; $p = 1 - \frac{\sigma^2}{\mu}$

zu b): Gegeben: n und σ, dann folgt:

$$p_1 = \frac{1}{2} - \frac{\sqrt{n - 4\sigma^2}}{2\sqrt{n}};\ p_2 = \frac{1}{2} + \frac{\sqrt{n - 4\sigma^2}}{2\sqrt{n}}$$

zu c): Gegeben: p und σ, dann folgt: $\mu = \frac{\sigma^2}{1-p}$

6. **a)** $\sigma_4 = \frac{\sqrt{5}}{2} \approx 1{,}118$; $\sigma_6 = \frac{\sqrt{35}}{12} \approx 1{,}708$; $\sigma_8 = \frac{\sqrt{21}}{2} \approx 2{,}291$;

$\sigma_{12} = \sqrt{\frac{143}{12}} \approx 3{,}452$; $\sigma_{20} = \frac{\sqrt{133}}{2} \approx 5{,}766$

Allgemein: $\mu = \frac{1 + \ldots + n}{n} = \frac{n+1}{2}$

$$\sigma^2 = \frac{1}{n}\sum_{k=1}^{n} k^2 - \left(\frac{n+1}{2}\right)^2 = \frac{(n+1)(2n+1)}{6} - \left(\frac{n+1}{2}\right)^2 = \frac{n^2 - 1}{12}$$

$$\sigma = \sqrt{\frac{n^2 - 1}{12}}$$

b) $\sigma = \sqrt{\frac{35}{6}} \approx 2{,}415$

8.1.2 Die Sigma-Regeln

434

2.

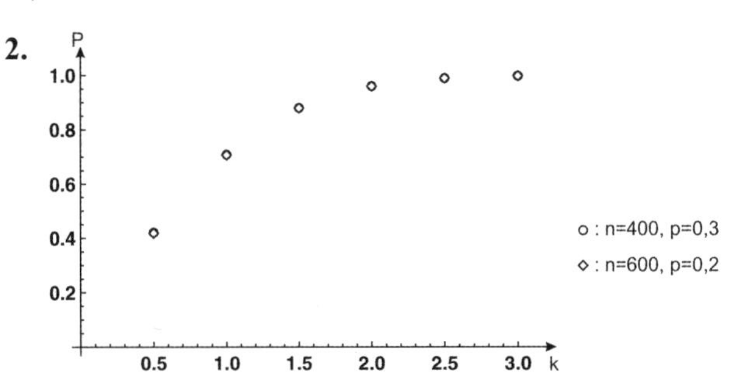

Bem.: Die in der Tabelle im Buch angegebenen Werte wurden mit dem Befehl normalcdf ($\mu - k\sigma - 0{,}5$, $\mu + k\sigma + 0{,}5$, μ, σ) ermittelt (vgl. Schülerband, S. 457 (6)).
$n = 600$; $p = 0{,}2$

k	0,5	1	1,5	2	2,5	3
Wahrscheinlichkeit	0,418	0,707	0,879	0,960	0,989	0,998

Es ergeben sich fast identische Werte.

3. -

435

4. a)

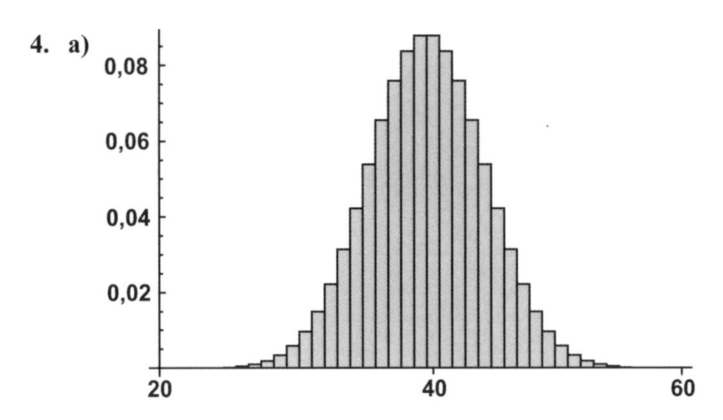

$\mu_1 = 40{,}5$; $\sigma_1 = 4{,}5$

435

4. a) Fortsetzung

$\mu_2 = 22{,}5;\ \sigma_2 = 4{,}5$

b)

k	$P(\mu - k\sigma \le X_1 \le \mu + k\sigma)$	$P(\mu - k\sigma \le X_2 \le \mu + k\sigma)$
0,5	0,3430	0,3429
1	0,7336	0,7344
1,5	0,8807	0,8817
2	0,9552	0,9556
2,5	0,9860	0,9858
3	0,9983	0,9979

5. (C) Berechne $[\mu - 1{,}64\sigma,\ \mu + 1{,}64\sigma]$.

6. a) (1) [33; 51] (2) [162; 185] (3) [188; 219] (4) [180; 215]

b) Berechne zunächst p und μ mit $p_1 = \frac{1}{2} - \frac{\sqrt{n-4\sigma^2}}{2\sqrt{n}};\ p_2 = \frac{1}{2} + \frac{\sqrt{n-4\sigma^2}}{2\sqrt{n}}$.

	p	μ	$P(\mu - \sigma \le X \le \mu + \sigma)$	$P(\mu - 2\sigma \le X \le \mu + 2\sigma)$	$P(\mu - 3\sigma \le X \le \mu + 3\sigma)$
(1)	0,101	23,53	0,7239	0,9507	0,9975
	0,899	210,48	0,7239	0,9507	0,9975
(2)	0,100	31,21	0,7017	0,9529	0,9975
	0,900	280,79	0,7017	0,9529	0,9975
(3)	0,2	64,8	0,7021	0,9563	0,9972
	0,8	259,2	0,7021	0,9563	0,9972
(4)	0,2	80	0,7121	0,9611	0,9978
	0,8	320	0,7121	0,9611	0,9978

435

7. Beispiel: $n = 1000; p = 0{,}5$

Es gilt: $\mu = 1000 \cdot 0{,}5 = 500$; $\sigma = \sqrt{1000 \cdot 0{,}5 \cdot 0{,}5} \approx 15{,}8$

- $P(\mu - 1\sigma \le X \le \mu + 1\sigma) = P(484{,}2 \le X \le 515{,}8)$

  Nach Außen gerundet! $\approx P(484 \le X \le 516) \approx 0{,}688$

  Nach Innen gerundet! $= P(485 \le X \le 515) \approx 0{,}673$

  In etwa 68,3 % aller Fälle weicht die Anzahl der Erfolge nicht mehr als 16 vom Erwartungswert 500 ab.

- $P(\mu - 2\sigma \le X \le \mu + 2\sigma) = P(468{,}4 \le X \le 531{,}6)$

  Nach Außen gerundet! $\approx P(468 \le X \le 532) \approx 0{,}960$

  Nach Innen gerundet! $= P(469 \le X \le 531) \approx 0{,}954$

  In etwa 96 % aller Fälle weicht die Anzahl der Erfolge nicht mehr als 32 vom Erwartungswert 500 ab, in etwa 95,4 % aller Fälle nicht mehr als 31.

- $P(\mu - 3\sigma \le X \le \mu + 3\sigma) = P(452{,}6 \le X \le 547{,}4)$

  Nach Innen gerundet! $\approx P(453 \le X \le 547) \approx 0{,}997$

  In etwa 99,7 % aller Fälle weicht die Anzahl der Erfolge nicht mehr als 47 vom Erwartungswert 500 ab.

Die Aussagen basieren auf den Sigma-Regeln von Seite 433, diese gelten insbesondere für große n und für $\sigma > 3$.
Wie auch im Beispiel auf Seite 434 vorgemacht, zeigt auch dieses Beispiel, dass es sich bei diesen Regeln um Faustregeln handelt und dass die Intervallgrenzen ggf. korrigiert werden müssen.

435

8. Für hinreichend große n erhält man die folgenden σ-Radien $k \cdot \sigma$.
Bsp.: n = 1000, p = 0,5

	k	$[\mu - k\sigma; \mu + k\sigma]$	$P(\mu - k\sigma \le X \le \mu + k\sigma)$
50 %	0,67449	[490; 510]	49,33 %
60 %	0,84162	[487; 513]	60,68 %
70 %	1,03643	[484; 516]	70,33 %
75 %	1,15035	[482; 518]	75,80 %
80 %	1,28155	[480; 520]	80,52 %

Für kleinere n sind die Aussagen nicht mehr zu halten. Da die Binomialverteilung eine diskrete Verteilung ist, existieren für kleine n nicht notwendige Intervalle, die auch nur ungefähr die vorgegebenen Anteile enthalten.
Bsp.: n = 38, p = 0,5

	k	$[\mu - k\sigma; \mu + k\sigma]$	$P(\mu - k\sigma \le X \le \mu + k\sigma)$
50 %	0,67449	[17; 21]	58,23 %
60 %	0,84162	[17; 21]	58,23 %
70 %	1,03643	[16; 22]	74,41 %
75 %	1,15035	[16; 22]	74,41 %
80 %	1,28155	[16; 22]	74,41 %

Bei σ-Regeln für Binomialverteilungen handelt es sich immer nur um ungefähre Angaben, die nur für große n halbwegs Gültigkeit besitzen. Zur Berechnung der gesuchten Intervalle muss immer eine Kontrollrechnung durchgeführt werden.

9. … oberhalb von $\mu + 1{,}64\sigma$ bzw. unterhalb von $\mu - 1{,}64\sigma$ liegen.
Wegen $P(\mu - 1{,}96\sigma \le X \le \mu + 1{,}96\sigma) \approx 95\ \%$ gilt: Nur mit einer Wahrscheinlichkeit von ca. 2,5 % wird die Anzahl der Erfolge oberhalb von $\mu + 1{,}96\sigma$ bzw. unterhalb von $\mu - 1{,}96\sigma$ liegen.
Wegen $P(\mu - 2{,}58\sigma \le X \le \mu + 2{,}58\sigma) \approx 99\ \%$ gilt: Nur mit einer Wahrscheinlichkeit von ca. 0,5 % wird die Anzahl der Erfolge oberhalb von $\mu + 2{,}58\sigma$ bzw. unterhalb von $\mu - 2{,}58\sigma$ liegen.

10. **a)** (1) $\mu = 20$; $\sigma = 3{,}162$ (2) $\mu = 20$; $\sigma = 3{,}464$
Die zweite Zufallsgröße hat die größere Streuung. Betrachtet man z. B. das zu $\mu = 20$ symmetrische Intervall [16; 24], dann ist die Wahrscheinlichkeit $P(16 \le X \le 24)$ für die erste Bernoulli-Kette größer, als für die zweite. Ursache: Bei größerer Streuung ist der Abstand der Werte vom Erwartungswert im Mittel größer.

b) n = 40; p = 0,5:
(1) … im Intervall [12; 28]. (2) … $|X - \mu| \le 6$. (3) … 8,1 % aller Fälle.
n = 50; p = 0,4:
(1) … im Intervall [11; 29]. (2) … $|X - \mu| \le 7$. (3) … 11,1 % aller Fälle.

8.2 Schluss von der Gesamtheit auf die Stichprobe

438

2. Berechne den Erwartungswert der binomialverteilten Zufallsgröße X mit $n = 1000$ und $p = 0{,}1$: $\mu = 100$.

Sicherheit	$[\mu - k\sigma;\ \mu + k\sigma]$	nach Rundung	$P(\mu - k\sigma \le X \le \mu + k\sigma)$	Korrektur
90 %	[84,44; 115,56]	[84; 116]	91,83 %	-
95 %	[81,41; 118,59]	[81; 119]	96,04 %	-
99 %	[75,52; 124,48]	[75; 125]	99,28 %	[76; 124]

439

3.

Geburten 2007	männlich	weiblich	gesamt	$\mu_{weiblich}$	$1{,}96\sigma$	$\mu - 1{,}96\sigma$	$\mu + 1{,}96\sigma$	Abweichung
Baden-Württ.	47 382	45 441	92 823	45 112,0	298,46	44 813,5	45 410,4	signifikant
Bayern	54 640	52 230	106 870	51 938,8	320,25	51 618,6	52 259,1	verträglich
Berlin	16 135	15 039	31 174	15 150,6	172,96	14 977,6	15 323,5	verträglich
Brandenburg	9 547	9 042	18 589	9 034,3	133,56	8 900,7	9 167,8	verträglich
Bremen	2 865	2 726	5 591	2 717,2	73,25	2 644,0	2 790,5	verträglich
Hamburg	8 636	8 091	16 727	8 129,3	126,70	8 002,6	8 256,0	verträglich
Hessen	27 095	25 521	52 616	25 571,4	224,71	25 346,7	25 796,1	verträglich
Meckl.-Vorp.	6 561	6 225	12 789	6 214,0	110,77	6 103,3	6 324,8	verträglich
Niedersachs.	33 689	31 637	65 326	31 748,4	250,38	31 498,1	31 998,8	verträglich
Nordrhein-Westf.	77 579	73 589	151 168	73 467,6	380,88	73 086,8	73 848,5	verträglich
Rheinl.-Pfalz	16 801	15 735	32 536	14 812,5	176,70	15 635,8	15 989,2	verträglich
Saarland	3 723	3 551	7 274	3 535,2	83,55	3 451,6	3 618,7	verträglich
Sachsen	17 424	16 434	33 858	16 455,0	180,25	16 274,7	16 635,2	verträglich
Sachsen-Anhalt	8 942	8 445	17 387	8 450,1	129,17	8 320,9	8 579,3	verträglich
Schleswig-Holstein	11 895	11 066	22 961	11 159,0	148,44	11 010,6	11 307,5	verträglich
Thüringen	8 925	8 251	17 176	8 347,5	128,39	8 219,2	8 475,9	verträglich
gesamt	351 839	333 023	684 862					
(Anteil)	51,4 %	48,6 %						

440

4. $p = \frac{1}{37}$; $n = 3700$

90 %- Umgebung zwischen 84 und 116
95 %- Umgebung zwischen 81 und 119
99 %- Umgebung zwischen 75 und 125

5. **a)** Punktschätzung: $\mu = 183{,}67$; Intervallschätzung: [159; 208]
b) keine signifikante Abweichung

6. (1) Punktschätzung: $\mu = 150$

Sicherheit	Intervall	exakte Wahrscheinlichkeit
90 %	[136; 164]	90,61 %
95 %	[133; 167]	95,69 %
99 %	[128; 172]	99,34 %

440

6. (2) Punktschätzung: $\mu = 78$

Sicherheit	Intervall	exakte Wahrscheinlichkeit
90 %	[69; 89]	90,55 %
95 %	[67; 91]	95,36 %
99 %	[63; 95]	99,16 %

(3) Punktschätzung: $\mu = 500$

Sicherheit	Intervall	exakte Wahrscheinlichkeit
90 %	[474; 526]	90,63 %
95 %	[469; 531]	95,37 %
99 %	[459; 641]	99,14 %

(4) Punktschätzung: $\mu = 617$

Sicherheit	Intervall	exakte Wahrscheinlichkeit
90 %	[588; 646]	90,70 %
95 %	[583; 651]	95,05 %
99 %	[572; 662]	99,04 %

7. (1) Punktschätzung: $\mu = 30$

Sicherheit	Intervall	exakte Wahrscheinlichkeit
90 %	[22; 38]	91,19 %
95 %	[20; 40]	96,50 %
99 %	[17; 43]	99,32 %

(2) Punktschätzung: $\mu = 39$

Sicherheit	Intervall	exakte Wahrscheinlichkeit
90 %	[30; 48]	90,51 %
95 %	[28; 50]	95,69 %
99 %	[24; 54]	99,35 %

(3) Punktschätzung: $\mu = 500$

Sicherheit	Intervall	exakte Wahrscheinlichkeit
90 %	[466; 534]	90,91 %
95 %	[460; 540]	95,28 %
99 %	[447; 553]	99,12 %

(4) Punktschätzung: $\mu = 322$

Sicherheit	Intervall	exakte Wahrscheinlichkeit
90 %	[295; 349]	90,69 %
95 %	[290; 354]	95,28 %
99 %	[280; 364]	99,05 %

440

8. (1) n = 720: [473; 513]; n = 536: [349; 385]; n = 1247: [828; 881]
(2) n = 720: [479; 520]; n = 536: [354; 390]; n = 1247: [839; 892]
(3) n = 720: [504; 544]; n = 536: [374; 407]; n = 1247: [882; 934]
(4) n = 720: [266; 310]; n = 536: [196; 233]; n = 1247: [471; 527]

441

9. 90 %: [11; 25] 95 %: [10; 26] 99 %: [7; 29]

10. 90 %: [602; 641] 95 %: [598; 645] 99 %: [591; 652]

11. Untersuchen Sie die Wahrscheinlichkeit für die Prognose. Betrachten Sie jeweils die binomialverteilte Zufallsgröße X. Dabei ist n die Größe der betrachteten Stichprobe und p der Anteil aus dem Wahlergebnis. Berechnen Sie das Intervall für die relative Häufigkeit und prüfen Sie, ob die Prognose in dem ermittelten Intervall liegt. Betrachten Sie jeweils die binomialverteilte Zufallsgröße X. Dabei ist n die Größe der betrachteten Stichprobe und p der Anteil aus dem Wahlergebnis. Berechnen Sie das Intervall für die relative Häufigkeit und prüfen Sie, ob die Prognose in dem ermittelten Intervall liegt.

Bundestag September 2005

Sicherheit	Intervall für 95 %	Intervall für 99 %	Abweichung
CDU/CSU	[34,907; 35,491]	[34,816; 35,584]	-
SPD	[33,910; 34,489]	[33,819; 34,582]	-
FDP	[9,618; 9,982]	[9,562; 10,039]	hoch signifikant
Grüne	[7,934; 8,267]	[7,881; 8,319]	hoch signifikant
Linke	[8,528; 8,872]	[8,473; 8,927]	hoch signifikant

Nordrhein-Westfalen, Mai 2005

Sicherheit	Intervall für 95 %	Intervall für 99 %	Abweichung
CDU	[44,357; 45,243]	[44,219; 45,382]	-
SPD	[36,670; 37,531]	[36,536; 37,665]	-
FDP	[5,985; 6,416]	[5,919; 6,482]	-
Grüne	[5,985; 6,416]	[5,919; 6,482]	-

Niedersachsen, Januar 2008

Sicherheit	Intervall für 95 %	Intervall für 99 %	Abweichung
CDU	[41,838; 43,166]	[41,625; 43,374]	-
SPD	[29,677; 30,920]	[29,488; 31,114]	-
FDP	[7,832; 8,569]	[7,713; 8,682]	-
Grüne	[7,633; 8,366]	[7,520; 8,479]	-
Linke	[6,754; 7,444]	[6,645; 7,553]	hoch signifikant

441

12. $\mu = 80$; $\sigma = 6{,}928$; $\mu - 1{,}28\sigma = 71{,}13$; $\mu + 1{,}28\sigma = 88{,}87$
In 80 % aller Fälle werden zwischen 71 und 89 Parkplätze benötigt.

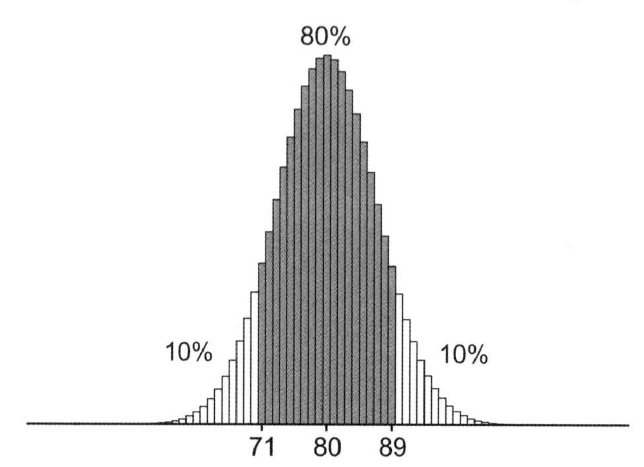

Der Anteil zwischen 71 und 89 entspricht ungefähr 80 %. Wegen der (ungefähren) Symmetrie zur Achse $x = \mu$ entsprechen die Anteile $X \leq 70$ bzw. $X \geq 90$ beide etwa 10 %. Damit ergibt sich
$P(X \leq \mu + 1{,}28\sigma) = P(X \leq \mu - 1{,}28\sigma) + P(\mu - 1{,}28\sigma \leq X \leq \mu + 1{,}28\sigma)$
$\approx 10\,\% + 80\,\% = 90\,\%$
Damit: $P(X \leq 89) = 0{,}914$, also reichen 89 Plätze in 90 % aller Fälle aus.

13. a) (1) 90 %: 338 Betten; 95 %: 340 Betten; 99 %: 344 Betten
(2) 90 %: 360 Betten; 95 %: 362 Betten; 99 %: 367 Betten
(3) 90 %: 369 Betten; 95 %: 371 Betten; 99 %: 376 Betten
b) Es müssten 360 Betten zur Verfügung stehen.

14. a) (1) 90 %: 267 Plätze; 95 %: 269 Plätze; 99 %: 272 Plätze
(2) 90 %: 277 Plätze; 95 %: 278 Plätze; 99 %: 281 Plätze
(3) 90 %: 369 Plätze; 95 %: 340 Plätze; 99 %: 344 Plätze
b) Es müssten 258 Plätze zur Verfügung stehen.

8.3 Schluss von der Stichprobe auf die Gesamtheit – Konfidenzintervalle

8.3.1 Schätzung der zugrunde liegenden Erfolgswahrscheinlichkeit

445

2. a) Ergibt sich aus b).
b) kleinste Wahrscheinlichkeit: $p = 0{,}590$;
größte Wahrscheinlichkeit: $p = 0{,}649$

3. (1) [0,758; 0,776]
(2) [0,590; 0,610]
(3) [0,476; 0,498]
(4) [0,280; 0,300]

445

4. **a)** 95 %-Konfidenzintervall für die unbekannte Wahrscheinlichkeit p:
[0,526; 0,660]
Es lohnt sich also, zu wetten.

b) 95 %-Konfidenzintervall für die unbekannte Wahrscheinlichkeit p:
[0,482; 0,672]
Es lohnt sich also nicht, zu wetten.

5. 2008
- war für mich persönlich gut: [0,660; 0,717]; weiß nicht: [0,030; 0,054]; schlecht: [0,244; 0,298]
- war für Deutschland gut: [0,410; 0,470]; weiß nicht: [0,038; 0,065]; schlecht: [0,480; 0,540]
- war für die Welt gut: [0,263; 0,318]; weiß nicht: [0,039; 0,065]; schlecht: [0,631; 0,688]

2009
- war für mich persönlich gut: [0,754; 0,804]; weiß nicht: [0,047; 0,076]; schlecht: [0,139; 0,184]
- war für Deutschland gut: [0,302; 0,359]; weiß nicht: [0,039; 0,065]; schlecht: [0,590; 0,649]
- war für die Welt gut: [0,322; 0,380]; weiß nicht: [0,056; 0,087]; schlecht: [0,550; 0,610]

446

6. für ein Verbot: [0,641; 0,698]
gegen ein Verbot: [0,177; 0,225]
„weiß nicht, was Scientology ist“: [0,065; 0,098]
„weiß nicht“/keine Angabe: [0,039; 0,065]

7. -

8. Man kennt die zugrunde liegende Erfolgswahrscheinlichkeit p nicht; daher ist der dargestellte Ansatz falsch; p_{min} und p_{max} sind Lösungen der quadratischen Gleichung

$$\left|\frac{40}{400} - p\right| \leq 1{,}96\sqrt{\frac{p(1-p)}{400}} \Leftrightarrow 400 \cdot (0{,}1 - p)^2 \leq 1{,}96^2 \cdot p(1-p)$$

Allerdings ist der Fehler nicht allzu groß, wenn $p \approx 0{,}5$. Das 95 %-Konfidenzintervall ist: $0{,}075 \leq p \leq 0{,}133$; eine Näherungslösung mithilfe von

$$p_{min} = \frac{X}{n} - 1{,}96\sqrt{\frac{\frac{X}{n}\cdot\left(1-\frac{X}{n}\right)}{n}}; \quad p_{max} = \frac{X}{n} + 1{,}96\sqrt{\frac{\frac{X}{n}\cdot\left(1-\frac{X}{n}\right)}{n}}$$

ist hier nicht zulässig.

9. **a)** [0,395; 0,462]

b) Erwartungwerte für alle p aus dem Konfidenzintervall:
[128 375; 150 150]

10. (1) [0,136; 0,205]
Die Anzahl der Rentiere liegt zwischen ca. 972 und 1481.

(2) [0,151; 0,289]
Die Anzahl der Fische liegt zwischen ca. 414 und 795.

8.3.2 Wahl eines genügend großen Stichprobenumfangs

447

2. Für den Mindeststichprobenumfang n in Aufgabe 1 gilt

$$n \geq \left(\frac{1{,}96}{0{,}01}\right)^2 \cdot p \cdot (1-p)$$

p	n
5 %	1825
10 %	3458
20 %	6147
90 %	3458

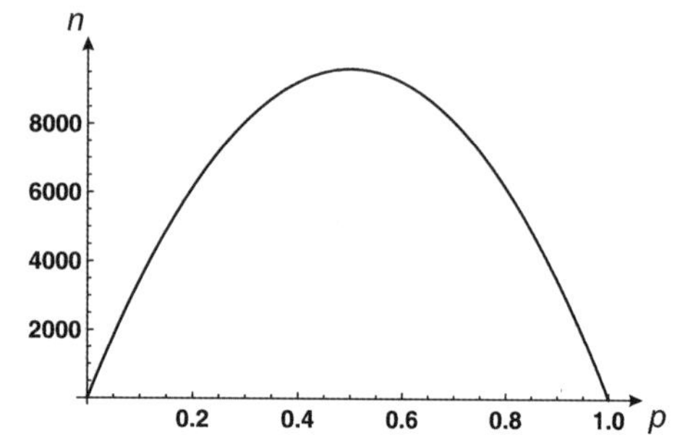

Die Parabel besitzt ein Maximum bei p = 0,5 und nimmt dort den Wert 9604 an.

448

3. Für $n \geq \frac{1{,}96^2 \cdot 0{,}534 \cdot 0{,}466}{0{,}033^2} \approx 878$ ist die Schätzung auf 3,3 Prozentpunkte genau.

4. (1) p unbekannt

Sicherheitswahrscheinlichkeit: 90 %

1 Prozentpunkt: $n \geq \left(\frac{1{,}64}{0{,}01}\right)^2 \cdot 0{,}5 \cdot (1-0{,}5) = 6724$

2 Prozentpunkte: $n \geq \left(\frac{1{,}64}{0{,}02}\right)^2 \cdot 0{,}5 \cdot (1-0{,}5) = 1681$

Sicherheitswahrscheinlichkeit: 99 %

1 Prozentpunkt: $n \geq \left(\frac{2{,}58}{0{,}01}\right)^2 \cdot 0{,}5 \cdot (1-0{,}5) = 16\,641$

2 Prozentpunkte: $n \geq \left(\frac{2{,}58}{0{,}02}\right)^2 \cdot 0{,}5 \cdot (1-0{,}5) = 4160{,}25$

(2) p = 0,4

Sicherheitswahrscheinlichkeit: 90 %

1 Prozentpunkt: $n \geq \left(\frac{1{,}64}{0{,}01}\right)^2 \cdot 0{,}4 \cdot (1-0{,}4) = 6455{,}04$

2 Prozentpunkte: $n \geq \left(\frac{1{,}64}{0{,}02}\right)^2 \cdot 0{,}4 \cdot (1-0{,}4) = 1613{,}76$

Sicherheitswahrscheinlichkeit: 99 %

1 Prozentpunkt: $n \geq \left(\frac{2{,}58}{0{,}01}\right)^2 \cdot 0{,}4 \cdot (1-0{,}4) = 15\,975{,}36$

2 Prozentpunkte: $n \geq \left(\frac{2{,}58}{0{,}02}\right)^2 \cdot 0{,}4 \cdot (1-0{,}4) = 3993{,}84$

448

5. **Druckfehler in der 1. Auflage in a):** Anteil zweier Parteien ungefähr **50%**

a) $n \geq \frac{2{,}58^2 \cdot 0{,}5 \cdot 0{,}5}{0{,}005^2} = 66\,564$ **b)** $n \geq \frac{2{,}58^2 \cdot 0{,}06 \cdot 0{,}94}{0{,}002^2} = 93\,855$

449

6. **a)** ungünstiger Wert für p: $p = 0{,}5$

$n \geq \frac{1{,}96^2 \cdot 0{,}5 \cdot 0{,}5}{0{,}01^2} = 9\,604$

b)/c) $n \geq \frac{1{,}96^2 \cdot 0{,}75 \cdot 0{,}25}{0{,}01^2} = 7\,203$, das sind 75% von 9 604

d) $n \geq \frac{1{,}96^2 \cdot 0{,}4 \cdot 0{,}6}{0{,}01^2} = 9\,220$, das sind 96% von 9 604

[$n \geq \frac{1{,}96^2 \cdot 0{,}9 \cdot 0{,}1}{0{,}01^2} = 3\,458$, das sind 36% von 9 604

$n \geq \frac{1{,}96^2 \cdot 0{,}2 \cdot 0{,}8}{0{,}01^2} = 6\,147$, das sind 64% von 9 604]

7. **a)** [0,127; 0,154]

b) Anteil der Grünen: (95 %) [0,109; 0,133].
Die Intervalle für FDP und Grüne überschneiden sich.
Die Schlussfolgerung ist nicht zulässig.

c) $n \geq \left(\frac{1{,}96}{0{,}01}\right)^2 \cdot 0{,}14 \cdot (1 - 0{,}14) = 3238{,}28$ also $n = 3239$

d) Es fehlt die Angabe der Sicherheitswahrscheinlichkeit – vergleiche die Aussage in Teilaufgabe c): Dort bestimmen wir mit 95 %-iger Sicherheit auf 1 Prozentpunkt genau.
Wir kennen also nicht die Sicherheitswahrscheinlichkeit und den zugehörigen Faktor vor Sigma. Bezeichnen wir ihn mit k, so gilt:
$K * \sigma < 0{,}025$, im ungünstigsten Fall $p = 0{,}5$ also

$K * \frac{\sqrt{2507 \cdot 0{,}5 \cdot 0{,}5}}{2507} < 0{,}025$

$K = 2{,}503\ldots$

Beim Vorfaktor 2,58 erhält man 99 %-ige Sicherheit, also stimmt die Aussage zur Fehlertoleranz in fast 99 % aller Fälle.

8. **a)** [0,203; 0,264]

b) $n \geq \left(\frac{1{,}64}{0{,}01}\right)^2 \cdot \frac{116}{500} \cdot \left(1 - \frac{116}{500}\right) = 4121{,}31$, also $n = 4122$

9. **a)** Durch $x^2 + y^2 = 1$ wird ein Kreis um den Koordinatenursprung mit Radius 1 beschrieben. Ein Viertel seiner Fläche enthält Punkte mit nicht negativen Koordinaten, daher gilt $p = \frac{1}{4} \cdot 1^2 \cdot \pi = \frac{\pi}{4}$.

b) 95 %-Umgebung von $\frac{\pi}{4} = \left[\frac{\pi}{4} - 0{,}25;\ \frac{\pi}{4} + 0{,}25\right] = [0{,}760;\ 0{,}811]$

Daraus ergibt sich für π die Schätzung [3,040; 3,243]

c) $2{,}58\sqrt{\frac{\frac{\pi}{4}\left(1 - \frac{\pi}{4}\right)}{n}} \leq 0{,}001 \Leftrightarrow n \geq 1{,}12 \cdot 10^6$

8.4 Normalverteilung

8.4.1 Annäherung der Binomialverteilung durch eine Normalverteilung

457

2. Ersetze die Binomialverteilung mit n = 200 und p = 0,5 durch die Normalverteilung mit $\mu = 200 \cdot 0{,}5 = 100$ und $\sigma = \sqrt{200 \cdot 0{,}5 \cdot (1-0{,}5)} = 7{,}071$
invNorm(0,90; 100; 7,071) = 109,062
Damit: $k = 1{,}28$; $\mu - k\sigma = 90{,}949$; $\mu + k\sigma = 109{,}051$.
Kontrollrechnung: $P(91 \le X \le 109) = 0{,}821$

458

3. Zu (1): Analog zur Vorgehensweise auf Seite 454 (Schülerband) wird der Graph von φ schrittweise über das Histogramm der Binomialverteilung gelegt. Das liefert den Graph der Funktion

$$h(x) = \frac{1}{\sigma} \cdot \varphi\left(\frac{x-\mu}{\sigma}\right).$$

Daher gilt $P(X = k) \approx h(k) = \frac{1}{\sigma} \cdot \varphi\left(\frac{k-\mu}{\sigma}\right)$.

Zu (2):

$$P(X \le k) = P(-\infty \le X \le k) = \int_{-\infty}^{k+0{,}5} \varphi_{\mu;\sigma}(x)dx$$ nach Information (6) auf S.457

$$= \phi_{\mu;\sigma}(k+0{,}5)$$ nach Information (5) auf S.457

$$= \phi\left(\frac{k+0{,}5-\mu}{\sigma}\right)$$ aufgrund der Verschiebung und Streckung

4. Analog zur Vorgehensweise auf Seite 454 (Schülerband) wird der Graph von $\varphi(x) = \frac{1}{\sqrt{2\pi}} e^{-\frac{x^2}{2}}$ schrittweise über das Histogramm der Binomialverteilung gelegt.

1. Verschiebung in x-Richtung: $f(x) = \varphi(x - n \cdot p)$
2. Streckung in x-Richtung: $g(x) = \varphi\left(\frac{x-n\cdot p}{\sqrt{n\cdot p\cdot(1-p)}}\right)$
3. Streckung in y-Richtung: $h(x) = \frac{1}{\sigma} \cdot \varphi\left(\frac{x-n\cdot p}{\sqrt{n\cdot p\cdot(1-p)}}\right)$

458

5. a)

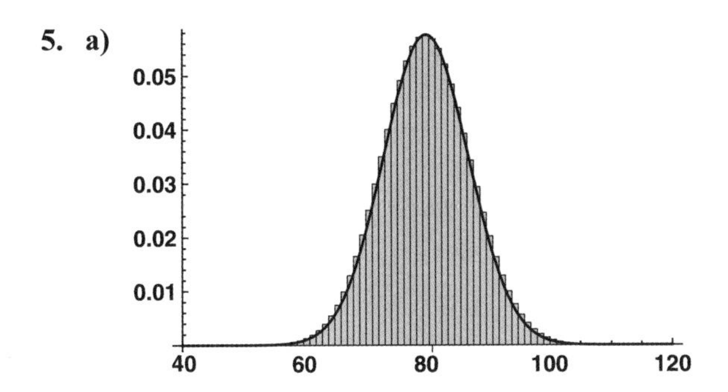

b)

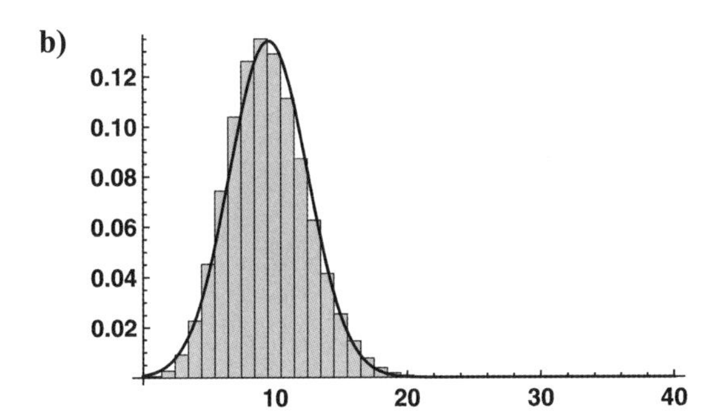

c)

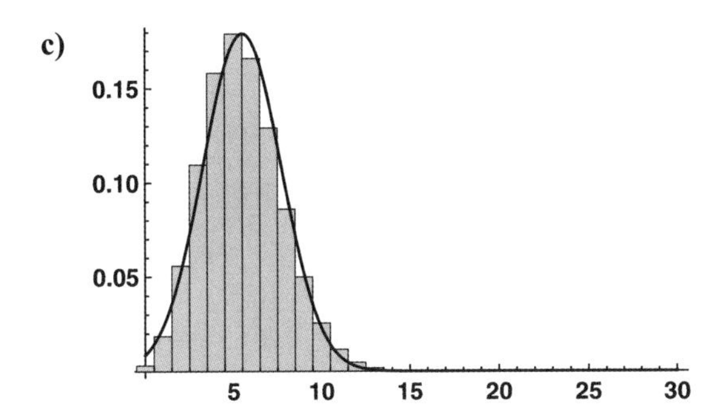

6. a) $\varphi_{20;\,4}(x) = \frac{1}{4\sqrt{2\pi}} e^{-\frac{(x-20)^2}{32}}$ **c)** $\varphi_{810;\,9}(x) = \frac{1}{9\sqrt{2\pi}} e^{-\frac{(x-810)^2}{162}}$

b) $\varphi_{\frac{126}{5};\,\frac{21}{5}}(x) = \frac{5}{21\sqrt{2\pi}} e^{-\frac{(5x-126)^2}{882}}$

7. (1) Als Näherung wird der Wert der Dichtefunktion benutzt. Das entspricht der Fläche einer Säule mit Breite 1 und Höhe $\varphi_{\mu;\,\sigma}(k)$.

(2) Als Näherung wird die Fläche unter der Dichtefunktion $\varphi_{\mu;\,\sigma}$ über dem Intervall [k – 0,5; k + 0,5] benutzt.

Man erhält so zwei im allgemeinen verschiedene Näherungen. Eine Aussage, welche der beiden besser ist, kann nicht ohne weiteres getroffen werden.

458

8. **a)** Näherung: $\phi_{50;\,6,455}(50) = 0,06180$;
exakter Wert: $P(X = 50) = 0,06170$

b) Näherung: $\phi_{50;\,6,455}(53 + 0,5) - \phi_{50;\,6,455}(40 - 0,5) = 0,65426$;
exakter Wert: $P(40 \le X \le 53) = 0,66173$

c) Näherung: $\phi_{50;\,6,455}(70 - 0,5) = 0,00126$;
exakter Wert: $P(X \ge 70) = 0,00185$

d) Näherung: $\phi_{50;\,6,455}(39 + 0,5) = 0,05191$;
exakter Wert: $P(X < 40) = 0,048571$

9.
$$\begin{aligned} P(\mu - k\sigma \le X \le \mu + k\sigma) &= \int\limits_{\mu-k\sigma-0,5}^{\mu+k\sigma+0,5} \varphi_{\mu;\,\sigma}(x)dx \\ &= \phi_{\mu;\,\sigma}(\mu + k\sigma + 0,5) - \phi_{\mu;\,\sigma}(\mu - k\sigma - 0,5) \\ &= \phi\left(k + \tfrac{0,5}{\sigma}\right) - \phi\left(-k - \tfrac{0,5}{\sigma}\right) \\ &= \phi\left(k + \tfrac{0,5}{\sigma}\right) - 1 + \phi\left(k + \tfrac{0,5}{\sigma}\right) \\ &= 2\phi\left(k + \tfrac{0,5}{\sigma}\right) - 1 \end{aligned}$$

Damit kann für jeden Anteil α der entsprechende σ-Radius berechnet werden:

$$\begin{aligned} 2\phi\left(k + \tfrac{0,5}{\sigma}\right) - 1 = \alpha &\Leftrightarrow \phi\left(k + \tfrac{0,5}{\sigma}\right) = \tfrac{1+\alpha}{2} \\ &\Leftrightarrow k + \tfrac{0,5}{\sigma} = \text{invNorm}\left(\tfrac{1+\alpha}{2};\ 0,1\right) \\ &\Leftrightarrow k = \text{invNorm}\left(\tfrac{1+\alpha}{2};\ 0,1\right) - \tfrac{0,5}{\sigma} \end{aligned}$$

a)	50 %: [13; 17]	75 %: [11; 19]	98 %: [7; 23]
b)	50 %: [228; 236]	75 %: [224; 240]	98 %: [216; 248]
c)	50 %: [304; 320]	75 %: [298; 326]	98 %: [283; 341]

459

10. $n = 20$:

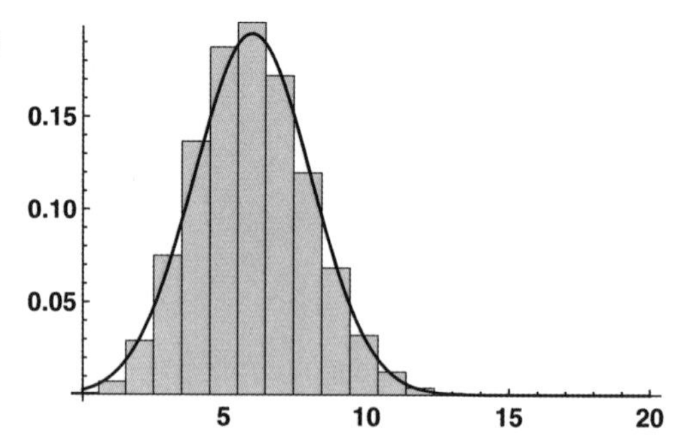

459

10. n = 50:

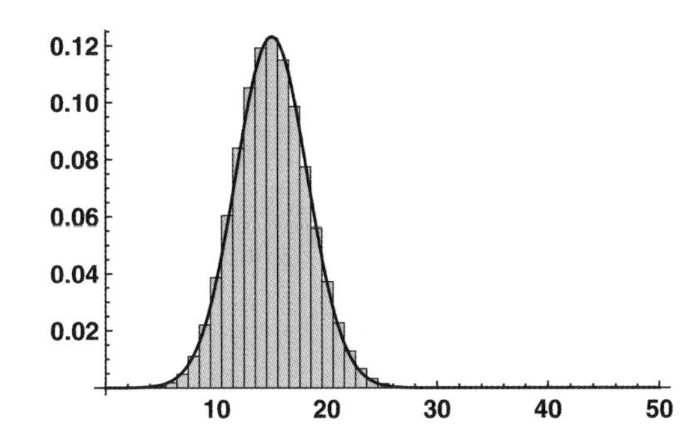

Je größer die Stufenzahl wird, desto genauer ist die Approximation.

11. σ-Regel für 75 %: $P(\mu - k\sigma \leq X \leq \mu + k\sigma) = 0{,}75$ % gilt für k = 1,15
Damit $\mu - k\sigma = 9346{,}93$; $\mu + k\sigma = 9553{,}07$, also nach Kontrollrechnung Intervall: [9347; 9553]

12. **a)** Die Befragung darf sich nicht auf typische Zielgruppen, wie Pendler oder Schüler konzentrieren, da dann die Unabhängigkeit der Wiederholungen nicht gegeben ist. Die Gruppe der Befragten muss also zufällig ausgewählt werden.
Erwartungswert: 3600, Standardabweichung: 44,497
Annäherung möglich, da $\sigma > 3$ ist.

b)

	exakter Wert	Näherung
$P(X < 3500)$	0,011904	0,011955
$P(3500 \leq X \leq 4000)$	0,988096	0,988727
$P(X > 4000)$	0	0

c) Binomialverteilung: 50 % liegen im Intervall [3570; 3630];
daraus folgt r = 0,6742;
Normalverteilung: r = 0,6745

8.4.2 Wahrscheinlichkeiten bei normalverteilten Zufallsgrößen

462

1. **a)** 0,3218 **b)** 0,9773 **c)** 0,1587 **d)** 0

2. **a)** (1) 0,9044 (2) 0,0004 (3) 0,0004 (4) 0
b) (1) zwischen 39,51 mm und 40,49 mm
(2) mindestens 39,51 mm

3. **a)** (1) 0,7791 (2) 0,6813
b) $P_{10} = 1{,}5967$; $P_{25} = 1{,}6362$; $P_{75} = 1{,}7238$; $P_{90} = 1{,}7633$

463

4. Für eine Normalverteilung gilt wegen der Symmetrie stets $P_{50} = \mu$ und $P_{90} - P_{50} = P_{50} - P_{10}$. Beide Beziehungen sind nicht erfüllt.

463

5. Bis auf Rundungsungenauigkeiten passen beide Artikel zusammen:
Für die Normalverteilung aus Artikel 1 mit $\mu = 100$ und $\sigma = 15$ gilt:
$P(85 \leq X \leq 115) = 0{,}6827$; $P(100 \leq X) = 0{,}5$; $P(130 \leq X) = 0{,}0228$

6. **a)** X beschreibe die Länge der Bolzen. X ist normalverteilt mit $\mu = 5$ und $\sigma = 0{,}2$. Dann gilt $P(1.\ \text{Wahl}) = P(|X - 5| \leq 0{,}15) = P(4{,}85 \leq X \leq 5{,}15) = 0{,}5467$.

b) $P(2.\ \text{Wahl}) = P(0{,}15 < |X - 5| < 0{,}3)$
$= P(4{,}7 < X < 4{,}85) + P(5{,}15 < X < 5{,}3)$
$= 0{,}1598 + 0{,}15982 = 0{,}3196$

$P(\text{Ausschuss}) = 1 - P(1.\ \text{Wahl}) - P(2.\ \text{Wahl}) = 0{,}1336$

Prognose:

1. Wahl: $P(1.\ \text{Wahl}) \cdot 50\,000 \approx 27\,337$
2. Wahl: $P(2.\ \text{Wahl}) \cdot 50\,000 \approx 15\,982$

Ausschuss: $P(\text{Ausschuss}) \cdot 50\,000 \approx 6\,681$

7. **a)** 0,7887

b) Eine Vergrößerung von σ führt zu einer Verkleinerung der Wahrscheinlichkeit. Umgekehrt führt eine Verkleinerung von σ zu einer Vergrößerung der Wahrscheinlichkeit.

c) Eine Veränderung von μ führt zu einer Verkleinerung der Wahrscheinlichkeit.

8.4.3 Bestimmen der Kenngrößen von normalverteilten Zufallsgrößen

466

3. (1)

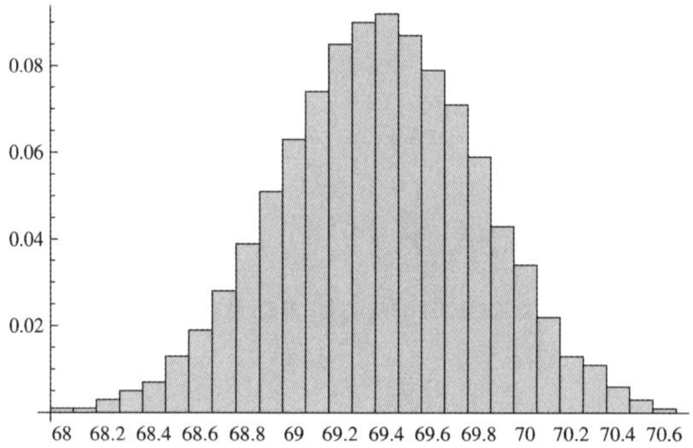

(2) Mittelwert: 69,37 mm; Stichprobenstreuung: 0,4316 mm

(3) Normalverteilung mit $\mu = 69{,}37$; $\sigma = 0{,}4316$

(4) $P(68{,}85 \leq X \leq 70{,}05) = 0{,}8283$

Ein genauer Vergleich ist nicht möglich, da die Klassierung der Daten zu grob ist. Allerdings liefert die Summe der Klassen 68,8 – 70,1 den Wert 0,889. Summiert man 68,9 – 70,0 erhält man 0,828.

466

4. a) Mittelwert: 23,71 g; Stichprobenstreuung: 4,0861 g
Normalverteilung mit $\mu = 23{,}71$; $\sigma = 4{,}0861$
b) (1) 0,1819 (2) 0,0619 (3) 0,7562

5. a) (1) $\mu \approx 66{,}5$ cm; $1{,}88\,\sigma \approx 70{,}5 \text{ cm} - 62{,}0 \text{ cm} = 8{,}5$ cm, also $\sigma \approx 4{,}52$ cm
(2) $\mu \approx 75{,}0$ cm; $1{,}88\,\sigma \approx 79{,}5 \text{ cm} - 70{,}5 \text{ cm} = 9$ cm, also $\sigma \approx 4{,}79$ cm
b) (1) $\mu \approx 60{,}0$ cm; $1{,}88\,\sigma \approx 64{,}0 \text{ cm} - 57{,}5 \text{ cm} = 6{,}5$ cm, also $\sigma \approx 3{,}46$ cm
(2) Bei Körpergewicht 8 kg:
$\mu = 67{,}5$ cm; $1{,}88\,\sigma \approx 72{,}5 \text{ cm} - 63{,}5 \text{ cm} = 9$ cm, also $\sigma \approx 4{,}79$ cm

467

6. Körpergröße Jungen: Mittelwert: 53,49 cm;
Stichprobenstreuung: 2,3516 cm
Normalverteilung mit $\mu = 53{,}49$; $\sigma = 2{,}3516$
Körpergröße Mädchen: Mittelwert: 52,66 cm;
Stichprobenstreuung: 2,2101 cm
Normalverteilung mit $\mu = 52{,}66$; $\sigma = 2{,}2101$

7. a) Heigh-for-age GIRLS stellt die Körpergröße in Abhängigkeit des Alters von Mädchen dar. Die 5 Linien markieren die prozentualen Anteile aller Mädchen, die eine gewisse Körpergröße nicht überschreiten.
Head circumference-for-age BOYS stellt den Kopfumfang in Anhängigkeit des Alters von Jungen dar. Die Linien markieren die verschiedenen Anweichungen vom Erwartungswert, gemessen in σ-Radien.
Weight-for-age GIRLS stellt das Gewicht in Abhängigkeit des Alters von Mädchen dar. Die 5 Linien markieren die prozentualen Anteile aller Mädchen, die ein gewisses Gewicht nicht überschreiten.
b) $\mu \approx 139$ cm; Radius der 94%-Umgebung von μ: ≈ 12 cm.
Der GTR gibt an: invnorm(0.97) = 1,88,
d. h. $P(\mu - 1{,}88\sigma \leq X \leq \mu + 1{,}88\sigma) \approx 94\ \%$,
also $\sigma \approx \frac{12 \text{ cm}}{1{,}88} \approx 6{,}4$ cm
c) $\mu \approx 151$ cm; Radius der 94%-Umgebung von μ: ≈ 13 cm.
also $\sigma \approx \frac{13 \text{ cm}}{1{,}88} \approx 6{,}9$ cm oder $1 \text{ cm} \approx 0{,}144\sigma$.
$P(X < 150 \text{ cm}) \approx P(X < \mu - 0{,}144\sigma) \approx 44\ \%$,
$[P(X < 149{,}5 \text{ cm}) \approx P(X < \mu - 0{,}216\sigma) \approx 41\ \%]$
d) $\mu \approx 49{,}5$ cm; $3\sigma \approx 3{,}5$ cm, d. h. $1 \text{ cm} \approx 0{,}86\sigma$.
$P(X > 50 \text{ cm}) \approx P(X > \mu + 0{,}43\sigma) \approx 67\ \%$,
$[P(X \geq 50{,}5 \text{ cm}) = 1 - P(X < 50{,}5 \text{ cm}) \approx P(X < 0{,}86\sigma) \approx 80\ \%]$
e) Die Verteilungen sind nicht symmetrisch zu μ.

467

8. Gesamtzahl der Teilnehmer: 356
Schätzwert für μ ist der Mittelwert der Datenliste.
Multipliziere dazu die Klassenmittelpunkte mit der relativen Klassenhäufigkeit. Als Höchstpunktzahl wird 800 angenommen.
Damit ergibt sich als Schätzwert $\mu \approx 501{,}906$. Als Schätzwert für σ wird die Stichprobenstandardabweichung berechnet: $\sigma \approx 103{,}759$.
Kann es sich um eine Normalverteilung handeln?
Betrachte das Histogramm der Verteilung und die Dichtefunktion der Normalverteilung mit $\mu = 501{,}906$ und $\sigma = 103{,}759$.

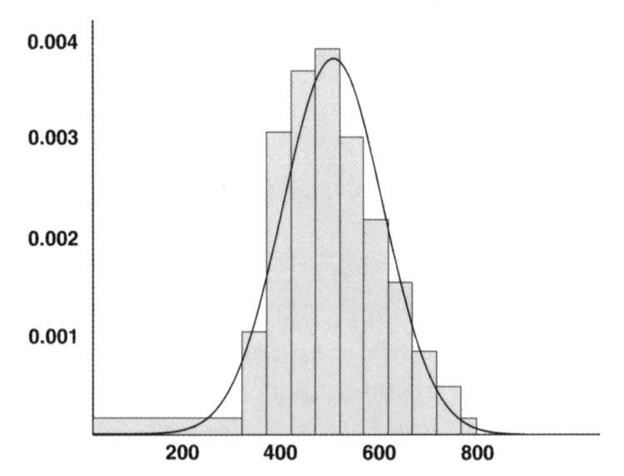

Wenn eine Normalverteilung vorliegt, dann müssen die gemessenen relativen Häufigkeiten der Klassen sich „in der Nähe“ der theoretischen Wahrscheinlichkeiten bewegen.
Also: Vergleich von beobachteten mit erwarteten Häufigkeiten.
Angenommen wird eine Normalverteilung mit $\mu = 501{,}906$ und $\sigma = 103{,}759$.

Klasse	Wahrscheinlichkeit	relative Klassenhäufigkeit	relative Abweichung
0 - 313	0,034331	0,005618	0,836358
314 - 364	0,056836	0,053371	0,060965
365 - 414	0,104931	0,154494	0,472346
415 - 464	0,156300	0,182584	0,168169
465 - 515	0,189176	0,196629	0,039398
516 - 565	0,174410	0,148876	0,146402
566 - 616	0,132628	0,109551	0,174002
617 - 666	0,076779	0,075843	0,012200
667 - 716	0,036251	0,042135	0,162295
717 - 767	0,013774	0,025281	0,835377
768 - 800	0,003132	0,005618	0,793603

Die Frage, ob es sich um eine Normalverteilung handelt, kann mit den Methoden des Buches nicht beantwortet werden. Zwar erscheinen die relativen Abweichungen sehr klein. Es ist aber unklar, wie klein sie sein müssen, damit auf eine Normalverteilung geschlossen werden kann.
(Bem.: Dieses Problem wird in der statistischen Testtheorie behandelt.
Ein einfacher χ^2-Anpassungstest ergibt, dass mit 95 % Wahrscheinlichkeit keine Normalverteilung vorliegt.)

8.5 Stetige Zufallsgrößen

472

2. Für die Varianz gilt zunächst

$$\sigma^2 = \int_0^{\infty}(x-250)^2\,0{,}004e^{-0{,}004x}dx = \lim_{b\to\infty}\int_0^{b}(x-250)^2\,0{,}004e^{-0{,}004x}dx$$

Die Stammfunktion lässt sich mit den Methoden des Buches nicht ermitteln. Die Berechnung kann mit einem CAS oder näherungsweise mit einem GTR ausgeführt werden. Damit ergibt sich

$$\sigma^2 = \lim_{b\to\infty} 0{,}004\left(e^{-0{,}004b}\left(-250b^2 - 1{,}5625\cdot 10^7\right) + 1{,}5625\cdot 10^7\right) = 62\,500$$

Also gilt: $\sigma = 250$ Stunden.

473

3. **a)** 2 Jahre. $x = 2$ ist die größere der beiden Nullstellen von f.

b) (1) $P(X \le 1) = \int_{-\infty}^{1} f(x)dx = \int_0^1 -\frac{3}{4}x^2(x-2)dx = 0{,}3125$

(2) $P(X \ge 1{,}5) = \int_{1{,}5}^{\infty} f(x)dx = \int_{1{,}5}^{2} -\frac{3}{4}x^2(x-2)dx = 0{,}2617$

(3) $P(X = 1) = 0$

c) $\mu = \int_{-\infty}^{\infty} f(x)dx = \int_0^2 -\frac{3}{4}x^3(x-2)dx = 1{,}2$

4. **a)** $\int_0^{\mu} f(x)dx = \left[-e^{-\lambda x}\right]_0^{\frac{1}{\lambda}} = 1 - e^{-1} \approx 63{,}2\%$

b) $\int_0^{\mu+1\sigma} f(x)dx = \left[-e^{-\lambda x}\right]_0^{\frac{1}{\lambda}+\frac{1}{\lambda^2}} = 1 - e^{-1-\frac{1}{\lambda}}$

5. $\lambda = 2$

a) $\int_{0{,}5}^{\infty} f(x)dx = \left[-e^{-2x}\right]_{0{,}5}^{\infty} = e^{-1} \approx 36{,}8\%$

b) $\int_0^1 f(x)dx = \left[-e^{-2x}\right]_0^1 = 1 - e^{-2} \approx 86{,}5\%$

6. **a)** Berechne den Erwartungswert:

$$\mu = \int_{-\infty}^{\infty} x\cdot\frac{1}{2}e^{-\frac{1}{2}x}dx = \lim_{b\to\infty}\left[-e^{-\frac{1}{2}x}\cdot(x+2)\right]_0^b = \lim_{b\to\infty}\left(2-(b+2)e^{-\frac{b}{2}}\right) = 2$$

473

6. b) $P(X \le 5) = \int_0^5 \frac{1}{2} e^{-\frac{1}{2}x} dx = \left[-e^{-\frac{1}{2}x}\right]_0^5 = 1 - \frac{1}{e^{2,5}} = 0,9179$

7. a) $\int_0^{200} f(x)dx = 0,9 = \left[-e^{-\lambda x}\right]_0^{200} = 1 - e^{-200\lambda}$

$\Rightarrow \lambda = \frac{\ln(0,1)}{-200} = 0,0115 \Rightarrow \frac{1}{\lambda} = E(X) \approx 87$

b) $\int_0^{500} f(x)dx = \left[-e^{-0,0115x}\right]_0^{500} \approx 99,7\%$

Mit einer Wahrscheinlichkeit von 0,3% wird sie auch noch nach 500 Stunden brennen.

c) $\int_0^a f(x)dx = 0,95 = \left[-e^{-0,0115x}\right]_0^a = 1 - e^{-0,0115a}$

$\Rightarrow a = \frac{\ln(0,05)}{-0,0115} \approx 260$

8. a) Fehler in der Aufgabenstellung: Es muss heißen „… Funktionsterm der Dichtefunktion einer stetigen Zufallsvariable ist."
Da die Fläche unter dem Graphen 1 sein muss, folgt k = 2.

b) $\mu = \int_{-\infty}^{\infty} x \cdot 2 \cdot x dx = \left[\frac{2}{3}x^3\right]_0^1 = \frac{2}{3}$

c) $\sigma^2 = \int_{-\infty}^{\infty} \left(x - \frac{2}{3}\right)^2 \cdot 2 \cdot x dx = \left[\frac{1}{18}x^2\left(9x^2 - 16x + 8\right)\right]_0^1 = \frac{1}{18}$

$\Rightarrow \sigma = \frac{1}{3\sqrt{2}}$

9. a) Fehler in der Aufgabenstellung: Es muss heißen „… Funktionsterm der Dichtefunktion einer stetigen Zufallsvariable ist."
Berechne a so, dass die Fläche unter dem Graphen 1 ist:

$\int_{-\infty}^{\infty} f(x)dx = \int_0^2 ax \cdot (x-2)dx = -\frac{4a}{3}$, also folgt $a = -\frac{3}{4}$

b) $\mu = \int_{-\infty}^{\infty} xf(x)dx = \int_0^2 -\frac{3}{4}x^2 \cdot (x-2)dx = 1$

$\sigma^2 = \int_{-\infty}^{\infty} (x-1)^2 f(x)dx = \int_0^2 -\frac{3}{4}(x-1)^2 x \cdot (x-2)dx = \frac{1}{5}$, also $\sigma = \frac{1}{\sqrt{5}}$

474

10. a) $f(x) \geq 0$ für alle $x \in \mathbb{R}$.

Wegen $\frac{1}{b-a} \cdot (b-a) = 1$ ist die Fläche unter dem Graphen 1.

b) $\mu = \int_{-\infty}^{\infty} x f(x) dx = \int_a^b x \cdot \frac{1}{b-a} dx = \left[\frac{x^2}{2(b-a)} \right]_a^b = \frac{a+b}{2}$

Der Erwartungswert ist der Mittelpunkt des Intervalls [a, b].

c) $\sigma^2 = \int_{-\infty}^{\infty} (x-\mu)^2 f(x) dx = \int_a^b \left(x - \frac{a+b}{2} \right)^2 \cdot \frac{1}{b-a} dx = \frac{(b-a)^2}{12}$,

also $\sigma = \frac{b-a}{2\sqrt{3}}$

Die Standardabweichung hängt linear von der Rechteckbreite ab.

11. a) $w(x) \geq 0$ für alle $x \in \mathbb{R}$.

$\int_0^{\infty} 0{,}123 e^{-0{,}123x} dx = \lim_{b \to \infty} \left[-e^{-0{,}123x} \right]_0^b = \lim_{b \to \infty} -e^{-0{,}123b} + 1 = 1$

b) (1) $P(X < 1) = \int_0^1 0{,}123 e^{-0{,}123x} dx = 0{,}1157$

(2) $P(1 < X < 2) = \int_1^2 0{,}123 e^{-0{,}123x} dx = 0{,}1023$

(3) $P(X > 3) = 1 - P(X \leq 3) = 1 - \int_0^3 0{,}123 e^{-0{,}123x} dx = 0{,}6914$

c) $\mu = \int_0^{\infty} x \cdot 0{,}123 e^{-0{,}123x} dx = \lim_{b \to \infty} \left[e^{-0{,}123x} (x - 8{,}13008) \right]_0^b$

$= \lim_{b \to \infty} 0{,}123 \left(e^{-0{,}123b} (-8{,}13008b - 66{,}0982) + 66{,}0982 \right) = 8{,}13008$

d) Für m gilt $P(X \leq m) = 0{,}5$

e) $\int_0^m 0{,}123 e^{-0{,}123x} dx = 1 - e^{-0{,}123m} = 0{,}5 \Leftrightarrow e^{-0{,}123m} = 0{,}5$

$\Leftrightarrow m = 5{,}63534$

m ist kleiner als μ.

474

12. a) $\int_{-\infty}^{\infty} f(x)dx = 2 \cdot \int_{0}^{0,1} k \cdot \left(1 - x^2\right)dx = \frac{299k}{1500} = 1 \Leftrightarrow k = \frac{1500}{299}$

Der Graph von f ist auf [–0,1; 0,1] eine achsensymmetrische nach unten geöffnete Parabel.

Wegen $f(0,1) = \frac{1485}{299} > 0$ ist $f(x) \geq 0$ für alle $x \in \mathbb{R}$.

b) Die Wahrscheinlichkeit, dass eine Kugel um mehr als a vom Sollwert abweicht ist 0,1. Wegen $P(Y > a) = 1 - P(Y \leq a)$ ist a das 90 %-Perzentil.

$$\int_{-0,1}^{m} k \cdot \left(1 - x^2\right)dx = -1{,}67224\ m^3 + 5{,}01672\ m + 0{,}5 = 0{,}9$$

$\Leftrightarrow m = 0{,}0799$

13. Änderung der Aufgabenstellung

c) muss ersetzt werden durch
„Zeigen Sie, dass sich für diese Zufallsgröße kein Erwartungswert berechnen lässt."

Ergänzung

d) „Aus Symmetriegründen könnte man als Erwartungswert $\mu = 0$ betrachten. Bestimmen Sie ein symmetrisches Intervall um 0, in dem 50 % aller Ereignisse liegen."

a) 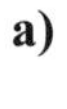

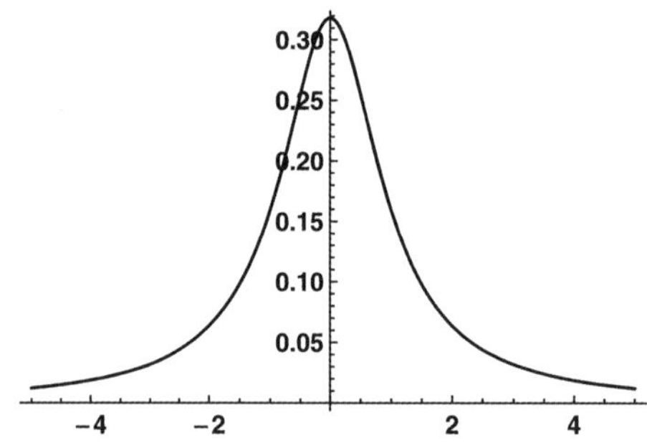

b) $f(x) \geq 0$ für alle $x \in \mathbb{R}$

$$\int_{-\infty}^{\infty} \frac{1}{\pi} \cdot \frac{1}{1+x^2}dx = \lim_{a \to -\infty} \int_{a}^{0} \frac{1}{\pi} \cdot \frac{1}{1+x^2}dx + \lim_{b \to \infty} \int_{0}^{b} \frac{1}{\pi} \cdot \frac{1}{1+x^2}dx$$

$$= \frac{1}{\pi}\left(\lim_{a \to -\infty} [\arctan x]_a^0 + \lim_{b \to \infty} [\arctan x]_0^b\right)$$

$$= \frac{1}{\pi}\left(\lim_{a \to -\infty} (-\arctan a) + \lim_{b \to \infty} \arctan b\right)$$

$$= \frac{1}{\pi}\left(\frac{\pi}{2} + \frac{\pi}{2}\right) = 1$$

474

13. c) Wegen

$$\mu = \int_{-\infty}^{\infty} x \cdot \frac{1}{\pi} \cdot \frac{1}{1+x^2}\,dx = \frac{1}{2\pi}\left(\lim_{a\to-\infty}\left[\ln\left(1+x^2\right)\right]_a^0 + \lim_{b\to\infty}\left[\ln\left(1+x^2\right)\right]_0^b\right)$$

$$= \frac{1}{2\pi}(-\infty + \infty)$$

divergiert das uneigentliche Integral. Damit existiert kein Erwartungswert.

d) $\int_0^a \frac{1}{\pi} \cdot \frac{1}{1+x^2}\,dx = \frac{1}{\pi}\arctan a = \frac{1}{4} \Leftrightarrow a = 1$

$\Rightarrow [-1;\ 1\ ]$, d. h. der Winkel α liegt in $\left[-\frac{\pi}{4};\ \frac{\pi}{4}\right]$.

9. VORBEREITUNG AUF DAS ABITUR

9.1 Aufgaben zur Analysis

477

1 Golden-Gate-Bridge

1.1 Dadurch lässt sich die Symmetrie der Brücke ausnutzen.

1.2 a) A nach B:

Ansatz: $y = m \cdot x + b$ liefert LGS:

$$\begin{vmatrix} m \cdot (-640) + 6 = 152 \\ m \cdot (-977) + b = 0 \end{vmatrix}$$

Lösung: $m = \frac{152}{337}$; $b \approx 440{,}66$

$y = \frac{152}{337}(x + 977)$

b) B über C nach D:

Ansatz: $y = a \cdot x^2$

$a \cdot 640^2 = 152$

$y = \frac{152}{646^2} \cdot x^2$

c) Analog zu a): $y = -\frac{152}{337}(x - 977)$

1.3

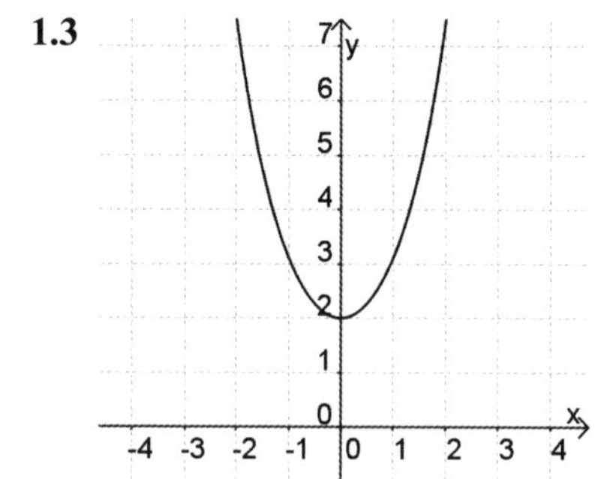

- Für $|x| \to \infty$ gilt: $k(x) \to \infty$
- Symmetrie zur y-Achse
- Keine Nullstelle
- Tiefpunkt $(0 \mid 2)$
- keine Wendepunkte

477

1.3 Fortsetzung

$f'(x) = e^{x} - e^{-x}$

$f''(x) = e^{x} + e^{-x}$

Man sieht, dass weder f noch f'' Nullstellen haben, aber f' eine Nullstelle bei $x = 0$ hat.

1.4 Der Ansatz: $y = e^{ax} + e^{-ax} - 2$ liefert $y = e^{0,00787x} + e^{-0,00787x} - 2$

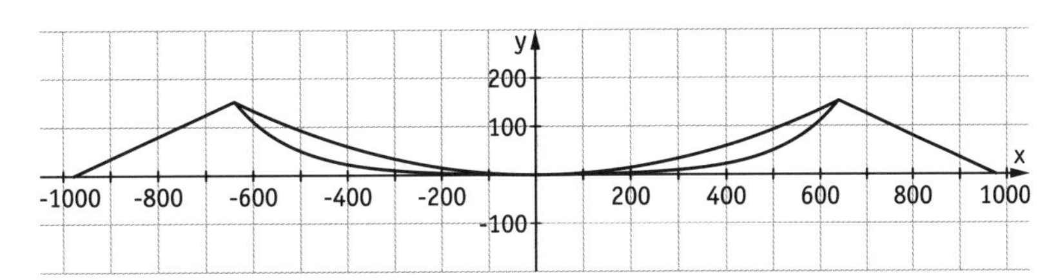

Die Kettenlinie hängt stärker durch, die Parabel scheint besser geeignet.

1.5 Man nähert die Länge durch die Summe der Länge einzelner Sehnen an (Skizze). Dabei ergeben sich kleine rechtwinklige Dreiecke.

Für eine Sehne gilt: $\ell = \sqrt{(\Delta x)^2 + \left(f(x + \Delta x) - f(x)^2\right)}$

Für $\Delta x \to 0$ wird aus der Summe dann ein Integral.

478

2 Wachstum von Hopfen

2.1 Die Wachstumsgeschwindigkeit ist proportional zum Abstand zwischen der erreichten und maximal möglichen Höhe (Obergrenze).
Es ergibt sich die DGL:

$h'(t) = k \cdot (6 - h(t)) \Rightarrow h(t) = 6 - c \cdot e^{-k \cdot t}$

Aus $h(0) = 0,45$ folgt $c = 5,55$; ferner erhält man $k = 0,4$ (logarithmische Auftragung).

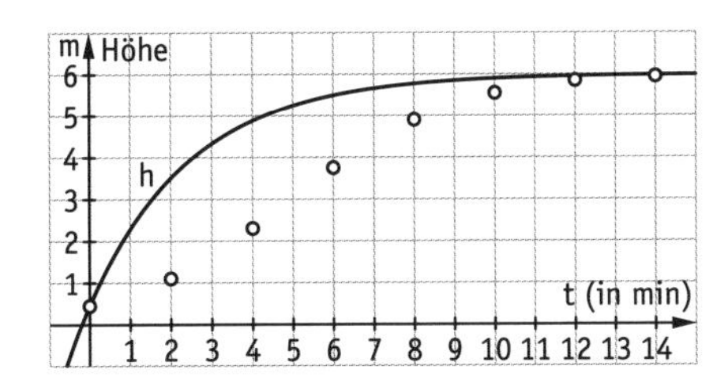

Man sieht, dass die Näherung nicht gut ist.

478

2.2 Wachstumsgeschwindigkeit ist zur erreichten Höhe und zum Abstand zwischen der erreichten Höhe und der Obergrenze proportional.

DGL: $h'(t) = k \cdot h(t) \cdot (6 - h(t))$

$$h'(t) = \frac{\frac{1}{2} \cdot 6 \cdot e^{\frac{t}{2}}}{e^{\frac{t}{2}} + 12} - \frac{\frac{1}{2} \cdot 6 \cdot e^{\frac{t}{2}} \cdot e^{\frac{t}{2}}}{\left(e^{\frac{t}{2}} + 12\right)^2} \quad \Big| \ \frac{6}{2} \text{ erweitern auf } \frac{36}{12}$$

$$= \frac{\frac{1}{12} \cdot 36 \cdot e^{\frac{t}{2}}}{e^{\frac{t}{2}} + 12} - \frac{\frac{1}{12} \cdot 36 \cdot \left(e^{\frac{t}{2}}\right)^2}{\left(e^{\frac{t}{2}} + 12\right)^2} \quad \Big| \text{ ausklammern von } \frac{1}{12} \cdot \left(\frac{6 \cdot e^{\frac{t}{2}}}{e^{\frac{t}{2}} + 12}\right)$$

$$= \frac{1}{12} \cdot \left(\frac{6 \cdot e^{\frac{t}{2}}}{e^{\frac{t}{2}} + 12}\right) \cdot \left(6 - \frac{6 \cdot e^{\frac{t}{2}}}{e^{\frac{t}{2}} + 12}\right)$$

$$= \frac{1}{12} \cdot d(t) \cdot (6 - d(t))$$

2.3 $d(t) = \dfrac{6}{1 + 12 \cdot e^{-\frac{1}{12} \cdot 6 \cdot t}} = \dfrac{6}{1 + 12 \cdot e^{-\frac{t}{2}}}$

$\Rightarrow \lim\limits_{t \to \infty} d(t) = 6, \quad \lim\limits_{t \to -\infty} d(t) = 0$

- keine Nullstellen
- keine Extremstellen, da $d'(t) = \dfrac{36 \cdot e^{\frac{t}{2}}}{e^{\frac{t}{2}} + 12} = 0$ keine Lösung hat.

$d''(t) = \dfrac{-18 \cdot e^{\frac{t}{2}} \cdot \left(e^{\frac{t}{2}} - 12\right)}{\left(e^{\frac{t}{2}} + 12\right)^3} = 0$ liefert Wendepunkt $W(2 \cdot \ln(12) \mid 3)$

Die Wachstumsgeschwindigkeit ist bei halber Höhe maximal.

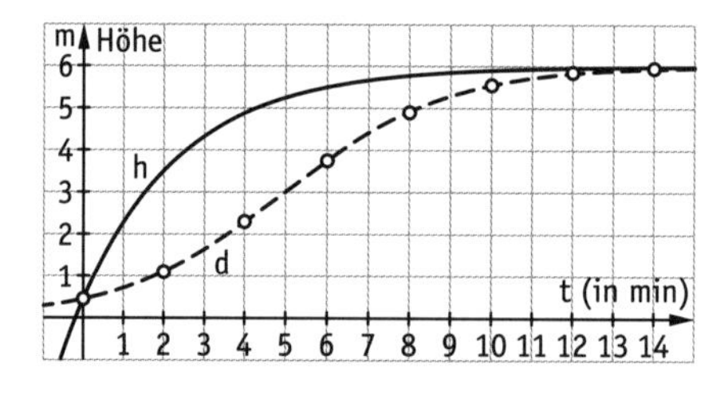

Der Vergleich der beiden Wachstumsmodelle zeigt sehr deutlich, dass der Prozess mit dem logistischen Wachstum besser modelliert werden kann.

478

2.4 Behauptung: Graph ist symmetrisch zum Wendepunkt.
Dazu verschiebt man den Wendepunkt in den Ursprung:

$$d^*(t) = \frac{6 \cdot e^{\left(\frac{t+2\ln(12)}{2}\right)}}{e^{\left(\frac{t+2\ln(12)}{2}\right)}+12} - 3 = \frac{6 \cdot 12 \cdot e^{\frac{t}{2}}}{12 \cdot e^{\frac{t}{2}}+12} - 3 = \frac{6e^{\frac{t}{2}}}{e^{\frac{t}{2}}+1} - 3 = \frac{3e^{\frac{t}{2}}-3}{e^{\frac{t}{2}}+1} = 3\frac{e^{\frac{t}{2}}-1}{e^{\frac{t}{2}}+1}$$

Zu zeigen: $d^*(-t) = -d^*(t)$

$$-d^*(t) = -3\frac{e^{\frac{t}{2}}-1}{e^{\frac{t}{2}}+1} = 3 \cdot \frac{1-e^{\frac{t}{2}}}{1+e^{\frac{t}{2}}}$$

$$d^*(-t) = 3 \cdot \frac{e^{-\frac{t}{2}}-1}{e^{-\frac{t}{2}}+1} = 3 \cdot \frac{\frac{1}{e^{\frac{t}{2}}}-1}{\frac{1}{e^{\frac{t}{2}}}+1}$$ | Die 1 im Nenner und Zähler mit $e^{\frac{t}{2}}$ erweitern

$$= 3 \cdot \frac{\frac{1-e^{\frac{t}{2}}}{e^{\frac{t}{2}}}}{\frac{1+e^{\frac{t}{2}}}{e^{\frac{t}{2}}}}$$ | Gesamtbruch kürzen mit $e^{\frac{t}{2}}$

$$= 3 \cdot \frac{1-e^{\frac{t}{2}}}{1+e^{\frac{t}{2}}}$$

$$= -g^*(x)$$

2.5 $\int_0^{\infty}(6-d(t))\,dt = \int_{-\infty}^{4\ln 12} d(t) = 12 \cdot \ln 13$

3 Kirche Sao Francisco de Assis
Wähle markante Punkte als Ansatzpunkte für kubische Splines.
Man erhält z. B. das System:
f(0) = 0
f(4,5) = 4
f(7,5) = 2,8
f(9) = 4
f(12) = 2,8
f(18) = 8
f(22,5) = 4
f(25,5) = 4,8
f(30) = 0
$\Rightarrow$

478

3 Fortsetzung

$S_0(x) = -0,032x^3 + 1,634x$

$S_1(x) = 0,124x^3 - 2,109x^2 + 11,127x - 14,239$

$S_2(x) = -0,266x^3 + 6,661x^2 - 54,651x + 150,206$

$S_3(x) = 0,097x^3 - 3,142x^2 + 33,579x - 114,485$

$S_4(x) = -0,043x^3 - 3,809x^2 + 75,851x - 489,203$

$S_5(x) = 0,063x^3 - 3,809x^2 + 75,851x - 489,203$

$S_6(x) = -0,087x^3 + 6,275x^2 - 151,091x + 1212,491$

$S_7(x) = 0,026x^3 - 2,348x^2 + 68,838x - 656,484$

$\int_0^{30} S(x) = 130,638$

Die Farbe sollte also reichen.

479

4 Funktionenschar und Kraftstoffverbrauch

4.1 $f'(x) = (-x^2 + 2x + k - 1)e^{-x}$; $f''(x) = (x^2 - 4x - k + 3)e^{-x}$

- Nullstellen: $x = \pm\sqrt{k-1}$ für $k \geq 1$
- $\lim\limits_{x\to\infty} f_k(x) = 0$; $\lim\limits_{x\to-\infty} f_k(x) = \infty$
- Extremstellen bei $1 + \sqrt{k}$ (Hochpunkt) und $1 - \sqrt{k}$ (Tiefpunkt) für $k > 0$; für $k = 0$: Bei $x = 1$ Sattelpunkt.
- Wendepunkt bei $2 \pm \sqrt{k+1}$ für $k \geq -1$; für $k = 0$: bei $x = 1$ Sattelpunkt

4.2 Für $k > 0$:

Extremstellen bei: $x_1 = 1 + \sqrt{k}$, also $k = (x_1 - 1)^2$ und

$x_2 = 1 - \sqrt{k}$, also $k = (-x_2 - 1)^2$;

Einsetzen von k in f(x) ergibt für x_1: $\left(x_1^2 - (x_1 - 1)^2 + 1\right)e^{-x} = 2xe^{-x}$

und für x_2: $\left(x_2^2 - (-x + 1)^2 + 1\right)e^{-x} = 2xe^{-x}$

$\Rightarrow$ Ortslinie $g(x) = 2x \cdot e^{-x}$.

P(1 | g(1)) ist nicht Teil der Ortslinie (Sattelpunkt von $f_0(x) = (x^2 + 1)e^{-x}$).

479

4.3 a) Für $x = 1 + \sqrt{k}$ wird $f_k(x)$ maximal. Also ist der momentane Kraftstoffverbrauch nach $1 + \sqrt{k}$ Minuten am größten.

b) $\int_0^2 f_k(x)dx \le 1$

$\left[\left(-x^2 - 2x + k - 3\right) \cdot e^{-x}\right]_0^2 \le 1$

$(k - 11)e^{-2} - k + 3 \le 1$

$k \cdot e^{-2} - k \le -2 + 11e^{-2}$

$k \ge \frac{11e^{-2} - 2}{e^{-2} - 1}$

$k \ge 0{,}59134$

5 Medikamenteneinnahme

$f_k'(t) = (20 - 20kt) \cdot e^{-k \cdot t}$

$f_k''(t) = 20k(kt - 2) \cdot e^{-k \cdot t}$

5.1 a)
- $f_k(2) = 26{,}813 = 20 \cdot 2 \cdot e^{-2k} \Rightarrow k \approx 0{,}2$
- Extrempunkt bei $t = \frac{1}{k} = 5$ (laut Grafik) liefert $k \approx \frac{1}{5}$.
- $f_{0,2}(12) = 240 \cdot e^{-0{,}2 \cdot 12} \approx 21{,}772$

b) $f_k\left(\frac{1}{k}\right) = \frac{20}{k}e^{-1} = \frac{20}{k \cdot e}$; $f_{0,2}(5) \approx 36{,}788$

c) $f_{0,2}(24) \approx 3{,}95$

Da f_k für $t > 5$ fällt, folgt die Behauptung.

d) $f_k''(t) = 0$ liefert $t = \frac{2}{k}$; also für $k = 0{,}2$ bei $t = 10$.

5.2 $\lim\limits_{t \to \infty} f_{0,2}(t) = \lim\limits_{t \to 0} \frac{20t}{e^{0{,}2t}} = 0$

Das Medikament wird nahezu komplett abgebaut.

5.3 Extrempunkte bei $\left(\frac{1}{k} \middle| \frac{20}{k \cdot e}\right)$ liefert Ortslinie $g(x) = \frac{20}{e} \cdot x$ für $x > 0$.

5.4 $\frac{20}{k \cdot e} < 50 \Rightarrow k > \frac{2}{5e} \approx 0{,}1472$

480

6 Vom Graphen zum Funktionsterm

6.1
- Der Graph jeder Funktion der Schar f_k ist punktsymmetrisch zum Ursprung, d. h. die Summanden der ganzrationalen Funktionen haben nur ungerade Exponenten.
- Nullstellen von f_k: $x_1 = -k$, $x_2 = 0$, $x_3 = k$

  Die Nullstelle $x_2 = 0$ haben alle Funktionsgraphen von f_k gemeinsam.
- Es gibt je einen Hochpunkt und einen Tiefpunkt.
- Für $x \to +\infty$ gilt $f_k(x) \to -\infty$. Für $x \to -\infty$ gilt $f_k(x) \to +\infty$.

  Der Summand mit dem größten Exponenten im Funktionsterm ist also kleiner als null.
- Der Ursprung ist Wendepunkt von f_k.
- Die Gerade mit der Gleichung $y = x$ ist Tangente im Wendepunkt.

6.2 Ansatz: $f_k(x) = ax^3 + bx$

Aus $f_k'(0) = 1$ folgt $b = 1$.

Aus $f_k(k) = ak^3 + k = 0$ folgt $a = -\frac{1}{k^2}$ für $k \neq 0$.

Also gilt: $f_k(x) = -\frac{1}{k^2}x^3 + x$

6.3 $f_k'(x_e) = 0$, also $-\frac{3}{k^2}{x_e}^2 + 1 = 0$ für $k^2 = 3{x_e}^2$

$y_e = f'(x_e) = -\frac{1}{k^2}{x_e}^3 + x_e = -\frac{1}{3x_e}{x_e}^3 + x_e = \frac{2}{3}x_e$

Die Extrempunkte von f_k liegen auf der Geraden mit der Gleichung $y = \frac{2}{3}x$.

6.4 Jede Funktion f_k hat den Grad drei.

Im Fall $k \to \infty$ gilt $-\frac{1}{k^2} \to 0$ und somit $f_k(x) \to x$.

6.5 $f_k = 2 \cdot \int_0^k f_k(x)dx = 2 \cdot \left[-\frac{1}{4k^2}x^4 + \frac{1}{2}x^2\right]_0^k$

$f_k = 2 \cdot \left(-\frac{1}{4}k^2 + \frac{1}{2}k^2\right) = \frac{1}{2}k^2$

480

7 Volumen eines Flüssiggas-Tanks

7.1 Angenommen, der Tank hätte die Höhe 2 500 mm = 25 dm und die Form eines Zylinders. Dann hätte der Tank das Volumen $V = \pi \cdot 6{,}25^2 \cdot 25\ \text{dm}^3 \approx 3067{,}96\ \ell$. Das sind weniger als 3100 ℓ.
Da der Tank tatsächlich kleiner als der oben beschriebene Zylinder ist, muss auch das Volumen des Tanks kleiner als 3100 ℓ sein.

7.2 Gegeben sei eine beliebige monotone Funktion f auf einem Intervall [a; b]. Das Intervall wird in n Teilintervalle unterteilt, für deren Breite $\Delta x = \frac{b-a}{n}$ gilt. Weiter sei $x_0 = a$ und $x_n = b$. Die Funktionswerte f(a); $f(x_1)$; $f(x_2)$; …; f(b) sind Radien von Zylindern mit der Höhe $\frac{b-a}{n}$.
Diese Zylinder haben folgende Volumina:
$V_0 = \pi \cdot (f(a))^2 \cdot \left(\frac{b-a}{n}\right)$, $V_1 = \pi \cdot (f(x_1))^2 \cdot \left(\frac{b-a}{n}\right)$ … $V_n = \pi \cdot (f(b))^2 \cdot \left(\frac{b-a}{n}\right)$
Aus V_1, V_2, ...V_n kann man die beiden Summen
$\underline{S_n} = V_0 + V_1 + V_2 + ... + V_{n-1}$ und $\overline{S_n} = V_1 + V_2 + V_3 + ... + V_n$ bilden.
Diese beiden Summen sind die Volumina von Treppenkörpern. Es gilt $\underline{S_n} \leq V \leq \overline{S_n}$.

Für $n \to \infty$ ergibt sich $\lim\limits_{n\to\infty} \underline{S_n} = \lim\limits_{n\to\infty} \overline{S_n} = \pi \cdot \int_a^b (f(x))^2\,dx$ (analytische Definition des Integrals). Damit gilt: $V = \pi \cdot \int_a^b (f(x))^2\,dx$

7.3 $a(x) = -\frac{1}{100}(x-1000)^2 + 625 = -\frac{x^2}{100} + 20x - 9375$ ist die Gleichung einer quadratischen Funktion der Form $y = Ax^2 + bx + c$. Ihr Graph ist eine Parabel, nach unten geöffnet. Scheitelpunkt dieses Graphen ist (1000 | 625). Diese Angaben passen zur abgebildeten Parabel.
Der andere Graph (monoton fallend) muss demnach zur Funktion mit der Gleichung $b(x) = \sqrt{15625{,}5 \cdot (1250 - x)}$ gehören.

- Die Funktion a beschreibt den Übergang von der Krümmung zum Mantel besser als die Funktion b. Die Rechnung mit a ist einfach.
- Die Funktion b beschreibt die Krümmung der Aufsätze im Bereich der größten Tanklänge besser als die Funktion a.
  Die Rechnung mit der Funktion b ist ebenfalls einfach, da durch Quadrieren des Funktionsterms in $V = \pi \cdot \int_a^e (f(x))^2\,dx$ „die Wurzel wegfällt“.

480

7.3 Fortsetzung

Aufsatz: $V_A = \pi \cdot \int_{1000}^{1250} (b(x))^2 \, dx \;\; (mm^3)$

$V_A \approx 153{,}4 \; \ell$

Mittelteil: $V_M = \pi \cdot 625^2 \cdot 2000 \;\; (mm^3)$

$V_M \approx 2454{,}4 \; \ell$

Tank: $V_{ges} = 2 \cdot V_A + V_M \approx 2761{,}2 \; \ell$

7.4

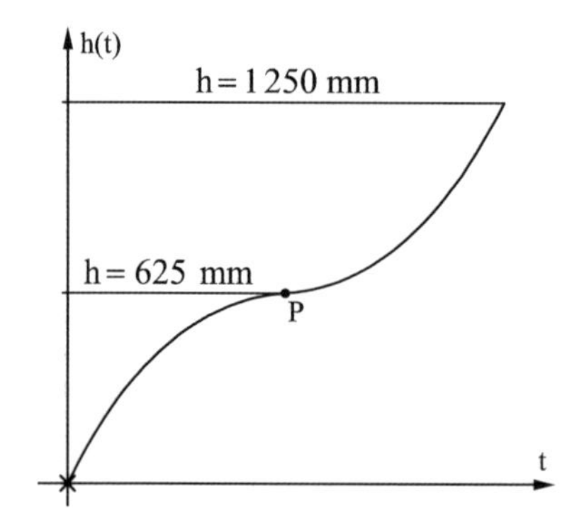

Die Füllhöhe hängt von der Querschnittsfläche, die parallel zur Aufstellfläche ist, ab.
Diese Fläche nimmt bis zu einer Füllhöhe von h(t) = 625 mm zu, daher nimmt die Steigung der Funktion h im Intervall [0; 625] ab. Im Intervall [625; 1250] nimmt die Querschnittsfläche ab und die Steigung der Funktion h wieder zu. Der Graph von h muss wegen der Symmetrie des Tanks punktsymmetrisch zum Punkt P sein.

481

8 Vermehrung von Waschbären mithilfe von Funktionen beschreiben

8.1 Wir bezeichnen mit t die Zeit in Jahren. Für das Jahr 1934 setzen wir t = 0. Die Anzahl der lebenden Waschbären zum Zeitpunkt t bezeichnen wir mit W(t).
Es gilt: $W(0) = 4$, $W(43) \approx 40\,000$
Linearer Ansatz: $W(t) = m \cdot t + 4$
Wir bestimmen die Steigung m: $m = \frac{40\,000 - 4}{43} \approx 930$
Damit erhalten wir $W(t) \approx 930 \cdot t + 4$.
Für das Jahr 2004, also 70 Jahre nach dem Aussetzen der 2 Pärchen ergeben sich nach diesem Wachstumsmodell etwa 65 000 Tiere.

481

8.2 *Quadratischer Ansatz:* $W(t) = a \cdot t^2 + 4$

Wir bestimmen a.

$$40\,000 = a \cdot 43^2 + 4$$

$$a = \frac{40\,000 - 4}{43^2}$$

$$a \approx 22$$

Damit wäre bei diesem Ansatz $W(t) \approx 22t^2 + 4$.

Nach diesem Modell würde es 2004 etwa 108 000 Tiere geben.

8.3 In der Zeitungsmeldung wird die Annahme gemacht, dass sich die Zahl der Waschbären alle 3 Jahre verdoppelt. Diese Annahme ist in keinem der Wachstumsmodelle in 10.1 bzw. in 10.2 berücksichtigt.
Bei der linearen Wachstumsfunktion erhöht sich die Zahl der Tiere alle 3 Jahre um 3 930 Tiere, also um einen konstanten Betrag.
Bei der quadratischen Wachstumsfunktion erhält man
$W(t + 3) = W(t) + 132t + 198$ im Fall der Verdoppelung nach 3 Jahren müsste aber gelten $W(t+3) = W(t) + W(t) = W(t) + 22t^2 + 4$.

8.4 *Ansatz:* $W(t) = a \cdot b^t$

Es gilt: $W(t+3) = 2W(t)$, also

$$a \cdot b^{t+3} = 2a \cdot b^t$$

$$a \cdot b^t \cdot b^3 = 2a \cdot b^t$$

$$b^3 = 2, \text{ also } b = \sqrt[3]{2}$$

Es gilt: $W(t) = a \cdot \left(\sqrt[3]{2}\right)^t$

Um a zu bestimmen, können wir entweder (1) $W(0) = 4$ oder (2) $W(43) \approx 40\,000$ benutzen, so erhalten wir zwei Lösungsmöglichkeiten:

(1) $W(t) = 4 \cdot \left(\sqrt[3]{2}\right)^t$ (2) $W(t) \approx 1{,}94 \cdot \left(\sqrt[3]{2}\right)^t$

Von Jahr zu Jahr wächst die Anzahl der Tiere mit dem Faktor $\sqrt[3]{2} \approx 1{,}26$.
Das prozentuale Wachstum beträgt jährlich also etwa 26%.

Aus $\left(\sqrt[3]{2}\right)^x = 10$

$$\ln\left(\sqrt[3]{2}\right) = \ln 10$$

$$x = \frac{\ln 10}{\ln\left(\sqrt[3]{2}\right)} \approx 9{,}97$$

erhalten wir, dass sich die Anzahl der Tiere etwa nach 10 Jahren verzehnfacht hat.

481

8.5 (1) $\mu_1 \approx 8310$ (2) $\mu_2 \approx 4030$

Man erkennt für die Wachstumsfunktionen (1) $W(t) = 4 \cdot \left(\sqrt[3]{2}\right)^t$ und

(2) $W(t) \approx 1{,}94 \cdot \left(\sqrt[3]{2}\right)^t$, dass für (1) die Funktionswerte etwa doppelt so groß sind wie für (2). Dieser Unterschied wird auch bei den Mittelwerten deutlich. Man erkennt $\mu_1 \approx 2\mu_2$.

482

9 Wachstum von Sonnenblumen

9.1 In den ersten 3 Wochen ist die Höhe h (t) annähernd proportional zur Änderungsrate, damit scheint ein exponentielles Wachstum vorzuliegen.

$h(t) = 30 \cdot e^{kt}$

Mit h (1) = 42,2 folgt $k \approx 0{,}341$

Näherungsfunktion: $h(t) = 30 \cdot e^{0{,}341t}$; t in Wochen

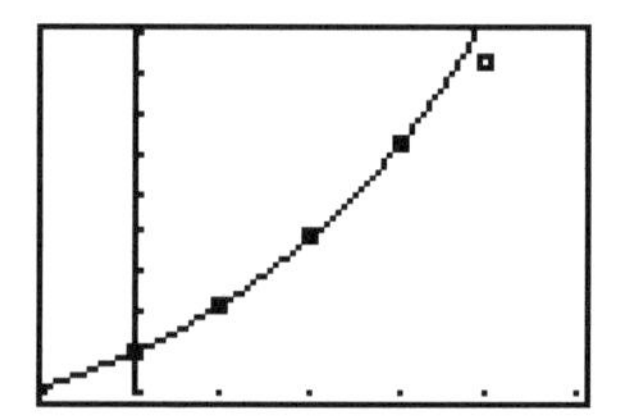

9.2 Betrachtet man nur die Wertepaare der neuen Tabelle, scheint ein begrenztes Wachstum mit einer Sättigungsgrenze von ca. 220 cm vorzuliegen.
Die Tabelle zeigt zwischen der 10. und der 18. Woche eine annähernde Proportionalität zwischen der Änderungsrate $\frac{\Delta h}{\Delta t}$ und dem Sättigungsmanko S – h (t) bei einem kräftigen Ausreißer in der 14. Woche.

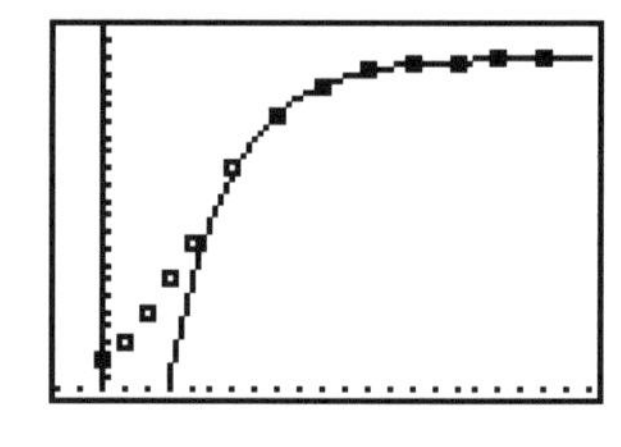

$h^*(t) = a + c \cdot e^{-k(t-6)}$

(1) $\lim\limits_{t \to \infty} h^*(t) = 220 \Rightarrow a = 220$

(2) $h^*(6) = 220 + c = 149{,}2 \Rightarrow c = -70{,}8$

(3) $h(10) = 220 - 70{,}8 \cdot e^{-4k} = 203{,}4 \Rightarrow k \approx 0{,}3626$

Näherungsfunktion: $h^*(t) = 220 - 70{,}8e^{-0{,}3626(t-6)}$

482

9.3

t (in Wochen)	6	8	10	12	14	16	18	20
gemessene Höhe h	149,2	181,9	203,4	213,1	215,8	218,2	219,3	219,8
$h^*(t)$	149,2	185,7	203,4	212,0	216,1	218,1	219,0	219,6
Fehler-betrag	0	3,8	0	1,1	0,3	0,1	0,3	0,2

Der Fehler ist in der 8. Woche mit 3,8 cm Abweichung am größten.
Der mittlere Fehler beträgt 0,7 cm.

9.4 $h^{*'}(t) = 25{,}67 \cdot e^{-0{,}3626(t-6)}$

$h^{*'}$ ist für $6 \le t \le 20$ an der Stelle t = 6 am größten.
Setzt man die beiden Tabellen zusammen, so handelt es sich insgesamt um ein logistisches Wachstum. Im Bereich zwischen 4. und 6. Woche geht das exponentielle in das begrenzte Wachstum über. Dies ist der Bereich, in dem die Wachstumsgeschwindigkeit am größten ist.

10 Berechnungen am Barockgiebel

10.1 Annahme: Grad 2

$a_0 = 4$

$f(x) = a_2x^2 + 4$

$f'(x) = 2a_2x$

$f'(4) = 2a_2 \cdot 4 = 8a_2 \;\rightarrow\; a_2 = 0$

$f(x) = 4$ im Widerspruch zu $f(4) = 0$

$\Rightarrow$ Grad ≥ 4.

Wegen der Symmetrie des Graphen scheidet Grad 1 und Grad 3 aus.

10.2 Annahme: Grad 4

$f(x) = a_4x^4 + a_2x^2 + a_0$

$f'(x) = 4a_4x^3 + 2a_2x$

$$\left.\begin{array}{l} f'(4) = 0 \Leftrightarrow a_2 = -32a_4 \\ f(4) = 0 \Leftrightarrow a_2 = -16a_4 - \frac{1}{16} \end{array}\right\} a_4 = \tfrac{1}{64};\; a_2 = -\tfrac{1}{2}$$

$f(x) = \frac{1}{64}x^4 - \frac{1}{2}x^2 + 4$

482

10.3 *Ansatz:* Nullstellen von g sind $x_1 = -4$ und $x_2 = 4$.

Es wird im Folgenden nur der Bereich rechts der y-Achse betrachtet, dies vereinfacht die Rechnung.

$$\int_0^s g(x)dx - s \cdot g(s) = s \cdot g(s) + \int_s^4 g(x)dx$$

$$\int_0^s g(x)dx = 2 \cdot s \cdot g(s) + \int_s^4 g(x)dx$$

$$\frac{s^5}{320} - \frac{s^3}{6} + 4s = \frac{1}{32}s^5 - s^3 + 8s + \left(-\frac{s^5}{320} + \frac{s^3}{6} + 4s + \frac{128}{15}\right)$$

Vereinfachen dieser Gleichung und Lösen ergibt $s \approx 2{,}57$ bzw. $h \approx 1{,}375$.

483

11 Wachstum von Weißtannen

11.1 $h'(t) = \frac{181\,875 \cdot k \cdot e^{-50 \cdot k \cdot 5}}{\left(1{,}5 + 48{,}5 \cdot e^{-50 \cdot k \cdot t}\right)^2}$

$$k \cdot h(t)\,(50 - h(t)) = \frac{75k}{1{,}5 + 48{,}5e^{-50kt}} \cdot \frac{50\left(1{,}5 + 48{,}5e^{-50kt}\right) - 75}{1{,}5 + 48{,}5e^{-50kt}}$$

$$= \frac{75k\left(75 + 2425e^{-50kt} - 75\right)}{\left(1{,}5 + 48{,}5 \cdot e^{-50kt}\right)^2} = \frac{181875 \cdot k \cdot e^{-50kt}}{\left(1{,}5 + 48{,}5e^{-50kt}\right)^2} = h'(t)$$

11.2 $h(15) = 8{,}4 \Leftrightarrow \frac{75}{1{,}5 + 48{,}5e^{-750k}} = 8{,}4 \Rightarrow k \approx 0{,}0025$

$$h(t) = \frac{75}{1{,}5 + 48{,}5e^{-0{,}125t}}$$

90% der Endhöhe: 45 m.

$$h(t) = 45 \Leftrightarrow \frac{75}{1{,}5 + 48{,}5e^{-0{,}125 \cdot t}} = 45 \Rightarrow e^{-0{,}125t} = \frac{\frac{5}{3} - \frac{3}{2}}{48{,}5} \Rightarrow t = -\frac{1}{0{,}125}\ln\left(\frac{\frac{5}{3} - \frac{3}{2}}{48{,}5}\right)$$

$t \approx 45{,}4$, Es dauert noch 30,4 Jahre.

11.3 Beobachtungsbeginn: $t = 0$

$h(0) = 1{,}5$

Bei Beobachtungsbeginn war die Tanne 1,5 m hoch.

483 **12 Untersuchung von Sprungschanzenprofilen**

12.1 a) $\left|\begin{array}{l} \frac{a}{40}+40b+c=0 \\ \frac{a}{60}+60b+c=-25 \\ \frac{a}{96}+96b+c=-28 \end{array}\right|$

$\left|\begin{array}{l} 96\,m+n=-28 \\ 120\,m+n=-22{,}5 \end{array}\right|$

Lösen (z. B. mit Gauss) liefert:

$a=9800;\; b=0{,}75;\; c=-150;\; m=\frac{11}{48};\; n=-50$

$f_1(x)=\frac{4800}{x}+0{,}75x-150$

$f_2(x)=\frac{11}{48}x-50$

b) $f_1'(x)=0{,}75-\frac{4800}{x^2};\; f_1''(x)=\frac{9600}{x^3}$

Es reicht den Tiefpunkt von f_1 zu bestimmen, da f_1 an f_2 anschließt und f_2 monoton wächst.

$f_1'(x)=0 \Rightarrow x=80;\; f''(80)>0 \Rightarrow (80\,|\,-30)$ ist tiefster Punkt.

c) Die beiden Teilfunktionen sind in ihrem Definitionsbereich jeweils differenzierbar. Es muss überprüft werden, ob $f_1'(96)=f_2'(96)$ gilt.

$f_1'(96)=0{,}75-\frac{4800}{x^2}=\frac{11}{48}=f_2'(96)$

Die zusammengesetzte Funktion ist also differenzierbar.

d) $V=\left(\int_{40}^{96} f_1(x)+35\,dx+\int_{96}^{120} f_2(x)+35\,dx+10\cdot 35\right)\cdot 4$

$=(618{,}25+234+350)\cdot 4=1202{,}25\cdot 4=4809$

Es werden also 4809 m^3 Beton benötigt.

12.2 a) Die Krümmung ist die Richtungsänderung pro Längeneinheit.

$$k(x)=\begin{cases} \dfrac{\frac{9600}{x^3}}{\left(1+\left(0{,}75-\frac{4800}{x^2}\right)^2\right)^{\frac{3}{2}}} & \text{für } 40\le x<96 \\ 0 & \text{für } 96<x \end{cases}$$

Bei x = 96 ist kein Wert für die Krümmung definiert, da $k_{f_1}(x)\neq k_{f_2}(x)$ für x = 96.

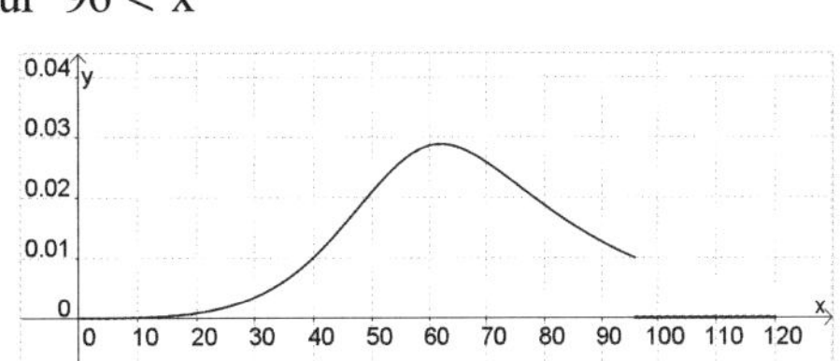

483 **12.2 b)** Für die mittlere Krümmung m gilt:

$$m = \int_{40}^{96} k_{f_1}(x)dx \cdot \frac{1}{80} = \frac{1{,}13719}{80} = 0{,}014215$$

13 Trigonometrische Funktion

484 **13.1 a)**

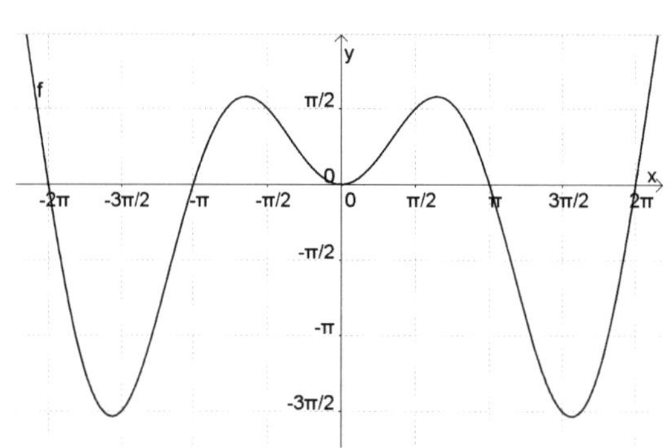

b)
- f achsensymmetrisch, da x und sin x punktsymmetrisch zum Ursprung bzw.: $f(-x) = -x \cdot \sin(-x)$
  $= -x \cdot (-\sin(x)) = x \sin x = f(x)$
- $f(0) = 0$
- Nullstellen $k \cdot \pi,\ k \in \mathbb{Z}$
- $f'(x) = x \cdot \cos x + \sin x = 0$ analytisch nicht lösbar,
  Tiefpunkte bei $(\pm 4{,}91314 \mid -4{,}81447)$
  Hochpunkte bei $(\pm 2{,}02875 \mid 1{,}81971)$
  $f''(x) = 2\cos x - x \cdot \sin(x)$
  Wendepunkte bei $(\pm 3{,}6436 \mid -1{,}75325)$ und $(\pm 1{,}0769 \mid 0{,}948)$

c) $x \cdot \sin x = tx$ mit $t > 0$; $x \in [-2\pi;\ 2\pi]$

$x(\sin x - t) = 0$

$$x = 0 \text{ und } x = \sin^{-1}(t) = \begin{cases} \bullet \text{ keine Lösung für } t > 1 \\ \bullet\ -\frac{3}{4}\pi;\ \frac{\pi}{2} \text{ für } t = 1 \\ \bullet \text{ 4 Lösungen für } 0 < t \le 1 \end{cases}$$

Ein Schnittpunkt bei x = 0 für t > 1;
drei Schnittpunkte/gemeinsame Punkte für t = 1;
fünf Schnittpunkte/gemeinsame Punkte für 0 < t ≤ 1

13.2 a) Berührpunkte $x_1 = -\frac{3}{2}\pi \approx -4{,}71$ und $x_2 = \frac{1}{2}\pi \approx 1{,}57$

Länge: $\sqrt{\left(f\left(\frac{\pi}{2}\right) - f\left(-\frac{3}{2}\pi\right)\right)^2 + \left(\frac{\pi}{2} - \left(-\frac{3}{2}\pi\right)\right)^2} = \sqrt{8\pi^2} \approx 8{,}886$

484

13.2 b) Da $g_1(x) = x$ für alle x, auch für $x = -\frac{3}{2}\pi$ und $x = \frac{\pi}{2}$ haben die Doppelkegel der Rotation um die x-Achse oder die y-Achse dasselbe Volumen.

13.3 $B_1\left(\frac{\pi}{2}\middle|\,\frac{\pi}{2}\right)$, da $x \cdot \sin x = x$ für $x_1 = 0$ und $x_2 = \frac{\pi}{2}$.

$f'(x) = x \cdot \cos x + \sin x$

$f'\left(\frac{\pi}{2}\right) = 1 \Rightarrow$ Steigung der Normalen ist -1.

Gleichung der Normalen durch B_1: $y = -x + \pi$

zweiter Schnittpunkt: $P(\pi \mid 0)$

untere Fläche zwischen 0 und π:

$$A_1 = \int_0^{\frac{\pi}{2}} x \cdot \sin x + \left(\frac{\pi}{2}\right)^2 \cdot \frac{1}{2} = 1 + \frac{\pi^2}{8} \approx 2{,}2337$$

obere Fläche zwischen 0 und π:

$$A_2 = \int_{\frac{\pi}{2}}^{\pi} x \cdot \sin x - \left(\frac{\pi}{2}\right)^2 \cdot \frac{1}{2} \approx \pi - 1 - \frac{\pi^2}{8} \approx 0{,}9079$$

$A_2 = \pi - A_1$ Es gilt also $A_1 + A_2 = \pi$.

$\frac{A_2}{A_1} = \frac{\pi}{A_1} - 1$ $\frac{A_2}{A_1} \approx 0{,}4064$

13.4 a) Ansatz: $ax^3 + bx^2 + cx + d$ liefert:

$$\left| \begin{array}{r} d = 0 \\ c = 0 \\ a\pi^3 + b\pi^2 = 0 \\ a\frac{\pi^3}{8} + b\frac{\pi^2}{4} = \frac{\pi}{2} \end{array} \right|$$

$p(X) = -\frac{4}{\pi^2}x^3 + \frac{4}{\pi}x^2$

b) $\int_0^{\pi} f(x)dx = \pi \approx 3{,}1416$

$\int_0^{\pi} p(x)dx = \frac{\pi^2}{3} \approx 3{,}29$

Funktionenscharen

484

14 $f_t'(x) = -2x \cdot e^{-x^2 \cdot t}$

$f_t''(x) = \left(4x^2t - 2\right) \cdot e^{-x^2 \cdot t}$

14.1 • Hochpunkt bei $\left(0 \middle| \frac{1}{t}\right)$

• Wendepunkte bei $\left(\pm\frac{1}{\sqrt{2t}} \middle| \frac{e^{-\frac{1}{2}}}{t}\right)$;

$f'\left(\frac{1}{\sqrt{2t}}\right) = \frac{-2}{\sqrt{2t}} \cdot e^{-\frac{1}{2}}$; $f'\left(\frac{1}{-\sqrt{2t}}\right) = \frac{2}{\sqrt{2t}} \cdot e^{-\frac{1}{2}}$

$\Rightarrow y_{1/2} = \frac{e^{-\frac{1}{2}}}{t} \pm \frac{e^{-\frac{1}{2}} \cdot \sqrt{2}}{\sqrt{t}}\left(x \pm \frac{1}{\sqrt{2t}}\right)$

$y_1 = -\left(\frac{2}{e \cdot t}\right)^{\frac{1}{2}} \cdot x + 2\frac{e^{-\frac{1}{2}}}{t}$

$y_2 = \left(\frac{2}{e \cdot t}\right)^{\frac{1}{2}} \cdot x + 2\frac{e^{-\frac{1}{2}}}{t}$

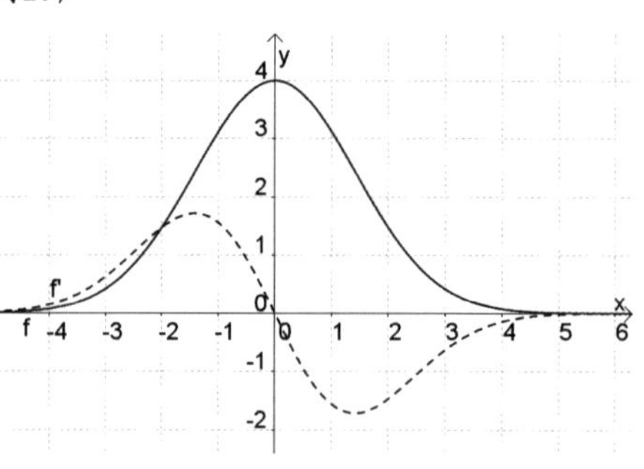

14.2 $\frac{1}{t} \cdot e^{-tx^2} = -2x \cdot e^{-tx^2}$

$-2x = \frac{1}{t}$

$x = \frac{-1}{2t}$

Ortskurve: $s(x) = -2x \cdot e^{\frac{x}{2}}$ für $t = 0{,}5$ gilt $s(x) = w(x)$

14.3 Für $s > t$ gilt $\frac{1}{s} < \frac{1}{t}$ und $e^{-sx^2} < e^{-tx^2}$;

also: $f_s(x) < f_t(x)$, also keine Schnittpunkte.

484

15.1 Nullstelle: $x = 6$

$f_b{}'(x) = (x - b + 1)e^x$

$f_b{}''(x) = (x - b + 2)e^x$

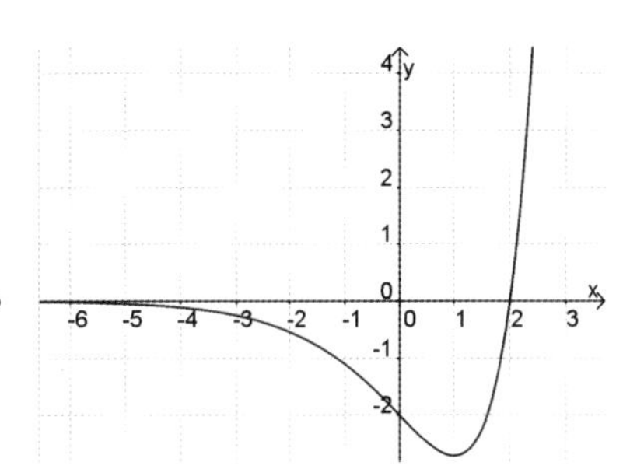

- Tiefpunkt: $x = b - 1$
- Wendepunkt: $x = b - 2$
- $\lim\limits_{x \to -\infty} f_b(x) = 0, \quad \lim\limits_{x \to \infty} f_b(x) = \infty$
- Nullstelle: $x = b$
- $f(0) = -b$ (y-Achsenabschnitt)

15.2 $f_2{}' = f_1$, allgemein gilt:

$$f_b{}' = f_{b-1}, \text{ da } f_b{}'(x) = (x - b + 1) \cdot e^x = \left(x - (b-1)\right)e^x = f_{b-1}(x)$$

15.3 $A = \int\limits_{-\infty}^{b} f_b(x)dx = \left|(x - b - 1) \cdot e^x\right|_{-\infty}^{b} = -e^b$

Für $b \to -\infty$ wird die Fläche immer kleiner und strebt gegen 0.

15.4 $f_b{}'(0) = -b + 1$

$y = -b + (-b + 1) \cdot (x)$

$-b + (-b + 1)x = -c + (-c + 1) \cdot x$

$x \cdot (c - b) = b - c \Rightarrow x = \frac{b-c}{c-b} = \frac{-(-b+c)}{c-b} = -1$

Der Schnittpunkt liegt immer bei $x = -1$

485

16.1 $f'(x) = (x - b + 1)e^x$; $f_b{}''(x) = (x - b + 2)e^x$

$f_b{}'(x) = 0$

$x = b - 1$

$f_b{}''(b - 1) = e^{b-1} > 0$

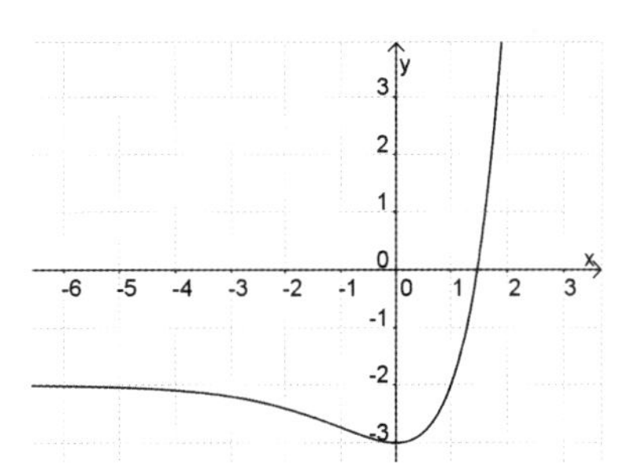

Also ein Tiefpunkt bei $x = b - 1$.
Da zusätzlich gilt: $\lim\limits_{x \to -\infty} f_b(x) = -2$

und $f_b(x) \to \infty$ für $x \to \infty$,
gibt es nur eine Nullstelle
für alle $b \in \mathbb{R}$.

485

16.2 Achtung: Es sollten alle b ≥ 0 betrachtet werden.

- *Zum Flächeninhalt:*

  Da x_0 die einzige Nullstelle von f_b ist, gilt für den gesuchten Flächeninhalt:

  $$A_b = \left|\int_0^{x_0} \left((x-b)\cdot e^x - 2\right)dx\right|$$

  $$A_b = \left|\left[(x-b-1)\cdot e^x - 2x\right]_0^{x_0}\right|$$

  $$A_b = \left|\left(x_0 - b - 1\right)\cdot e^x - 2x_0 + b + 1\right|$$

- *Zur Nullstelle von x_0 von f_b:*

  $(x_0 - b)\cdot e^{x_0} - 2 = 0$

  $x_0 - b = 2\cdot e^{-x_0}$

  Man kann x_0 z. B. mithilfe des Schnittpunktverfahrens näherungsweise bestimmen.

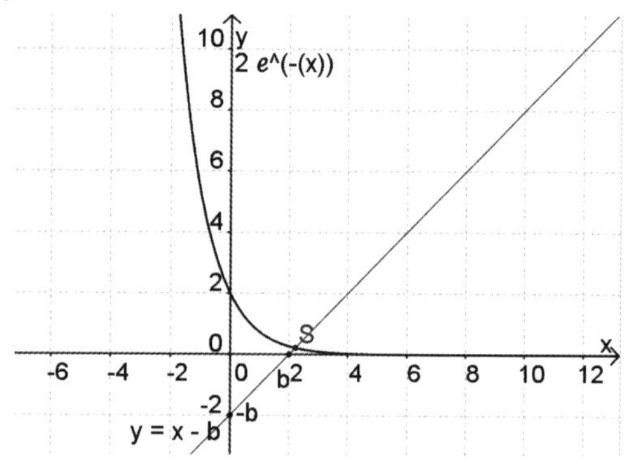

- *Man erhält so z. B.*

b	0	1	2	3	5	10	20	50
$x_0 \approx$	0,8526	1,4362	2,2177	3,0909	5,0133	10	20	50
$A_b \approx$	1,051	3,243	8,6217	22,1792	152,427	$e^{10}+9$	$e^{20}+19$	$e^{50}+49$

Für große Werte von b gilt $x_0 \approx b$ und $A_b \approx e^b + (b-1)$.

Für $b \to \infty$ gilt $A_b \to \infty$.

16.3 $f'(0) = -b + 1$

$y = -b - 2\cdot(-b+1)\cdot x$

$-b - 2(-b+1)\cdot x = -c - 2(-c+1)\cdot x$

$x = \frac{b-c}{c-b} = -1$

Schnittpunkte immer bei $x = -1$.

485

17.1 • $\lim\limits_{x \to -\infty} f_b(x) = 0$ und $f_b(x) \to \infty$ für $x \to \infty$.

- Nullstellen $x^2 - \frac{2x}{b} = 0$

  $x\left(x - \frac{2}{b}\right) \Rightarrow x = 0$ und $x = \frac{2}{b}$

(1) $b = 2$ (2) $b = 1$ (3) $b = \frac{1}{2}$

17.2 $f_b'(x) = \left(bx^2 - \frac{2}{b}\right) \cdot e^{bx}$

$f_b'\left(\frac{2}{b}\right) = \frac{2e^2}{b}$; $f_b'(0) = \frac{-2}{b}$

- Normalengleichungen:

  $n_1(x) = 0 - \frac{b}{2e^2}\left(x - \frac{2}{b}\right)$ und $n_2(x) = \frac{b}{2}x$

- Höhe des Dreiecks: $n_1\left(x_{Schnittpunkt}\right) = n_2\left(x_{Schnittpunkt}\right)$

  $-\frac{b}{2e^2}\left(x - \frac{2}{b}\right) = \frac{b}{2}x$

  $x_{Schnittpunkt} = \frac{2}{be^2 + b} \Rightarrow f\left(\frac{2}{be^2 + b}\right) = \frac{1}{e^2 + 1}$ d. h. die Höhe des Dreiecks beträgt stets $\frac{1}{e^2 + 1} \approx 0{,}1192$

  $A_b = \frac{1}{2} \cdot \frac{2}{b} \cdot \frac{1}{e^2 + 1} = \frac{1}{b(e^2 + 1)}$

  $\lim\limits_{b \to \infty} A_b = 0$ und $A_b \to \infty$ für $b \to 0$

17.3 $A_1 = \lim\limits_{b \to -\infty} \int_b^0 (x^2 - 2x)e^x dx$

- Mithilfe des Befehls fnInt eines GTR findet man folgende Werte:

b	−100	−200	−300	−500	−600
A_1	4	4	4	4	4

  Vermutlich gilt $A_1 = 4$.

- Mithilfe des CAS findet man auch

  $\int_b^0 (x^2 - 2x)e^x dx = \left[(x^2 - 4x + 4) \cdot e^x\right]_b^0 = 4 - (b^2 - 4b + 4) \cdot e^b$

  Für $b \to -\infty$ ergibt sich damit $A_1 = 4$.

485

17.4 $b \cdot \left(x^2 - \frac{2x}{b}\right) = \left(x^2 - \frac{2x}{b}\right) \cdot e^{bx}$

$\left(x^2 - \frac{2x}{b}\right) \cdot \left(b - e^{bx}\right) = 0$

$x \cdot \left(x - \frac{2}{b}\right) = 0$ und $b - e^{bx} = 0$,

also $x = 0$ oder $x = \frac{2}{b}$ oder $x = \frac{\ln b}{b}$ (für $b > 0$).

Also für $b > 0$ haben die beiden Geraden 3 Schnittpunkte.

18.1
- $a + e^x = 0 \Leftrightarrow x = \ln(-a)$ für $a < 0$
  also: für $a < 0$: $D = \mathbb{R} \setminus \{\ln(-a)\}$
  für $a \geq 0$: $D = \mathbb{R}$
- $\lim\limits_{x \to -\infty} f_a(x) = 0$ für $a \neq 0$; $\lim\limits_{x \to \infty} f_a(x) = 0$ für $a \neq 0$;
  bei $a = 0$: $f_a(x) \to \infty$ für $x \to -\infty$
- für $a < 0$ zusätzlich zu untersuchen:
  Verhalten von $f_a(x)$ für $x \to \ln(-a)$
  $x > \ln(-a)$ und $x \to \ln(-a)$: $f_a(x) \to \infty$
  $x < \ln(-a)$ und $x \to \ln(-a)$: $f_a(x) \to \infty$

18.2 $f_a(\ln a - t) = \frac{a \cdot e^{-t}}{\left(a + a \cdot e^{-t}\right)^2}$

Erweitern mit e^{2t}

$= \frac{a \cdot e^{t}}{\left(a + a \cdot e^{t}\right)^2} = f_a(\ln a + t)$

f symmetrisch zu $x = \ln a$ für $a \neq 0$.

18.3 $f'(x) = \frac{\left(a - e^x\right)}{a + e^x} \cdot f_a(x) = 0$

- für $a = 0$: $f(x) = e^{-x}$ hat kein Extrema
- für $a \neq 0$: (1) $f_a(x) > 0$ für alle $x \in \mathbb{R}$
  (2) $\frac{a - e^x}{a + e^x} = 0$, also $a - e^x = 0$, also $x = \ln a$
  nur lösbar für $a > 0$.
  D. h. für $a < 0$ kein Extrema.

Hochpunkt oder Tiefpunkt bei $x = \ln a$ für $a > 0$?
Nach dem Vorzeichenwechselkriterium für Extrema gilt:
- für $x < \ln a$ gilt: $e^x < a$, also $a - e^x > 0$, also $f'(x) > 0$
- für $x > \ln a$ gilt: $e^x > a$, also $a - e^x < 0$, also $f'(x) < 0$

485

18.3 Fortsetzung

D. h. bei ln a liegt ein (+ –)-Vorzeichenwechsel von f' vor, d. h. hier hat der Graph von f einen Hochpunkt $\left(\ln a \middle| \frac{1}{4a}\right)$

Ortslinie der Hochpunkte für a > 0: $h(x) = \frac{1}{4 \cdot e^x}$

18.4

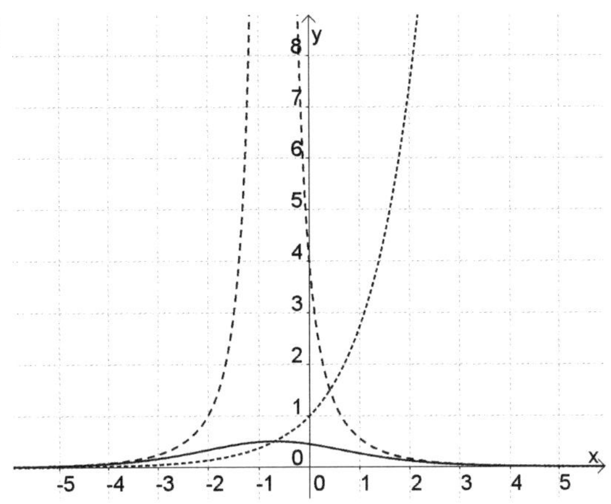

Auswahl der Parameter:
$a = -0{,}5 < 0$
$a = 0$
$a = 0{,}5 > 0$
Diese drei Graphen zeigen die drei typischen Verläufe der Graphen der Funktionenschar.

18.5 Achtung: Es muss f_a statt f_t heißen.

$$\int_t^{\infty} f_a(x)dx = \frac{1}{e^t + a}$$

$$\int_t^{\infty} h(x)dx = \frac{1}{4e^t}$$

Gesucht wird t, sodass gilt:

$$2 \cdot \frac{1}{4e^t} = \frac{1}{e^t + a}$$

$$\frac{1}{2e^t} = \frac{1}{e^t + a}$$

$$2e^t = e^t + a$$

$$e^t = a$$

$$t = \ln a$$

9.2 Aufgaben zur Stochastik

486

1 Blutgruppen

1.1 a) $p_1 = \frac{1}{3}$; $n = 100$; $p_2 = \frac{2}{3}$

$P(X_2 < 60) = P(X_2 \leq 59) = P(X_1 \geq 41) = 1 - P(X_1 \leq 40)$
$= 1 - 0{,}934 = 0{,}066$

b) n muss so bestimmt werden, dass $\mu - 1{,}28\sigma \geq 100$

$n \cdot \frac{1}{3} - 1{,}28\sqrt{n} \cdot \sqrt{\frac{1}{3} \cdot \frac{2}{3}} \geq 100$

Ersetze $\sqrt{n} = x$, also $n = x^2$

$\frac{1}{3}x^2 - 0{,}6034x \geq 100$

$x^2 - 1{,}8102x + 0{,}905^2 \geq 300 + 0{,}905^2$

$|x - 0{,}905| \geq 17{,}344$

$X \geq 18{,}249$, also $n \geq 333$

n muss mindestens 333 sein.

1.2 Mit einer Wahrscheinlichkeit von 90% gilt

$|X - \mu| \leq 1{,}64\sigma$ bzw.. $\left|\frac{X}{n} - p\right| \leq 1{,}64\frac{\sigma}{n}$

Die Abweichung soll höchstens 0,5% betragen, d. h. in 90% der Fälle soll gelten:

$1{,}64\sqrt{\frac{p(1-p)}{n}} \leq 0{,}005$

Für $p \approx 0{,}2$, also $1 - p \approx 0{,}8$ würde gelten (ungünstiger Fall)

$1{,}64\sqrt{\frac{0{,}2 \cdot 0{,}8}{n}} \leq 0{,}005$, also $n \geq 17\,214$

1.3 a) $n = 24\,343$; $p = 0{,}377$; $\mu - 1{,}96\sigma = 9029{,}11$; $\mu + 1{,}96\sigma = 9325{,}51$
liefert das Intervall [9029; 9326].
relative Häufigkeit: [0,371; 0,383]

b) Löse $\left|\frac{X}{n} - p\right| \leq 1{,}96\frac{\sqrt{np(1-p)}}{n}$ mit $X = 9271$ und $n = 24\,343$.

[0,3748; 0,3870]

c) In beiden Aufgaben soll ein Intervall angegeben werden, in dem der unbekannte Anteil p mit einer Wahrscheinlichkeit von 95 % liegt.
In a) wird von der Grundgesamtheit auf den Anteil der Stichprobe geschlossen. In b) wird von der Stichprobe auf die Grundgesamtheit geschlossen.

2 Freikarten

486

2.1 $n = 5$; $p = 0{,}4$ (X: Anzahl der Freikarten für Jungen)

$$P(X \geq 3) = P(X = 3) + P(X = 4) + P(X = 5)$$
$$= \binom{5}{3} 0{,}4^3 \cdot 0{,}6^2 + \binom{5}{4} 0{,}4^4 \cdot 0{,}6^1 + \binom{5}{5} 0{,}4^5 \cdot 0{,}6^0$$
$$= 0{,}2304 + 0{,}0768 + 0{,}01024 = 0{,}31744$$

2.2 $P(\text{lauter Misserfolge}) = \left(\frac{19}{20}\right)^n$

$$P(\text{mindestens ein Erfolg}) = 1 - \left(\frac{19}{20}\right)^n \geq 0{,}9 \Leftrightarrow n \geq 45$$

2.3 Kugel-Fächer-Modell: 50 Kugeln werden zufällig auf 20 Fächer verteilt ($n = 50$; $p = \frac{1}{20}$)

$$P(X = 0) = 0{,}95^{50} = 0{,}077$$
$$P(X = 1) = \binom{50}{1} 0{,}05^1 \cdot 0{,}95^{49} = 0{,}202$$
$$P(X = 2) = \binom{50}{2} 0{,}05^2 \cdot 0{,}95^{48} = 0{,}261$$
$$P(X = 3) = \binom{50}{3} 0{,}05^3 \cdot 0{,}95^{47} = 0{,}220$$
$$P(X > 3) = 1 - P(X \leq 3) = 0{,}240$$

2.4 Löse $\left| \frac{X}{n} - p \right| \leq 1{,}64\sqrt{\frac{p(1-p)}{n}}$ mit $X = 40$ und $n = 60$.

Intervall: [0,5616; 0,7574]

Es besteht kein Grund, an der Fairheit zu zweifeln, da $\frac{3}{5} = 0{,}6$ im Intervall liegt.

487

3 Glücksrad

3.1 a) Geburtstagsproblem!

$$P = 1 - \frac{10 \cdot 9 \cdot 8 \cdot 7 \cdot 6 \cdot 5 \cdot 4 \cdot 3 \cdot 2 \cdot 1}{10^{10}} = 1 - \frac{10!}{10^{10}} = 0{,}9996$$

b) $P(X = 0) = 0{,}349$

$P(X = 1) = 0{,}387$

$P(X \geq 2) = 0{,}264$

3.2 a) 1 – normalcdf(30; 27,5; 6,42) + normalcdf(15; 27,5; 6,42) = 0,374252 $\approx 37{,}4\ \%$

487

3.2 b) Unter der Annahme, dass das Glücksrad fair ist, muss die Durchschnittszufallsgröße $\overline{X}_{25} = \frac{1}{25}\sum_{k=1}^{25} X_k$ betrachtet werden, wobei X_k der Zufallsvariablen der k-ten Durchführung entspricht.
Für alle X_k gilt: $\mu = 27{,}5$ und $\sigma = 6{,}42$.

$\overline{X}_{25}$ ist normalverteilt mit $\mu_{\overline{X}} = 27{,}5$ und $\sigma_{\overline{X}} = \frac{6{,}42}{5} = 1{,}28$.

Die Realisierung von $\overline{X}_{25}$ liegt mit 95 % in

$\left[\mu_{\overline{X}} - 1{,}96\sigma_{\overline{X}};\ \mu_{\overline{X}} + 1{,}96\sigma_{\overline{X}}\right] \approx [24{,}982; 30{,}018]$.

Falls die beobachtete Durchschnittspunktzahl nicht in diesem Intervall liegt, sollte man Verdacht schöpfen.

3.3 a) $n = 250$; $p = 0{,}6$; $\mu = 150$; $\sigma = 7{,}75$; $1{,}64\sigma = 12{,}70$
Mit einer Wahrscheinlichkeit von 90% wird das Glücksrad mindestens 138-mal und höchstens 162-mal auf einem schwarzen Sektor stehen bleiben.

b) $n = 10$: $P(X \leq 4) = 0{,}166$
$n = 50$: $P(X \leq 24) = 0{,}057$
$n = 200$: $P(X \leq 99) = 0{,}0017$

3.4 Die Zufallsgröße G beschreibe den Gewinn. G kann nur die Werte 0, 1 und –1 annehmen. Am Baumdiagramm sieht man ein:
$P(G = 0) = 0{,}52$;
$P(G = 1) = 0{,}192$;
$P(G = -1) = 0{,}288$
Erwartungswert: $E(G) = -0{,}096$, damit verliert man auf Dauer 9,6 Cent pro Spiel.

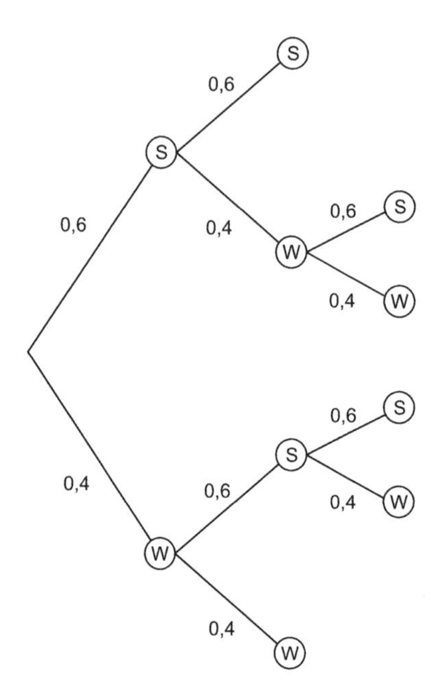

487

4 Körpergewicht

4.1 a) $\mu = \frac{192+169}{2}$ cm = 180,5 cm $\qquad \sigma = \frac{192{,}5-168{,}5}{1{,}88 \cdot 2} = 6{,}38$ cm

b) $P(X > 180{,}5 \text{ cm}) = P(X < 180{,}5 \text{ cm}) = 50\%$
$P(\mu - 0{,}674\sigma \le X \le \mu + 0{,}674\sigma)$
$= P(176{,}2 \text{ cm} \le X \le 184{,}8 \text{ cm}) = 50\%$

c) $\sigma_{\overline{X}} = \frac{6{,}38 \text{ cm}}{\sqrt{100}} = 0{,}638$ cm

$P(X > 184 \text{ cm}) = P(X \ge 184{,}5 \text{ cm})$
$= P(X \ge 180{,}5 \text{ cm} + 6{,}3 \cdot \sigma_{\overline{X}}) = 0\%$

4.2 $p = 0{,}25$; $n = 138$; $\mu = 34{,}5$; $\sigma = 5{,}087$; $1{,}64\sigma = 8{,}34$
90%-Umgebung von μ: $27 \le X \le 42$
Mit einer Wahrscheinlichkeit von 90% liegt die Anzahl der 18jährigen in der Stichprobe im Intervall [27; 42].

4.3 a) Löse die Gleichung $|X - n \cdot p| \le 1{,}96\sqrt{np(1-p)}$ mit $n = 500$ und $X = 139 \Rightarrow p \in [0{,}2235; 0{,}3002]$

b) $n \ge \left(\frac{1{,}96}{0{,}01}\right)^2 \cdot 0{,}25 = 9604$

488

5 Känguru-Wettbewerb

5.1 $p = \frac{1}{5}$; $n = 30$; $\frac{\sigma}{n} = 0{,}073$; $1{,}28\frac{\sigma}{n} = 0{,}093$

$P\left(\frac{X}{n} \le p + 1{,}28\frac{\sigma}{n}\right) \approx 0{,}90$

Mit einer Wahrscheinlichkeit von 90% wird er auf einen Anteil von höchstens 29,3% richtigen Antworten bekommen.
Man kann auch direkt ausrechnen:
$P(X \le 8) = 0{,}871$; $P(X \le 9) = 0{,}939$.

5.2 $\binom{10}{2}\binom{10}{3}\binom{10}{4} = 1\,134\,000$

5.3 a)

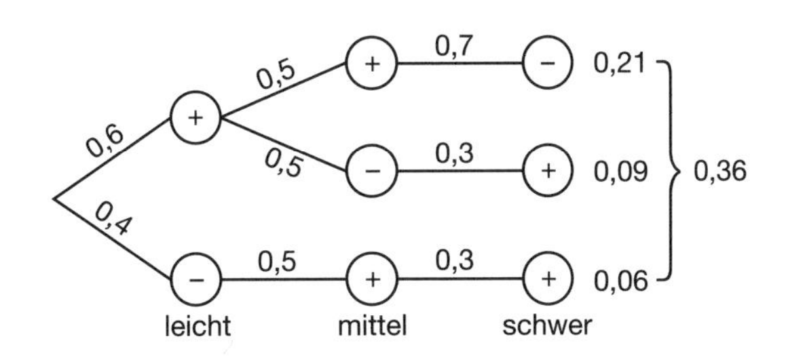

488 **5.3 b)**

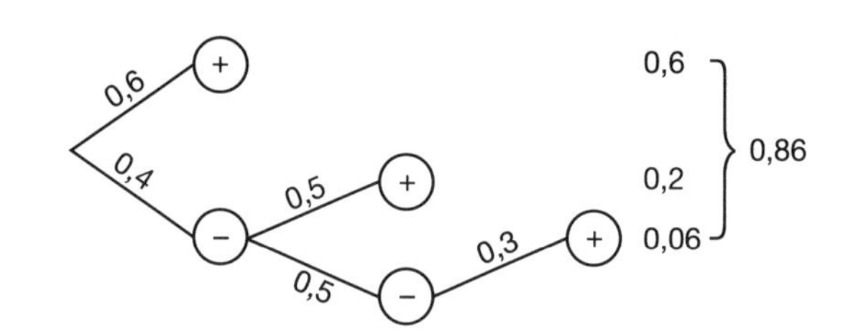

5.5 a) $P(X > 25) = 1 - P(X \leq 25) = 0{,}110$

b) $P(15 < X < 25) = P(16 \leq X \leq 24) = 0{,}692$

5.6 a) Näherung für das arithmetische Mittel (Näherung, weil wir die Klassenmitten verwenden müssen): 53,8958

Näherung für die empirische Stanardabweichung: 17,3504

b) Wenn eine Normalverteilung vorliegt, dann müssen die gemessenen relativen Häufigkeiten der Klassen sich „in der Nähe“ der theoretischen Wahrscheinlichkeiten bewegen.

Also: Vergleich von beobachteten mit erwarteten Häufigkeiten.

Angenommen wird eine Normalverteilung mit $\mu = 53{,}8958$ und $\sigma = 17{,}3504$.

Klasse	Wahrscheinlichkeit	relative Klassenhäufigkeit	relative Abweichung
0 - 9,95	0,00476	0,00050	0,60037
10 - 19,95	0,01967	0,00786	0,24320
20 - 29,95	0,05884	0,04453	0,18007
30 - 39,95	0,12738	0,15032	0,24582
40 - 49,95	0,19957	0,24863	0,01251
50 - 59,95	0,22634	0,22917	0,14478
60 - 69,95	0,18583	0,15892	0,22797
70 - 79,95	0,11044	0,08526	0,09992
80 - 89,95	0,04750	0,04275	0,21988
90 - 99,95	0,01478	0,01803	1,55441
100 - 109,95	0,00333	0,00850	5,36894
110 - 119,95	0,00054	0,00345	5,36894
120 - 129,95	0,00006	0,00121	17,9749
130 - 130,95	5,4 E-6	0,00039	71,2267
140 - 140,95	3,3 E-7	0,00032	961,845
150	0	0,00014	-

Man kann erkennen, dass die Abweichungen am rechten Rand sehr groß werden. Daher kann keine Normalverteilung vorliegen.

489

6 Hotelübernachtungen

6.1 (A) $P_{Tourist} = 0,7$; X: Anzahl der Touristen

$n = 5$: $P(A) = P(X \geq 3) = 1 - P(X \leq 2) = 0,837$

(B) Tripel = (Geschäftsleute; ausländische Touristen; deutsche Touristen)

B = {(0; 0; 5), (0; 1; 4), (0; 2; 3), (1; 0; 4), (1; 1; 3), (2; 0; 3), (2; 1; 2), (3; 0; 2), (4; 0; 1)}

P(B) = 0,206, vgl. Tabelle:

	0	1	2	3	4	5
0	0,001	0,009	0,032	0,057	0,051	0,018
1	0,006	0,042	0,114	0,137	0,062	
2	0,014	0,076	0,137	0,082		
3	0,017	0,061	0,055			
4	0,010	0,018				
5	0,002					

(C) $P(6; 9; 5) = \binom{20}{6;\ 9;\ 5} 0,3^6 0,45^9 0,25^5 = 0,042$

6.2 $0,8 = p^2 + p \cdot (1-p) = p^2 + p - p^2 = p$

6.3 $0,30 \cdot 0,25 \cdot 3 + 0,30 \cdot 0,75 \cdot 10 + 0,70 \cdot 0,25 \cdot 4 + 0,70 \cdot 0,75 \cdot 11 = 8,95$

6.4 $P(G > 350 \text{ kg}) = P(G > 320 + 1,5 \cdot 20) \approx 1 - \phi(1,5) \approx 6,7\%$

7 Medien heute

7.1 Schluss von der Gesamtheit auf die Stichprobe

$n = 500$; $p = 0,69$

90%-Umgebung von μ: $329 \leq X \leq 361$

7.2 **a)** $P_{SP}(m) \approx 63\%$

b) $P_{MU}(w) \approx 61\%$

c)

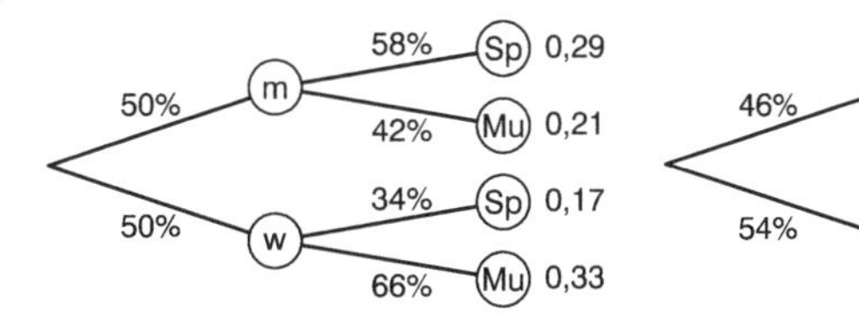

490

7.3 $n \geq \left(\frac{1{,}64}{0{,}03}\right)^2 \cdot 0{,}25 = 747{,}111$, also mindestens 748.

7.4 Man benötigt Informationen über die Altersverteilung.

8 Nur alle vier Jahre Geburtstag

8.1 Die Wahrscheinlichkeit, am 29. 2. Geburtstag zu haben, wird mit $p = \frac{1}{1461}$ angenommen. Daher kann man mit 121 500 · p ≈ 83 Personen rechnen.

8.2 $p = \frac{1}{1461}$; n = 121 500; $\mu = 83{,}162$; $\sigma = 9{,}11621$
Intervall: [65; 101]

8.3 n = 800; $p = \frac{1}{1461}$; $P(X = 0) = 0{,}5782$; $P(X = 1) = 0{,}3168$;
$P(X > 1) = 0{,}1049$

8.4 Merkmalsgruppen:

b 40	Personen bis unter 40 Jahre
ü 40	Personen über 40 Jahre
N	Personen feiern nach
H	Personen feiern in 01. 03. hinein

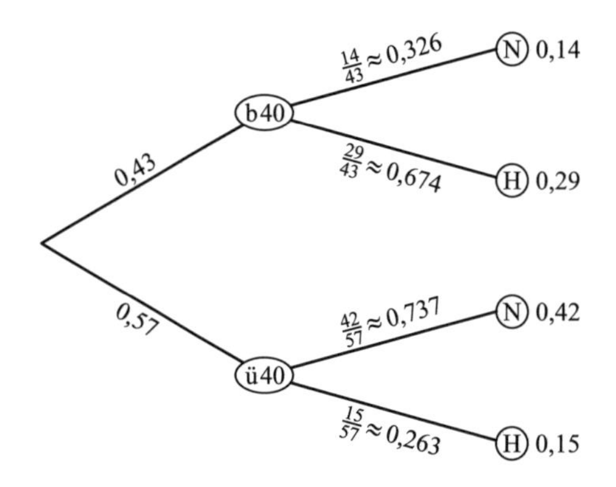

43 % der Bevölkerung sind höchstens 40 Jahre alt, also auch 43 % der Peronen, die am 29. Februar Geburtstag haben. Von diesen bevorzugen es ca. 67 %, ihren Geburtstag vom 28. Februar in den 01. März hineinzufeiern. Unter den Personen über 40 Jahren beträgt dieser Anteil nur etwa 26 %.

490

8.4 Fortsetzung

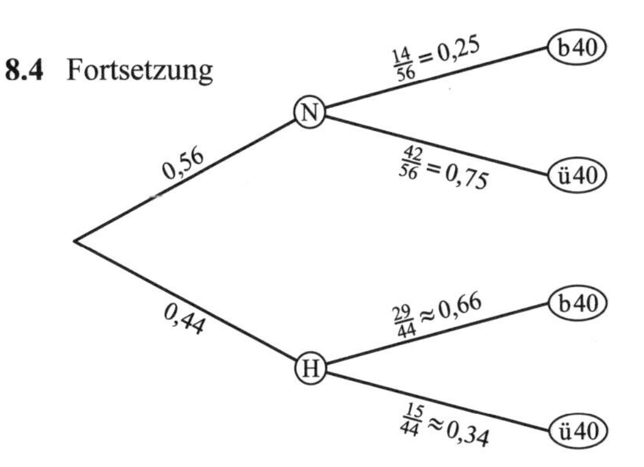

56 % der Personen, die am 29. Februar geboren sind, feiern ihren Geburtstag nach; von diesen Personen sind 75 % über 40 Jahre alt. Unter den Personen, die lieber vom 28. Februar in den 01. März hineinfeiern, haben die jüngeren (höchstens 40 Jahre) mit 66 % eine deutliche Mehrheit.

8.5 In der 1. und 2. Auflage fehlt die Angabe: 10 von 10 000 Grundschülern

Löse die Gleichung $|X - n \cdot p| \leq 1{,}96\sqrt{np(1-p)}$ mit n = 10 000 und X = 10

$\Rightarrow p \in [0{,}00054; 0{,}00184]$.

Wegen $\frac{1}{1461} \approx 0{,}00068$ kann bei der zugrundegelegten Sicherheit auf keine besondere Häufung von Geburtstagen am 29. 2. geschlossen werden.

8.6 Wie groß ist die Wahrscheinlichkeit, dass an einem (beliebigen) Tag des Jahres keiner der 2100 Personen Geburtstag hat?

$\left(\frac{364}{365}\right)^{2100}$ = binompdf (2100, 1/365, 0) = 0,31%

Das Modell setzt voraus, dass die Wahrscheinlichkeit für einen Geburtstag an jedem Tag gleich ist.

491

9 Würfeln mit einem schiefen Prisma

9.1

Kombination	Anzahl	Wahrscheinlichkeit	Kombination	Anzahl	Wahrscheinlichkeit
1; 6; 6	3	0,001	4; 4; 6	3	0,00484
2; 5; 6	6	0,00324	4; 5; 5	3	0,007128
2; 6; 6	3	0,0018	4; 5; 6	6	0,00396
3; 4; 6	6	0,00484	4; 6; 6	3	0,0022
3; 5; 5	3	0,007128	5; 5; 5	1	0,005832
3; 5; 6	6	0,00396	5; 5; 6	3	0,00324
3; 6; 6	3	0,0022	5; 6; 6	3	0,0018
4; 4; 5	3	0,008712	6; 6; 6	1	0,001

P(Augenzahl > 12) = 0,2230

491

9.2 Die Zufallsgröße X zähle die Augensumme nach einem Wurf.
Erwartungswert $E(X) = 1 \cdot 0{,}1 + 2 \cdot 0{,}18 + 3 \cdot 0{,}22 + 4 \cdot 0{,}22 + 5 \cdot 0{,}18 + 6 \cdot 0{,}1 = 3{,}5$.
Man kann Augensumme 350 erwarten.

9.3 Die Zufallsgröße X zähle die Einsen und Sechsen in 250 Würfen.
$n = 250$; $p = 0{,}2$; $P(45 < X < 55) = 0{,}5232$

9.4 $n = 500$; $p = 0{,}18$; $\mu - 1{,}96\sigma = 73{,}162$; $\mu + 1{,}96\sigma = 106{,}838$;
Intervall: [73; 107]

9.5 Löse die Gleichung $|X - n \cdot p| \le 1{,}96\sqrt{np(1-p)}$ mit $n = 1000$ und $X = 180$
$\Rightarrow p \in [0{,}157; 0{,}205]$

9.6 $n \ge \left(\frac{1{,}64}{0{,}02}\right)^2 \cdot 0{,}25 = 1681$

10 Frühstück im Hotel

10.1

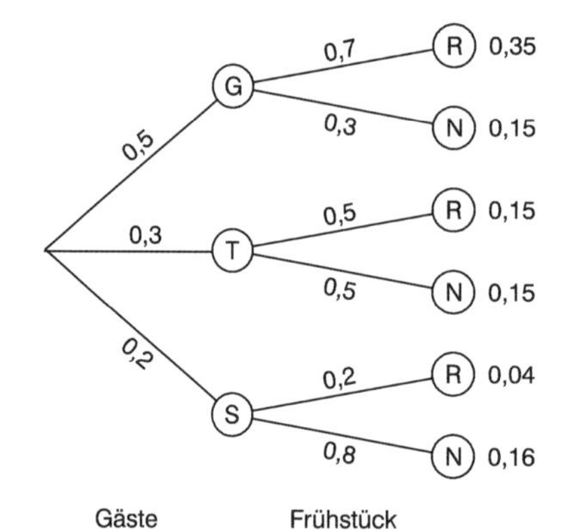

$P(A) = 0{,}35 + 0{,}15 + 0{,}44 = 0{,}54$
$P(B) = 0{,}15$
$P(C) = 0{,}54 + 0{,}3 - 0{,}15 = 0{,}69$

10.2 35% der Gäste erfüllen die Eigenschaft, dass sie Geschäftsreisende sind und dass sie Rühreier mit Speck zum Frühstück nehmen; 54% der Gäste nehmen Rühreier mit Speck zum Frühstück.
Der Anteil der Geschäftsreisenden unter den Rühreier-Essern beträgt daher $\frac{35}{54} \approx 0{,}648 = 64{,}8\%$.

10.3 a) T zähle die Touristen. T ist binomialverteilt mit $n = 100$ und $p = 0{,}3$.
$P(T > 30) = 1 - P(T \le 30) = 0{,}4509$.

b) G zähle die Geschäftsreisenden. G ist binomialverteilt mit $n = 100$ und $p = 0{,}5$. $P(T \le 50) = 0{,}5398$.

491 **10.4** August: Löse $|238 - 417p| \leq 1{,}96\sqrt{417p(1-p)}$, dann folgt
$p \in [0{,}5228; 0{,}6174]$.
September: Löse $|238 - 417p| \leq 1{,}96\sqrt{417p(1-p)}$, dann folgt
$p \in [0{,}5319; 0{,}6490]$.
Beide Intervalle überschneiden sich. Es kann nicht sicher von einer Verbesserung ausgegangen werden.

492 **10.5** Lineare Regression: y(x) = 1824,138x – 3 577 986,2
Damit: Prognose für 2009: y(2009) ≈ 86 707;
Prognose für 2010: y(2010) ≈ 88 531

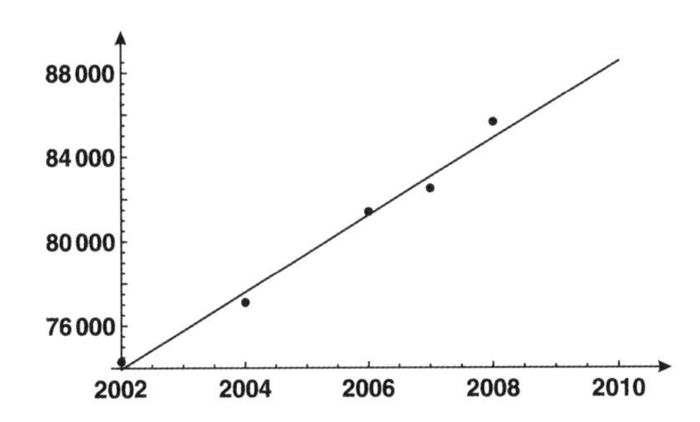

11 Schätzungen zum Flugverkehr

11.1 Kugel-Fächer-Modell: 50 Unglücke werden zufällig auf 365 Tage verteilt ($n = 50$; $p = \frac{1}{365}$)
binompdf (50, 1/365, 0) ≈ 0,872
binompdf (50, 1/365, 1) ≈ 0,120
binompdf (50, 1/365, 2) ≈ <u>0,008</u>
0,9996
Wahrscheinlichkeit für mehr als 2 Abstürze: 0,04%

11.2 1 – binomcdf (50, 1/52, 3) ≈ 1,6%

11.3 Die in (1), (2) berechneten Wahrscheinlichkeiten gelten für alle Tage bzw. Wochen des Jahres
87,2% von 365 Tagen ≈ 318 Tage ohne Absturz
12,0% von 365 Tagen ≈ 44 Tage mit 1 Absturz
0,8% von 365 Tagen ≈ 3 Tage mit 2 Abstürzen
1,6% von 52 Wochen ≈ 1 Woche mit mehr als 3 Abstürzen.

492 **11.4** Wahrscheinlichkeit für mindestens 2 Abstürze an einem beliebig ausgewählten Tag: 0,84%
Wahrscheinlichkeit, dass es während eines Jahres keinen Tag mit mindestens 2 Abstürzen gibt:

$0{,}9916^{365} \approx 4{,}6\%$

Wahrscheinlichkeit, dass es während eines Jahres mindestens einen Tag mit mindestens 2 Abstürzen gibt:

$1-0{,}9916^{365} \approx 95{,}4\%$

11.5 Angenommen, auch weiterhin sind 12% der Flugzeuge nicht sicher; dann ist die Wahrscheinlichkeit, dass 18 oder weniger für die Kontrolle ausgewählt werden: binomcdf (200, 0.12, 18) ≈ 11,3%.
Die Wahrscheinlichkeit, dass ein solches Ergebnis sich zufällig ergibt, beträgt immerhin 11,3%.
Löse $|18-200p| \leq 1{,}96\sqrt{200p(1-p)}$, dann folgt $p \in [0{,}058; 0{,}138]$.
Aus den Daten kann weder eine Verbesserung noch eine Verschlechterung abgeleitet werden.

493 **11.6** In der 1. und 2. Auflage fehlen die Angaben zu der Anzahl der Billigflug-Passagiere (in Mio.):

Jahr	Anzahl der Billigflug-Passagiere (in Mio.)
2002	6,6
2003	13,5
2004	22,6
2005	31,3
2006	40,8
2007	48,6

Damit ergibt sich die Gesamtzahl der Fluggäste:

Jahr	Anzahl der Flug-Passagiere (in Mio.)
2002	137,50
2003	142,11
2004	155,86
2005	165,61
2006	174,36
2007	184,79

Lineare Regression ergibt die Gerade $y = 9{,}79857x - 19\,481{,}2$.
Schätzung für 2010: $y(2010) \approx 213{,}93$ Mio. Fluggäste
Kritischer Kommentar: Die Anzahl der Flugpassagiere kann sich sehr schnell wieder verändern, wenn es beispielsweise eine größere Flugkatastrophe gibt. Zwar hat die Anzahl der Passagiere im Zeitraum zugenommen, aber der Prozess muss nicht unbedingt so weitergehen.

493

12 Beliebtheit von Unterrichtsfächern

12.1 (1) binompdf (100, 0.7, 70) ≈ 8,7%

(2) binomcdf (100, 0.7, 75) ≈ 88,6%

(3) binomcdf (100, 0.7, 71) – binomcdf (100, 0.7, 59)

$\approx 0{,}623 - 0{,}012 \approx 61{,}1\%$

12.2 Gegenereignis $\overline{E}$: Unter n zufällig Ausgewählten treibt niemand gerne Sport: $P(\overline{E}) = 0{,}3^n$

Gesucht ist n derart, dass

$1 - 0{,}3^n \geq 0{,}99 \Leftrightarrow 0{,}01 \geq 0{,}3^n \Leftrightarrow n \geq \frac{\log 0{,}01}{\log 0{,}3} \approx 3{,}8$

12.3

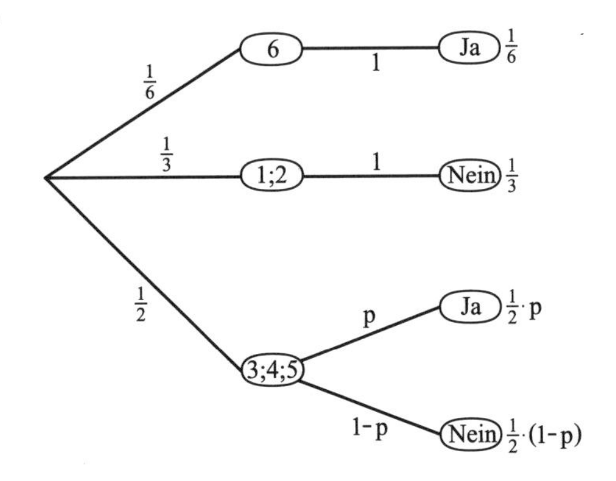

(1) P („Ja“) $= \frac{1}{6} + \frac{1}{2} \cdot 0{,}21 \approx 27{,}2\%$

(2) $\frac{1}{6} + \frac{1}{2} \cdot p = 0{,}35 \Rightarrow p \approx 36{,}7\%$

12.4 Jungen: Löse $|87 - 300p| \leq 1{,}64\sqrt{300p(1-p)}$, dann folgt

$p \in [0{,}249; 0{,}335]$.

Mädchen: Löse $|103 - 300p| \leq 1{,}64\sqrt{300p(1-p)}$, dann folgt

$p \in [0{,}300; 0{,}390]$.

Der Schluss, dass das Fach Geschichte bei Mädchen beliebter ist, kann nicht gezogen werden.

12.5 90 % Sicherheit: $n \geq \left(\frac{1{,}64}{0{,}05}\right)^2 \cdot 0{,}25 = 268{,}96$

95 % Sicherheit: $n \geq \left(\frac{1{,}96}{0{,}05}\right)^2 \cdot 0{,}25 = 384{,}16$

494

13 Sehbeteiligung bei einer Fernsehserie

13.1 24,31 Mio. von 78 Mio. ist ein Anteil von ca. 31,2%.
31,2% von 12 000 ist 3 744, gerundet 3 740.

13.2 90%-Konfidenzintervall für p: $0{,}305 \le p \le 0{,}318$
Eine Sehbeteiligung von 30% ist möglich, jedoch würde die Hypothese $p = 0{,}3$ aufgrund des Stichprobenergebnisses verworfen.

13.3 X: Anzahl der Zuschauer von „Wetten dass"

a) $P(X \le 15) = \text{binomcdf}(50, 0.312, 15) \approx 0{,}496$

b) $P(X = 30) = \text{binompdf}(50, 0.312, 14) \approx 0{,}1105$
$P(X = 31) = \text{binompdf}(50, 0.312, 15) \approx 0{,}1203 \quad \leftarrow$ max.
$P(X = 32) = \text{binompdf}(50, 0.312, 16) \approx 0{,}1193$
$P(X = 33) = \text{binompdf}(50, 0.312, 17) \approx 0{,}1082$

c) Gegenereignis $\overline{E}$: Man findet keine Person unter n zufällig ausgewählten Personen, die „Wetten dass" gesehen hat.

$P(E) = 0{,}688^n$

E: Man findet mindestens einen Zuschauer ...

$P(E) = 1 - 0{,}688^n \ge 0{,}90$

Lösung der Ungleichung durch Umformung oder systematisches Probieren

$$1 - 0{,}688^n \ge 0{,}90 \Leftrightarrow 0{,}1 \ge 0{,}688^n \Leftrightarrow n \ge \frac{\lg 0{,}1}{\lg 0{,}688} \approx 6{,}2$$

Man muss mindestens 7 Personen auswählen, um mit einer Wahrscheinlichkeit von mindestens 90% mindestens einen Zuschauer von „Wetten dass" zu finden.

13.4 a) $\text{binomcdf}(5, 0.4, 2) \approx 0{,}683$

b) $\text{binomcdf}(10, 0.4, 4) \approx 0{,}251$

c) $1 - \text{binomcdf}(50, 0.4, 20) \approx 0{,}439$

13.5 In der 1. und 2. Auflage sind die Daten in der ersten Zeile der Tabelle vertauscht: positive Bewertung: 113, negative Bewertung: 135. In der letzten Zeile (gesamt) muss es heißen: positive Bewertung: 330, negative Bewertung: 339.

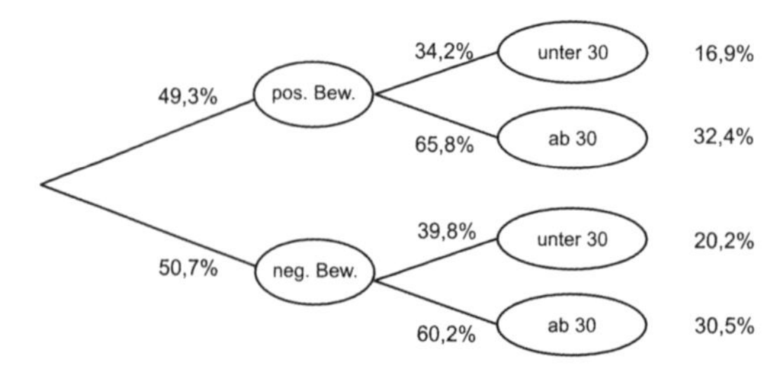

494

13.5 Fortsetzung
Insgesamt gaben etwa die Hälfte (50,7 %) der Zuschauer eine positive Bewertung ab. Darunter befanden sich die ab 30-Jährigen mit ca. $\frac{2}{3}$ (65,8 %) in der Mehrheit. Bei den negativen Bewertungen lag dieser Anteil mit ca. 60 % etwas niedriger.

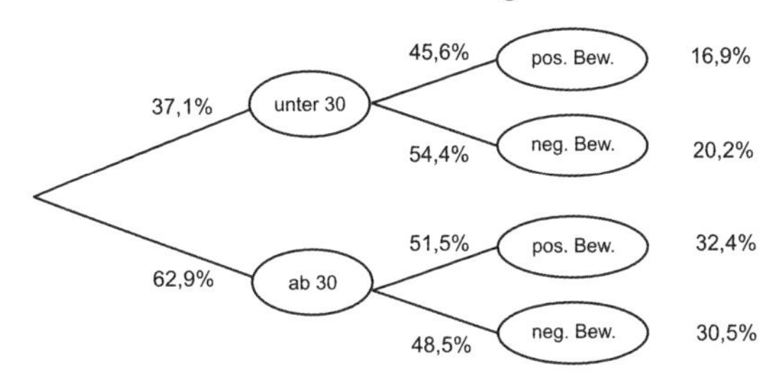

37,1 % der Befragten waren jünger als 30 Jahre. Unter diesen bewerteten 45,6 % die Sendung positiv. In der Altersklasse der ab 30-Jährigen ist der Anteil der positiven Bewertungen mit 51,5 % etwas höher. Die Bewertung fällt insgesamt bei den unter 30-Jährigen etwas schlechter aus. Ein großer Unterschied kann aber nicht bestätigt werden.

495

14 Reiseunternehmen

14.1 $50 \cdot 49 \cdot 48 \cdot \ldots \cdot 6 = \frac{50!}{5!} \approx 2{,}5 \cdot 10^{62}$; $\binom{50}{5} = 2\,118\,760$

14.2 n = 50; p = 0,9; X: Anzahl der belegten Plätze $\quad P(X \leq 46) = 0{,}750$

14.3 n = 100; p = 0,9 $\quad P(X \leq 90) = 0{,}549$

14.4 P(mindestens 20 Absagen) = P(höchstens 180 Teilnehmer)
= binomcdf (200, 0.95, 180) ≈ 0,27%

14.5 **a)** Löse $|59 - 150p| \leq 1{,}96\sqrt{150p(1-p)}$, dann folgt $p \in [0{,}330; 0{,}460]$.
45 % liegt im Intervall, damit keine Abweichung zu erkennen.

b) Eine Abweichung wird als signifikant betrachtet, wenn das Ergebnis der Stichprobe außerhalb der $1{,}96\sigma$-Umgebung von μ liegt.
Bei unveränderter Wahrscheinlichkeit von p = 0,45 ergibt sich mit $\mu = 67{,}5$ und $\sigma = 6{,}093$ das Intervall [55,56; 79,44]. Das Ergebnis unterscheidet sich nicht signifikant.

9.3 Aufgaben zur Analytischen Geometrie

496

1 Holzkeil

1.1 a) $\cos\varphi = \frac{\overrightarrow{AB} * \overrightarrow{AO}}{|\overrightarrow{AB}| \cdot |\overrightarrow{AO}|} = \frac{\begin{pmatrix}0\\-6\\9\end{pmatrix} * \begin{pmatrix}0\\-6\\0\end{pmatrix}}{\left|\begin{pmatrix}0\\-6\\9\end{pmatrix}\right| \cdot \left|\begin{pmatrix}0\\-6\\0\end{pmatrix}\right|} = \frac{36}{\sqrt{117} \cdot 6} \Rightarrow \varphi \approx 56{,}3°$

b) Abstand Gerade CD und Punkt E:

$$g = \begin{pmatrix}12\\6\\0\end{pmatrix} + t\begin{pmatrix}0\\-6\\9\end{pmatrix} \qquad E = \begin{pmatrix}12\\0\\0\end{pmatrix}$$

$$d = \left|\frac{1}{\left|\begin{pmatrix}0\\-6\\9\end{pmatrix}\right|}\begin{pmatrix}0\\-6\\9\end{pmatrix} \times \left(\begin{pmatrix}12\\6\\0\end{pmatrix} - \begin{pmatrix}12\\0\\0\end{pmatrix}\right)\right| = \left|\frac{1}{\sqrt{117}}\begin{pmatrix}0\\-6\\9\end{pmatrix} \times \begin{pmatrix}0\\6\\0\end{pmatrix}\right| \approx 4{,}99 \text{ cm}$$

1.2 Schwerpunkt berechnen:

$$\vec{S} = \tfrac{1}{3}\left(\overrightarrow{OE} + \overrightarrow{OC} + \overrightarrow{OD}\right) = \begin{pmatrix}12\\2\\3\end{pmatrix}$$

Der kleinste Abstand vom Schwerpunkt S zum Rand ist der Abstand S zur Kante CD.

Berechne den Abstand von S zu $g = \begin{pmatrix}12\\6\\0\end{pmatrix} + t\begin{pmatrix}0\\-6\\9\end{pmatrix}$ wie in 1.1 b):

$$d = \left|\frac{1}{\left|\begin{pmatrix}0\\-6\\9\end{pmatrix}\right|}\begin{pmatrix}0\\-6\\9\end{pmatrix} \times \left(\begin{pmatrix}12\\6\\0\end{pmatrix} - \begin{pmatrix}12\\2\\3\end{pmatrix}\right)\right| \approx 1{,}66$$

Damit ein Rand von 1 cm bestehen bleibt, darf der Durchmesser des Bohrers maximal 1,32 cm betragen.

1.3 Volumen des Prismas:

$V = A_{ECD} \cdot |\overrightarrow{CA}| = \left(\frac{1}{2}|\overrightarrow{EC}| \cdot |\overrightarrow{ED}|\right) \cdot |\overrightarrow{CA}| = 324 \text{ cm}^3$

Volumen des Bohrzylinders:

$V = \pi r^2 \cdot h = \pi\ (0{,}66 \text{ cm})^2 \cdot 12 \text{ cm} \approx 16{,}42 \text{ cm}^3$

Abfall $= 16{,}42 \text{ cm}^3 \approx 5{,}1\ \%$

496

2 Werkstück

2.1 a) G(5 | 9 |8)

b) $\cos\varphi = \frac{\overrightarrow{EH} * \overrightarrow{EA}}{|\overrightarrow{EH}| \cdot |\overrightarrow{EA}|} = \frac{\begin{pmatrix}-6\\6\\3\end{pmatrix} * \begin{pmatrix}0\\0\\-10\end{pmatrix}}{\left|\begin{pmatrix}-6\\6\\3\end{pmatrix}\right| \cdot \left|\begin{pmatrix}0\\0\\-10\end{pmatrix}\right|} = -\frac{1}{3} \Rightarrow \varphi \approx 109{,}5°$

2.2 a) F′(9 | 5 | 6), E′(6 | 0 | 6), G′(5 | 9 | 6), H′(0 | 6 | 6)

b) $\overrightarrow{BC} \parallel \overrightarrow{AD}$: $\begin{pmatrix}-4\\4\\0\end{pmatrix} \times \begin{pmatrix}-6\\6\\0\end{pmatrix} = 0$ $\quad |\overrightarrow{AB}| = |\overrightarrow{DC}|$ $\quad \left|\begin{pmatrix}-3\\-5\\0\end{pmatrix}\right| = \left|\begin{pmatrix}5\\3\\0\end{pmatrix}\right| = \sqrt{34}$

c) 

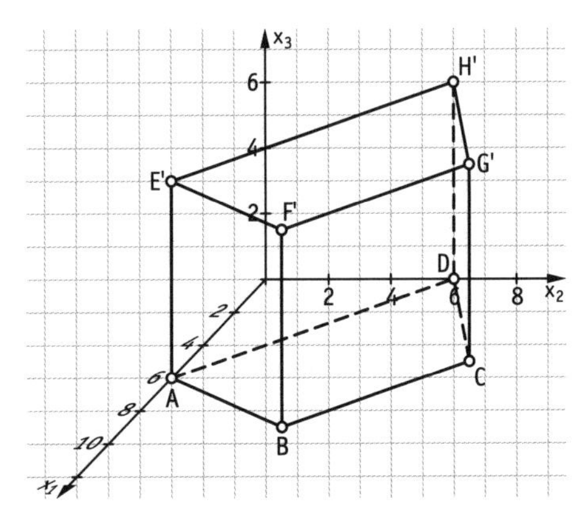

2.3 Abstand M und F′G′:

$$d_1 = \left| \begin{pmatrix}4\\-4\\0\end{pmatrix} \cdot \frac{1}{\sqrt{32}} \times \left(\begin{pmatrix}5\\5\\6\end{pmatrix} - \begin{pmatrix}9\\5\\6\end{pmatrix} \right) \right| \approx 2{,}828$$

Abstand M und F′E′:

$$d_2 = \left| \begin{pmatrix}3\\5\\0\end{pmatrix} \cdot \frac{1}{\sqrt{34}} \times \left(\begin{pmatrix}5\\5\\6\end{pmatrix} - \begin{pmatrix}9\\5\\6\end{pmatrix} \right) \right| \approx 3{,}43$$

Abstand M und G′H′:

$$d_3 = \left| \begin{pmatrix}-5\\-3\\0\end{pmatrix} \cdot \frac{1}{\sqrt{34}} \times \left(\begin{pmatrix}5\\5\\6\end{pmatrix} - \begin{pmatrix}5\\9\\6\end{pmatrix} \right) \right| \approx 3{,}43$$

496

2.3 Fortsetzung

Abstand M und $E'H'$:

$$d_4 = \left| \begin{pmatrix} -6 \\ 6 \\ 0 \end{pmatrix} \cdot \frac{1}{\sqrt{72}} \times \left(\begin{pmatrix} 5 \\ 5 \\ 6 \end{pmatrix} - \begin{pmatrix} 6 \\ 0 \\ 6 \end{pmatrix} \right) \right| \approx 2{,}828$$

Die Wandstärke zwischen Bohrloch und den Seitenflächen beträgt also
für $F'G' \approx 1{,}828$ cm,
für $E'H' \approx 1{,}828$ cm,
für $F'E' \approx 2{,}43$ cm,
für $G'H' \approx 2{,}43$ cm.

3 Schiefes Prisma

3.1 $\overrightarrow{OE} = \overrightarrow{OA} + \overrightarrow{BF} = \begin{pmatrix} 2 \\ 1 \\ -1 \end{pmatrix} + \begin{pmatrix} -2 \\ 2 \\ 6 \end{pmatrix} = \begin{pmatrix} 0 \\ 3 \\ 5 \end{pmatrix}$, also E (0 | 3 | 5)

$\overrightarrow{OG} = \overrightarrow{OC} + \overrightarrow{BF} = \begin{pmatrix} 5 \\ 6 \\ 0 \end{pmatrix} + \begin{pmatrix} -2 \\ 2 \\ 6 \end{pmatrix} = \begin{pmatrix} 3 \\ 8 \\ 6 \end{pmatrix}$, also G (3 | 8 | 6)

497

3.2 $\overrightarrow{AD} = \begin{pmatrix} -1 \\ 2 \\ 2 \end{pmatrix}$; $\overrightarrow{BC} = \begin{pmatrix} -1 \\ 2 \\ 2 \end{pmatrix}$; $\overrightarrow{AB} = \begin{pmatrix} 4 \\ 3 \\ -1 \end{pmatrix}$; $\overrightarrow{DC} = \begin{pmatrix} 4 \\ 3 \\ -1 \end{pmatrix}$

Damit sind die gegenüberliegenden Seiten parallel und gleich lang, das Viereck ABCD ist ein Parallelogramm.

$\overrightarrow{AB} \cdot \overrightarrow{AD} = -4 + 6 - 2 = 0$, d. h. der Winkel bei A ist ein rechter Winkel.

Ein Parallelogramm mit einem rechten Winkel ist ein Rechteck.

Seitenfläche ABFE: $A_1 = |AB| \cdot h$

Seitenfläche BCGF: $A_2 = |BC| \cdot h$

$|AB| = \sqrt{16+9+1} = \sqrt{26}$; $|BC| = \sqrt{1+4+4} = 3$

Damit haben die beiden Seitenflächen ABFE bzw. DCGH den größten Flächeninhalt.

497

3.3 AG: $\vec{x} = \begin{pmatrix} 2 \\ 1 \\ -1 \end{pmatrix} + r \cdot \begin{pmatrix} 1 \\ 7 \\ 7 \end{pmatrix}$ BH: $\vec{x} = \begin{pmatrix} 6 \\ 4 \\ -2 \end{pmatrix} + s \cdot \begin{pmatrix} -7 \\ 1 \\ 9 \end{pmatrix}$

Untersuchung, ob sich AG und BH schneiden:

$$\begin{pmatrix} 2 \\ 1 \\ -1 \end{pmatrix} + r \cdot \begin{pmatrix} 1 \\ 7 \\ 7 \end{pmatrix} = \begin{pmatrix} 6 \\ 4 \\ -2 \end{pmatrix} + s \cdot \begin{pmatrix} -7 \\ 1 \\ 9 \end{pmatrix}$$

also: $r + 7s = 4$ (1)

$7r - s = 3$ (2)

$7r - 9s = -1$ (3)

Lösungen: $r = \frac{1}{2}$; $s = \frac{1}{2}$

Also schneiden sich AG und BH im Punkt $S\left(\frac{5}{2} \mid \frac{9}{2} \mid \frac{5}{2}\right)$.

Weitere Raumdiagonalen:

EC: $\vec{x} = \begin{pmatrix} 0 \\ 3 \\ 5 \end{pmatrix} + k \cdot \begin{pmatrix} 5 \\ 3 \\ -5 \end{pmatrix}$; DF: $\vec{x} = \begin{pmatrix} 1 \\ 3 \\ 1 \end{pmatrix} + l \cdot \begin{pmatrix} 3 \\ 3 \\ 3 \end{pmatrix}$

Überprüfen, ob S auf EC bzw. DF liegt:

$\begin{pmatrix} \frac{5}{2} \\ \frac{9}{2} \\ \frac{5}{2} \end{pmatrix} = \begin{pmatrix} 0 \\ 3 \\ 5 \end{pmatrix} + k \cdot \begin{pmatrix} 5 \\ 3 \\ -5 \end{pmatrix}$, erfüllt für $k = \frac{1}{2}$; $\begin{pmatrix} \frac{5}{2} \\ \frac{9}{2} \\ \frac{5}{2} \end{pmatrix} = \begin{pmatrix} 1 \\ 3 \\ 1 \end{pmatrix} + l \cdot \begin{pmatrix} 3 \\ 3 \\ 3 \end{pmatrix}$, erfüllt für $l = \frac{1}{2}$

Alle Raumdiagonalen schneiden sich im Punkt $S\left(\frac{5}{2} \mid \frac{9}{2} \mid \frac{5}{2}\right)$.

3.4 Die gesuchte Ebene E ist parallel zur Grundflächenebene und geht durch die Seitenmitten der Seitenkanten $\overline{AE}$, $\overline{BF}$, $\overline{CG}$ bzw. $\overline{DH}$

(1) $\vec{n} \cdot \begin{pmatrix} 4 \\ 3 \\ -1 \end{pmatrix} = 0$, also $4n_1 + 3n_2 - n_3 = 0$

(2) $\vec{n} \cdot \begin{pmatrix} -1 \\ 2 \\ 2 \end{pmatrix} = 0$, also $-n_1 + 2n_2 + 2n_3 = 0$

Hieraus ergibt sich z. B. $\vec{n} = \begin{pmatrix} 8 \\ -7 \\ 11 \end{pmatrix}$.

Seitenmitte M_1 von $\overline{AE}$: $M_1(1 \mid 2 \mid 2)$

E: $\begin{pmatrix} 8 \\ -7 \\ 11 \end{pmatrix} \cdot \left(\vec{x} - \begin{pmatrix} 1 \\ 2 \\ 2 \end{pmatrix}\right) = 0$ bzw. $8x_1 - 7x_2 + 11x_3 - 16 = 0$

497

3.5 Grundfläche ABCD: $\vec{x} = \begin{pmatrix} 2 \\ 1 \\ -1 \end{pmatrix} + k \cdot \begin{pmatrix} 4 \\ 3 \\ -1 \end{pmatrix} + l \cdot \begin{pmatrix} -1 \\ 2 \\ 2 \end{pmatrix}$, $0 \le k,\ l \le 1$

Projektion von P in Richtung der Seitenkante in die Grundflächenebene

Projektionsgerade p: $\vec{x} = \begin{pmatrix} 3 \\ 4 \\ 1 \end{pmatrix} + r \cdot \begin{pmatrix} -2 \\ 2 \\ 6 \end{pmatrix}$

$$\begin{pmatrix} 3 \\ 4 \\ 1 \end{pmatrix} + r \cdot \begin{pmatrix} -2 \\ 2 \\ 6 \end{pmatrix} = \begin{pmatrix} 2 \\ 1 \\ -1 \end{pmatrix} + k \cdot \begin{pmatrix} 4 \\ 3 \\ -1 \end{pmatrix} + l \cdot \begin{pmatrix} -1 \\ 2 \\ 2 \end{pmatrix}$$

Lösungen: $r = \frac{1}{4}$; $k = \frac{1}{2}$; $l = \frac{1}{2}$

Damit liegt die Projektion $\overline{P}\left(\frac{7}{2} \mid \frac{7}{2} \mid -\frac{1}{2}\right)$ innerhalb der Grundfläche ABCD:

Grundflächenebene E_{ABCD}: $\begin{pmatrix} 8 \\ -7 \\ 11 \end{pmatrix} \left(\vec{x} - \begin{pmatrix} 2 \\ 1 \\ -1 \end{pmatrix} \right) = 0$

bzw. $8x_1 - 7x_2 + 11x_3 + 2 = 0$

Höhe des Prismas = Abstand von F zu E_{ABCD}

$h = \frac{1}{\sqrt{234}} \left| 8 \cdot 4 - 7 \cdot 6 + 11 \cdot 4 + 2 \right| = \frac{36}{\sqrt{234}}$

Abstand von P zu E_{ABCD}

$d = \frac{9}{\sqrt{234}} < h$, also liegt P innerhalb des Prismas.

497 **4 Turm mit Wetterfahne**

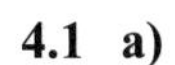

4.1 a)

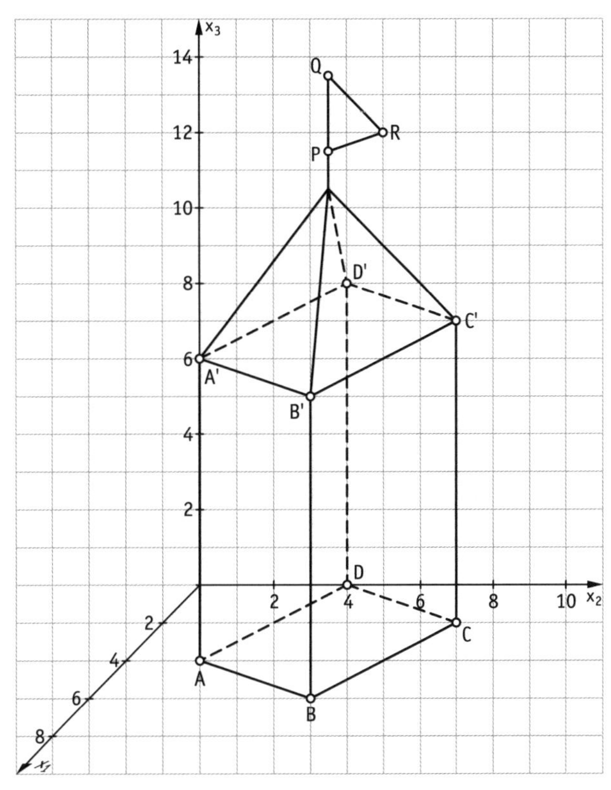

b) Winkel zwischen $\overrightarrow{AD}$ und $\overrightarrow{AD_1}$:

$$\cos\varphi = \frac{\begin{pmatrix}-4\\2\\0\end{pmatrix} * \begin{pmatrix}-4\\2\\2\end{pmatrix}}{\left|\begin{pmatrix}-4\\2\\0\end{pmatrix}\right| \cdot \left|\begin{pmatrix}-4\\2\\2\end{pmatrix}\right|} = \frac{20}{\sqrt{20}\cdot\sqrt{24}} \approx 0{,}91 \Rightarrow \varphi = 24{,}09°$$

497

4.2 Augen des Beobachters bei (6 | 10 | 1,8)

Gerade durch Q und Augen: g: $\vec{x} = \begin{pmatrix} 6 \\ 10 \\ 1,8 \end{pmatrix} + t\begin{pmatrix} -3 \\ -5 \\ 13,2 \end{pmatrix}$

Gerade durch B′ und C′: h: $\vec{x} = \begin{pmatrix} 6 \\ 6 \\ 8 \end{pmatrix} + s\begin{pmatrix} -4 \\ 2 \\ 0 \end{pmatrix}$

Abstandsvektor $\vec{d}$ der beiden Geraden g und h:

$$\vec{d} = \begin{pmatrix} 6 \\ 10 \\ 1,8 \end{pmatrix} + t\begin{pmatrix} -3 \\ -5 \\ 13,2 \end{pmatrix} - \begin{pmatrix} 6 \\ 6 \\ 8 \end{pmatrix} - s\begin{pmatrix} -4 \\ 2 \\ 0 \end{pmatrix}$$

$$\vec{d} * \begin{pmatrix} 3 \\ 5 \\ -13,2 \end{pmatrix} \overset{!}{=} 0, \quad \vec{d} * \begin{pmatrix} 4 \\ -2 \\ 0 \end{pmatrix} \overset{!}{=} 0$$

$\Rightarrow t \approx -0,489, \quad s \approx -0,00869$

$$\Rightarrow \vec{d} = \begin{pmatrix} -1,43264 \\ 1,5369 \\ 0,2566 \end{pmatrix}$$

$\vec{d}$ zeigt vom Turm weg, also kann der Beobachter die Wetterfahne sehen.

4.3 Mittelpunkt der Strecke $\overline{PQ}$:

$$\overrightarrow{OM} = \overrightarrow{OP} + \tfrac{1}{2}\left(\overrightarrow{OQ} - \overrightarrow{OP}\right) = \overrightarrow{OP} + \tfrac{1}{2}\begin{pmatrix} 0 \\ 0 \\ 2 \end{pmatrix} = \overrightarrow{OP} + \begin{pmatrix} 0 \\ 0 \\ 1 \end{pmatrix} = \begin{pmatrix} 3 \\ 5 \\ 14 \end{pmatrix}$$

Abstand von R zur Strecke $\overline{PQ}$:

$$\left|\begin{pmatrix} 3 \\ 5 \\ 14 \end{pmatrix} - \overrightarrow{OR}\right| = \sqrt{5}$$

Gerade durch M in Windrichtung:

$$g\colon \vec{x} = \begin{pmatrix} 3 \\ 5 \\ 14 \end{pmatrix} + \begin{pmatrix} -1 \\ -2 \\ 0 \end{pmatrix} s$$

R′ liegt auf der Geraden g, der Abstand zu M beträgt $\sqrt{5}$:

$$\left|\begin{pmatrix} 3 \\ 5 \\ 14 \end{pmatrix} + \begin{pmatrix} -1 \\ -2 \\ 0 \end{pmatrix} s - \begin{pmatrix} 3 \\ 5 \\ 14 \end{pmatrix}\right| \overset{!}{=} \sqrt{5}$$

$\Rightarrow s = 1$

$$\Rightarrow \overrightarrow{OR'} = \begin{pmatrix} 3 \\ 5 \\ 14 \end{pmatrix} + \begin{pmatrix} -1 \\ -2 \\ 0 \end{pmatrix} = \begin{pmatrix} 2 \\ 3 \\ 14 \end{pmatrix}, \text{ also } R'(2 \mid 3 \mid 14).$$

497

5 Oktaeder

5.1 a) Bestimmen von $\overrightarrow{OM}$:

$$\overrightarrow{OM} = \overrightarrow{OF} + \frac{1}{2}\overrightarrow{FG} = \overrightarrow{OF} + \frac{1}{2}\left(\overrightarrow{OG} - \overrightarrow{OF}\right) = \frac{1}{2}\begin{pmatrix} -4 \\ 8 \\ 8 \end{pmatrix} + \begin{pmatrix} 8 \\ -2 \\ 1 \end{pmatrix} = \begin{pmatrix} 6 \\ 2 \\ 5 \end{pmatrix}$$

$$\overrightarrow{OC} = \overrightarrow{OA} + 2\overrightarrow{AM} = \begin{pmatrix} 10 \\ 0 \\ 9 \end{pmatrix} \Rightarrow C(10 \mid 0 \mid 9)$$

$$\overrightarrow{OD} = \overrightarrow{OB} + 2\overrightarrow{BM} = \begin{pmatrix} 10 \\ 6 \\ 3 \end{pmatrix} \Rightarrow D(10 \mid 6 \mid 3)$$

Volumen: $V = \frac{2}{3} \cdot 2 \cdot \frac{1}{2} \cdot \left|\overrightarrow{DB}\right| \cdot \left|\overrightarrow{MA}\right| \cdot \left|\overrightarrow{GM}\right| = \frac{2}{3} \cdot 72 \cdot 6 = 288$ [VE]

b)

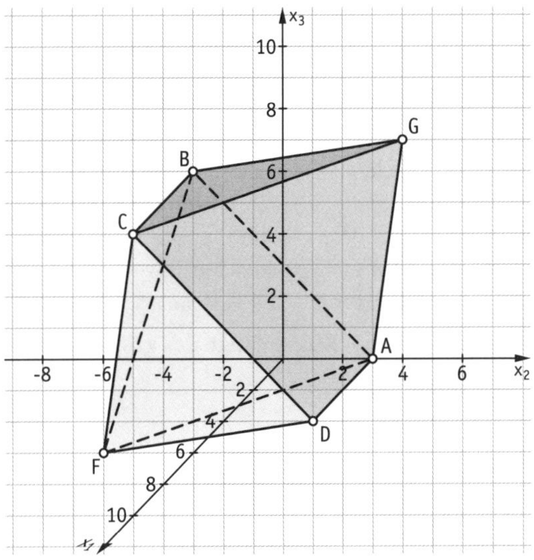

c) Winkel zwischen Normalenvektoren der Flächen:
möglicher Normalenvektor $\overrightarrow{n_1}$ von ABG:

$$\overrightarrow{n_1} = \overrightarrow{AG} \times \overrightarrow{AB} = \begin{pmatrix} 2 \\ 2 \\ 8 \end{pmatrix} \times \begin{pmatrix} 0 \\ -6 \\ 6 \end{pmatrix} = \begin{pmatrix} 60 \\ -12 \\ -12 \end{pmatrix}$$

möglicher Normalenvektor $\overrightarrow{n_2}$ von BCG:

$$\overrightarrow{n_2} = \overrightarrow{BC} \times \overrightarrow{BG} = \begin{pmatrix} 8 \\ 2 \\ 2 \end{pmatrix} \times \begin{pmatrix} 2 \\ 8 \\ 2 \end{pmatrix} = \begin{pmatrix} -12 \\ -12 \\ 60 \end{pmatrix}$$

497

5.1 c) Fortsetzung

Winkel zwischen $\overrightarrow{n_1}$ und $\overrightarrow{n_2}$:

$$\cos\varphi = \frac{\overrightarrow{n_1} * \overrightarrow{n_2}}{|\overrightarrow{n_1}| \cdot |\overrightarrow{n_2}|} = -\frac{1}{3} \Rightarrow \varphi = 109,47°$$

$\Rightarrow$ Winkel zwischen den Seitenflächen: $180° - 109,47° = 70,53°$

5.2 Nach Pythagoras gilt:

$$r^2 + \frac{|\overrightarrow{AB}|^2}{12} = \frac{|\overrightarrow{AB}|^2}{4}$$

$$\Rightarrow r = \frac{|\overrightarrow{AB}|}{\sqrt{6}} = \frac{\sqrt{72}}{\sqrt{6}} \approx 3,46$$

5.3 a) Normalenvektor zur Ebene durch ABCD:

$$\overrightarrow{AB} \times \overrightarrow{AD} = \begin{pmatrix} 0 \\ -6 \\ 6 \end{pmatrix} \times \begin{pmatrix} 8 \\ 2 \\ 2 \end{pmatrix} = \begin{pmatrix} -24 \\ 48 \\ 48 \end{pmatrix} \Rightarrow \vec{n} = \begin{pmatrix} 1 \\ -2 \\ -2 \end{pmatrix}$$

Normalenvektor der Ebenenschar: $\vec{n} = \begin{pmatrix} 1 \\ -2 \\ -2 \end{pmatrix}$

Also ist die Ebenenschar parallel zu ABCD.
Für die Ebene, die F berührt, ergibt sich $t = -10$.
Für die Ebene, die G berührt, ergibt sich $t = 26$.
Also schneidet die Ebenenschar für $-10 \leq t \leq 26$ das Oktaeder.

b) Flächeninhalt von ABCD: A = 72 [FE]

$\frac{A}{2} = 36$ [FE] $\Rightarrow$ Kantenlänge des gesuchten Quadrats = 6

Gerade durch AG:

$$g: \vec{x} = \begin{pmatrix} 2 \\ 4 \\ 1 \end{pmatrix} + s\begin{pmatrix} 2 \\ 2 \\ 8 \end{pmatrix}$$

Schnitt von der Geraden durch AG mit E_t:

$$2 + 2s - 2 \cdot (4 + 2s) - 2(1 + 8s) + t = 0 \Rightarrow s = \frac{8-t}{-18}$$

Der Schnittpunkt ist also $\overrightarrow{OS_1} = \begin{pmatrix} 2 \\ 4 \\ 1 \end{pmatrix} - \frac{8-t}{18}\begin{pmatrix} 2 \\ 2 \\ 8 \end{pmatrix}$.

Gerade durch BG:

$$h: \vec{x} = \begin{pmatrix} 2 \\ -2 \\ 7 \end{pmatrix} + v\begin{pmatrix} 2 \\ 8 \\ 2 \end{pmatrix}$$

497

5.3 b) Fortsetzung

Schnitt von der Geraden durch BG mit E_t:

$$2 + 2v - 2 \cdot (-2 + 8v) - 2(7 + 2v) + t = 0 \Rightarrow v = \frac{8-t}{-18}$$

Der Schnittpunkt ist also $\overrightarrow{OS_2} = \begin{pmatrix} 2 \\ -2 \\ 7 \end{pmatrix} - \frac{8-t}{18} \begin{pmatrix} 2 \\ 8 \\ 2 \end{pmatrix}$.

Abstand der Schnittpunkte:

$$\left| \begin{pmatrix} 2 \\ 4 \\ 1 \end{pmatrix} - \frac{8-t}{18} \begin{pmatrix} 2 \\ 2 \\ 8 \end{pmatrix} - \begin{pmatrix} 2 \\ -2 \\ 7 \end{pmatrix} + \frac{8-t}{18} \begin{pmatrix} 2 \\ 8 \\ 2 \end{pmatrix} \right| \overset{!}{=} 6$$

$\Rightarrow t = 26 - 9 \cdot \sqrt{2} \approx 13{,}27$ oder $t = 26 + 9\sqrt{2} \approx 38{,}73$

Der zweite Wert ist zu verwerfen, weil t nicht im Bereich aus a) liegt.

Aus Symmetriegründen gilt auch $t \approx 2{,}73$.

Also schneiden die Ebenen mit $t = 2{,}73$ und $t = 13{,}27$ ein Quadrat mit der Fläche $\frac{A}{2} = 36$ [FE] aus dem Oktaeder.

498

6 Radarstation

6.1 a) $v = \frac{s}{t}$

$$s = \left| \begin{pmatrix} -9 \\ -54 \\ 7 \end{pmatrix} - \begin{pmatrix} -4 \\ -99 \\ 7 \end{pmatrix} \right| = \sqrt{2050}, \quad t = 5 \text{ min}$$

$$v = \frac{\sqrt{2050}}{5} \ \frac{\text{km}}{\text{min}} = \frac{\sqrt{2050}}{5} \cdot 60 \ \frac{\text{km}}{\text{h}} \approx 543{,}32 \ \frac{\text{km}}{\text{h}}$$

b) Gerade durch F_1 und F_2: $g\colon \vec{x} = \begin{pmatrix} -9 \\ -54 \\ 7 \end{pmatrix} + \begin{pmatrix} 5 \\ -45 \\ 0 \end{pmatrix} s$

$s = 1$ entspricht 5 Minuten (d. h. nach 5 Minuten erreicht man F_2).

$\Rightarrow s = \frac{14}{5} = 2{,}8$ entspricht 14 Minuten Flugzeit.

Berechnung des erreichten Punktes nach 14 Minuten:

$$\begin{pmatrix} -9 \\ -54 \\ 7 \end{pmatrix} + \begin{pmatrix} 5 \\ -45 \\ 0 \end{pmatrix} \cdot 2{,}8 = \begin{pmatrix} 5 \\ -180 \\ 7 \end{pmatrix}$$

Abstand zur Radarstation:

$$\left| \begin{pmatrix} 61 \\ -110 \\ 1 \end{pmatrix} - \begin{pmatrix} 5 \\ -180 \\ 7 \end{pmatrix} \right| = \left| \begin{pmatrix} 56 \\ 70 \\ -6 \end{pmatrix} \right| = \sqrt{8072} \approx 89{,}84 \text{ km}$$

498

6.2 Die Flugbahn kann durch die Gerade g beschrieben werden.

$$g\colon \vec{x} = \begin{pmatrix} -9 \\ -54 \\ 7 \end{pmatrix} + s \cdot \begin{pmatrix} 5 \\ -45 \\ 0 \end{pmatrix}$$

Abstand des Punktes P(61 | −110 | 1) von g bestimmen:

$$\overrightarrow{PF} = \begin{pmatrix} -70 \\ 56 \\ 6 \end{pmatrix} + s \cdot \begin{pmatrix} 5 \\ -45 \\ 0 \end{pmatrix}$$

$$0 = \overrightarrow{PF} * \begin{pmatrix} 5 \\ -45 \\ 0 \end{pmatrix}$$

$$0 = (-70 + 5s) \cdot 5 + (56 - 45s) \cdot (-45)$$

$$0 = -2585 + 2050s$$

$$s \approx 1{,}26$$

$$\left|\overrightarrow{PF}\right| \approx \left|\begin{pmatrix} -63{,}7 \\ -0{,}7 \\ 6 \end{pmatrix}\right| \approx 63{,}98$$

$s \cdot 5\text{ min} = 6{,}3\text{ min} = 6\text{ min }18\text{ s}$

Um 18:43 Uhr und 18 s entfernt sich das Flugzeug von der Radarstation. Es hat zu diesem Zeitpunkt eine Entfernung von etwa 64 km von der Station.

6.3 Gerade durch G_1 und G_2: $g\colon \vec{x} = \begin{pmatrix} 14 \\ -276 \\ 6 \end{pmatrix} + t \cdot \begin{pmatrix} 0 \\ -70 \\ -2 \end{pmatrix}$

Bei t = 2,5 wird die Höhe von 1000 m erreicht.
t = 1 entspricht 10 Minuten.
t = 2,5 entspricht 25 Minuten.
Wenn das Flugzeug mit der Geschwindigkeit von 19.05 Uhr weiter fliegt, kann es den Flugplatz frühestens um 19.30 Uhr erreichen.

7 Position von Flugzeugen

7.1 Flugbahn von F_1 $\qquad g\colon \vec{x} = \begin{pmatrix} 0 \\ 15 \\ 8 \end{pmatrix} + r \cdot \begin{pmatrix} 1 \\ -1 \\ 0 \end{pmatrix}$

Flugbahn von F_2 $\qquad h_k\colon \vec{x} = \begin{pmatrix} 15 \\ -2{,}5 \\ \frac{k}{2} \end{pmatrix} + s \cdot \begin{pmatrix} 15 \\ -7{,}5 \\ \frac{k}{2} \end{pmatrix}$

$$h_{12}\colon \vec{x} = \begin{pmatrix} 15 \\ -2{,}5 \\ 6 \end{pmatrix} + s \cdot \begin{pmatrix} 15 \\ -7{,}5 \\ 6 \end{pmatrix}$$

498

7.1 Fortsetzung

Schnitt von g und h_{12}: $\begin{pmatrix} 0 \\ 15 \\ 8 \end{pmatrix} + r \cdot \begin{pmatrix} 2 \\ -2 \\ 0 \end{pmatrix} = \begin{pmatrix} 15 \\ -2,5 \\ 6 \end{pmatrix} + s \cdot \begin{pmatrix} 15 \\ -7,5 \\ 6 \end{pmatrix}$

Das ergibt das LGS

(1) $2r - 15s = 15$

(2) $-2r + 7,5s = -17,5$

(3) $-6s = -2$

mit den Lösungen $r = 10$; $s = \frac{1}{3}$.

Die beiden Flugzeuge könnten auf diesen Flugbahnen im Punkt $P\,(20 \mid -5 \mid 8)$ kollidieren.

7.2 Das Flugzeug F_2 kann im Punkt S_k gesehen werden, wenn

$\left|\overrightarrow{OS_k}\right| \leq 18;\quad 0 \leq k \leq 20$; d. h. $\sqrt{225 + 6,25 + \frac{k^2}{4}} \leq 18$ bzw. $k^2 \leq 371$

Also kann F_2 in allen möglichen Punkten S_k außer in S_{20} gesehen werden.

7.3 E_k ist diejenige Ebene, die die Flugbahn g von F_1 enthält und die parallel zur Flugbahn h_k und F_2 ist.

Für den Normalenvektor $\overrightarrow{n_k}$ von E_k gilt:

(1) $\overrightarrow{n_k} \cdot \begin{pmatrix} 1 \\ -1 \\ 0 \end{pmatrix} = 0$, also $n_1 - n_2 = 0$

(2) $\overrightarrow{n_k} \cdot \begin{pmatrix} 15 \\ -7,5 \\ \frac{k}{2} \end{pmatrix} = 0$, also $15n_1 - 7,5n_2 + \frac{k}{2}n_3 = 0$.

Hieraus folgt: $\overrightarrow{n_k} = \begin{pmatrix} k \\ k \\ -15 \end{pmatrix}$

$E_k: \begin{pmatrix} k \\ k \\ -15 \end{pmatrix}\left(\vec{x} - \begin{pmatrix} 0 \\ 15 \\ 8 \end{pmatrix}\right) = 0$, bzw. $kx_1 + kx_2 - 15x_3 - 15k + 120 = 0$

Abstand von h_k zu E_k:

$d_k = \frac{1}{\sqrt{2k^2+225}} \cdot \left|15k - 2,5k - \frac{15}{2}k - 15k + 120\right| = \frac{1}{\sqrt{2k^2+225}} \cdot |120 - 10k|$

„Beinahezusammenstoß", falls $d_k < 1$, also $|120 - 10k| < 2k^2 + 225$

bzw. $98k^2 - 2400k + 14175 < 0$

Die quadratische Gleichung $98k^2 - 2400k + 14175 = 0$ hat die Lösungen $k_1 \approx 9,94$ und $k_2 \approx 14,55$, d. h. es kann für $10 \leq k \leq 14$ zu „Beinahezusammenstößen" kommen.

498

7.4 F ist die Ebene, die zur Erdoberfläche senkrecht ist und die die Landesgrenze enthält.

$$F\colon\ \vec{x} = \begin{pmatrix} 0 \\ -33 \\ 0 \end{pmatrix} + k \cdot \begin{pmatrix} 100 \\ -50 \\ 0 \end{pmatrix} + l \cdot \begin{pmatrix} 0 \\ 0 \\ 1 \end{pmatrix} \quad \text{bzw. } x_1 + 2x_3 + 66 = 0$$

Flugbahn von F_1 $\quad g\colon\ \vec{x} = \begin{pmatrix} 0 \\ 15 \\ 8 \end{pmatrix} + r \cdot \begin{pmatrix} 2 \\ -2 \\ 0 \end{pmatrix}$

G (2r | 15 – 2r | 8) ist ein Punkt der Flugbahn.
Abstand von G zur Ebene F:

$$d = \frac{1}{\sqrt{5}} |2r + 2\,(15 - 2r) + 66| = \frac{1}{\sqrt{5}} |96 - 2r|$$

Das Flugzeug muss sich spätestens für d = 10 anmelden, d. h.
$|96 - 2r| = 10\sqrt{5}$ mit den Lösungen $r_{1,2} = 48 \pm 5\sqrt{5}$

$r_1 = 48 - 5\sqrt{5} \approx 36{,}8$ $\qquad G_1\,(73{,}6 \mid -58{,}6 \mid 8)$

$r_2 = 48 + 5\sqrt{5} \approx 59{,}2$ $\qquad G_2\,(118 \mid -103{,}4 \mid 8)$

Da der Richtungsvektor $\begin{pmatrix} 2 \\ -2 \\ 0 \end{pmatrix}$ zur Ebene F zeigt, liegt G_1 vor, G_2 hinter der Landesgrenze auf der Flugbahn. Das Flugzeug muss sich also spätestens im Punkt $G_1\,(73{,}6 \mid -58{,}6 \mid 8)$ anmelden.

499

7.5 Position von F_1 zum Zeitpunkt t: $g_1\colon\ \vec{x} = \begin{pmatrix} 0 \\ 15 \\ 8 \end{pmatrix} + t \begin{pmatrix} 2 \\ -2 \\ 0 \end{pmatrix}$

Position von F_2 zum Zeitpunkt t: $g_2\colon\ \vec{x} = \begin{pmatrix} 15 \\ -2{,}5 \\ 6 \end{pmatrix} + t \begin{pmatrix} 15 \\ -7{,}5 \\ 6 \end{pmatrix}$

Abstand zum Zeitpunkt t:

$$A(t) = \left| \begin{pmatrix} 0 \\ 15 \\ 8 \end{pmatrix} + t \begin{pmatrix} 2 \\ -2 \\ 0 \end{pmatrix} - \begin{pmatrix} 15 \\ -2{,}5 \\ 6 \end{pmatrix} - t \begin{pmatrix} 15 \\ -7{,}5 \\ 6 \end{pmatrix} \right| = \left| \begin{pmatrix} -15 \\ 17{,}5 \\ 2 \end{pmatrix} + t \begin{pmatrix} -13 \\ 5{,}5 \\ -6 \end{pmatrix} \right|$$

$$= \sqrt{(-15 - 13t)^2 + (17{,}5 + 5{,}5t)^2 + (2 - 6t)^2}$$

$$= \sqrt{235{,}25t^2 + 558{,}5t + 535{,}25}$$

8 Berechnungen im Raum

8.1 Verfahren bei der Spiegelung des Punktes B an der Geraden g:

- Man bestimmt eine Hilfsebene H, die orthogonal zur Geraden g ist und die den Punkt B enthält.
- L ist der Schnittpunkt von g und H.
- Bildpunkt D von B

$\overrightarrow{OD} = \overrightarrow{OB} + 2 \cdot \overrightarrow{BL}$

$$g: \vec{x} = \begin{pmatrix} -4 \\ 4 \\ 2 \end{pmatrix} + k \cdot \begin{pmatrix} 3 \\ -1 \\ 0 \end{pmatrix}$$

$$\text{Hilfsebene H: } \begin{pmatrix} 3 \\ -1 \\ 0 \end{pmatrix} \left(\vec{x} - \begin{pmatrix} 1 \\ -1 \\ 0 \end{pmatrix} \right) = 0 \qquad 3x_1 - x_2 - 4 = 0$$

Schnitt von g und H:

$3(-4 + 3k) - (4 - k) - 4 = 0$, also $k = 2$ L (2 | 2 | 2)

Koordinaten des Bildpunktes D

$$\overrightarrow{OD} = \begin{pmatrix} 1 \\ -1 \\ 0 \end{pmatrix} + 2 \begin{pmatrix} 1 \\ 3 \\ 2 \end{pmatrix} = \begin{pmatrix} 3 \\ 5 \\ 4 \end{pmatrix}, \quad \text{also D (3 | 5 | 4)}$$

Da D der Bildpunkt von B bei der Spiegelung an der Geraden durch die Punkte A und C ist, ist das Viereck ABCD auf jeden Fall ein Drachen.

Wir untersuchen die Vektoren $\overrightarrow{AB}$ und $\overrightarrow{BC}$.

$$\overrightarrow{AB} = \begin{pmatrix} 5 \\ -5 \\ -2 \end{pmatrix}; \quad \overrightarrow{BC} = \begin{pmatrix} 4 \\ 2 \\ 2 \end{pmatrix}$$

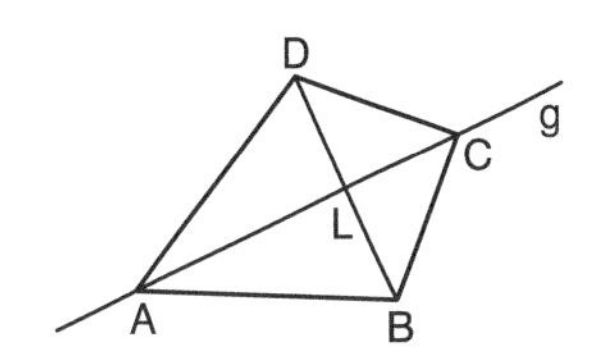

$\left|\overrightarrow{AB}\right| \neq \left|\overrightarrow{BC}\right|$ und $\overrightarrow{AB} \cdot \overrightarrow{BC} \neq 0$

Es liegt damit keine besondere Form eines Drachens vor.

Flächeninhalt des Drachens

$$A = A_{ADB} + A_{DCB} = \tfrac{1}{2}|BD| \cdot |AL| + \tfrac{1}{2}|DB| \cdot |LC|$$

$$= \tfrac{1}{2}|DB| \cdot (|AL| + |LC|) = \tfrac{1}{2}|BD| \cdot |AC|$$

$$= \tfrac{1}{2} \left| \begin{pmatrix} 2 \\ 6 \\ 4 \end{pmatrix} \right| \cdot \left| \begin{pmatrix} 9 \\ -3 \\ 0 \end{pmatrix} \right| = \tfrac{1}{2} \cdot \sqrt{56} \cdot \sqrt{90} = 6\sqrt{35} \approx 35{,}5$$

499

8.2 h: $\vec{x} = \begin{pmatrix} 5 \\ 1 \\ 2 \end{pmatrix} + s \cdot \begin{pmatrix} -2 \\ 3 \\ 6 \end{pmatrix}$

gemeinsame Punkte von h und E_a:

$a(5 - 2s) - 14(1 + 3s) + 8(2 + 6s) = 6a - 1$

$2(3 - a)s = a - 3$

unendlich viele Lösungen für a = 3, d. h. für a = 3 liegt h in E_a.

h ist orthogonal zu E_a, falls die Vektoren $\begin{pmatrix} -2 \\ 3 \\ 6 \end{pmatrix}$ und $\begin{pmatrix} a \\ -14 \\ 8 \end{pmatrix}$ linear abhängig sind, d. h. falls es einen Wert für r gibt, sodass $r \cdot \begin{pmatrix} -2 \\ 3 \\ 6 \end{pmatrix} = \begin{pmatrix} a \\ -14 \\ 8 \end{pmatrix}$.

Dies ist für keinen Wert von r der Fall, d. h. die Gerade h ist zu keiner Ebene E_a orthogonal.

8.3 Grundflächenebene E_{ABCD}: $\vec{x} = \begin{pmatrix} -4 \\ 4 \\ 2 \end{pmatrix} + k \cdot \begin{pmatrix} 5 \\ -5 \\ -2 \end{pmatrix} + l \cdot \begin{pmatrix} 4 \\ 2 \\ 2 \end{pmatrix}$

bzw. E_{ABCD}: $x_1 + 3x_2 - 5x_3 + 2 = 0$

Schnittwinkel zwischen h und E_{ABCD}:

$$\cos(\alpha) = \left| \frac{\begin{pmatrix} -2 \\ 3 \\ 6 \end{pmatrix} \cdot \begin{pmatrix} 1 \\ 3 \\ -5 \end{pmatrix}}{\left|\begin{pmatrix} -2 \\ 3 \\ 6 \end{pmatrix}\right| \cdot \left|\begin{pmatrix} 1 \\ 3 \\ -5 \end{pmatrix}\right|} \right| = \frac{23}{7 \cdot \sqrt{35}}, \text{ also } \alpha \approx 56{,}3°$$

Deckflächenebene E_{EFGH}: $\begin{pmatrix} 1 \\ 3 \\ -5 \end{pmatrix} \left(\vec{x} - \begin{pmatrix} 1 \\ 7 \\ 14 \end{pmatrix} \right) = 0$

bzw. E_{EFGH}: $x_1 + 3x_2 - 5x_3 + 48 = 0$

Höhe des Prismas = $\text{Abst}(G; E_{ABCD})$; $h = \frac{1}{\sqrt{35}} |1 + 21 - 70 + 2| = \frac{46}{\sqrt{35}} \approx 7{,}8$

Volumen des Prismas: $V = A \cdot h = 6\sqrt{35} \cdot \frac{46}{\sqrt{35}} = 276$

499

8.4 Diagonalenschnittpunkt der Grundfläche: L (2 | 2 | 2)
Fehlende Eckpunkte der Deckfläche:

$$\overrightarrow{OE} = \overrightarrow{OA} + \overrightarrow{CG} = \begin{pmatrix} -4 \\ 4 \\ 2 \end{pmatrix} + \begin{pmatrix} -4 \\ 6 \\ 12 \end{pmatrix} = \begin{pmatrix} -8 \\ 10 \\ 14 \end{pmatrix}, \text{ d. h. } E(-8 \mid 10 \mid 14)$$

Entsprechend: $\overrightarrow{OF} = \overrightarrow{OB} + \overrightarrow{CG} = \begin{pmatrix} -3 \\ 5 \\ 12 \end{pmatrix}$, d. h. F (−3 | 5 | 12)

$$\overrightarrow{OH} = \overrightarrow{OD} + \overrightarrow{CG} = \begin{pmatrix} -1 \\ 11 \\ 16 \end{pmatrix}, \text{ d. h. } H(-1 \mid 11 \mid 16)$$

Abstand des Diagonalenschnittpunktes L von den Eckpunkten der Deckfläche:

$$|LE| = \left|\begin{pmatrix} -10 \\ 8 \\ 10 \end{pmatrix}\right| = \sqrt{264}; \quad |LG| = \left|\begin{pmatrix} -1 \\ 5 \\ 12 \end{pmatrix}\right| = \sqrt{170};$$

$$|LF| = |LH| = \left|\begin{pmatrix} -5 \\ 3 \\ 10 \end{pmatrix}\right| = \sqrt{134}$$

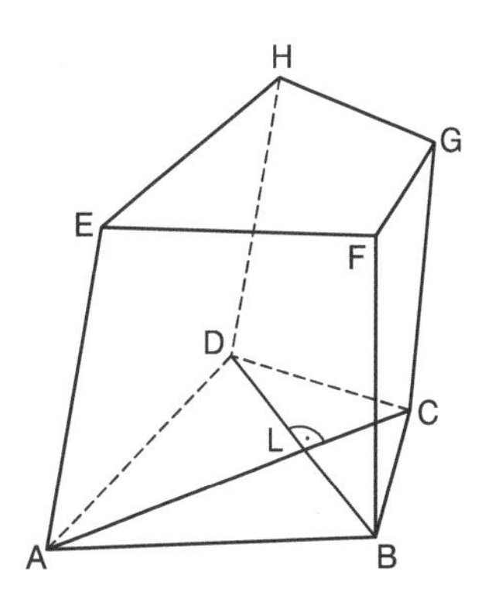

Also hat L von E den größten Abstand.
Die gesuchte Gerade ist die Gerade

$$LE: \vec{x} = \begin{pmatrix} 2 \\ 2 \\ 2 \end{pmatrix} + k \cdot \begin{pmatrix} -5 \\ 4 \\ 5 \end{pmatrix}$$

8.5 Die Punkte auf der Seitenkante $\overline{CG}$ werden beschrieben durch

$$\vec{x} = \begin{pmatrix} 5 \\ 1 \\ 2 \end{pmatrix} + s \cdot \begin{pmatrix} -2 \\ 3 \\ 6 \end{pmatrix}; \quad 0 \le s \le 2$$

Also: P (5 − 2s | 1 + 3s | 2 + 6s); $0 \le s \le 2$
Abstand von P zur Ebene E_{ABCD}

$$d = \frac{1}{\sqrt{35}}|5 - 2s + 3(1 + 3s) - 5(2 + 6s) - 2| = \frac{1}{\sqrt{35}}|-23s|$$

Gesucht ist P, sodass $d = \frac{23}{\sqrt{35}}$, also gilt s = 1.

Gesuchter Punkt: P (3 | 4 | 8)

499 **9 Berechnungen am Sternenhimmel**

9.1 $E: \overrightarrow{OX} = \overrightarrow{OA} + \lambda \cdot \overrightarrow{AB} + \mu \cdot \overrightarrow{AC}$

$$\overrightarrow{OX} = \lambda \cdot \begin{pmatrix} -53 \\ 8 \\ 29 \end{pmatrix} + \mu \begin{pmatrix} -81 \\ 10 \\ 38 \end{pmatrix}$$

$$\vec{n} = \overrightarrow{AB} \times \overrightarrow{AC} = \begin{pmatrix} 14 \\ -335 \\ 118 \end{pmatrix}$$

$$\overrightarrow{OX} * \vec{n} = \overrightarrow{OA} * \vec{n} = d \;\Rightarrow\; d = 0$$

$$E: \overrightarrow{OX} * \begin{pmatrix} 14 \\ 335 \\ 118 \end{pmatrix} = 0$$

$$\overrightarrow{AC} * \overrightarrow{BC} = \begin{pmatrix} -81 \\ 10 \\ 38 \end{pmatrix} * \begin{pmatrix} -28 \\ 2 \\ 9 \end{pmatrix} \neq 0$$

$$\overrightarrow{AC} * \overrightarrow{BC} = \begin{pmatrix} -53 \\ 8 \\ 29 \end{pmatrix} * \begin{pmatrix} -28 \\ 2 \\ 9 \end{pmatrix} \neq 0$$

$$\overrightarrow{AC} * \overrightarrow{BC} = \begin{pmatrix} -53 \\ 8 \\ 29 \end{pmatrix} * \begin{pmatrix} -81 \\ 10 \\ 38 \end{pmatrix} \neq 0$$

Δ ABC ist nicht rechtwinklig.

$\overline{AB} = \sqrt{2809 + 64 + 841} = \sqrt{3714} \approx 60{,}94$

$\overline{BC} = \sqrt{869} \approx 29{,}48$

$\overline{AC} = \sqrt{8105} \approx 90{,}03$

9.2 Die gesuchte Punktmenge liegt auf der Geraden $g_1: \overrightarrow{OX} = \overrightarrow{OM} + \lambda \cdot \vec{n}$, $\lambda \in \mathbb{R}$, wobei $\overrightarrow{OM}$ Vektor zum Schwerpunkt des Dreiecks ABC ist. Mit A (0 | 0 | 0) folgt $\overrightarrow{OM} = \overrightarrow{AM}$. L halbiert die Strecke $\overline{BC}$, damit ist

$$\overrightarrow{AM} = \tfrac{2}{3}\overrightarrow{AL} = \tfrac{2}{3}\left(\overrightarrow{AB} + \overrightarrow{BL}\right) = \tfrac{2}{3}\left(\overrightarrow{AB} + \tfrac{1}{2}\overrightarrow{BC}\right) = \tfrac{2}{3}\overrightarrow{AB} + \tfrac{1}{3}\overrightarrow{BC} = \begin{pmatrix} -\frac{134}{3} \\ 6 \\ \frac{67}{3} \end{pmatrix}$$

$$g_1: \overrightarrow{OX} = \tfrac{1}{3}\begin{pmatrix} -134 \\ 18 \\ 67 \end{pmatrix} + \lambda \begin{pmatrix} 14 \\ -335 \\ 118 \end{pmatrix}$$

499

9.3 A′(0 | 0 | 0)

Gerade WB: $\overrightarrow{OX} = \overrightarrow{OW} + \lambda\overrightarrow{WB}$ $\qquad \overrightarrow{OX} = \begin{pmatrix} 64 \\ 0 \\ 0 \end{pmatrix} + \lambda \begin{pmatrix} -117 \\ 8 \\ 29 \end{pmatrix}$

B′ ∈ WB und B′ liegt in der 2, 3-Ebene.

$$\overrightarrow{OB'} = \begin{pmatrix} 64 \\ 0 \\ 0 \end{pmatrix} + \tfrac{64}{117} \begin{pmatrix} -117 \\ 8 \\ 29 \end{pmatrix} = \tfrac{64}{117} \begin{pmatrix} 0 \\ 8 \\ 29 \end{pmatrix}$$

Entsprechend $\overrightarrow{OC'}$ $\qquad \overrightarrow{OC'} = \begin{pmatrix} 64 \\ 0 \\ 0 \end{pmatrix} + \tfrac{64}{145} \begin{pmatrix} -145 \\ 10 \\ 38 \end{pmatrix} = \tfrac{64}{145} \begin{pmatrix} 0 \\ 10 \\ 38 \end{pmatrix}$

A′(0 | 0 | 0); B′(0 | 4,4 | 15,9); C′(0 | 4,4 | 16,7)

500

10 Bauwerk über einer Ausgrabungsstelle

10.1 O(0 | 0 | 0); $\quad$ O liegt auf $\overline{CD}$ und $\overline{CO} = \overline{OD}$
A(2 | 4 | 0); $\quad$ E(2 | 4 | 2)
B(–2 | 4 | 0); $\quad$ F(–2 | 4 | 2)
C(–2 | 0 | 0); $\quad$ G(–2 | 0 | 2)
D(2 | 0 | 0); $\quad$ H(2 | 0 | 2)
S(0 | 2 | 7)

10.2 $F_{FES} = \frac{1}{2} \cdot \sqrt{29} \cdot 4 = 2\sqrt{29}$

$F_{BFGC} = 8$

$F = \left(2\sqrt{29} + 8\right) \cdot 4 = 75{,}08 \Rightarrow$ Glasbedarf > 75,08 m²

10.3 $\sphericalangle(\text{SFE; ABEF}) = \arctan\frac{5}{2} + \frac{\pi}{2} = 2{,}76$

$\sphericalangle(\text{SFE; ABEF}) = 158{,}2°$

Ebene Gleichung: $\overrightarrow{OX} = \overrightarrow{OP} + \lambda\vec{v} + \mu\vec{w}$

$\vec{n} = \vec{v} \times \vec{w}$

$\cos\theta = \cos\sphericalangle(\text{FGS; FES}) = \dfrac{\overrightarrow{n_1} * \overrightarrow{n_2}}{\left|\overrightarrow{n_1}\right| \cdot \left|\overrightarrow{n_2}\right|}$

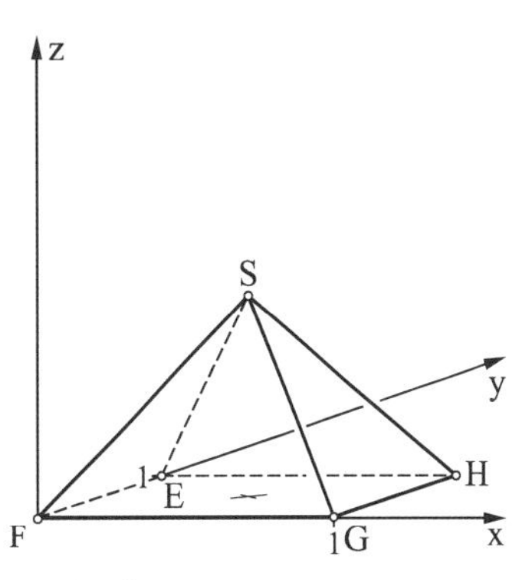

1\. FSG: $\frac{1}{4}\overrightarrow{FE} = \overrightarrow{v_1} = \begin{pmatrix} 1 \\ 0 \\ 0 \end{pmatrix}$; $\overrightarrow{GS} = \overrightarrow{w_1} = \begin{pmatrix} 2 \\ 2 \\ 5 \end{pmatrix}$; $\overrightarrow{n_1} = \begin{pmatrix} 0 \\ -5 \\ 2 \end{pmatrix}$

500

10.3 Fortsetzung

2. FES: $\frac{1}{4}\overrightarrow{GF} = \overrightarrow{v_2} = \begin{pmatrix} 0 \\ 1 \\ 0 \end{pmatrix}$; $\overrightarrow{GS} = \overrightarrow{w_2} = \begin{pmatrix} 2 \\ 2 \\ 5 \end{pmatrix}$; $\overrightarrow{n_2} = \begin{pmatrix} 5 \\ 0 \\ -2 \end{pmatrix} \Rightarrow \cos\theta = \frac{-4}{29}$

$\theta = 1{,}71 = 97{,}93°$

10.4 Der Sonnenstrahl, der durch S geht, wird durch die Gleichung $\overrightarrow{OX} = \overrightarrow{OS} + \lambda \cdot \vec{v}$ beschrieben. Die daneben liegende Hauswand (1,3-Ebene) hat die Gleichung: $x_2 = 0$. Für die Schattenpunkte auf der Hauswand gilt

$s_2{}' = 0.$

$S'\left(s_1{}' \middle| s_2{}' \middle| s_3{}'\right)$ von $S\left(s_1 \middle| s_2 \middle| s_3\right)$

$\overrightarrow{OS}' = \overrightarrow{OS} + \lambda_S \cdot \vec{v}$

Daraus folgt $s_2{}' = s_2 + \lambda_s \cdot v_2 = 0 \Rightarrow \lambda_s = -\frac{s_2}{v_2}$ und $\overrightarrow{OS}' = \overrightarrow{OS} - \frac{s_2}{v_2} \cdot \vec{v}$.

$\overrightarrow{OS}' = \begin{pmatrix} 0 \\ 2 \\ 7 \end{pmatrix} - \frac{2}{-2} \cdot \begin{pmatrix} 1 \\ -2 \\ -0{,}5 \end{pmatrix} = \begin{pmatrix} 1 \\ 0 \\ 6{,}5 \end{pmatrix}$

$\overrightarrow{OE}' = \overrightarrow{OE} - \frac{e_2}{v_2} \cdot \vec{v}$

$\overrightarrow{OE}' = \begin{pmatrix} 2 \\ 4 \\ 2 \end{pmatrix} - \frac{4}{-2} \cdot \begin{pmatrix} 1 \\ -2 \\ -0{,}5 \end{pmatrix} = \begin{pmatrix} 4 \\ 0 \\ 1 \end{pmatrix}$

$\overrightarrow{OF}' = \begin{pmatrix} -2 \\ 4 \\ 2 \end{pmatrix} - \frac{4}{-2} \cdot \begin{pmatrix} 1 \\ -2 \\ -0{,}5 \end{pmatrix} = \begin{pmatrix} 0 \\ 0 \\ 1 \end{pmatrix}$

$\overrightarrow{OA}' = \begin{pmatrix} 2 \\ 4 \\ 0 \end{pmatrix} - \frac{4}{-2} \cdot \begin{pmatrix} 1 \\ -2 \\ -0{,}5 \end{pmatrix} = \begin{pmatrix} 4 \\ 0 \\ -1 \end{pmatrix}$

$\overrightarrow{OG}' = \begin{pmatrix} -2 \\ 0 \\ 2 \end{pmatrix}$

$\overrightarrow{OC}' = \overrightarrow{OC}$; $\overrightarrow{OH}' = \overrightarrow{OH}$; $\overrightarrow{OD}' = \overrightarrow{OD}$

$\overrightarrow{OB}' = \begin{pmatrix} 0 \\ 0 \\ -1 \end{pmatrix}$

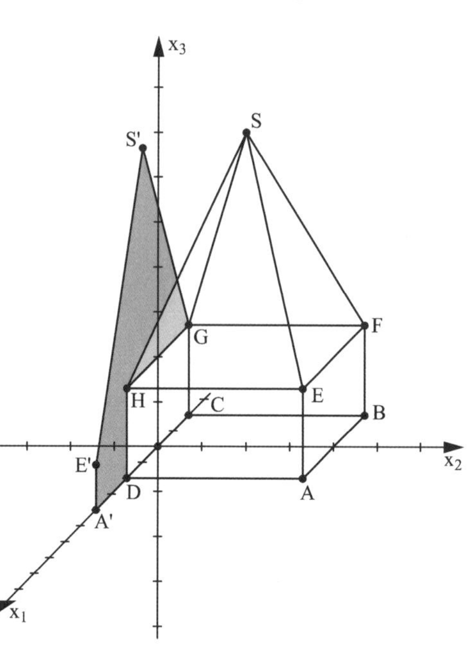

500

11 Vogelvoliere

11.1 Druckstab 1: g_1: $\vec{x} = \begin{pmatrix} -1 \\ 1 \\ 7 \end{pmatrix} + r \begin{pmatrix} 8 \\ 0 \\ 1 \end{pmatrix}$, Druckstab 2: g_2: $\vec{x} = \begin{pmatrix} 0 \\ 0 \\ 7 \end{pmatrix} + r \begin{pmatrix} 0 \\ 8 \\ 0 \end{pmatrix}$

Schnitt der Geraden führt auf ein LGS mit der erweiterten Koeffizienten-matrix $\begin{bmatrix} 8 & 0 & 1 \\ 0 & -8 & -1 \\ 1 & 0 & 0 \end{bmatrix}$. Das System besitzt keine Lösung.

11.2 Berechne den Abstand der Geraden.

Setze $\vec{u} = \begin{pmatrix} 8 \\ 0 \\ 1 \end{pmatrix}$, $\vec{v} = \begin{pmatrix} 0 \\ 8 \\ 0 \end{pmatrix}$ und $\vec{w} = \begin{pmatrix} -1 \\ 1 \\ 0 \end{pmatrix}$

in die Formel $d = \frac{|(u \times v) \cdot w|}{|u \times v|}$ ein.

Damit ergibt sich $d = \frac{8}{8\sqrt{65}} = 12{,}4$ cm.

11.3 Die Punkte C und D liegen in der x_2, x_3-Ebene. Damit liegt auch der Stab in der x_2, x_3-Ebene.

11.4 Druckstab 3: g_3: $\vec{x} = \begin{pmatrix} -1 \\ 1 \\ 7 \end{pmatrix} + r \begin{pmatrix} 8 \\ 0 \\ 1 \end{pmatrix}$

Die Abspannungen des Netzes verlaufen zwar nicht parallel zu den zwei senkrechten Druckstäben, aber man kann das Volumen etwa als Volumen eines Würfels mit einer Kantenlänge von 7m abschätzen, also ungefähr 343 m^3.
Eine andere Möglichkeit ist die Schätzung als Volumen eines Spats mit den drei Vektoren $\overrightarrow{CD}$, $\overrightarrow{CB}$, $\overrightarrow{CP}$, also ungefähr 400 m^3.
Die Abschätzung durch den Würfel liegt offensichtlich unterhalb des tatsächlichen Volumens. Die Abschätzung durch den Spat oberhalb. Das tatsächliche Volumen der Vogelvoliere liegt also etwa zwischen 343 m^3 und 400 m^3.

11.5 Ein Stab verläuft mit einem Abstand von 1m parallel zur x_2-x_3-Ebene und orthogonal zur x_1-x_2-Ebene.
Ein Stab verläuft parallel zur x_2-x_3-Ebene und parallel zur x_1-x_2-Ebene, in gleicher Höhe wie AD.
Ein Stab verläuft parallel zu AB und somit parallel zur x_1-x_3-Ebene, seine Endpunkte liegen in derselben Höhe wie die Endpunkte von AB.
Alle 6 Stäbe sind zueinander windschief.

9.4 Aufgaben zur Matrizen

501

1 Materialverbrauch eines Betriebes

1.1 $A_1 = \begin{pmatrix} 2 & 1 & 3 \\ 1 & 4 & 2 \end{pmatrix}$ $A_2 = \begin{pmatrix} 2 & 1 & 3 \\ 1 & 1 & 1 \\ 4 & 3 & 1 \end{pmatrix}$

1.2 $A_1 = \begin{pmatrix} 2 & 1 & 3 \\ 1 & 4 & 2 \end{pmatrix}$

$E_1 = 2R_1 + R_2$ $E_2 = R_1 + 4R_2$ $E_3 = 3R_1 + 2R_2$

$E = \begin{pmatrix} 2 & 1 \\ 1 & 4 \\ 3 & 2 \end{pmatrix}$

2 Getreiderost

2.1 Der Vektor $\vec{x} = \begin{pmatrix} x_1 \\ x_2 \\ x_3 \end{pmatrix}$ beschreibt die gesuchten Mengeneinheiten der Präparate P_1, P_2 und P_3. Das System $\begin{pmatrix} 1 & 3 & 2 \\ 4 & 6 & 2 \\ 3 & 3 & 0 \end{pmatrix} \cdot \vec{x} = \begin{pmatrix} 11 \\ 20 \\ 9 \end{pmatrix}$ besitzt die allgemeine Lösung $\vec{x} = \begin{pmatrix} -1+t \\ 4-t \\ t \end{pmatrix}$, $t \in \mathbb{R}$. Da die Komponenten nicht negativ werden dürfen, gilt $1 \leq t \leq 4$.

2.2 $10(t-1) + 7(4-t) + 2t = 33 \Leftrightarrow t = 3$, also 2 ME von P_1, 1 ME von P_2 und 3 ME von P_3.

2.3 $f(t) = 10(t-1) + 7(4-t) + 2t$ nimmt auf $[1; 4]$ das Minimum bei $t = 1$ mit $f(1) = 23$ an. Damit besteht die billigste Mischung aus 3 ME P_2 und 1 ME P_3 und kostet 23 €.

502

3 Telefonkosten

3.1 Reihenfolge: KR, WR, GR, OA

$$\text{Übergangsmatrix: } M = \begin{pmatrix} 0{,}8 & 0{,}7 & 0{,}6 & 0{,}1 \\ 0{,}2 & 0{,}2 & 0 & 0 \\ 0 & 0{,}1 & 0{,}3 & 0 \\ 0 & 0 & 0{,}1 & 0{,}9 \end{pmatrix};$$

$$\text{Anfangsvektor } \vec{a} = \begin{pmatrix} 30000 \\ 8000 \\ 2000 \\ 1000 \end{pmatrix}$$

Nach 1. Quartal:

$$M \cdot \vec{a} = \begin{pmatrix} 30900 \\ 7600 \\ 1400 \\ 1100 \end{pmatrix};$$

nach 2. Quartal:

$$M^2 \cdot \vec{a} = \begin{pmatrix} 30990 \\ 7700 \\ 1180 \\ 1130 \end{pmatrix};$$

nach 3. Quartal:

$$M^3 \cdot \vec{a} = \begin{pmatrix} 31003 \\ 7738 \\ 1124 \\ 1135 \end{pmatrix};$$

nach 4. Quartal:

$$M^4 \cdot \vec{a} = \begin{pmatrix} 31006{,}9 \\ 7748{,}2 \\ 1111 \\ 1133{,}9 \end{pmatrix}$$

Die Prognose über 4 Quartale zeigt, dass sich das Zahlungsverhalten positiv verändert: Während die Anzahl der Kunden mit wenig und großen Zahlungsrückstand zurück gehen, nimmt die Zahl der Kunden, die immer pünktlich zahlen, um etwa 1000 zu. Die Anzahl der Haushalte ohne Telefonanschluss nimmt dazu im Verhältnis nur leicht zu. Bei der Prognose geht man jedoch davon aus, dass sich das Zahlungsverhalten für jedes Quartal gleich verändert, was natürlich nicht realistisch ist.

3.2

$$\left.\begin{array}{ll} \text{KR} & 0{,}7 \cdot 40\,000 = 28\,000 \\ \text{WR} & 0{,}05 \cdot 40\,000 = 2\,000 \\ \text{GR} & 0{,}25 \cdot 40\,000 = 10\,000 \end{array}\right\} \text{Summe: } 40\,000$$

OA 1 000

$$\text{Startvektor } \vec{b} = \begin{pmatrix} 28000 \\ 2000 \\ 10000 \\ 1000 \end{pmatrix}$$

502

3.2 Fortsetzung

Nach 1. Quartal

$$M \cdot \vec{b} = \begin{pmatrix} 29900 \\ 6000 \\ 3200 \\ 1900 \end{pmatrix};$$

Nach 2. Quartal

$$M^2 \cdot \vec{b} = \begin{pmatrix} 30230 \\ 7180 \\ 1560 \\ 2030 \end{pmatrix};$$

Nach 3. Quartal

$$M^3 \cdot \vec{b} = \begin{pmatrix} 30349 \\ 7482 \\ 1186 \\ 1983 \end{pmatrix};$$

Nach 4. Quartal

$$M^4 \cdot \vec{b} = \begin{pmatrix} 30427 \\ 7566 \\ 1104 \\ 1903 \end{pmatrix}$$

Die Zahl der Kunden mit großem Zahlungsrückstand geht dadurch schnell zurück.
Vergleicht man diese Prognose mit der unter 3.1, so ist der Stand im 4. Quartal eher schlechter. Hinzu kommen noch die Verluste für den Erlass der Schulden.
Es dürfte also besser sein, die alte Strategie beizubehalten.

4 Autoproduktion

4.1 Man kann die zu den Monaten gehörenden Matrizen mit dem Anfangsbuchstaben des jeweiligen Monats, also mit J, A und S bezeichnen.
Offensichtlich gilt: J = S

$$J + \begin{pmatrix} +500 & -2000 & -500 \\ -1000 & +500 & +500 \\ -500 & 0 & 0 \\ 0 & +500 & 0 \\ -1000 & -500 & 0 \end{pmatrix} = A$$

503

4.2 a)

	ZW1	ZW2	ZW3
Pkw klein	16 500	10 000	6 500
Pkw mittel	12 500	9 500	6 500
Pkw groß	9 500	0	4 000
Transporter	0	4 500	3 000
Lkw	3 000	4 500	0

b)

	ZW1	ZW2	ZW3
Pkw klein	24 500	16 000	10 000
Pkw mittel	18 500	14 000	9 500
Pkw groß	14 500	0	6 000
Transporter	0	6 500	4 500
Lkw	5 000	7 000	0

503

4.3 a) $\begin{pmatrix} 4000 & 3000 & 1750 \\ 3000 & 2250 & 1500 \\ 2500 & 0 & 1000 \\ 0 & 1000 & 750 \\ 1000 & 1250 & 0 \end{pmatrix}$ **c)** $\begin{pmatrix} 6800 & 3200 & 2400 \\ 5200 & 4000 & 2800 \\ 3600 & 0 & 1600 \\ 0 & 2000 & 1200 \\ 800 & 1600 & 0 \end{pmatrix}$

b) $\begin{pmatrix} 3600 & 2700 & 1575 \\ 2700 & 2025 & 1350 \\ 2250 & 0 & 900 \\ 0 & 900 & 675 \\ 900 & 1125 & 0 \end{pmatrix}$ **d)** $\begin{pmatrix} 7650 & 3600 & 2700 \\ 5850 & 4500 & 3150 \\ 4050 & 0 & 1800 \\ 0 & 2250 & 1350 \\ 900 & 1800 & 0 \end{pmatrix}$

4.4 a)

	ZW1	ZW2	ZW3
Pkw klein	14 450	6 800	5 100
Pkw mittel	11 050	8 500	5 950
Pkw groß	7 650	0	3 400
Transporter	0	4 250	2 550
Lkw	1 700	3 400	0

b)

	ZW1	ZW2	ZW3
Pkw klein	18 050	9 500	6 675
Pkw mittel	13 750	10 525	7 300
Pkw groß	9 900	0	4 300
Transporter	0	5 150	3 225
Lkw	2 600	4 525	0

5 Populationsentwicklung

5.1 Übergangsmatrix $T = \begin{pmatrix} 0 & 1{,}25 & 0 \\ 0{,}8 & 0 & 0 \\ 0 & 0{,}95 & 0 \end{pmatrix}$

Population $\vec{P}_0 = \begin{pmatrix} J_0 \\ M_0 \\ A_0 \end{pmatrix} \Rightarrow \vec{P}_1 = T \cdot \vec{P}_0$

5.2 Wegen $T^3 = T$ folgt die Behauptung.

503

6 Management mit Matrizen

6.1 $M_1 + M_2 = \begin{pmatrix} 5 & 4{,}6 & 4{,}8 & 2{,}6 \\ 6{,}9 & 10{,}2 & 6 & 4{,}4 \\ 5{,}4 & 6{,}8 & 7{,}8 & 6{,}3 \end{pmatrix}$

Das Element in der i-ten Zeile und j-ten Spalte beschreibt die Summe der Verkaufszahlen des i-ten Produktes im j-ten Bundesland für die ersten 2 Jahre. Die zweite Spalte gibt die Verkaufszahlen für Bayern an.

6.2 $M_2 - M_1 = \begin{pmatrix} 0 & 1 & 2 & 1 \\ 0{,}9 & 2 & 1{,}4 & 1{,}2 \\ 1 & 0 & 2 & 1{,}3 \end{pmatrix}$

Das Element in der i-ten Zeile und j-ten Spalte beschreibt die Steigerung der Verkaufszahlen des i-ten Bundesland vom 1. Jahr zum 2. Jahr. Die zweite Zeile gibt die Veränderung für Produkt B an.

6.3 $M_2 - 1{,}2 \cdot M_1 = \begin{pmatrix} -0{,}5 & 0{,}64 & 1{,}72 & 0{,}84 \\ 0{,}3 & 1{,}18 & 0{,}94 & 0{,}88 \\ 0{,}56 & -0{,}68 & 1{,}42 & 0{,}8 \end{pmatrix}$

6.4 Produkt A in Hessen: Steigerung: 0 %
Produkt C in Bayern: Steigerung: 0 %

6.5 $(2760;\ 3190;\ 2100) \cdot M_2 - (2650;\ 3240;\ 1890) \cdot M_1$

$= (5558;\ 9847;\ 14834;\ 9851)$

504

7 Fertighäuser

7.1 $\begin{pmatrix} 5 & 8 & 12 \\ 25 & 18 & 13 \\ 15 & 16 & 24 \\ 11 & 12 & 14 \\ 8 & 12 & 11 \\ 19 & 24 & 15 \end{pmatrix} \cdot \begin{pmatrix} 6 \\ 9 \\ 14 \end{pmatrix} = \begin{pmatrix} 270 \\ 494 \\ 570 \\ 370 \\ 310 \\ 540 \end{pmatrix}$

504

7.2 $(17;\ 11;\ 7;\ 12;\ 5;\ 24) \cdot \begin{pmatrix} 5 & 8 & 12 \\ 25 & 18 & 13 \\ 15 & 16 & 24 \\ 11 & 12 & 14 \\ 8 & 12 & 11 \\ 19 & 24 & 15 \end{pmatrix} = (1093;\ 1226;\ 1098)$

Gesamtpreis der Bestellung:

$$(17;\ 11;\ 7;\ 12;\ 5;\ 24) \cdot \begin{pmatrix} 5 & 8 & 12 \\ 25 & 18 & 13 \\ 15 & 16 & 24 \\ 11 & 12 & 14 \\ 8 & 12 & 11 \\ 19 & 24 & 15 \end{pmatrix} \cdot \begin{pmatrix} 6 \\ 9 \\ 14 \end{pmatrix} = (1093;\ 1226;\ 1098) \cdot \begin{pmatrix} 6 \\ 9 \\ 14 \end{pmatrix}$$

$$= 32\,964$$

7.3 $1{,}085 \cdot (1093;\ 1226;\ 1098) = (1185{,}91;\ 1330;\ 1191{,}33)$

$$(1185{,}91;\ 1330;\ 1191{,}33) \cdot \begin{pmatrix} 10 \\ 6 \\ 9 \end{pmatrix} = 29\,232{,}1$$

Anstelle des Matrix-Produktes kann auch das Skalarprodukt verwendet werden.

8 Materialverpflechtung

8.1

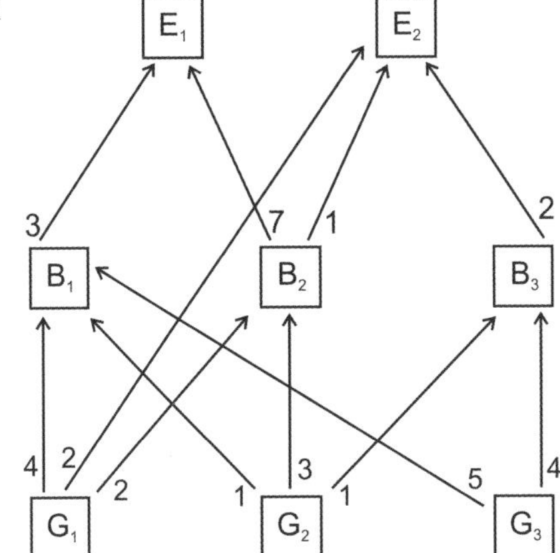

504

8.1 Fortsetzung

Berechnung des Produktionsvektor $\vec{x}$ aus $\vec{x} = (E - D)^{-1} \cdot \vec{y}$ mit

$$D = \begin{pmatrix} 0 & 0 & 0 & 4 & 2 & 0 & 0 & 2 \\ 0 & 0 & 0 & 1 & 3 & 1 & 0 & 0 \\ 0 & 0 & 0 & 5 & 0 & 4 & 0 & 0 \\ 0 & 0 & 0 & 0 & 0 & 0 & 3 & 0 \\ 0 & 0 & 0 & 0 & 0 & 0 & 7 & 1 \\ 0 & 0 & 0 & 0 & 0 & 0 & 0 & 2 \\ 0 & 0 & 0 & 0 & 0 & 0 & 0 & 0 \\ 0 & 0 & 0 & 0 & 0 & 0 & 0 & 0 \end{pmatrix} \text{ und } \vec{y} = \begin{pmatrix} 100 \\ 0 \\ 200 \\ 400 \\ 300 \\ 800 \\ 1000 \\ 2000 \end{pmatrix}$$

$$\vec{x} = (E - D)^{-1} \cdot \vec{y} = \begin{pmatrix} 1 & 0 & 0 & 4 & 2 & 0 & 26 & 4 \\ 0 & 1 & 0 & 1 & 3 & 1 & 24 & 5 \\ 0 & 0 & 1 & 5 & 0 & 4 & 15 & 8 \\ 0 & 0 & 0 & 1 & 0 & 0 & 3 & 0 \\ 0 & 0 & 0 & 0 & 1 & 0 & 7 & 1 \\ 0 & 0 & 0 & 0 & 0 & 1 & 0 & 2 \\ 0 & 0 & 0 & 0 & 0 & 0 & 1 & 0 \\ 0 & 0 & 0 & 0 & 0 & 0 & 0 & 1 \end{pmatrix} \cdot \begin{pmatrix} 100 \\ 0 \\ 200 \\ 400 \\ 300 \\ 800 \\ 1000 \\ 2000 \end{pmatrix} = \begin{pmatrix} 36300 \\ 36100 \\ 36400 \\ 3400 \\ 9300 \\ 4800 \\ 1000 \\ 2000 \end{pmatrix}$$

8.2 a)

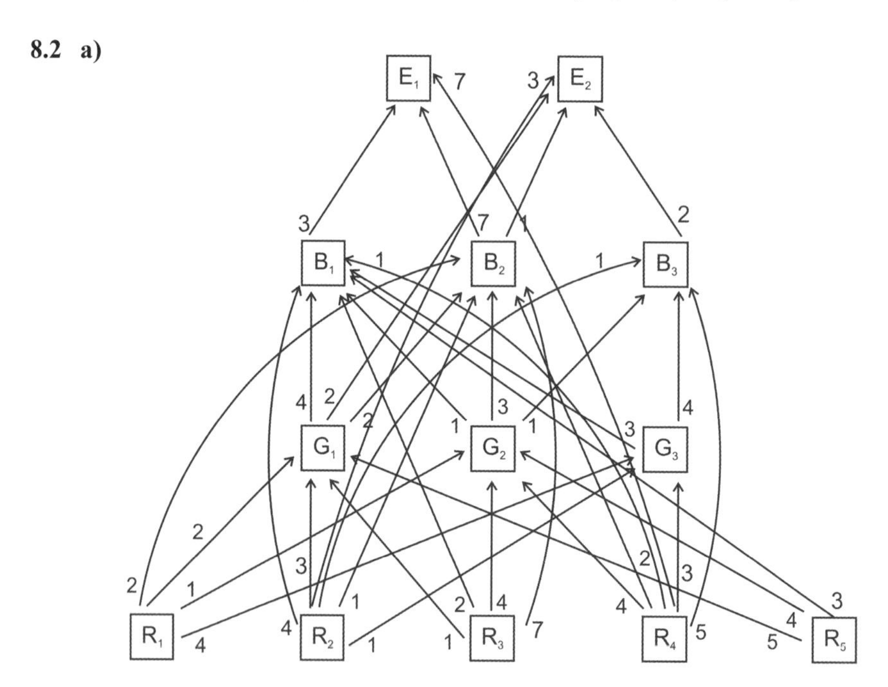

Die Tabelle gibt an, wie viele Rohstoffeinheiten direkt in die Grundmodule, Baugruppen und Endprodukte eingehen. Die erste Zeile zeigt den direkten Input der Rohstoffkomponente R_1 in die einzelnen Produkte. Die letzte Spalte gibt den Preis pro Einheit der jeweiligen Rohstoffkomponente an.

504

8.2 **b)** Das Produkt aus der Rohstoffmatrix $R = \begin{pmatrix} 2 & 1 & 4 & 0 & 2 & 0 & 0 & 0 \\ 3 & 0 & 1 & 4 & 1 & 1 & 0 & 3 \\ 1 & 4 & 0 & 2 & 7 & 0 & 0 & 0 \\ 0 & 4 & 3 & 1 & 2 & 5 & 7 & 0 \\ 5 & 4 & 0 & 3 & 0 & 0 & 0 & 0 \end{pmatrix}$

und dem Produktionsvektor $\vec{x} = \begin{pmatrix} 36300 \\ 36100 \\ 36400 \\ 3400 \\ 9300 \\ 4800 \\ 1000 \\ 2000 \end{pmatrix}$ liefert den

Rohstoffbedarfsvektor $\vec{r} = \begin{pmatrix} 272900 \\ 179000 \\ 252600 \\ 306600 \\ 336100 \end{pmatrix}$.

Der Preis ergibt sich aus dem Skalarprodukt der Rohstoffbedarfsvektors mit dem Preisvektor:

$$\begin{pmatrix} 272900 \\ 179000 \\ 252600 \\ 306600 \\ 336100 \end{pmatrix} \cdot \begin{pmatrix} 3 \\ 1 \\ 5 \\ 2 \\ 6 \end{pmatrix} = 4\,890\,500.$$

c) Berechnung der Kosten von E_1 in Abhängigkeit von R_3 und R_5:
Produktionsvektor für den Konsumvektor

$$\vec{y} = \begin{pmatrix} 0 \\ 0 \\ 0 \\ 0 \\ 0 \\ 0 \\ 1 \\ 0 \end{pmatrix}: \quad \vec{x} = (E - D)^{-1} \cdot \vec{y} = \begin{pmatrix} 26 \\ 24 \\ 15 \\ 3 \\ 7 \\ 0 \\ 1 \\ 0 \end{pmatrix}$$

Rohstoffbedarfsvektor: $\vec{r} = R \cdot \vec{x} = \begin{pmatrix} 150 \\ 112 \\ 177 \\ 165 \\ 235 \end{pmatrix}$

504

8.2 c) Fortsetzung

Sei p_3 der Preis für R_3 und p_5 der Preis für R_5, dann ergibt sich der

Preis für E_1 aus $\begin{pmatrix} 150 \\ 112 \\ 177 \\ 165 \\ 235 \end{pmatrix} \cdot \begin{pmatrix} 3 \\ 2 \\ p_3 \\ 2 \\ p_5 \end{pmatrix} = 892 + 177p_3 + 235p_5$

Aus $892 + 177p_3 + 235p_5 = 2500$ folgt $\begin{pmatrix} p_3 \\ p_5 \end{pmatrix} = \begin{pmatrix} t \\ \frac{1608}{235} - \frac{177}{235}t \end{pmatrix}$

mit $0 \le t \le \frac{536}{59}$.

505

8.3 Produktionsplan für gleiche Mengen

Produktionsvektor für den Konsumvektor

$$\vec{y} = \begin{pmatrix} 0 \\ 0 \\ 0 \\ 0 \\ 0 \\ 0 \\ a \\ a \end{pmatrix}: \quad \vec{x} = (E - D)^{-1} \cdot \vec{y} = \begin{pmatrix} 30a \\ 29a \\ 23a \\ 3a \\ 8a \\ 2a \\ a \\ a \end{pmatrix}$$

Rohstoffbedarfsvektor: $\vec{r} = R \cdot \vec{x} = \begin{pmatrix} 197a \\ 138a \\ 208a \\ 221a \\ 275a \end{pmatrix}$

Rohstoff R_3: $208a = 150000 \Leftrightarrow a = 721{,}154$

Rohstoff R_5: $275a = 200000 \Leftrightarrow a = 961{,}538$

Damit können höchstens 721 ME von E_1 und E_2 hergestellt werden.

Produktionsplan für beliebige Mengenkombinationen

Produktionsvektor für den Konsumvektor

$$\vec{y} = \begin{pmatrix} 0 \\ 0 \\ 0 \\ 0 \\ 0 \\ 0 \\ a \\ b \end{pmatrix}: \quad \vec{x} = (E - D)^{-1} \cdot \vec{y} = \begin{pmatrix} 26a + 4b \\ 24a + 5b \\ 15a + 8b \\ 3a \\ 7a + b \\ 2b \\ a \\ b \end{pmatrix}$$

505

8.3 Fortsetzung

Rohstoffbedarfsvektor: $\vec{r} = R \cdot \vec{x} = \begin{pmatrix} 150a + 47b \\ 112a + 26b \\ 177a + 31b \\ 165a + 56b \\ 235a + 40b \end{pmatrix}$

Mögliche Produktionsmengen: Alle Punkte im Polygon

$\left\{(a \mid b) \middle| \; a \geq 0,\; b \geq 0,\; b \leq \frac{150000-150a}{47},\; b \leq \frac{150000-177a}{31}\right\}$.

9. Personalentwicklung

9.1 Die prozentuale Veränderungen zwischen den Filialen werden durch den folgenden Graphen veranschaulicht.

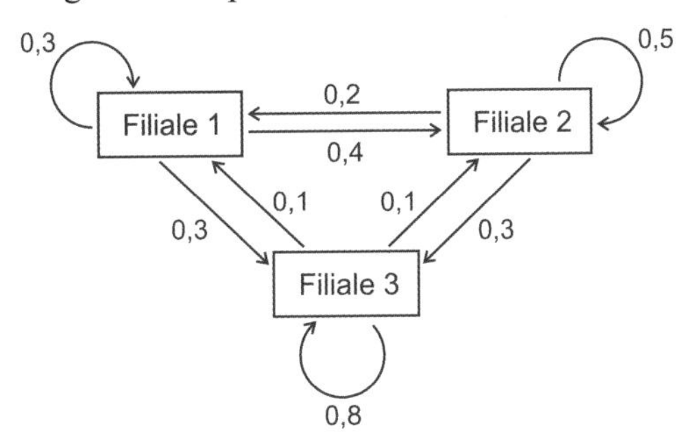

Bei gleich bleibender Veränderung konvergiert die Personalverteilung nach Satz 3, Seite 336 mit $M^{\infty} = \begin{pmatrix} 0{,}155556 & 0{,}155556 & 0{,}155556 \\ 0{,}244444 & 0{,}244444 & 0{,}244444 \\ 0{,}6 & 0{,}6 & 0{,}6 \end{pmatrix}$

für jeden Zustandsvektor gegen $\begin{pmatrix} 0{,}155556 \\ 0{,}244444 \\ 0{,}6 \end{pmatrix}$.

9.2 $S \cdot \vec{v} = \vec{v} \Leftrightarrow S \cdot \vec{v} = E \cdot \vec{v} \Leftrightarrow S \cdot \vec{v} - E \cdot \vec{v} = \vec{0} \Leftrightarrow (S - E) \cdot \vec{v} = \vec{0}$

9.3 $(S - E)^{-1}$ existiert nicht. Damit hat das System $(S - E) \cdot \vec{v} = \vec{0}$ unendlich viele Lösungen.

Als Lösung ergibt sich $\vec{v} = t \cdot \begin{pmatrix} \frac{7}{27} \\ \frac{11}{27} \\ 1 \end{pmatrix}$; $t \in \mathbb{R}$.

505

9.3 Fortsetzung

Für den Fixvektor $\vec{p}$ gilt $p_1 + p_2 + p_3 = 1$. Aus $\frac{7}{27}t + \frac{11}{27}t + t = 1$ folgt

$$t = \frac{3}{5}, \text{ also Fixvektor: } \vec{p} = \frac{3}{5} \cdot \begin{pmatrix} \frac{7}{27} \\ \frac{11}{27} \\ 1 \end{pmatrix} = \begin{pmatrix} \frac{7}{45} \\ \frac{11}{45} \\ \frac{3}{5} \end{pmatrix}.$$

9.4 S erfüllt die Bedingungen von Definition 8 auf S. 332, Schülerband und ist damit eine stochastische Matrix.

$S^{-1} = \begin{pmatrix} 7,4 & -2,6 & -0,6 \\ -5,8 & 4,2 & 0,2 \\ -0,6 & -0,6 & 1,4 \end{pmatrix}$ existiert, ist aber keine stochastische Matrix.

A besitzt die Inverse $\frac{1}{ad-bc} \cdot \begin{pmatrix} d & -b \\ -c & a \end{pmatrix}$, falls $ad - bc \neq 0$.

Nur für $\begin{pmatrix} 1 & 0 \\ 0 & 1 \end{pmatrix}$ und $\begin{pmatrix} 0 & 1 \\ 1 & 0 \end{pmatrix}$ sind die Inversen ebenfalls stochastische Matrizen.

10. Holzzaun

10.1

	Zaun	Zaunfeld	Zauntür	Zaunpfosten	Längsriegel	Nagel
Zaun	0	0	0	0	0	0
Zaunfeld	10	0	0	0	0	0
Zauntür	1	0	0	0	0	0
Zaunpfosten	22	2	2	0	0	0
Längsriegel	0	0	0	0	2	0
Nagel	500	30	0	0	10	0

$$\text{Direktbedarfmatrix: } D = \begin{pmatrix} 0 & 0 & 0 & 0 & 0 & 0 \\ 10 & 0 & 0 & 0 & 0 & 0 \\ 1 & 0 & 0 & 0 & 0 & 0 \\ 22 & 2 & 2 & 0 & 0 & 0 \\ 0 & 2 & 0 & 0 & 0 & 0 \\ 500 & 30 & 0 & 0 & 10 & 0 \end{pmatrix};$$

$$\text{Konsumvektor } \vec{y} = \begin{pmatrix} 50 \\ 40 \\ 200 \\ 800 \\ 120 \\ 100000 \end{pmatrix}$$

505

10.1 Fortsetzung

Damit ergibt sich der Produktionsvektor

$$\vec{x} = (E - D)^{-1} \cdot \vec{y} = \begin{pmatrix} 1 & 0 & 0 & 0 & 0 & 0 \\ 10 & 1 & 0 & 0 & 0 & 0 \\ 1 & 0 & 1 & 0 & 0 & 0 \\ 44 & 2 & 2 & 1 & 0 & 0 \\ 20 & 2 & 0 & 0 & 1 & 0 \\ 1000 & 50 & 0 & 0 & 10 & 1 \end{pmatrix} \cdot \begin{pmatrix} 50 \\ 40 \\ 200 \\ 800 \\ 120 \\ 100000 \end{pmatrix} = \begin{pmatrix} 50 \\ 540 \\ 250 \\ 3480 \\ 1200 \\ 153200 \end{pmatrix}$$

10.2 Vgl. Schülerband Seite 322f Information (1) und (2).

506

11. Permutationsmatrix

11.1 Multiplikation von links bewirkt eine Zeilenvertauschung:

$$\begin{pmatrix} 0 & 1 & 0 \\ 0 & 0 & 1 \\ 1 & 0 & 0 \end{pmatrix} \cdot \begin{pmatrix} 4 & 6 & -10 \\ -14 & 30 & 14 \\ 10 & -6 & -4 \end{pmatrix} = \begin{pmatrix} -14 & 30 & 14 \\ 10 & -6 & -4 \\ 4 & 6 & -10 \end{pmatrix}$$

Multiplikation von rechts bewirkt eine Spaltenvertauschung:

$$\begin{pmatrix} 4 & 6 & -10 \\ -14 & 30 & 14 \\ 10 & -6 & -4 \end{pmatrix} \cdot \begin{pmatrix} 0 & 1 & 0 \\ 0 & 0 & 1 \\ 1 & 0 & 0 \end{pmatrix} = \begin{pmatrix} -10 & 4 & 6 \\ 14 & -14 & 30 \\ -4 & 10 & -6 \end{pmatrix}$$

11.2 $\begin{pmatrix} 1 & 0 & 0 \\ 0 & 1 & 0 \\ 0 & 0 & 1 \end{pmatrix}$; $\begin{pmatrix} 1 & 0 & 0 \\ 0 & 0 & 1 \\ 0 & 1 & 0 \end{pmatrix}$; $\begin{pmatrix} 0 & 1 & 0 \\ 1 & 0 & 0 \\ 0 & 0 & 1 \end{pmatrix}$;

$\begin{pmatrix} 0 & 1 & 0 \\ 0 & 0 & 1 \\ 1 & 0 & 0 \end{pmatrix}$; $\begin{pmatrix} 0 & 0 & 1 \\ 1 & 0 & 0 \\ 0 & 1 & 0 \end{pmatrix}$; $\begin{pmatrix} 0 & 0 & 1 \\ 0 & 1 & 0 \\ 1 & 0 & 0 \end{pmatrix}$

11.3

$$\begin{pmatrix} a_{11} & a_{12} & a_{13} \\ a_{21} & a_{22} & a_{23} \\ a_{31} & a_{32} & a_{33} \end{pmatrix} \cdot \begin{pmatrix} 1 & 0 & 0 \\ 0 & 1 & 0 \\ 0 & 0 & 1 \end{pmatrix} = \begin{pmatrix} a_{11} & a_{12} & a_{13} \\ a_{21} & a_{22} & a_{23} \\ a_{31} & a_{32} & a_{33} \end{pmatrix}$$

$$\begin{pmatrix} a_{11} & a_{12} & a_{13} \\ a_{21} & a_{22} & a_{23} \\ a_{31} & a_{32} & a_{33} \end{pmatrix} \cdot \begin{pmatrix} 1 & 0 & 0 \\ 0 & 0 & 1 \\ 0 & 1 & 0 \end{pmatrix} = \begin{pmatrix} a_{11} & a_{13} & a_{12} \\ a_{21} & a_{23} & a_{22} \\ a_{31} & a_{33} & a_{32} \end{pmatrix}$$

$$\begin{pmatrix} a_{11} & a_{12} & a_{13} \\ a_{21} & a_{22} & a_{23} \\ a_{31} & a_{32} & a_{33} \end{pmatrix} \cdot \begin{pmatrix} 0 & 1 & 0 \\ 1 & 0 & 0 \\ 0 & 0 & 1 \end{pmatrix} = \begin{pmatrix} a_{12} & a_{11} & a_{13} \\ a_{22} & a_{21} & a_{23} \\ a_{32} & a_{31} & a_{33} \end{pmatrix}$$

$$\begin{pmatrix} a_{11} & a_{12} & a_{13} \\ a_{21} & a_{22} & a_{23} \\ a_{31} & a_{32} & a_{33} \end{pmatrix} \cdot \begin{pmatrix} 0 & 1 & 0 \\ 0 & 0 & 1 \\ 1 & 0 & 0 \end{pmatrix} = \begin{pmatrix} a_{13} & a_{11} & a_{12} \\ a_{23} & a_{21} & a_{22} \\ a_{33} & a_{31} & a_{32} \end{pmatrix}$$

506

11.3 Fortsetzung

$$\begin{pmatrix} a_{11} & a_{12} & a_{13} \\ a_{21} & a_{22} & a_{23} \\ a_{31} & a_{32} & a_{33} \end{pmatrix} \cdot \begin{pmatrix} 0 & 0 & 1 \\ 1 & 0 & 0 \\ 0 & 1 & 0 \end{pmatrix} = \begin{pmatrix} a_{12} & a_{13} & a_{11} \\ a_{22} & a_{23} & a_{21} \\ a_{32} & a_{33} & a_{31} \end{pmatrix}$$

$$\begin{pmatrix} a_{11} & a_{12} & a_{13} \\ a_{21} & a_{22} & a_{23} \\ a_{31} & a_{32} & a_{33} \end{pmatrix} \cdot \begin{pmatrix} 0 & 0 & 1 \\ 0 & 1 & 0 \\ 1 & 0 & 0 \end{pmatrix} = \begin{pmatrix} a_{13} & a_{12} & a_{11} \\ a_{23} & a_{22} & a_{21} \\ a_{33} & a_{32} & a_{31} \end{pmatrix}$$

11.4 Eine Permutationsmatrix P entsteht durch Vertauschung der Spalten

$e_1 = \begin{pmatrix} 1 \\ 0 \\ \vdots \\ 0 \end{pmatrix}$, $e_2 = \begin{pmatrix} 0 \\ 1 \\ \vdots \\ 0 \end{pmatrix}$, ..., $e_n = \begin{pmatrix} 0 \\ 0 \\ \vdots \\ 1 \end{pmatrix}$ der Einheitsmatrix.

Multipliziert man eine beliebige Matrix A von rechts mit P, überträgt sich die Vertauschung auf die Spalten von A.

11.5 Eine Permutationsmatrix P entsteht durch Vertauschung der Zeilen (1; 0; …; 0); (0; 1; …; 0); …; (0; 0; …; 1) der Einheitsmatrix.
Multipliziert man eine beliebige Matrix A von links mit P, überträgt sich die Vertauschung auf die Zeilen von A.

12. Trendwechsel

12.1

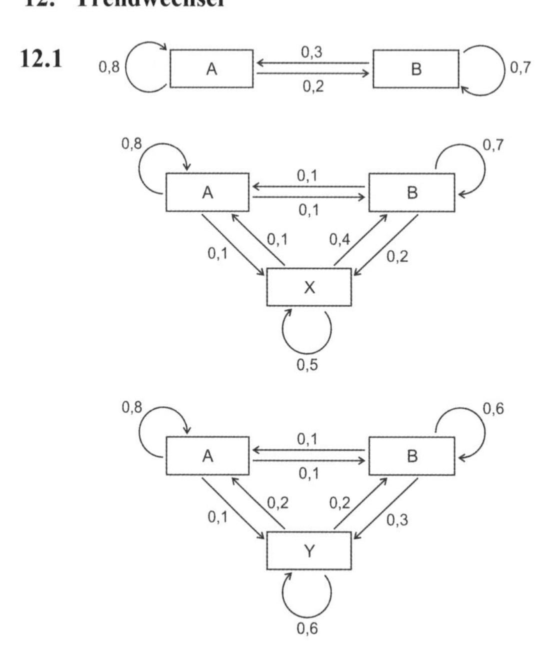

506

12.2 a) Nach Satz 3 konvergiert M_1^k gegen $M_1^\infty = \begin{pmatrix} 0,6 & 0,6 \\ 0,4 & 0,4 \end{pmatrix}$.

Damit ergibt sich langfristig für jeden Anfangsvektor der Fixvektor

$\vec{p} = \begin{pmatrix} 0,6 \\ 0,4 \end{pmatrix}$.

Nach Satz 3 konvergiert

M_2^k gegen $M_2^\infty = \begin{pmatrix} 0,333333 & 0,333333 & 0,333333 \\ 0,428571 & 0,428571 & 0,428571 \\ 0,238095 & 0,238095 & 0,238095 \end{pmatrix}$.

Damit ergibt sich langfristig für jeden Anfangsvektor der Fixvektor

$\vec{p} = \begin{pmatrix} 0,333333 \\ 0,428571 \\ 0,238095 \end{pmatrix}$.

Nach Satz 3 konvergiert

M_3^k gegen $M_3^\infty = \begin{pmatrix} 0,434783 & 0,434783 & 0,434783 \\ 0,26087 & 0,26087 & 0,26087 \\ 0,304348 & 0,304348 & 0,304348 \end{pmatrix}$.

Damit ergibt sich langfristig für jeden Anfangsvektor der Fixvektor

$\vec{p} = \begin{pmatrix} 0,434783 \\ 0,26087 \\ 0,304348 \end{pmatrix}$.

b) (1) Marktanteil ohne neues Produkt: 60 %;
Marktanteil mit Produkt X: 57,1 %;
Marktanteil mit Produkt Y: 73,9 %

(2) Mit Produkt X fällt der Marktanteil von 60 % auf 57,1 %. Mit Produkt Y kann der Marktanteil von 60 % auf 73,9 % gesteigert werden.